酸浆豆制品生产技术

赵良忠　李明　著

化学工业出版社

·北京·

内容简介

《酸浆豆制品生产技术》介绍了酸浆豆制品的起源，生产所用原料的特性和选择，酸浆菌种的筛选培育和优化，酸浆工业化生产的一些方法，酸浆生产设备的种类，酸浆豆腐的制浆工艺和设备选型，酸浆嫩豆腐、酸浆老豆腐、酸浆蜂窝豆腐等产品的工业化生产，酸浆豆制品的卤制，酸浆豆制品生产工厂建设案例等。书中对酸浆豆制品生产过程的工艺参数优化、品质变化、卤汁循环使用安全检测预警等方面进行了详细的研究。

本书适合豆制品生产企业技术研发人员、食品科研院所研究人员、高校食品科学相关专业师生参考。

图书在版编目（CIP）数据

酸浆豆制品生产技术 / 赵良忠，李明著. -- 北京：化学工业出版社，2025. 2. -- ISBN 978-7-122-46751-5

Ⅰ. TS214. 2

中国国家版本馆 CIP 数据核字第 2024EW0279 号

责任编辑：彭爱铭
责任校对：赵懿桐　　装帧设计：韩　飞

出版发行：化学工业出版社
（北京市东城区青年湖南街 13 号　邮政编码 100011）
印　　装：河北延风印务有限公司
710mm×1000mm　1/16　印张 19¼　字数 348 千字
2025 年 1 月北京第 1 版第 1 次印刷

购书咨询：010-64518888　　售后服务：010-64518899
网　　址：http://www.cip.com.cn
凡购买本书，如有缺损质量问题，本社销售中心负责调换。

定　　价：78.00 元

前言

酸浆豆腐是指以大豆和水为主要原料，经过浸泡、制浆，酸浆点浆加工而成的非发酵性豆制品。全国各地都有生产，尤以湖南邵阳、云南石屏、河南许昌、北京延庆、陕西榆林等地产业较为聚集。酸浆豆腐是中国特有之豆制品，被称为中国传统食品之活化石，已被多省列入非物质文化遗产保护名录。

酸浆源于豆腐，是中国传统饮食文化中“原汤化原食”的典型代表，与石膏、盐卤和内酯等凝固剂生产的豆腐相比更为绿色和安全，并且可有效减少豆腐生产过程中废水排放，从而减少环境污染。

酸浆豆腐虽历史悠久，但古老酸浆点浆所蕴含的科学密码并没有被破译，同时生产也缺乏相应的标准和规范。其生产主要依赖豆腐师傅们的经验积累，师傅带徒弟的传承方式，技巧性强，技术性差，不易掌握，从而导致酸浆豆腐目前的普及度无法与卤水、石膏豆腐相媲美。此外，酸浆标准化、稳定性和酸浆凝固机理等关键技术在没有被攻克之前，酸浆豆腐生产亦无法进入自动化、标准化生产时代，限制了酸浆豆腐的推广和普及。为了改变这一现状，豆制品加工与安全控制湖南省重点实验的同事和研究生们经过十余年的努力，从酸浆豆腐生产原料、酸浆生产技术与设备、酸浆豆制品制浆工艺与设备、酸浆凝固机理与案例、酸浆豆制品卤制、酸浆豆制品工厂设计等各个环节进行了系统研究，取得可喜进展，现将研究成果结集成书，抛砖引玉，供同行们参考。

本书由赵良忠和李明主笔，豆制品加工与安全控制湖南省重点实验谢灵来、李海涛、孙菁、王秋普、江振桂、杨莹、范柳、刘海宇、王容、贺晓洁、欧红艳、伍涛、莫鑫、李乐乐等诸多同学为本书提供了所需的实验数据和案例，在此，对大家的辛勤劳动表示衷心感谢。

感谢实验室的同事和国内外的同行们，他们给我们的研究提供了无私的支持和帮助，并允许我们引用他们公开发表的文献；感谢湖南君益福食品有限公司、劲仔食品集团股份有限公司、北京康得利智能科技有限公司和广州佳明食品科技有限公司同意分享他们在酸浆豆腐生产领域所取得的技术成果。

酸浆豆腐的研究尚在起步阶段，许多学术和技术问题还有待探索，本人水平有限，书中纰漏之处在所难免，欢迎批评指正，并敬请原谅。

赵良忠

2024 年 2 月于湖南

目录

第一章

酸浆豆制品概述

第一节　酸浆豆腐的起源和特点

一、酸浆豆腐的起源

豆腐，别名“黎祁或来其”是中国传统食品的活化石。《辞源》记载：“以豆为之。造法，水浸磨浆，去渣滓，煎成淀以盐卤汁，就釜收之，又有入缸内以石膏收者。”豆腐起源于我国，历史悠久，但豆腐起源于何时、何地，何人发明，历来说法不一。

据《武冈县志》记载：相传秦始皇为求不老之术，遣卢、侯二生入东海寻觅仙丹，二生自知无法炼得仙丹，便“明修栈道，暗度陈仓”逃至武冈云山隐居，并发明醋水豆腐（当地说法，意同酸浆豆腐）和卤豆腐。西晋永康元年（公元 300 年），陶侃补任荆州郡武冈县县令，到任后，为了解武冈民情，他走访乡贤，其间被称为卤豆腐的美食吸引，赞其为人间美食，成为他在武冈期间每天必食之物，并令人送之与母分享。元代朱晞颜在《瓢泉吟稿》中说：“馀习尚儒酸，点染形质幻。俄惊赵璧全，却讶白石烂。全胜塞上酥，轻比东坡糁”，说明豆腐需要酸点浆。朱晞颜是南宋休宁人，其书记载了当时用酸浆点豆腐的史实。李时珍在《本草纲目》中载曰：“豆腐之法……以盐卤汁或山矾叶或酸浆或醋淀，就釜收之。大抵得咸苦酸辛之物，皆可收敛尔。”从地域上看，目前酸浆豆腐虽然主要分布湖南、云南、贵州、北京、山东、陕西、河南、福建、山东、内蒙古等地，但全国各地民间都有酸浆豆腐生产历史。因此，我们可推断，酸浆豆腐发明时间应在公元 300 年以前，并且起源于民间。

豆腐，腐者，形声字，从肉，府声。《广雅》中，腐者，败也；《说文》中，腐，烂也。从豆腐的造字来看，豆腐的生产过程应该有发酵过程。纵观目前豆腐生产工序，只有酸浆豆腐有酸浆发酵工序，符合要求，由此可推测中国豆腐可能始于酸浆豆腐。但凡豆腐生产者，可能都遇到这样的经历，豆浆在合适温度条件下，放置一段时间，豆浆就凝胶成一块，这也许就是豆腐最初的发现过程。豆浆在放置过程中，空气中微生物落入豆浆，微生物繁殖发酵，产生酸，从而导致大豆蛋白凝胶。古代先贤，从这里获得启发，发明豆腐。酸浆豆腐，生产工序复杂，对酸浆控制要求高，难以普遍推广，后来，人们用石膏或卤水代替，演变成现代的石膏豆腐或卤水豆腐。

豆腐到底为何人何时所创，到底是先有石膏（卤水）豆腐，还是先有酸浆豆腐，目前没有定论。作者赞同我国著名化学家袁翰青先生关于豆腐始创者是农民的学术观点，其理由是，大豆在我国有5000多年的栽培历史，也有3500多年的食用历史，先民们在长期煮豆、磨浆的实践中，因为豆浆变酸或用卤盐调味而得到豆腐这种美食，是大概率事件。至于已有文献中记载最多的是淮南王刘安为豆腐发明人的传说，一是与刘安修道炼丹有关，二是刘安是《淮南子》编撰的主持者，中国农耕文化的重要代表人物，把始于群众智慧的发明创造冠以刘安为始作者以示尊奉，亦在情理之中。1959～1960年间，考古工作者在河南新密县打虎亭发掘了两座汉墓，该墓为东汉晚期遗址，其墓中画像石上有类似生产豆腐的场面。经过专家实地考察和研究，排除了该图反映的是酿酒或制作酱、醋场面，而只能是制作豆腐。因此，为豆腐起源的时间被确定在汉代或汉代之前，提供实证。

二、酸浆豆腐的特点

酸浆豆腐是中国特有的豆制品，是指以大豆和水为主要原料，经过浸泡、磨浆、制浆，用酸浆点浆，经压制加工而成的非发酵性豆制品。全国一些地方有生产，以湖南邵阳、云南石屏、河南许昌、北京延庆、山东邹县、陕西榆林、内蒙古乌兰察布等地产业较为聚集。酸浆豆腐作为传统豆制品的活化石，被多地列入非物质文化遗产保护名录。

酸浆豆腐具备四大特点：①酸浆豆腐的酸浆是由豆腐生产过程中产生的豆清液发酵而成，符合“原汤化原食”的中国传统饮食文化，且富含生物活性酶和益生因子，能促进营养物质在体内消化和吸收；②酸浆豆腐不引入有健康隐患的外源性成分，为绿色健康产品，符合消费者对健康的追求，特别适合结石患者；③酸浆豆腐具有益气、补虚等多方面的功能，常食用酸浆豆腐，可以降低血液中胆固醇的含量，预防动脉硬化；④酸浆豆腐凝胶网络结构致密，持水能力强，产品弹性好，具有良好的再加工特性。特别适合用于生产休闲豆制品零食和豆制品预制菜。

酸浆是酸浆豆腐的灵魂，它是以豆清液为主要原料，添加或不添加葡萄糖等辅料，经灭菌或不灭菌，通过纯种发酵或自然发酵而成，含有多种有机酸和生物活性酶，故称酸浆。

酸浆源于豆腐本身，与石膏、盐卤和内酯等相比更为绿色和安全，并且可有效减少豆腐生产过程中豆清液的排放，从而减少环境污染。但酸浆豆制品源于传统，很久时间以来，古老的酸浆点浆蕴含的科学密码没有被破解，同时也缺乏相应的标准，其生产主要依赖豆腐师傅的经验积累，师傅带徒弟的传承方式，技巧性强，技术性差，不易掌握，从而导致酸浆豆腐目前不如卤水与石膏豆腐普及。此外，酸浆标准化、稳定性和酸浆凝固机理等关键技术在没有被攻克之前，酸浆豆制品生产就无法进入自动化、标准化生产时代，这是限制酸浆豆制品推广的重要原因。

传统酸浆豆腐作坊式生产依赖“师傅”，管理难度高，生产过程中存在四方面问题：①酸浆豆腐的生产多为手工作坊，无法实现标准化、工业化生产；②传统酸浆依赖环境中的微生物进行自然发酵，其优势产酸菌为乳酸菌，但也不乏一些腐败的杂菌存在，从而影响产品的安全性及货架期；③酸浆自然发酵受温度、湿度、环境因素影响较大，不同地区所生产的酸浆风味不同，酸浆豆腐的口感也不同，环境不稳定，酸浆的酸度不易控制，从而造成豆腐品质不稳定；④豆制品从业人员科学素养相对较低，依赖技巧生产和传承，严重限制酸浆豆制品产业的快速发展。

第二节　酸浆豆制品现状和前景

一、酸浆豆制品现状

解决传统酸浆豆腐生产存在的问题，需要通过提升技术水平和装备水平并实现生产自动化和智能化，而实现酸浆豆腐自动化生产则必须满足以下几个条件。

（1）完备的豆清液回收系统：保证点浆和压榨产生的豆清液有效回收、清洁回收、自动回收。

（2）合适的菌种：要求菌种产酸、耐酸能力强，产蛋白凝集酶能力适中，菌种和酶有一定的耐热能力。

（3）自动化的酸浆（豆清发酵液）发酵系统：温度、溶氧量可控，酸度、酶活力在线检测，酸浆标准化指标智能调控。

（4）自动化的酸浆豆腐凝固系统：豆浆、酸浆自动进入、智能混合，豆清液自动分离，豆腐脑智能分配。

显而易见，酸浆豆腐生产对技术、人才、设备的要求较高。然而，目前酸浆豆腐的从业人员整体科学素养较低，生物工程技术知识和现代食品生产管理理念缺乏，囿于传统豆制品企业固有的管理模式，酸浆豆制品生产管理难以到位，从而导致以纯种发酵技术为核心的酸浆豆制品生产新技术推广、实施难度大。此外，豆制品行业产品同质化严重，产品附加值低，行业从业人员整体待遇较低，从而限制高素质人员进入豆制品行业，这也是酸浆豆腐推广较为缓慢不可忽视的因素。

酸浆发酵剂工业化生产是酸浆豆腐工业化生产的核心技术。不仅涉及微生物发酵的科学问题，而且涉及酸浆豆制品凝固机理和点浆技术，这些因素也制约了酸浆的商品化生产。可喜的是，豆制品加工与安全控制湖南省重点实验室赵良忠教授团队成功分离出 16 株可用于酸浆生产的微生物，并联合湖南君益福食品有限公司，开发出年产 3000 吨多株协同发酵酸浆菌液生产线，成功实现酸浆发酵剂商业化生产，酸浆发酵菌种已经在劲仔食品集团股份有限公司、郑州新农源绿色食品有限公司、镇远乐豆坊食品有限公司成功使用。

自动化点浆设备是实现酸浆豆制品工业化的基础。根据酸浆豆腐凝固机理和生产技术特点，赵良忠教授团队联合北京康得利智能科技有限公司成功开发出适合酸浆自动化生产的全套自动化生产线，目前该生产线已经在劲仔食品集团股份有限公司、浙江莫干山食业有限公司和镇远乐豆坊食品有限公司应用。自动点浆生产的豆制品质量达到人工点浆的水平，获得用户的高度评价。

标准化、规范化是酸浆豆腐可持续发展的保障。豆制品加工与安全控制湖南省重点实验室联合湖南省食品质量监督检验研究院、湖南省豆制品加工产业技术创新战略联盟、武冈市特色产业发展中心、邵阳市食品药品检测所、劲仔食品集团股份有限公司、湖南乡乡嘴食品有限公司、湖南金福元食品股份有限公司、湖南君益福食品有限公司、石屏尚古堂食品发展有限公司、湖南省武冈市华鹏食品有限公司、湖南原本记忆食品有限公司等单位，制定了湖南省食品安全地方标准《酸浆豆腐生产卫生规范》，酸浆豆制品步入标准化、规范化生产的轨道。

二、酸浆豆制品的前景

酸浆与石膏、盐卤和内酯一样具有使大豆蛋白形成凝胶的功能，但其源于豆腐自身，不引入外源性金属离子，符合现代绿色和健康安全理念，制成的豆腐也更为醇香，同时，还减少了因豆腐废水排放引起的环境污染，具有良好的发展前景。

1. 酸浆豆腐的保健作用

学者胡欣欣将纯种乳酸菌发酵的酸浆生产的酸浆豆腐与传统豆腐进行比较，发现纯种酸浆豆腐中检测出的细菌总数明显低于传统豆腐中的细菌总数，且乳酸菌的数目显著多于传统豆腐中的数量，益生菌的存在，大大提高了豆腐的保健功效。

2. 豆清液的综合利用

酸浆豆腐生产过程中，由于不使用氯化镁、硫酸钙等凝固剂，所以酸浆豆腐的豆清液含钙镁离子比较低，同时含有蛋白质和多糖，是微生物发酵的优良原料。豆清液可发酵生产豆酸汤、酸汤饮料、豆清酒饮料、酸浆直投式发酵剂和泡菜直投式发酵剂等产品，这样豆制品行业可以跨入食品发酵剂行业、餐饮行业、调味品行业和饮料行业，实现跨界经营，延伸了行业的宽度和深度，具有良好的市场前景。泡菜直投式发酵剂，为传统泡菜发酵食品的转型升级提供菌种支持。

3. 酸浆豆腐的再加工特性

酸浆豆腐因为具有良好的质构和持水性，具有良好的再加工特性，极大地拓展了豆制品的消费市场。比如：酸浆冻豆腐，其产品外形整齐，冰晶体数量多，体积小，解冻后弹性好，复煮性好，调味料吸附力强，是火锅、营养汤的良好食材；酸浆盐豆腐，其弹性好，风味佳，保质期长，食用方便，是预制菜生产的好原料；酸浆包浆豆腐，色泽金黄，外脆风嫩，浆汁饱满，流动性好，风味独特，易吸收，特别适合烧烤、油炸和火锅，可以加工成预制菜和特色小吃；酸浆休闲豆干，其弹性好，豆香味浓郁，调味兼容性好，有较长贮藏稳定性，是休闲豆制品市场的主力军；石屏酸浆臭豆腐，是豆腐烤着吃的云南十八怪之一，风味独特、营养丰富，极受消费者喜爱，是云南著名特色小吃。

4. 酸浆豆腐的市场前景

《中国居民平衡膳食宝塔》推荐平均每人每日摄取的豆类及豆制品摄入量为："40 克大豆或其制品。以所提供的蛋白质计，40 克大豆分别约相当于 200 克豆腐、100 克豆腐干、30 克腐竹、700 克豆腐脑、800 克豆浆。"据此推算，按照消费的人群 8 亿计算，每年豆制品的大豆用量将在 1100 万吨以上。目前据中国豆制品协会统计数据，2021 年豆制品行业 50 强企业总投豆量为 185.09 万吨，较 2020 年增加 2.65％，总销售额为 327.3 亿元，较 2020 年增加 12.70％，发展空间巨大。目前酸浆豆腐的占比 30％，销售额约接近 100 亿元，主要以休闲豆制品为主。其中，湖南省非物质文化遗产产品武冈卤豆腐是酸浆豆腐再制品的典型代表，2022年年产值达45亿元，其他以酸浆豆腐为原料加工休闲豆制品企业，如劲仔食品集团股份有限公司、新宁满师傅食品有限公司等企业年产值超过15亿元。2022年湖南省酸浆豆制品产值超过65亿元，占国内同类产品市场份额近50％。

随着《国民营养计划（2017—2030年）》“双蛋白工程”的实施，大豆制品的消耗量将大幅提升。此外，随着研究的深入，大豆制品的健康作用将越来越受到东方消费者的青睐，这将给酸浆豆制品发展提供新的消费动力，进一步推动酸浆豆制品的发展，酸浆豆制品前景广阔。

第二章

酸浆豆制品生产原料

第一节　大豆成分与酸浆豆制品品质的关系

根据沉降系数 S($1S=10^{-13}$ s)，大豆蛋白质可分为 2S、7S、11S 和 15S 4 个主要组分。不同大豆品种间大豆蛋白的组分不同，相同品种的大豆品种，因产地不同，大豆蛋白的组分也会发生变化。大豆蛋白组分变化影响豆制品的口感、色泽、质构和风味。尽管目前我国豆腐生产加工技术日渐成熟，但大豆品种及其大豆成分对豆腐品质的影响研究尚处于起步阶段，大多数企业只注重加工条件和大豆蛋白质含量，忽略原料的选取，造成产品的口感、颜色、质构、得率等均有差异，最终影响产品的稳定性。因此，理清大豆原料与酸浆豆腐生产之间的相关性，建立标准模型，对生产具有指导意义。

据已有文献报道，大豆蛋白中 7S/11S 比值、α′亚基、α 亚基、酸性亚基（A）和碱性亚基（B）的含量不同，生产的豆腐的质构和感官特性均存在显著差异，即蛋白组成对豆腐的加工特性存在显著影响。不同原料大豆中的大豆蛋白亚基组成中 7S/11S 值在 0.261～0.500 之间，平均值为 0.397，变异系数为 15.239%，不同原料大豆的蛋白组成存在显著差异性。其中，β-伴大豆球蛋白（7S 球蛋白）的主要组成成分 α′亚基、α 亚基和 β 亚基变异系数分别为 8.90%、12.91%、17.89%，各亚基含量存在较大的变化范围。而大豆球蛋白（11S 球蛋白）的两种主要亚基——酸性亚基（A 亚基）和碱性亚基（B 亚基）的变异系数分别为 6.22%和 5.71%，可见大豆球蛋白的亚基含量变化幅度差异不大，相对比较稳定。而 β-伴大豆球蛋白尤其是 β 亚基含量在品种之间变化较大。

随着豆制品研究理论的深入，近年来，研究大豆原料组分与豆制品品质之间的文献逐年增加。赵良忠、王秋普研究了 22 个常用大豆品种原料对酸浆豆腐品质、质构等指标影响，发现品种对酸浆豆腐质量影响差异性较大且存在显著的相关性。据相关性分析可知，大豆百粒重与酸浆豆腐弹性呈极显著正相关（r＝0.441）；大豆籽粒密度与酸浆豆腐得率呈极显著负相关（r＝－0.380），与酸浆豆腐脂肪含量呈显著正相关（r＝0.280），大豆蛋白质含量与酸浆豆腐蛋白质、豆腐得率、凝聚性呈极显著正相关（r 分别为 0.682、0.585、0.382），与酸浆豆腐保水性、弹性呈显著正相关（r 分别为 0.263、0.278），大豆脂肪与酸浆豆腐硬度、弹性、韧性呈显著正相关（r 分别为 0.258、0.245、0.258），大豆水溶性蛋白质与酸浆豆腐蛋白质、得率、保水性、凝聚性呈极显著的正相关（r 分别为 0.593、0.469、0.332、0.393），碳水化合物与酸浆豆腐得率呈显著负相关（r＝－0.251），大豆总异黄酮含量与酸浆豆腐感官评分、断裂强度呈极显著的正相关（r 分别为 0.383、0.423）。根据因子分析中综合得分，筛选出华豆 2 号、皖豆28、齐黄 34 及东农豆 252 共 4 个适合酸浆豆腐生产的品种。其主要研究过程简介如下。

一、材料和方法

1. 试验材料

大豆原料参见表 2-1。

表 2-1　大豆品种信息

序号	品种	来源	序号	品种	来源
1	临豆 9 号	山东省临沂农科院	12	中黄 13	西北农林科技大学
2	临豆 10 号	山东省临沂农科院	13	中黄 37	西北农林科技大学
3	华豆 2 号	山东省临沂农科院	14	毛豆	西北农林科技大学
4	华豆 10 号	山东省临沂农科院	15	黑龙 48 号	黑龙江省萨福迦公司
5	齐黄 34	山东省临沂农科院	16	东农豆 252	黑龙江普兰种业有限公司
6	皖豆 28	安徽省农业科学院作物研究所	17	东农豆 253	黑龙江普兰种业有限公司
7	皖豆 909	安徽省农业科学院作物研究所	18	汇农 416	黑龙江普兰种业有限公司
8	蒙 1001	安徽省农业科学院作物研究所	19	汇农 417	黑龙江普兰种业有限公司
9	蒙 1301	安徽省农业科学院作物研究所	20	东升 1 号	庆安县鹏程粮食仓储有限公司
10	蒙 12131	安徽省农业科学院作物研究所	21	黑河 45 号	北大荒粮集团九三粮食贸易有限公司
11	邵阳大豆	实验室提供	22	加拿大大豆	岳阳市万越进出口贸易有限公司

2. 主要仪器与设备

电子天平、豆腐设备、恒温培养箱、恒温振荡器、高速冷冻离心机、超净工作台、单道移液器、热量成分检测仪、物性测定仪。

3. 纯种酸浆（豆清发酵液）制备

（1）酸浆制备工艺流程

取新鲜豆清液→过滤→测总酸、pH 值→调整碳源→调节 pH 值→测总酸→灭菌→接种→发酵→纯种豆清发酵液（酸浆）

（2）操作要点

① 测新鲜豆清液总酸、pH 值：总酸含量范围 1.0 g/L 以下，pH 值范围 5.5～5.6。

② 调整碳源：葡萄糖添加量为 4%，提供一定量的碳源。

③ 调节 pH 值：调节豆清发酵液培养基的 pH 为 6.3 左右。

④ 灭菌：温度 115 ℃，时间 15 min。

⑤ 接种：将实验室复配后的混合纯种菌液（副干酪乳杆菌∶植物乳杆菌∶毕赤酵母菌比例为 2∶2∶1），按 3%的接种量进行接种发酵扩培。

⑥ 发酵：发酵温度 35 ℃，发酵时间 38 h。

4. 酸浆贮藏的稳定性研究

（1）贮藏温度对纯种豆清发酵液 pH 值、总酸变化规律的研究

贮藏温度条件设定为以下 3 种：空调室温下（25±3）℃常温贮藏，冰箱 4 ℃冷藏室贮藏，冰箱冷冻室零下 18 ℃下贮藏。根据工艺流程将已制备好的豆清发酵液分别放置于以上不同温度条件下贮藏，每隔 12 h 或 24 h 分别测定 pH 值及总酸，测定总周期为一周。

（2）贮藏温度对纯种豆清发酵液蛋白酶酶活变化规律的研究

根据工艺流程，将制备好的豆清发酵液分别放置于以上 3 个不同温度条件下贮藏，每隔 24 h 分别测定其蛋白酶活性。

5. 豆清发酵液指标测定方法

（1）pH 值的测定：用 pH 值酸度计直接测定。

（2）豆清发酵液总酸含量的测定：参照 GBT 12456—2008 食品中总酸的测定方法进行。

（3）蛋白酶酶活的测定：根据福林-酚试剂法对豆清发酵液蛋白酶活力进行测定。

6. 酸浆豆腐制备

参照谢灵来等方法并进行一定的调整，每种大豆原料称取 200 g，清洗

2～3次，按干豆干重∶水＝1∶4的比例在室温浸泡约12 h，以干豆干重∶水＝1∶6的比例加去离子水进行磨浆，再将磨好后的豆糊加热至沸并保温8 min，120目纱布过滤，得到豆浆，分别将调配好至一定的酸度的豆清发酵液350 mL从上而下加入过滤的豆浆中，边加边搅拌点浆，直至脑花析出。点浆后静置蹲脑20 min，用勺进行破脑，最后再将脑花浇注至铺好滤布的小型豆腐框中，包好布后，置于2.5 kg的重物压30 min，脱模即得鲜豆腐，具体流程如图2-1所示。

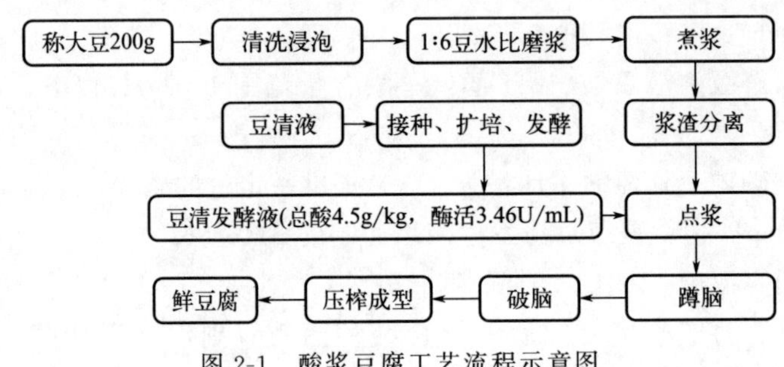

图2-1　酸浆豆腐工艺流程示意图

7. 酸浆豆腐理化指标测定

（1）得率测定　豆腐的得率测定具体操作：将100 g大豆制备好酸浆豆腐并静置10 min后，用电子秤称取所得豆腐的质量M_1，按式(2-1)计算：

$$D(g/100g)=\frac{M_1}{100} \tag{2-1}$$

（2）豆腐保水性测定　称取2～3 g新鲜酸浆豆腐（精确到0.001 g），记录为M_1，装入含有脱脂棉的离心管中，再置于离心机中离心10 min，离心机转速为1000 r/min，温度为20 ℃，称量离心后豆腐样品的质量并记录M_2，最后置于105 ℃下干燥至恒重记为M_3。按式(2-2)计算：

$$\mathrm{WHC}=\frac{M_2-M_3}{M_1-M_2}\times 100\% \tag{2-2}$$

式中，WHC代表保水性（%）；M_1代表离心前豆腐样品质量（g）；M_2代表离心后豆腐样品质量（g）；M_3代表干燥至恒重的豆腐样品质量（g）。

（3）豆腐营养成分测定　蛋白质含量GB 5009.5—2016中的分光光度法进行测定；脂肪含量的测定按照GB 5009.6—2016进行测定；水分按照GB 5009.3—2016中的直接干燥法进行测定；碳水化合物用全自动热量成分检测仪进行测定。

（4）豆腐感官评定　豆腐感官评价采用百分制，分别从豆腐的色泽、风味、口感和组织状态4个方面进行感官评分。感官评定小组由10名老师或同学组成，具体评分标准细则见表 2-2。

表 2-2 豆腐感官评价标准

评价指标	评价标准	得分/分
色泽/20 分	色泽明亮均一，呈淡黄色或白色	16～20
	色泽较均一，呈淡黄或白色	10～15
	颜色暗淡，无光泽	1～9
风味（20 分）	有浓郁的豆香味及甜味，无异味涩味	16～20
	豆香味及甜味较弱，无异味涩味	10～15
	无豆香味及甜味，风味不佳，有异味	1～9
口感（30 分）	口感柔和细腻，弹性适宜，无渣感	21～30
	口感较硬，弹性较差，略有渣感	11～20
	口感僵硬，弹性差，明显有渣感	1～10
组织状态（30 分）	结构紧密，断面光滑，内部孔隙小且均匀一致	26～30
	结构紧密程度一般，断面光滑，内部孔隙较均匀	18～25
	结构疏松，断面粗糙，内部孔隙不均匀、大小不一	1～17

8. 豆腐发酵液豆腐质构检测

将新鲜酸浆豆腐室温下冷却后，用物性测定仪进行二次压缩检测试验。测定参数为：探头型号 P/35，触发力 0.05 N，整个测定过程的速率分别为 40 mm/s、30 mm/s、40 mm/s，中间停留时间 5 s，压缩形变率 40%。同一批次豆腐测定 3 次，取其平均值。

9. 数据处理与分析软件

采用 Excel 画图，运用 IBM SPSS Statistics 22 软件进行数据处理分析，且每组实验重复 3 次以上。

二、结果与分析

1. 酸浆贮藏稳定性研究结果

（1）酪氨酸标准曲线的绘制　蛋白酶酶活力单位表示在 37 ℃条件下，蛋白酶 1 min 水解干酪素形成 1 μg 酪氨酸的量。如图 2-2 所示，当酪氨酸的浓度为 0～60 μg/mL，对应的吸光值为 0～0.645，标准曲线方程为 $y=0.0106x-0.0004$（$R^2=0.9994$）。

（2）不同贮藏条件下豆清发酵液中 pH 值、总酸含量及蛋白酶酶活一周变化　由图 2-3、图 2-4 及图 2-5 可看出，将制备好的豆清发酵液置于－18 ℃、

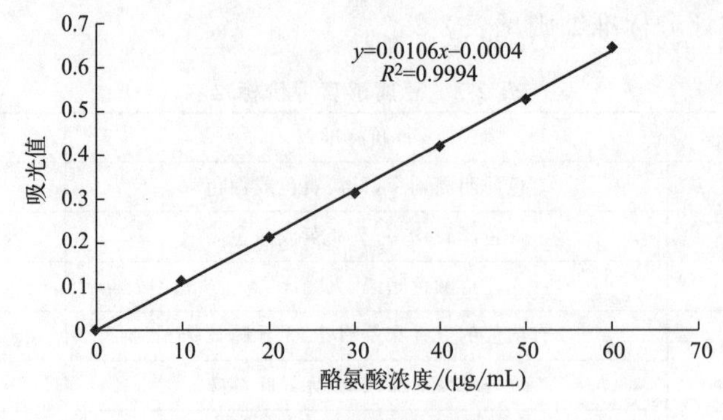

图 2-2　酪氨酸标准曲线

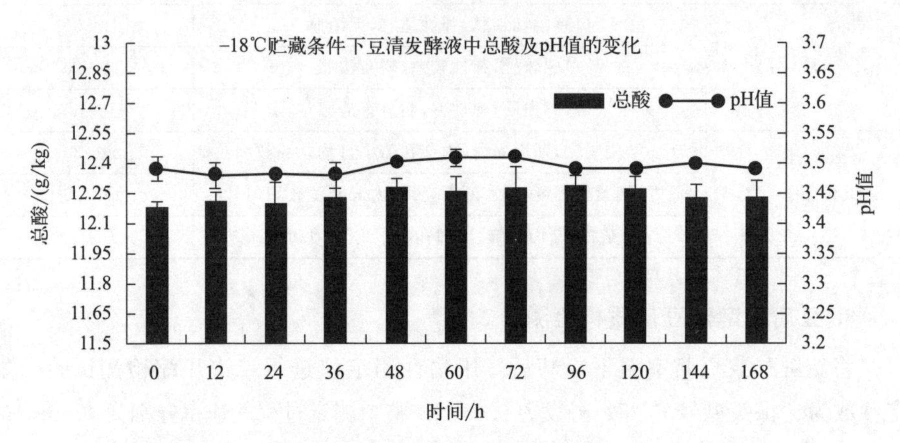

图 2-3　－18 ℃贮藏条件下豆清发酵液中总酸及 pH 值的变化

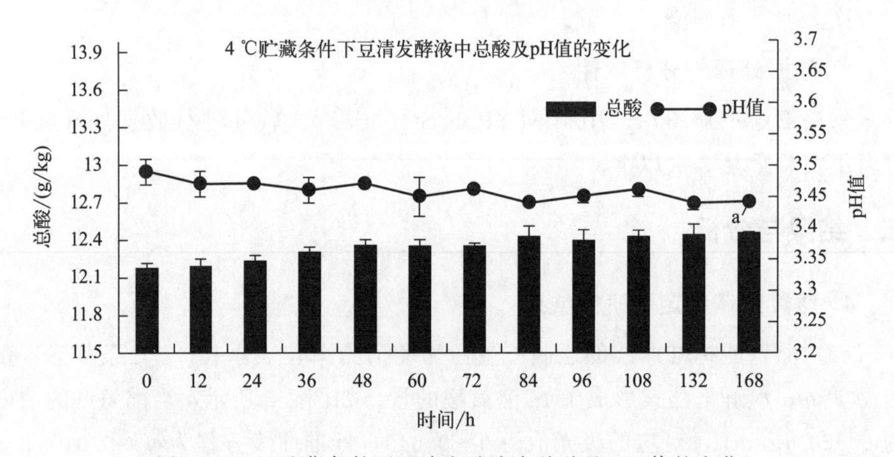

图 2-4　4 ℃贮藏条件下豆清发酵液中总酸及 pH 值的变化

4 ℃条件下贮藏所测的总酸、pH 值及蛋白酶酶活含量变化微小，差异不显著。其中，于－18 ℃条件下贮藏 168 h，测定豆清发酵液总酸、pH 值、蛋白酶酶活分别基本维持在 12 g/kg、3.5、9.40 U/mL 左右；4 ℃条件下贮藏 168 h，豆清发酵液总酸 12.2～12.4 g/kg 之间，pH 值 3.44～3.5 之间，蛋白酶酶活 9.38～9.40 U/mL。故结合工厂生产实际，可将豆清发酵液置于－18 ℃冷冻或 4 ℃冷藏室中短期贮藏备用，效果基本无差异。

由图 2-5、图 2-6 可知，将制备好的豆清发酵液置于 25 ℃条件下贮藏，总酸呈缓慢趋势增长，蛋白酶酶活活力缓慢趋势下降。其中 0～48 h 所测的总酸、pH 值及蛋白酶酶活差异不明显；48～120 h 之间蛋白酶、总酸存在有差异，故结合实际考虑常温贮藏的豆清发酵液需在 48 h 内用完，48 h 之后的豆清发酵液由于蛋白酶酶活变化差异显著，其因总酸含量仍有增长，使部分蛋白酶本身变性失活，固后续点浆效果会有一定的影响，从而会出现产品有不稳定的现象。

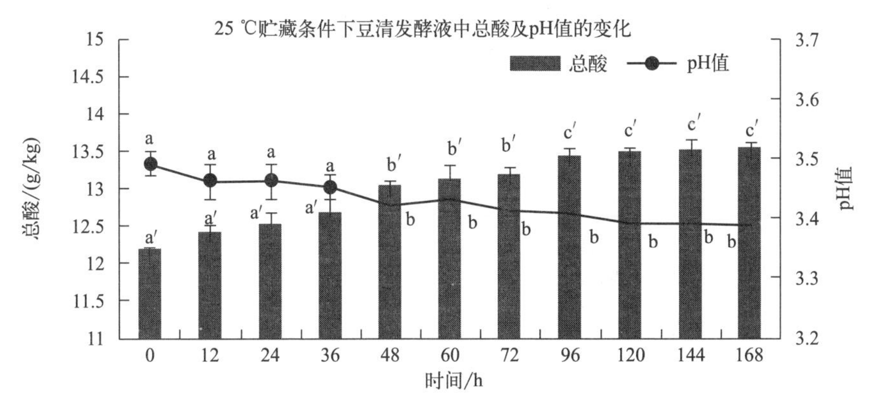

图 2-5　25 ℃贮藏条件下豆清发酵液中总酸及 pH 值的变化

a～c，a′～c′分别表示豆清发酵液总酸及 pH 值差异性（$P<0.05$），下同

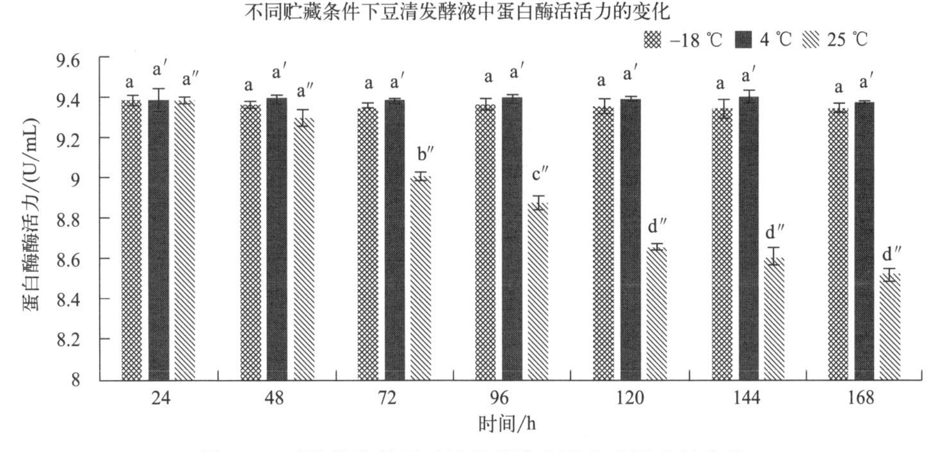

图 2-6　不贮藏条件下豆清发酵液中蛋白酶活力的变化

a、a′、a″～d″分别不同贮藏温度条件下豆清发酵液蛋白酶酶活力的差异性（$P<0.05$）

2. 酸浆豆腐理化指标结果统计分析

豆腐理化检测指标结果如表 2-3 所示，所选 22 个大豆品种原料生产的酸浆豆腐蛋白质平均含量为 8.63 g/100g，极差为 4.29 g/100g，豆腐蛋白质含量最高为 11.17 g/100g；豆腐脂肪、水分含量变幅分别为 5.35～7.62 g/100g、72.85%～79.85%，变异系数分别为 6.84%、2.55%；豆腐得率主要分布在 164.61～203.97 g/100g 之间，平均值为 184.26 g/100g；豆腐保水性变幅为 69.70%～82.27%，变异系数为 28%；豆腐感官评分主要分布在 64.33～85.65 分，平均值为 75.35 分，变异系数为 8.52%。

表 2-3　豆腐理化指标结果的统计分析表

项目	豆腐蛋白质/(g/100g)	豆腐脂肪/(g/100g)	豆腐水分/%	豆腐得率/(g/100g)	保水性/%	感官评分/分
变幅	6.88～11.17	5.35～7.62	72.85～79.85	164.61～203.97	69.70～82.27	64.33～85.65
极差	4.29	2.27	7.37	39.35	12.57	21.32
平均值	8.63	6.50	77.22	184.26	75.01	75.35
标准差	1.26	0.51	1.97	9.65	3.29	6.42
C.V/%	14.59	6.84	2.55	5.24	28	8.52
方差	1.23	0.50	1.92	9.43	3.21	6.28

3. 酸浆豆腐质构结果分析

酸浆豆腐质构结果的统计分析如表 2-4 所示，酸浆豆腐凝聚性主要分布于 2.07～3.17 之间，平均值为 2.31，变异系数为 10.21%；豆腐硬度和韧性变幅为 83.97～174，平均值为 125.47，方差为 25.48；豆腐弹性居于 0.81～0.93 之间，变异系数为 4.46%；豆腐耐嚼性、胶黏性的极差分别为 53.06 gf、53.32 gf，变异系数分别为 29.94%、28.44%；豆腐断裂强度变幅为 0.84～4.03，平均值为 3.20，变异系数为 42.67%。

表 2-4　豆腐质构结果的统计分析表

项目	凝聚性	硬度	弹性	耐嚼性/gf	胶黏性/gf	断裂强度	韧性
变幅	2.07～3.17	83.97～174	0.81～0.93	23.33～76.39	30.80～84.12	0.84～4.03	83.97～174.00
极差	1.11	90.03	0.12	53.06	53.32	3.20	90.03
平均值	2.31	125.47	0.88	46.70	52.09	2.14	125.47
标准差	0.24	26.08	0.04	13.98	14.82	0.91	26.08
C.V/%	10.21	20.79	4.46	29.94	28.44	42.67	20.79
方差	0.23	25.48	0.04	13.66	14.48	0.89	25.48

注：1 gf=0.0098 N。

4. 酸浆豆腐品质之间相关性分析

豆腐品质之间的相关分析统计结果如表 2-5 所示，豆腐蛋白质含量与豆腐

表 2-5 豆腐品质之间的相关性分析

项目	豆腐蛋白质	豆腐脂肪	豆腐水分	得率	保水性	感官评分	凝聚性	硬度	弹性	耐嚼性	胶黏性	断裂强度	韧性
豆腐蛋白质	1												
豆腐脂肪	0.099	1											
豆腐水分	0.174	0.305*	1										
得率	0.665**	−0.083	0.183	1									
保水性	0.308*	0.269*	0.194	0.407**	1								
感官评分	0.295	0.165	0.210	0.257	0.609**	1							
凝聚性	0.457**	−0.277*	−0.216	0.434**	0.042	0.333**	1						
硬度	−0.068	−0.106	0.048	−0.115	0.059	−0.089	−0.012	1					
弹性	0.367**	0.165	0.270*	0.372**	0.188	0.400**	0.220	0.221	1				
耐嚼性	−0.184	−0.019	0.113	−0.075	0.064	0.004	−0.115	0.794**	0.290*	1			
胶黏性	−0.181	−0.029	0.097	−0.072	0.092	0.017	−0.084	0.774**	0.264*	0.984**	1		
断裂强度	0.168	−0.388**	0.137	0.200	0.056	0.194	0.130	0.119	0.056	0.170	0.230	1	
韧性	−0.068	−0.106	0.048	−0.115	0.059	−0.089	−0.012	1.000**	0.221	0.794**	0.774**	0.119	1

注：* 表示在 0.05 水平上显著相关（双尾），** 表示在 0.01 水平上显著相关（双尾），下同。

得率、凝聚性、弹性呈极显著的正相关（相关系数 r 分别为 0.665、0.457、0.367），与豆腐保水性呈显著正相关（相关系数 r=0.308）；豆腐脂肪与保水性呈显著正相关（相关系数 r=0.269），与断裂强度呈极显著负相关（相关系数 r=－0.388），与豆腐凝聚性呈显著负相关（相关系数 r=－0.277）；豆腐水分与豆腐弹性呈显著的正相关（相关系数 r=0.270）；豆腐得率与豆腐保水性、凝聚性、弹性呈极显著的正相关（相关系数 r 分别为 0.407、0.434、0.372）；豆腐感官评分与豆腐凝聚性、弹性呈极显著的正相关（相关系数 r 分别为 0.333、0.400）；豆腐硬度与豆腐耐嚼性、胶黏性、韧性呈极显著的正相关（相关系数 r 分别为 0.794、0.774、1.000）；豆腐弹性与豆腐耐嚼性、胶黏性呈显著的正相关（相关系数 r 分别为 0.290、0.264）；豆腐耐嚼性与豆腐胶黏性呈极显著的正相关（相关系数 r=0.984）。

5. 大豆原料主要技术指标与豆腐品质相关性分析

大豆原料主要技术指标与豆腐品质之间的相关性分析如表 2-6 所示，大豆百粒重与豆腐弹性呈极显著正相关（相关系数 r=0.441）；大豆籽粒密度与豆腐得率呈极显著负相关（相关系数 r=－0.380），与豆腐脂肪含量呈显著正相关（相关系数 r=0.280）；大豆蛋白质与、得率、凝聚性呈极显著正相关（相关系数 r 分别为 0.682、0.585、0.382），与豆腐保水性、弹性呈显著正相关（相关系数 r 分别为 0.263、0.278）；大豆脂肪与豆腐硬度、弹性、韧性呈显著正相关（相关系数 r 分别为 0.258、0.245、0.258）；大豆水分与豆腐得率、耐嚼性、胶黏性呈极显著负相关（相关系数 r 分别为－0.316、－0.445、－0.446）；水溶性蛋白质与豆腐蛋白质、得率、保水性、凝聚性呈极显著的正相关（相关系数 r 分别为 0.593、0.469、0.332、0.393）；碳水化合物与豆腐得率呈显著负相关（相关系数 r=－0.251）；总异黄酮含量与豆腐感官评分、断裂强度呈极显著的正相关（相关系数 r 分别为 0.383、0.423）。

表 2-6　大豆原料主要技术指标与豆腐品质之间相关性分析

项目	百粒重	籽粒密度	蛋白质	脂肪	水分	水溶性蛋白质	碳水化合物	总异黄酮
豆腐蛋白质	0.029	－0.192	0.682**	－0.197	－0.201	0.593**	－0.193	0.076
豆腐脂肪	0.087	0.280*	0.297	0.143	－0.240	0.118	－0.145	0.183
豆腐水分	0.134	0.223	0.188	－0.149	－0.138	0.123	－0.053	0.235
得率	0.02	－0.380**	0.585**	－0.116	－0.316**	0.469**	－0.251*	0.246
保水性	0.018	0.106	0.263*	0.211	－0.280*	0.332**	－0.223	0.255

续表

项目	百粒重	籽粒密度	蛋白质	脂肪	水分	水溶性蛋白质	碳水化合物	总异黄酮
感官评分	−0.019	−0.166	0.204	−0.06	−0.271	0.230	−0.202	0.383**
凝聚性	0.029	−0.192	0.382**	−0.197	−0.201	0.393**	−0.193	0.076
硬度	0.033	0.021	−0.218	0.258*	−0.256	−0.032	0.099	−0.026
弹性	0.441**	−0.085	0.287*	0.245*	−0.233	0.177	−0.025	0.103
耐嚼性	−0.006	−0.007	−0.138	0.144	−0.445**	−0.101	0.096	0.043
胶黏性	−0.024	0.000	−0.165	0.141	−0.446**	−0.096	0.098	0.094
断裂强度	0.179	0.110	0.009	−0.061	−0.057	0.044	−0.060	0.423**
韧性	0.033	0.021	−0.218	0.258*	−0.256	−0.032	0.099	−0.026

注：*表示在0.05水平上显著相关（双尾），**表示在0.01水平上显著相关（双尾），下同。

6. 大豆原料主要技术指标与豆腐品质因子分析

选以22个大豆原料主要技术指标百粒重（X_1）、籽粒密度（X_2）、蛋白质（X_3）、脂肪（X_4）、水分（X_5）、水溶性蛋白质（X_6）、碳水化合物（X_7）及总异黄酮含量（X_8）与其豆腐品质指标中豆腐蛋白质（X_9）、豆腐脂肪（X_{10}）、豆腐水分（X_{11}）、豆腐得率（X_{12}）、豆腐保水性（X_{13}）、豆腐感官评分（X_{14}）、凝聚性（X_{15}）、硬度（X_{16}）、弹性（X_{17}）、耐嚼性（X_{18}）、胶黏性（X_{19}）及断裂强度（X_{20}）等指标用SPSS22进行因子分析。其中统计分析中的KMO检验统计量为0.761，大于0.7，说明因子分析还可接受；球形Bartlett检验的显著性为0.000，小于0.01，说明试验数据之间存在显著性。

由表2-7中的总方差分析表、表2-8旋转后的因子载荷矩阵及图2-7中的特征值与主成分碎石图可得出，前6个特征值均大于1且曲线连线陡峭，第6个特征值后曲线变化趋缓，故而选取前6个主成分比较合适，其累计方差贡献率占全部的78.742%，说明能较好综合评价大豆及豆腐品质指标的信息。

表2-7　总方差分析表

元件	起始特征值			提取载荷平方和		
	总计	方差百分比/%	累加/%	总计	方差百分比/%	累加/%
1	5.099	25.496	25.496	5.099	25.496	25.496
2	3.329	16.645	42.141	3.329	16.645	42.141
3	2.643	13.217	55.358	2.643	13.217	55.358

续表

元件	起始特征值			提取载荷平方和		
	总计	方差百分比/%	累加/%	总计	方差百分比/%	累加/%
4	1.722	8.609	63.966	1.722	8.609	63.966
5	1.488	7.442	71.408	1.488	7.442	71.408
6	1.467	7.333	78.742	1.467	7.333	78.742
7	0.983	4.913	83.655			
8	0.909	4.544	88.2			
9	0.698	3.491	91.69			
10	0.529	2.645	94.335			
11	0.395	1.976	96.311			
12	0.24	1.199	97.51			
13	0.193	0.967	98.476			
14	0.094	0.469	98.945			
15	0.079	0.397	99.342			
16	0.055	0.273	99.615			
17	0.044	0.222	99.837			
18	0.03	0.152	99.989			
19	0.002	0.009	99.998			
20	0	0.002	100			

表 2-8 旋转后的因子载荷矩阵

项目	因子 1	因子 2	因子 3	因子 4	因子 5	因子 6
蛋白质	0.825	0.362	−0.214	0.112	0.031	−0.048
水溶性蛋白质	0.809	0.323	0.083	−0.062	−0.061	0.023
碳水化合物	−0.755	0.075	0.128	0.164	−0.074	0.006
豆腐蛋白质	0.636	0.356	0.08	0.476	0.059	0.108
总异黄酮	−0.539	0.395	0.209	−0.369	0.108	0.282
保水性	0.104	0.775	0.034	−0.024	0.144	0.001
感官评分	0.403	0.728	−0.131	0.433	0.104	0.059
水分	−0.012	−0.712	−0.123	−0.091	0.128	0.163
豆腐水分	0.214	0.684	−0.081	−0.326	0.07	0.127
耐嚼性	−0.047	−0.053	0.967	−0.009	0.038	0.031
胶黏性	−0.07	−0.014	0.966	0.005	0.031	0.101

续表

项目	因子 1	因子 2	因子 3	因子 4	因子 5	因子 6
硬度	−0.116	0.101	0.907	−0.015	0.09	0.003
凝聚性	−0.03	0.062	0.057	0.855	0.209	0.196
籽粒密度	0.042	0.169	0.052	−0.816	0.204	0.067
得率	0.492	0.466	−0.155	0.593	0.084	0.13
百粒重	0.064	−0.106	−0.041	−0.097	0.911	0.184
弹性	0.205	0.305	0.141	0.39	0.691	−0.086
脂肪	−0.384	0.123	0.295	−0.087	0.598	−0.243
断裂强度	0.072	0.112	0.064	−0.009	0.114	0.891
豆腐脂肪	0.177	0.382	−0.105	−0.372	0.224	−0.695

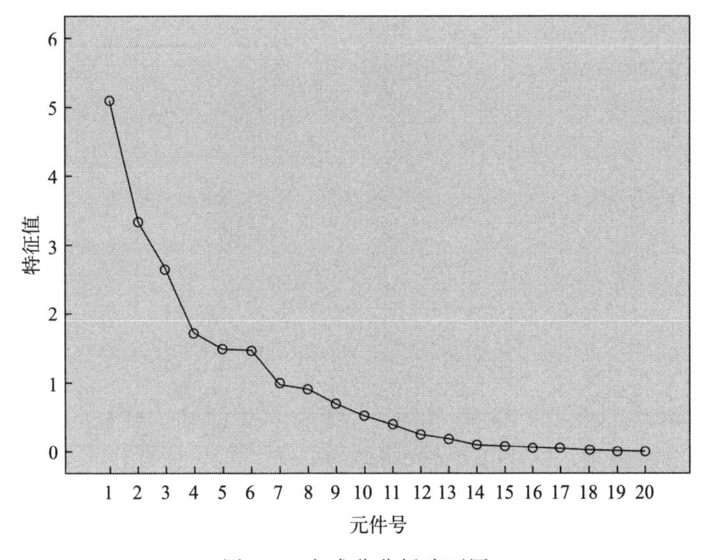

图 2-7　主成分分析碎石图

从表 2-9 可看出，第 1 主因子中大豆中蛋白质、水溶性蛋白质、碳水化合物的载荷系数较大；第 2 主因子中大豆水分、豆腐保水性、豆腐感官评分、豆腐水分的载荷系数较大；第 3 主因子中豆腐耐嚼性、胶黏性、硬度的载荷系数较大；第 4 主因子中豆腐凝聚性、籽粒密度、豆腐得率有较大的载荷系数；第 5 主因子中大豆百粒重、脂肪及豆腐弹性有较大的载荷系数，第 6 主因子中大豆原料中的总异黄酮含量、豆腐断裂强度、豆腐脂肪有较大的载荷系数。所选的前 6 个主因子包含了大豆原料及所制豆腐的基本信息，故可用来综合评价。

表 2-9　因子得分系数矩阵

项目	因子 1	因子 2	因子 3	因子 4	因子 5	因子 6
百粒重	0.059	−0.145	−0.07	−0.068	0.53	0.121
籽粒密度	0.073	0.042	0.004	−0.337	0.103	0.106
蛋白质	0.25	0.011	−0.01	−0.03	0	−0.026
脂肪	−0.137	0.04	0.04	0.013	0.307	−0.168
水分	0.114	−0.295	−0.036	−0.046	0.154	0.11
水溶性蛋白质	0.295	−0.002	0.102	−0.103	−0.065	0.02
碳水化合物	−0.33	0.162	−0.027	0.136	−0.066	−0.013
总异黄酮	−0.235	0.239	−0.01	−0.122	0.003	0.207
豆腐蛋白质	0.167	0.028	0.069	0.119	−0.008	0.033
豆腐脂肪	0.035	0.099	−0.016	−0.113	0.104	−0.416
豆腐水分	−0.004	0.241	−0.043	−0.163	−0.022	0.12
得率	0.055	0.103	−0.039	0.178	0.006	0.05
保水性	−0.082	0.282	−0.015	−0.023	0	0.009
感官评分	−0.01	0.222	−0.046	0.127	−0.01	0.019
凝聚性	−0.096	0.006	−0.009	0.326	0.098	0.057
硬度	0.027	0.018	0.313	0.001	−0.017	−0.039
弹性	0.017	0.01	0.02	0.135	0.35	−0.095
耐嚼性	0.087	−0.053	0.349	−0.005	−0.034	−0.025
胶黏性	0.069	−0.031	0.343	−0.003	−0.043	0.02
断裂强度	0.019	0.03	−0.022	−0.082	0.043	0.579

由表 2-9 可得出 6 个主因子得分模型公式为：

$F_1 = 0.059X_1 + 0.073X_2 + 0.25X_3 - 0.137X_4 + 0.114X_5 + 0.259X_6 - 0.33X_7 - 0.235X_8 + 0.167X_9 + 0.059X_{10} - 0.004X_{11} + 0.055X_{12} - 0.082X_{13} - 0.01X_{14} - 0.096X_{15} + 0.027X_{16} + 0.017X_{17} + 0.087X_{18} + 0.069X_{19} + 0.019X_{20}$

$F_2 = -0.145X_1 + 0.042X_2 + 0.011X_3 + 0.04X_4 - 0.295X_5 - 0.002X_6 + 0162X_7 + 0.239X_8 + 0.028X_9 + 0.099X_{10} + 0.241X_{11} + 0.103X_{12} + 0.282X_{13} + 0.222X_{14} + 0.006X_{15} + 0.018X_{16} + 0.01X_{17} - 0.053X_{18} - 0.031X_{19} + 0.03X_{20}$

$F_3 = -0.07X_1 + 0.004X_2 - 0.01X_3 + 0.04X_4 - 0.036X_5 + 0.102X_6 - 0.027X_7 - 0.01X_8 + 0.069X_9 - 0.016X_{10} - 0.043X_{11} - 0.039X_{12} - 0.015X_{13} - 0.046X_{14} - 0.009X_{15} + 0.313X_{16} + 0.02X_{17} + 0.349X_{18} + 0.343X_{19} - 0.022X_{20}$

$F_4 = -0.068X_1 - 0.337X_2 - 0.03X_3 + 0.013X_4 - 0.046X_5 - 0.103X_6 + 0.136X_7 - 0.122X_8 + 0.119X_9 - 0.113X_{10} - 0.163X_{11} + 0.178X_{12} -$

$0.023X_{13}+0.127X_{14}+0.326X_{15}+0.001X_{16}+0.135X_{17}-0.005X_{18}-0.003X_{19}-0.082X_{20}$

$F_5=0.53X_1+0.103X_2+0.307X_4+0.154X_5-0.065X_6-0.066X_7+0.003X_8-0.008X_9+0.104X_{10}-0.022X_{11}+0.006X_{12}-0.01X_{14}+0.098X_{15}-0.017X_{16}+0.35X_{17}-0.034X_{18}-0.043X_{19}+0.043X_{20}$

$F_6=0.121X_1+0.106X_2-0.026X_3-0.168X_4+0.11X_5+0.02X_6-0.013X_7+0.207X_8+0.033X_9-0.416X_{10}+0.12X_{11}+0.05X_{12}+0.009X_{13}+0.019X_{14}+0.057X_{15}-0.039X_{16}-0.095X_{17}-0.025X_{18}+0.02X_{19}+0.579X_{20}$

对每一大豆原料综合评价，可通过对 6 个公共因子的得分进行加权求和，权数即为公共因子对应的方差贡献率。各大豆原料综合得分公式为：ZF（综合得分）$=0.254f_1+0.166f_2+0.132f_3+0.086f_4+0.074f_5+0.073f_6$，其中 f_1、f_2、f_3、f_4、f_5、f_6 等表示每一大豆原料的在 6 个公共因子所占比值。为了更直接地对各大豆原料进行综合评价，将综合得分在 [0，100] 区间内进行规格化转化，转化后结果用 ZZF 表示。

表 2-10　不同大豆原料的因子得分及综合评价

品种名称	ZZF	品种名称	ZZF
皖豆 28	97.56	中黄 13	59.70
华豆 2 号	89.78	蒙 1301	55.74
齐黄 34	79.62	中黄 37	51.75
东农豆 252	79.60	汇农 416	51.42
黑龙 48	73.38	临豆 9 号	49.76
华豆 10 号	71.39	蒙 12131	48.11
东农豆 253	70.41	汇农 417	46.44
临豆 10 号	67.71	皖豆 909	46.05
毛豆	67.63	东升 1 号	38.49
邵阳大豆	64.88	蒙 1001	30.90
加拿大大豆	61.33	黑河 45 号	28.48

由表 2-10 可看出，皖豆 28、华豆 2 号、齐黄 34 及东农豆 252 等 4 个大豆原料加工成酸浆豆腐的综合得分最高，说明这些品种在所选的大豆原料中加工为酸浆豆腐具有潜在优势。优选的 4 个大豆原料共具有蛋白质含量高、水溶性蛋白质含量较高、碳水化合物低等的特点，其豆腐具有得率高、感官评价高、弹性适宜、断裂强度高等特点。

第二节　大豆原料与酸浆豆干品质关系

酸浆豆干也是一种极具有中国特色的传统产品，以高蛋白质、低脂肪和高韧性口感，深受消费者青睐。近年来，休闲豆干蓬勃发展，消费者对休闲豆干的品质追求越来越高，然而，不少企业通过后续加工工艺来改善豆干产品质量来满足人类需求，忽略原料大豆对豆干品质的影响，从而影响休闲豆干进一步发展。

从上节内容可知，大豆原料组分与豆腐蛋白质含量、质构、得率有明显关系。但是豆腐加工成豆干，产品的结构发生变化，豆干的水分含量较豆腐水分含量低，从而豆干产品的组分也进一步发生变化。目前，有不少关于大豆原料与豆腐干研究进展文献报道，结果表明：不同大豆品种理化指标及干豆腐品质指标均呈现了较大的差异，其中干豆腐品质特性指标与原料中蛋白质含量、水溶性蛋白质含量呈正相关，与脂肪含量、7S呈负相关。

为了进一步研究豆干质构指标中的硬度、咀嚼性和凝聚性与豆干感官品质的关系，为豆干产品的大豆原料选取提供理论支持。赵良忠、王秋普研究了国内常用的22个大豆品种与酸浆豆干品质之间的关系，结果表明，大豆籽粒密度与酸浆豆干得率呈显著负相关（$r=-0.324$），大豆蛋白质含量与酸浆豆干蛋白质含量、得率、感官评分、弹性呈极显著的正相关（r 分别为0.634、0.633、0.526、0.418），大豆脂肪含量与酸浆豆干凝聚性呈显著负相关（$r=-0.275$），与酸浆豆干的胶黏性呈极显著正相关（$r=0.321$），大豆中水溶性蛋白质含量与酸浆豆干蛋白质含量、得率、弹性呈极显著的正相关（r 分别为0.377、0.568、0.352），大豆中碳水化合物含量与酸浆豆干蛋白质含量成极显著负相关（$r=-0.334$），与酸浆豆干得率呈显著负相关（$r=-0.277$），与酸浆豆干的耐嚼性呈显著正相关（$r=0.272$，大豆总异黄酮含量与酸浆豆干凝聚性呈显著正相关（$r=0.314$）。研究过程介绍如下。

一、材料和方法

1. 试验材料与设备

（1）试验材料　大豆原料同表2-1中的大豆品种。

（2）仪器设备　电子天平、物性测定仪、阿贝折射仪、豆腐生产设备、豆腐烘干机。

2. 酸浆豆干制备

参照谢灵来方法并稍加改进，每种大豆原料称取 200 g，清洗 2～3 次，按大豆干重：水＝1：4 的比例在室温（20～25 ℃）浸泡约 8 h，以大豆干重：水＝1：6 的比例加去离子水进行磨浆，再将磨好后的豆糊加热至沸并保温 8 min，120 目纱布过滤，得到豆浆，分别将调配好的豆清发酵液 350 mL 从上而下加入过滤的豆浆中，边加边搅拌点浆，直至脑花析出。点浆后静置蹲脑 20 min，用勺进行破脑，最后再将脑花浇注至铺好滤布的小型豆腐框中，包好布后，置于 0.98 MPa 压强下压榨 25 min，脱模即得豆腐白坯。再将白坯进行切块，置于 HMHX-1 型带式干燥机进行烘干，四个加热区烘干温度依次为 75 ℃、80 ℃、85 ℃、90 ℃；电机转速为 40 r/min，时间约 3 h，冷却后即得金黄的酸浆豆干，具体流程如图 2-8 所示。

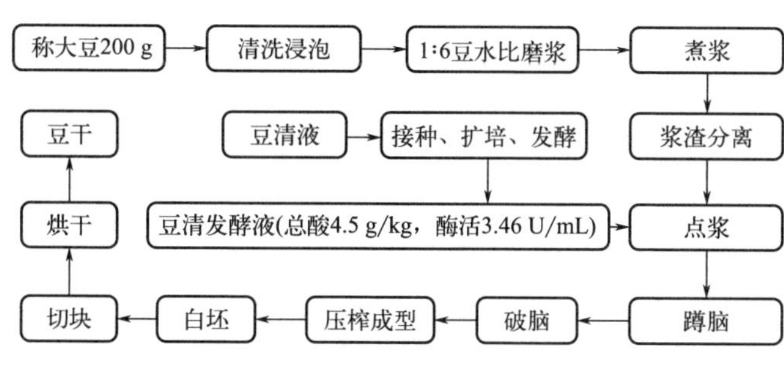

图 2-8　酸浆豆干制作工艺流程

3. 酸浆豆干理化指标测定

（1）酸浆豆干感官评定　参照 GB 2712—2014 标准制定酸浆豆干评分内容，实行百分制，其评分标准主要从色泽、组织状态、气味、口感滋味 4 个方面进行。每一品种酸浆豆干选取 10 名具有豆制品专业背景的人员进行感官评价，在感官评定之前进行感官品评培训，其具体评分细则见表 2-11。

表 2-11　酸浆豆干的感官评价标准

指标	评价标准	得分/分
色泽（20 分）	色泽呈浅黄色，光泽明亮	16～20
	色泽略呈深黄色，色泽较暗	7～15
	色泽呈深黄色略微发红或发绿，无光泽或光泽不均匀	1～6
组织状态（30 分）	质地细腻，有一定的弹性，切开处挤压不出水，切面整齐	21～30
	质地粗糙，弹性差且易被折断，切口处可挤压出水珠	11～20
	质地粗糙无弹性，表面黏滑，切开时粘刀，切口挤压时有水流出	1～10

续表

指标	评价标准	得分/分
气味 (20分)	具有豆干特有的豆香味，无其他任何异味	15～20
	豆香味平淡，不突出	10～14
	无豆香味或含有不良气味	1～9
口感滋味 (30分)	滋味纯正，咀嚼性好，口感细腻	21～30
	滋味平淡，咀嚼性较好，口感较粗糙	11～20
	有酸味、苦涩味等不良滋味，咀嚼性差，口感粗糙	1～10

(2) 酸浆豆干得率的测定　将烘好的酸浆豆腐于室温静置冷却后称量，计算每 100 g 大豆所得到酸浆豆干的重量。

(3) 酸浆豆干色泽的测定　采用全自动色彩色差计 CR-400 对豆干色泽进行测定，具体操作如下：每个大豆原料随机选取 3 块酸浆豆干进行测定，测定前先用探头对准标准白板进行校正，色差的测定结果分别用 L^*、a^*、b^* 表示。其中 L^* 表示豆干的白度值，L^* 值越大则表示豆干越白亮，反之越灰暗；a^* 表示豆干红度值，a^* 值越大豆干越偏红，反之则偏绿；b^* 则表示豆干黄度值，b^* 值越大越偏黄，反之则偏蓝。

(4) 酸浆豆干中水分、蛋白质、脂肪的测定　酸浆豆干中蛋白质含量 GB 5009.5—2016 中的分光光度计法进行测定；脂肪含量的测定按照 GB 5009.6—2016 进行测定；水分按照 GB 5009.3—2016 中的直接干燥法进行测定。

4. 酸浆豆干质构测定

取 3 块同一批次的酸浆豆干于室温冷却后进行质构测定。

5. 数据处理分析软件

运用 IBM SPSS Statistics 22 软件进行数据处理分析，每组实验重复 3 次以上。

二、结果与分析

1. 酸浆豆干理化指标结果统计分析

由表 2-12 可知，酸浆豆干蛋白质含量变幅为 15.51～21.81 g/100g，变异系数为 9.67%，平均值为 18.59 g/100g；酸浆豆干脂肪、水分的变幅分别为 7.22～10.35 g/100g、47.80～57.77 g/100g，变异系数分别为 7.57%、5.91%；酸浆豆干得率居于 78.33～95.74 g/100g 之间，极差为 17.41，其变

异系数为5.18%；酸浆豆干色差中的L^*、a^*、b^*平均值依次分别为68.63、3.45、39.48，极差分别为10.78、2.89、12.66；酸浆豆干感官评分变幅为67.08～84.67分，平均感官评分为76.11分，变异系数为6.65%。

表2-12　酸浆豆干理化指测结果的统计分析表

项目	蛋白质/(g/100g)	脂肪/(g/100g)	水分/%	得率/(g/100g)	L^*	a^*	b^*	感官评价/分
变幅	15.51～21.81	7.22～10.35	47.80～57.77	78.33～95.74	61.55～72.3	1.85～4.73	34.71～47.37	67.08～84.67
极差	6.30	3.13	9.97	17.41	10.78	2.89	12.66	17.67
平均值	18.59	8.73	53.43	87.77	68.63	3.45	39.48	76.11
标准差	1.80	0.89	3.16	4.54	3.03	0.77	3.53	5.06
C.V/%	9.67	7.57	5.91	5.18	4.41	22.39	8.95	6.65

2. 酸浆豆干浆质构结果统计分析

从表2-13可以得出，不同大豆原料所制酸浆豆干凝聚性变幅为1.34～2.31，平均值为1.66；断裂强度分布在5.49～20.58之间，变异系数为34.89%；弹性变幅为0.84～0.97，平均值为0.93，变异系数为3.75%；胶黏性和耐嚼性变幅依次分别为522.89～1188.01 gf、497.66～1081.83 gf，标准差分别为177.05、177.12；硬度分布在734.43～1282.91之间，平均相对硬度为1051.19，变异系数为14.37%；穿透功平均值为0.04，极差为0.06，变异系数为41.81%。不同大豆原料所制酸浆豆干质构参数差异显著，间接说明了大豆原料主要技术指标对酸浆豆干质构影响较大。

表2-13　酸浆豆干质构指标结果的统计分析表

项目	凝聚性	断裂强度	弹性	胶黏性/gf	耐嚼性/gf	硬度	穿透功
变幅	1.34～2.31	5.49～20.58	0.84～0.97	522.89～1188.01	497.66～1081.83	734.43～1282.91	0.02～0.08
极差	0.97	15.09	0.14	665.12	584.17	548.48	0.06
平均值	1.66	12.52	0.93	811.60	778.24	1051.19	0.04
标准差	0.32	27	0.03	172.05	177.12	151.01	0.02
C.V/%	19.16	34.89	3.75	21.20	22.76	14.37	41.81
方差	0.31	4.27	0.03	168.10	173.05	147.54	0.02

注：1 gf=0.0098 N。

3. 酸浆豆干品质之间相关性分析

酸浆豆干品质之间的相关性分析结果见表2-14。从表中得出，酸浆豆干蛋

表 2-14 酸浆豆干品质之间的相关性分析

项目	豆干蛋白质	豆干脂肪	豆干水分	得率	L^*	a^*	b^*	感官评分	黏结性	断裂强度	弹性	胶黏性	耐嚼性	硬度
豆干蛋白质	1													
豆干脂肪	−0.154	1												
豆干水分	−0.333**	−0.129	1											
得率	0.419**	−0.315*	−0.168	1										
L^*	−0.319**	−0.022	0.226	−0.262*	1									
a^*	0.137	−0.114	0.098	0.197	−0.561**	1								
b^*	0.380**	−0.087	−0.310*	0.201	−0.295*	0.017	1							
感官评分	0.375*	0.062	−0.338**	0.345*	−0.248*	−0.179	0.531**	1						
黏结性	−0.479**	−0.002	0.523**	−0.270*	0.443**	−0.217	−0.428**	−0.226	1					
断裂强度	0.416**	−0.118	−0.362**	0.151	−0.527**	0.283*	0.279*	0.158	−0.455**	1				
弹性	0.510**	−0.317*	0.111	0.423**	−0.068	0.122	0.153	0.271*	−0.200	0.171	1			
胶黏性	0.260	−0.052	−0.378*	0.175	−0.165	0.188	0.292	0.226	−0.371*	0.148	0.180	1		
耐嚼性	0.491**	−0.068	−0.455**	0.196	−0.555**	0.286*	0.398**	0.247*	−0.679**	0.934**	0.262*	0.295	1	
硬度	0.399**	−0.109	−0.377**	0.137	−0.534**	0.276*	0.287*	0.151	−0.470**	0.997**	0.143	0.957**	0.943**	1
穿透功	0.173	−0.185	0.392**	0.094	−0.315*	0.263*	−0.080	−0.064	0.160	0.550**	0.274*	0.381**	0.396**	0.538**

注：样本量 $N=66$，*表示在 0.05 水平上显著相关（双尾），**表示在 0.01 水平上显著相关（双尾），下同。

白质含量与豆干得率、b^*、断裂强度、弹性、耐嚼性、硬度呈极显著正相关（相关系数 r 分别为 0.419、0.380、0.416、0.510、0.491、0.399），与酸浆豆干感官评分呈显著正相关（相关系数 r=0.375），与酸浆豆干水分、L^*、黏结性呈极显著负相关（相关系数 r 分别为−0.333、−0.319、−0.479）；酸浆豆干脂肪与酸浆豆干得率、酸浆豆干弹性呈显著的负相关（相关系数 r 分别为−0.315、−0.317）；酸浆豆干水分与黏结性、穿透功呈极显著正相关（相关系数 r 分别为 0.523、0.392），与酸浆豆干感官评分、断裂强度、耐嚼性、硬度呈极显著的负相关（相关系数 r 分别为−0.338、−0.362、−0.455、−0.377）；酸浆豆干 L^* 与 a^* 呈极显著负相关（相关系数 r=−0.561），与 b^*、酸浆豆干感官评分呈显著负相关（相关系数 r 分别为−0.295、−0.248）；酸浆豆干黏结性与豆干断裂强度、耐嚼性、硬度呈极显著的负相关（相关系数 r 分别为−0.455、−0.69、−0.470）；酸浆豆干断裂强度与耐嚼性、硬度呈极显著的正相关（相关系数 r 分别为 0.995、0.957）；豆干弹性与耐嚼性、穿透功呈显著正相关（相关系数 r 分别为 0.262、0.274）；酸浆豆干耐嚼性与豆干硬度呈极显著的正相关（相关系数 r=0.943）；酸浆豆干硬度与穿透功呈极显著的正相关（相关系数 r=0.538）。

4. 大豆原料主要技术指标与酸浆豆干品质之间的相关性分析

大豆原料主要成分与酸浆豆干品质之间的相关性分析结果见表 2-15。大豆百粒重与酸浆豆干胶黏性呈显著的正相关（相关系数 r=0.324），与酸浆豆干色差（a^*）呈极显著的负相关（相关系数 r=−0.373）；大豆籽粒密度与豆干得率呈显著负相关（相关系数 r=−0.307），与酸浆豆干色差明亮度 L^* 呈显著的正相关；大豆蛋白质含量与酸浆豆干蛋白质含量、得率、感官评分、弹性呈极显著的正相关（相关系数 r 分别为 0.634、0.633、0.526、0.418）；大豆脂肪含量与酸浆豆干凝聚性呈显著的负相关（相关系数 r=−0.275），与酸浆豆干的胶黏性呈极显著的正相关（相关系数 r=0.321）；大豆水分含量与酸浆豆干凝聚性呈极显著的正相关（相关系数 r=0.361），与酸浆豆干穿透功呈显著的正相关（相关系数 r=0.247），与酸浆豆干蛋白质、感官评分含量呈极显著的负相关（相关系数 r 分别为−0.445、−0.362）；大豆水溶性蛋白质含量与酸浆豆干蛋白质含量、得率、弹性呈极显著的正相关（相关系数 r 分别为 0.377、0.568、0.352）；大豆碳水化合物含量与酸浆豆干蛋白质含量成极显著的负相关（相关系数 r=−0.334），与酸浆豆干得率呈显著的负相关（相关系数 r=−0.277），与酸浆豆干的耐嚼性呈显著正相关（相关系数 r=0.272）；大豆总异黄酮含量与酸浆豆干凝聚性呈显著正相关（相关系数 r=0.314）。

表 2-15　大豆原料主要技术指标与酸浆豆干品质的相关性分析结果

项目	百粒重	籽粒密度	蛋白质	脂肪	水分	水溶性蛋白质	碳水化合物	总异黄酮
豆干蛋白质	0.189	−0.107	0.634**	0.107	−0.445**	0.377**	−0.334**	−0.118
豆干脂肪	0.015	0.148	−0.031	−0.146	0.051	−0.200	0.112	0.239
豆干水分	−0.005	0.158	−0.316**	0.018	0.284*	0.010	−0.094	0.099
得率	−0.008	−0.307*	0.633**	−0.103	−0.293*	0.568**	−0.277*	−0.291
L^*	0.068	0.263*	−0.084	0.053	−0.128	−0.039	−0.195	0.278*
a^*	−0.373**	−0.140	0.080	−0.325**	0.085	0.213	0.081	−0.359**
b^*	0.230	0.191	0.276*	0.147	−0.038	0.092	−0.093	−0.134
感官评分	0.114	−0.143	0.562**	−0.089	−0.362**	0.267*	−0.108	−0.065
凝聚性	0.105	0.039	−0.098	−0.275*	0.361**	0.019	−0.021	0.314*
断裂强度	0.088	−0.005	0.190	−0.024	−0.103	0.079	0.106	−0.057
弹性	0.178	0.031	0.418**	0.121	−0.235	0.352**	−0.169	−0.175
胶黏性	0.324*	−0.021	0.186	0.321*	−0.206	0.036	0.123	−0.175
耐嚼性	0.043	−0.029	0.203	0.036	−0.228	0.050	0.272*	−0.193
硬度	0.088	−0.015	0.172	−0.016	−0.104	0.064	0.111	−0.078
穿透功	0.231	0.041	0.001	−0.061	0.247*	0.134	−0.079	0.042

注：*表示在0.05水平上显著相关（双尾），**表示在0.01水平上显著相关（双尾）。

5. 大豆原料主要技术指标与酸浆豆干品质特性聚类分析

选以百粒重、蛋白质、脂肪、水分、水溶性蛋白、碳水化合物、总异黄酮含量、酸浆豆干蛋白质、酸浆豆干脂肪、酸浆豆干水分、酸浆豆干得率、酸浆豆干色差（L^*、a^*、b^*）、酸浆豆干感官评分及酸浆豆干质构中的凝聚性、断裂强度、弹性、胶黏性、耐嚼性、硬度、穿透功为指标依据进行聚类分析，应用OLAP多维数据集进行数据的聚类处理，分析结果见表2-16、表2-17及图2-9。

表 2-16　大豆原料与酸浆豆干品质聚类分析结果

品种名称	分类	品种名称	分类
临豆9号	1	中黄13	4
临豆10号	1	中黄37	2
华豆2号	2	毛豆	1
华豆10号	3	黑龙48	1
齐黄34	4	东农豆252	4
皖豆28	2	东农豆253	2
皖豆909	3	汇农416	4
蒙1001	2	汇农417	4
蒙1301	2	东升1号	3
蒙12131	3	黑河45号	4
邵阳大豆	2	加拿大大豆	1

表 2-17　大豆原料与酸浆豆干聚类指标平均值及总和百分比

项目	1		2		3		4	
	平均数	总和百分比/%	平均数	总和百分比/%	平均数	总和百分比/%	平均数	总和百分比/%
百粒重/g	23.29	0.25	21.58	0.32	17.32	0.15	22.58	0.29
籽粒密度/(g/cm^3)	1.29	0.24	1.19	0.32	1.19	0.18	1.15	0.26
蛋白质/%	39.01	0.22	41.52	0.32	42.42	0.19	40.78	0.27
脂肪/%	19.60	0.23	19.23	0.32	18.53	0.18	19.53	0.28
水分/%	10.19	0.23	10.43	0.33	10.26	0.19	9.45	0.26
水溶性蛋白质/%	30.58	0.22	32.56	0.33	31.76	0.18	30.45	0.27
碳水化合物/%	19.91	0.23	19.20	0.31	19.79	0.18	20.46	0.28
总异黄酮/(mg/kg)	3232.48	0.38	1051.77	0.17	1644.44	0.15	2156.26	0.30
豆干蛋白质/%	17.78	0.22	18.73	0.32	18.44	0.18	19.38	0.28
豆干脂肪/%	12.29	0.24	11.49	0.31	12.16	0.19	11.25	0.26
豆干水分/%	55.33	0.24	54.26	0.32	52.84	0.18	51.29	0.26
得率/%	84.38	0.22	88.73	0.32	87.50	0.18	89.67	0.28
L^*	70.46	0.23	67.42	0.31	69.39	0.18	68.01	0.27
a^*	3.02	0.20	3.85	0.36	3.50	0.18	3.30	0.26
b^*	38.52	0.22	40.19	0.32	38.98	0.18	39.79	0.28
感官评分	74.20	0.22	75.67	0.32	77.25	0.19	77.45	0.28
凝聚性	1.90	0.26	1.57	0.30	1.68	0.19	1.51	0.25
断裂强度	11.41	0.21	12.87	0.33	10.58	0.15	14.34	0.31
弹性	0.91	0.22	0.93	0.32	0.92	0.18	0.94	0.28
胶黏性	735.78	0.20	842.80	0.33	870.26	0.19	849.29	0.28
耐嚼性	690.02	0.20	814.87	0.33	803.02	0.18	842.50	0.29
硬度	1082.98	0.23	1047.24	0.32	1153.22	0.20	961.29	0.25
穿透功	0.05	0.26	0.05	0.36	0.03	0.13	0.04	0.26

由表 2-16、表 2-17 及图 2-9 可得出，可将 22 个不同大豆原料分为 4 类：第 1 类包括 5 种大豆原料，分别是临豆 9 号、临豆 10 号、毛豆、黑龙 48 号、加拿大大豆，此类大豆原料中百粒重最高（平均值为 23.29 g），脂肪含量最高（平均值为 19.60 g/100g），大豆异黄酮总量最高（平均值为 3232.48 mg/kg），蛋白质含量最低（平均值为 39.01 g/100g），酸浆豆干蛋白质含量最低，水分

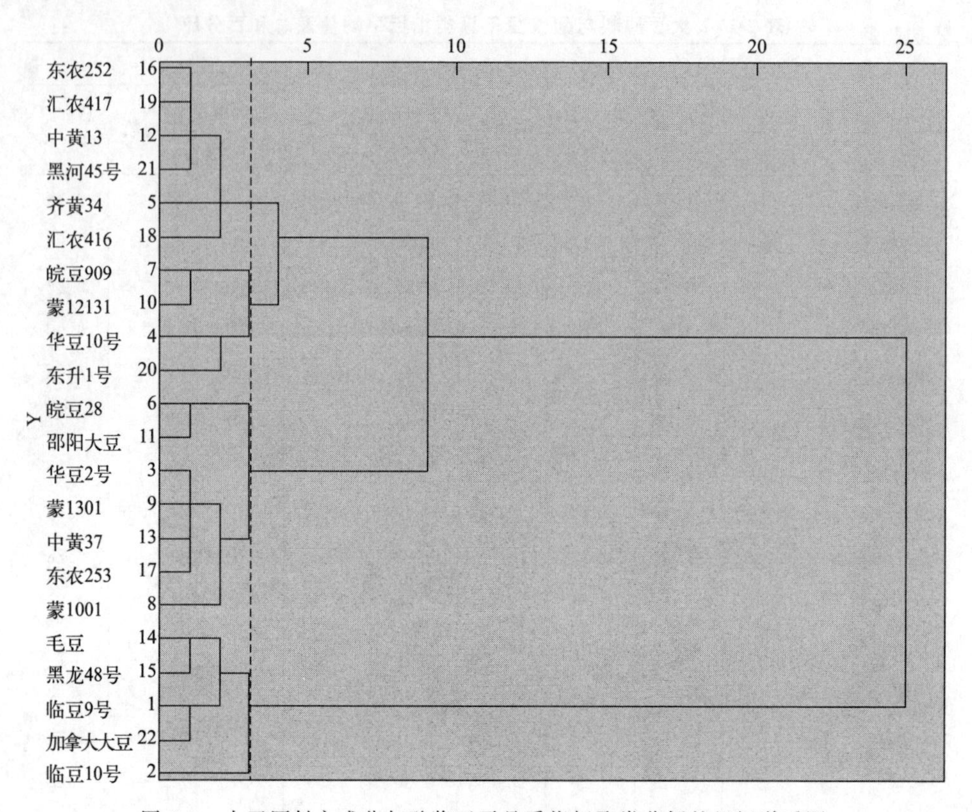

图 2-9　大豆原料主成分与酸浆豆干品质指标聚类分析的组间谱系图

含量高（平均值为 55.33%），弹性最低（平均值为 0.91），感官评分最低（平均值为 74.20 分），耐嚼性最低（平均值为 690.02），酸浆豆干色差 L^* 值最大、b^* 值最小，说明酸浆豆干白亮。

第 2 类包括 7 种大豆原料，分别是华豆 10 号、皖豆 28 号、蒙 1001、蒙 1301、邵阳大豆、中黄 37、东农豆 253，此类大豆原料水溶性蛋白质最高（平均值为 32.56 g/100g），大豆异黄酮总量最低（1051.77 mg/kg），酸浆豆干色差 L^* 值最小、b^* 值最大，说明酸浆豆干偏黄。

第 3 类包括 4 种大豆原料，分别是华豆 10 号、皖豆 909、蒙 12131、东升 1 号，此类大豆原料共同特点：大豆蛋白质含量较高（平均值为 42.42 g/100 g），酸浆豆干感官评分最高（77.25 分），胶黏性、硬度最高（平均值分别为 870.26、1153.22）。

第 4 类包括 6 种不同大豆原料，分别是齐黄 34、中黄 13、东农豆 252、汇农 416、汇农 417、黑河 45 号，此类大豆原料共同特点：大豆籽粒密度最低（平均值为 1.15），碳水化合物含量最高（20.46 g/100g），酸浆豆干断裂强度、耐嚼性最高（平均值分别为14.34、842.50）。

综上所述，第3类的大豆原料在所选的样本中最适加工酸浆豆腐，其具有感官评价高、弹性适宜以及胶黏性、硬度最高的特点。

第三节　酸浆豆制品加工用水

豆制品加工用水，是豆制品行业比较重要但也容易被忽视的问题。目前绝大多数企业都认为采用自来水或地下水（井水）即可满足生产要求。其实不然，水是豆制品加工的关键物料，也是豆制品生产中必不可缺少的物料。豆制品加工过程中，水在浸泡和磨浆工序直接进入产品，故水的品质决定豆制品的品质，水的硬度、钙离子和镁离子的浓度及其他微量元素，都直接影响豆制品的品质，直接关系到大豆蛋白质的溶出率、凝固剂的使用量和豆腐的出品率、豆腐的质构特性等。

实验结果证明，软水生产酸浆豆腐要比硬水好，表2-18所示为用蛋白质含量36%、水分11%的大豆原料，用不同水源制成浓度为10%的豆浆，测豆浆蛋白质含量和制成豆腐出品率的结果比较。

表2-18　水质对豆腐出品率的影响

水质	豆浆中蛋白质含量/%	豆腐出品率/%
处理后的软水	3.69	44.0
纯水	3.62	41.5
井水	3.47	38.7
自来水	3.41	38.1
含 Ca^{2+} 硬水(300mg/kg)	2.49	26.5
含 Mg^{2+} 硬水(300mg/kg)	2.00	21.5

注：豆腐出品率以豆浆计。

显然，水源不同，豆浆中蛋白质含量、豆腐得率差异明显，含 Ca^{2+}、Mg^{2+} 硬水不宜用于豆腐加工。

另外，水中微生物指标、理化指标对控制豆制品食品安全有重要意义。GB 14881—2013《食品安全国家标准　食品生产通用卫生规范》中规定食品企业生产用水水质必须符合GB 5749《生活饮用水卫生标准》。

目前豆制品企业的用水大部分直接使用自来水。尽管自来水符合国家食品安全的管理要求，但根据《国家生活饮用水相关卫生标准》要求：自来水的总硬度低于 450mg/L（以 $CaCO_3$ 计），自来水中含有钙、镁离子和氯离子严重影响酸浆豆制品的品质。因此，自来水不是豆制品最佳的用水选择，另外，如果考虑到酸浆豆制品的副产品——豆清液综合利用，建议酸浆豆制品企业的用水，应该采用在自来水的基础之上，进一步纯化处理，以获得更高品质的水。目前常见水处理工艺有离子交换软水处理系统、反渗透水处理系统等。

一、去离子水

1. 去离子水的定义

去离子水是指除去了呈离子形式杂质后的纯水。国际标准化组织去离子水 ISO/TC 147 规定的“去离子”定义为：“去离子水完全或不完全地去除离子物质。”去离子水是通过离子交换树脂除去水中的离子态杂质而得到的近于纯净的水，其生产装置设计的合理与否直接关系到去离子水质量的好坏及运营的经济性。

2. 去离子的原理

阳离子交换树脂：$R—H+Na^+ \longrightarrow R—Na+H^+$

阴离子交换树脂：$R—OH+Cl^- \longrightarrow R—Cl+OH^-$

阳、阴离子交换树脂总的反应式即可写成：$RH+ROH+NaCl \longrightarrow RNa+RCl+H_2O$

由此可看出，水中的 NaCl 已分别被树脂上的 H^+ 和 OH^- 所取代，而反应生成物只有 H_2O，故达到了去除水中盐的作用。

3. 去离子水处理工艺

离子交换树脂制取去离子水的基本工艺流程有下面两种。

（1）原水→多介质过滤器→活性炭过滤器→精密过滤器→阳床→阴床→混床→后置保安过滤器→用水点

（2）自来水→多介质过滤器→活性炭过滤器→软化水器→中间水箱→低压泵→精密过滤器→一级反渗透→pH 调节→混合器→二级反渗透（反渗透膜表面带正电荷）→纯水箱→纯水泵→微孔过滤器→用水点

第二种处理过程比较复杂，设备比较贵，对于豆制品行业而言，一般都采用第一种处理工艺即可。

4. 去离子水分类

通常去离子水可以分为 4 类。

A 类：只要求将水中离子去除一大部分，使水得以净化，此类去离子水电导率通常在 10～200 μS/cm。

B 类：去离子水电导率通常在 1～10 μS/cm，属于食品级别。

C 类：去离子水电导率通常在 0.1～0.9 μS/cm，属于精细工业级别。

D 类：去离子水电导率通常在 0.07 μS/cm 以下，属于电子级别。

豆制品加工用的去离子水一般用 B 类即可满足加工需求。

二、反渗透水

反渗透（RO）又称逆渗透，是一种以压力差为推动力，从溶液中分离出溶剂的膜分离操作。对膜一侧的料液施加压力，当压力超过它的渗透压时，溶剂会逆着自然渗透的方向作反向渗透。反渗透通常使用非对称膜和复合膜。反渗透所用的设备，主要是中空纤维式或卷式的膜分离设备。反渗透膜能截留水中的各种无机离子、胶体物质和大分子溶质，从而取得净制的水。也可用于大分子有机物溶液的预浓缩。反渗透纯水设备是一种集微滤、吸附、超滤、反渗透、紫外杀菌、纯化等技术于一体，将自来水直接转化为纯水的装置。

1. 反渗透水的处理工艺流程

见图 2-10。

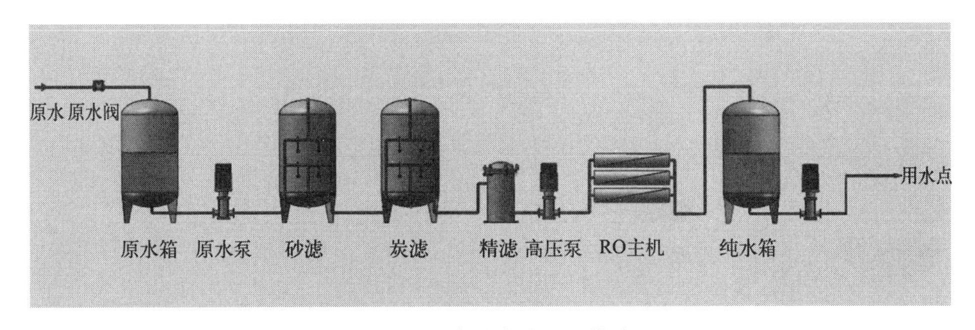

图 2-10　反渗透水处理工艺流程

2. 反渗透预处理系统

包括原水池、砂滤、炭滤等。

（1）原水池　主要作用蓄水，保证设备连续运行的水压和供水量的稳定。原水池的容量根据反渗透设备的处理能力确定。

（2）砂滤　砂滤是以天然石英砂作为滤料的水过滤处理工艺过程。所采用的石英砂粒径一般为 0.5～1.2 mm，不均匀系数为 2。滤层厚度和过滤速度由原水和出水水质而定。

（3）炭滤　活性炭过滤是利用活性炭将水中悬浮状态的污染物进行截留的过程，被截留的悬浮物充塞于活性炭间的空隙。

第三章

酸浆及其生产设备

目前酸浆生产有自然发酵法和纯种发酵法两种工艺。

酸浆自然发酵是传统酸浆发酵工艺，主要做法是：采用敞开的木桶、塑料容器或不锈钢容器收集豆腐凝固或压制挤压时产生的豆清液，置于室内，放置48～96 h，让其自然发酵至色泽微黄、口感微酸。其发酵终点和使用量根据经验决定，技巧性强、技术性差，无法实现标准化和规模化生产。由于生产的环境不同，酸浆中微生物种类和数量均不确定，酸浆的质量受环境影响大，品质完全依赖于气候条件、操作者的经验和心情，不可控因素多，因此，这样直接影响豆腐的品质。这也是酸浆豆腐虽历史悠久，但一直发展较慢的主要原因。目前，自然发酵法国内的小作坊和小工厂仍在采用。

酸浆纯种发酵是采用现代化生物发酵技术生产酸浆的工艺，该工艺是指将收集的豆清液经调质、灭菌后接种特定微生物，利用现代发酵设备生产酸浆。由于微生物种类和数量可控、发酵条件可控，其发酵终点和使用量均可精准控制，该法酸浆品质量稳定、安全风险可控，适合酸浆豆腐工业化、标准化生产。酸浆纯种发酵属于现代生物发酵工程技术领域，对生产技术、生产设备、技术团队和生产管理等方面提出较高的要求。纯种发酵工艺的核心是合适的菌种，这是酸浆豆腐工业化、产业化的核心技术，也是瓶颈技术。

第一节　酸浆微生物菌种筛选

酸浆自然发酵存在如下问题：①微生物种类、来源、代谢途径和代谢产物不明确；②豆腐的凝乳效果极易受生产车间环境及生产的气候的影响；③食品安全潜在风险高，会有致病菌和腐败菌混入；④发酵条件不稳定，不利于豆制品行业的工业化、规模化及标准化；⑤不易操作，对生产人员经验要求高。这些问题不仅影响了豆腐得率和豆腐的品质，更是阻碍了酸浆豆腐的进一步推广和行业发展。为此，豆制品加工与安全控制湖南省重点实验室从菌种筛选、鉴定和纯化等方面开展了很多研究。

一、微生物筛选实验

从1998年开始，赵良忠团队先后从湖南武冈市和全国其他地区采集了大量的酸浆样品，通过传统分离培养方法从酸浆中分离得到微生物菌株，采用高通量宏基因测序，通过产酸量等指标筛选出优势产酸、产酶菌，再经过菌体菌落特征、生理生化实验以及16S rDNA分子生物学鉴定，进一步确定可用于酸浆生产的微生物菌种。

1. 仪器、设备与试剂

（1）仪器及设备　见表3-1。

表3-1　菌种分离实验仪器及设备

仪器名称	仪器来源	型号
测序仪	Applied Biosystems	3730XL
DNA电泳槽	北京六一仪器厂	DYCP-31DN
稳压电泳仪	北京六一仪器厂	DYY-5
电热恒温水槽	上海一恒科学仪器有限公司	DK-8D
凝胶成像仪	上海复日科技仪器有限公司	FR980
恒温培养箱	太仓市科教器材厂	DHP-9162
恒温摇床	太仓市实验设备厂	TH2-C
PCR仪	Applied Biosystems	2720 thermal cycler
冷冻高速离心机	BBI	HC-2518R
精密单道可调移液器	生工生物工程(上海)股份有限公司	SP10-1000

（2）试剂　见表3-2。

表3-2　菌种分离筛选实验试剂

试剂名称	试剂来源	cat. No.
Ezup柱式细菌基因组DNA抽提试剂盒	上海生工	SK8255
Ezup柱式真菌基因组DNA抽提试剂盒	上海生工	SK8259

续表

试剂名称	试剂来源	cat. No.
Ezup 柱式酵母基因组 DNA 抽提试剂盒	上海生工	SK8257
DreamTaq-TM DNA Polymerase	MBI	EP0702
dNTP	上海生工	D0056
琼脂糖	BBI	AB0014
SanPrep 柱式 DNAJ 胶回收试剂盒	生物工程	SK8131
DNA Ladder Mix maker	上海生工	SM0337
引物	上海生工	合成部合成
枪头、PCR 管、离心管等	上海生工	铸塑部生产
pMD® 18-T Vector 连接试剂盒	Takara	D101A
SanPrep 柱式质粒 DNA 小量抽提试剂盒	上海生工	SK8191

2. 基因组 DNA 提取

按 SK8255（细菌）、SK8259（真菌）、SK8257（酵母）试剂盒操作。

3. PCR 扩增

（1）菌种鉴定通用引物　见表 3-3。

表 3-3　引物表

所属类别	名称	序列 5′→3′	扩增序列	PCR 长度/bp
细菌	7F 1540R	CAGAGTTTGATCCTGGCT AGGAGGTGATCCAGCCGCA	16S rDNA	1500 bp 左右
	27F 1492R	AGTTTGATCMTGGCTCAG GGTTACCTTGTTACGACTT	16S rDNA	1500 bp 左右
真菌	ITS1 ITS4	TCCGTAGGTGAACCTGCGG TCCTCCGCTTATTGATATGC	内转录间 隔区 1 和 2	600 bp 左右
	NS1 NS6	GTAGTCATATGCTTGTCTC GCATCACAGACCTGTTATTGCCTC	18S rDNA	1300 bp 左右
酵母菌	NL1 NL4	GCATATCAATAAGCGGAGGAAAAG GGTCCGTGTTTCAAGACGG	26S rDNA D1/D2 区	500 bp 左右

（2）PCR 反应体系　见表 3-4。

表 3-4 反应体系

试剂	体积/μL
Template(基因组 DNA 20-50 ng/μL)	0.5
10×Buffer(with Mg^{2+})	2.5
dNTP(各 2.5 mmol/L)	1
酶	0.2
F(10 μmol/L)	0.5
R(10 μmol/L)	0.5
加双蒸 H_2O 至	25

(3) PCR 循环条件　见表 3-5。

表 3-5 循环条件表

温度/℃	时间	程序
94	4 min	预变性
94	45 s	
55	45 s	30 cycle
72	1 min	
72	10 min	修复延伸
4	∞	终止反应

(4) 凝胶电泳　1%琼脂糖电泳，150 V、100 mA、20 min。电泳图见图 3-1。

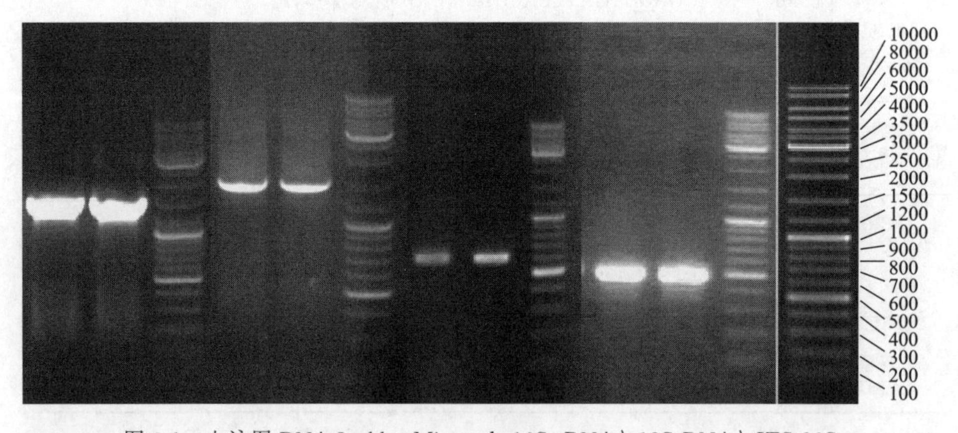

图 3-1　电泳图 DNA Ladder Mix make16S rDNA \ 18SrDNA \ ITS 26S

(5) 纯化回收　在 PCR 产物电泳条带中切割所需 DNA 目的条带，纯化方式见说明书（SK8131），PCR 产物直接测序。如需要做克隆测序需要进行下面的步骤。

① 连接　按 Takara pMD 18-T Vector 连接试剂盒操作。

② 感受态细胞的制备（氯化钙法）　从于 37 ℃培养 16 h 的新鲜平板中挑取一个单菌落，转到一个含有 100 mL LB 培养基的 1 L 烧瓶中。于 37 ℃剧烈振摇培养 3 h（旋转摇床，300 r/min）。

二、微生物菌株鉴定

参考《伯杰氏细菌鉴定手册》第 8 版、《常见细菌系统鉴定手册》和《乳酸菌分类鉴定及实验方法》。根据测序结果与 NCBI 网站已有序列进行 BLAST，进而确定其分类地位。

1. 肠膜明串珠菌（*Leuconostoc mesenteroides*）

菌株目的条带在 1000～2000 bp 之间，约为 1400 bp，经 16S rDNA 测序结果可知，菌株 M-6 序列长度为 1375 bp。将上述序列输入 NCBI 经序列比对及同源性分析，可得到最相似的物种名、登录号及其相似率。根据 BLAST 序列比对结果，菌株与 *Leuconostoc mesenteroides* subsp. *mesenteroides* strain（KX289522）的核苷酸序列同源性为 100%，比对结果见表 3-6，再利用 MEGA5.0 软件构建系统发育树，由图 3-2 可知，肠膜明串珠菌与 BD3749（*Leuconostoc mesenteroides* subsp. *mesenteroides* strain）在一个分支上，因此将 M-6 鉴定为肠膜明串珠菌（*Leuconostoc mesenteroides*）。

表 3-6　菌株在 CNBI 上的序列比对结果

Description	Max score	Total score	Query cover	E value	Ident	Accession
Leuconostoc mesenteroides subsp. *mesenteroides* strain BD3749	2532	2532	100%	0.0	100%	KX289522.1
Leuconostoc mesenteroides subsp. *mesenteroides* strain BD3749	2532	10131	100%	0.0	100%	CP014610.1
Leuconostoc mesenteroides strain L12132	2532	2532	100%	0.0	100%	KT952374.1
Leuconostoc mesenteroides strain IMAU11274(YM2-3)	2532	2532	100%	0.0	100%	KP764082.1
Leuconostoc mesenteroides strain IMAU11268(YM2-2)	2532	2532	100%	0.0	100%	KP764081.1

续表

Description	Max score	Total score	Query cover	E value	Ident	Accession
Leuconostoc mesenteroides strain TFP1	2532	2532	100%	0.0	100%	KP234010.1
Leuconostoc mesenteroides subsp. *mesenteroides* strain CCM-MB1121	2532	2532	100%	0.0	100%	KF879167.1

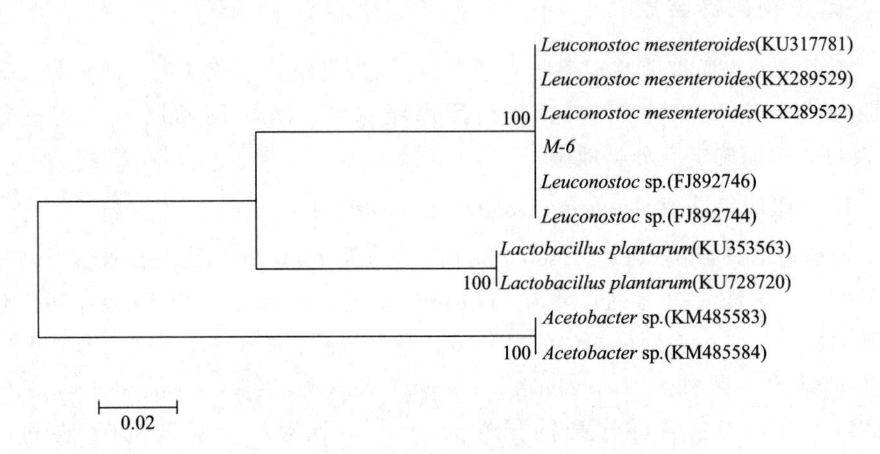

图 3-2 基于 16S rRNA 基因序列构建的菌株和相关菌株的系统发育树

肠膜明串珠菌的菌落形态呈圆形或豆形，菌落直径小于 1.0 mm，表面光滑，乳白色，不产生任何色素；细胞形态呈球形、豆形或短杆形，有些成对或以短链排列，不运动，无芽孢；革兰氏染色呈阳性；微好氧性，厌氧培养生长良好；生长温度范围 2～53 ℃，最适生长温度 30～40 ℃；耐酸性强，生长最适 pH 为 5.5～6.2，在 pH≤5 的环境中可以生长，而在中性或初始碱性条件下生长速率降低。肠膜明串珠菌自身合成氨基酸的能力极弱，需要从外界补充 19 种氨基酸和维生素才能生长。肠膜亚种（*Leuconostoc mesenteroides* subsp. *mesenteroides*），可发酵柠檬酸而产生特征风味物质，又称风味菌、香气菌和产香菌。

2. 副干酪乳杆菌（*Lactobacillus paracasei*）

菌株目的条带在 1000～2000 bp 之间，约为 1400 bp，经 16S rDNA 测序结果可知，菌株序列长度为 1377 bp。将上述序列输入 NCBI 经序列比对及同源性分析，可得到最相似的物种名、登录号及其相似率。根据 BLAST 序列比对结果，菌株与 *Lactobacillus paracasei* strain CG2（KU315090.1）等菌株的核苷酸序列同源性为 100%，比对结果见表 3-7，再利用 MEGA5.0 软件构建系统发育树，由图 3-3 可知，菌株与 KU315090.1（*Lactobacillus paracasei* strain CG2）在一个分支上，因此将菌株鉴定为副干酪乳杆菌。

表 3-7　菌株在 CNBI 上的序列比对结果

Description	Max score	Total score	Query cover	E value	Ident	Accession
Lactobacillus casei strain HH7	2543	2543	100%	0.0	100%	KU587809.1
Lactobacillus casei strain HS4	2543	2543	100%	0.0	100%	KU587808.1
Lactobacillus paracasei strain CG2	2543	2543	100%	0.0	100%	KU315090.1
Lactobacillus paracasei strain FC7	2543	2543	100%	0.0	100%	KU315088.1
Lactobacillus paracasei strain FC4	2543	2543	100%	0.0	100%	KU315085.1
Lactobacillus paracasei strain FS11	2543	2543	100%	0.0	100%	KP234010.1

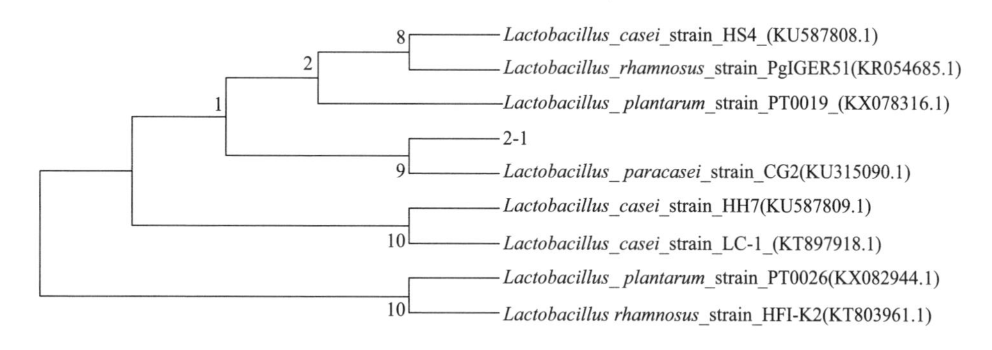

图 3-3　基于 16S rRNA 基因序列构建的菌株和相关菌株的系统发育树

副干酪乳杆菌菌落呈乳白色，为圆形，表面光滑、隆起，边缘整齐，其宽度一般为 0.8～1.0 μm，长度一般为 2.0～4.0 μm。通常情况下，菌体容易聚集而形成链状，是一种兼性厌氧、不运动、无芽孢的杆菌或长杆菌，单个或成对出现，也有部分菌株排列成短链；属革兰氏阳性，过氧化氢酶阴性；发酵葡萄糖主要产生 L-乳酸。

3. 鼠李糖乳杆菌（*Lactobacillus rhamnosus*）

菌株目的条带在 1000～2000 bp 之间，约为 1400 bp，经 16S rDNA 测序结果可知，菌株序列长度为 1343 bp。将上述序列输入 NCBI 经序列比对及同源性分析，可得到最相似的物种名、登录号及其相似率。根据 BLAST 序列比对结果，图 3-4 可知，菌株与 *Lactobacillus rhamnosus* strain R4（KU198314.1）等菌株的核苷酸序列同源性为 100%，比对结果见表 3-8，菌株与 KU198314.1（*Lactobacillus rhamnosus* strain R4）在一个分支上，因此将菌株鉴定为鼠李糖乳杆菌。

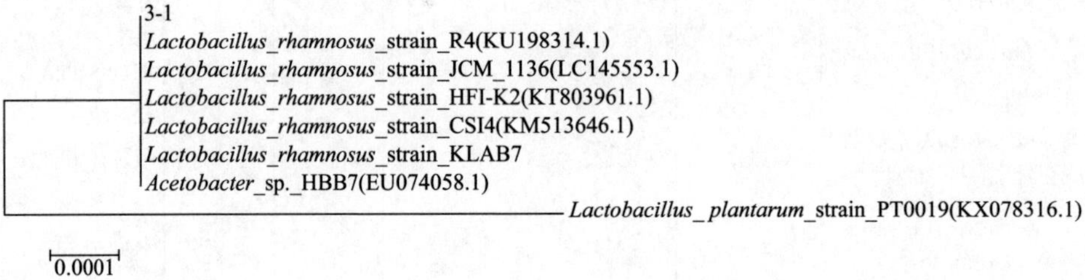

3-1
*Lactobacillus_rhamnosus*_strain_R4(KU198314.1)
*Lactobacillus_rhamnosus*_strain_JCM_1136(LC145553.1)
*Lactobacillus_rhamnosus*_strain_HFI-K2(KT803961.1)
*Lactobacillus_rhamnosus*_strain_CSI4(KM513646.1)
*Lactobacillus_rhamnosus*_strain_KLAB7
*Acetobacter*_sp._HBB7(EU074058.1)
*Lactobacillus_ plantarum*_strain_PT0019(KX078316.1)
0.0001

图 3-4　基于 16S rRNA 基因序列构建的菌株 3-1 和相关菌株的系统发育树

表 3-8　菌株在 CNBI 上的序列比对结果

Description	Max score	Total score	Query cover	E value	Ident	Accession
Lactobacillus rhamnosus strain R4	2471	2471	99%	0.0	99%	KU198314.1
Lactobacillus rhamnosus strain:JCM 1136	2471	2471	99%	0.0	99%	LC145553.1
Lactobacillus rhamnosus strain ASCC 290	2471	2471	99%	0.0	99%	CP014645.1
Lactobacillus rhamnosus strain BPL5	2471	2471	99%	0.0	99%	LT220504.1

鼠李糖乳杆菌的细胞呈杆状，两端方形，无运动能力，细胞大小为（0.8～1.0）μm×(2.0～4.0)μm，以单个或成链形式存在，厌氧耐酸，不产芽孢，为革兰氏阳性菌。不能水解精氨酸且脲酶反应为阴性。

4. 植物乳杆菌（*Lactobacillus plantarum*）

菌株的目的条带在 1000～2000 bp 之间，约为 1400 bp，经 16S rDNA 测序结果可知，菌株序列长度为 1358 bp。将上述序列输入 NCBI 经序列比对及同源性分析，可得到最相似的物种名、登录号及其相似率。根据 BLAST 序列比对结果，菌株与 *Lactobacillus plantarum* strain FqrW2（KU353563.1）等菌株的核苷酸序列同源性为 100%，比对结果见表 3-9，再利用 MEGA5.0 软件构建系统发育树，由图 3-5 可知，菌株与 KU353563.1（*Lactobacillus plantarum* strain FqrW2）在一个分支上，菌株鉴定为植物乳杆菌。

表 3-9 菌株在 CNBI 上的序列比对结果

Description	Max score	Total score	Query cover	E value	Ident	Accession
Lactobacillus plantarum strain FqrW2	2508	2508	100%	0.0	100%	KU353563.1
Lactobacillus plantarum strain G83	2508	2508	100%	0.0	100%	KU291268.1
Lactobacillus plantarum strain PT0026	2508	2508	100%	0.0	100%	KX082944.1
Lactobacillus plantarum strain PT0024	2508	2508	100%	0.0	100%	KX082942.1
Lactobacillus plantarum strain PT0023	2508	2508	100%	0.0	100%	KX082941.1
Lactobacillus plantarum strain PT0020	2508	2508	100%	0.0	100%	KX078317.1

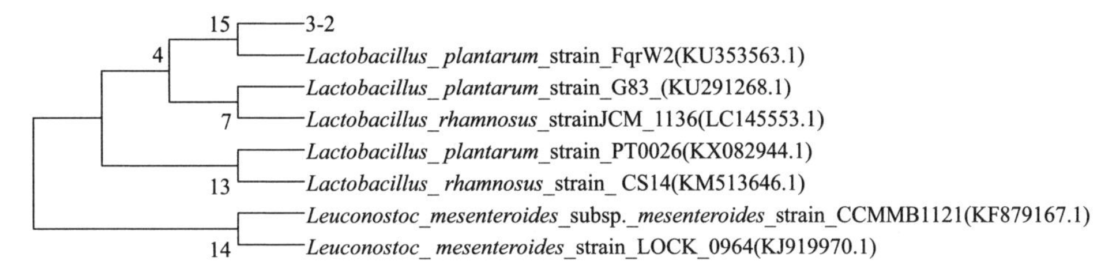

图 3-5 基于 16S rRNA 基因序列构建的菌株 3-2 和相关菌株的系统发育树

植物乳杆菌菌落直径约 3 mm，凸起，呈圆形，表面光滑，细密，色白，偶尔呈浅黄或深黄色，革兰氏阳性，不生芽孢，兼性厌氧，细胞为两端圆形的杆状，笔直，单个、成对或以短链的形式存在，其大小为（0.9～1.2）μm×（3～8）μm。部分菌株可还原亚硝酸盐，具有抑制假过氧化氢酶活性的能力。

5. 玉米乳杆菌（*Lactobacillus zeae*）

菌株的目的条带在 1000～2000 bp 之间，约为 1400 bp，经 16S rDNA 测序结果可知，菌株 5-1 序列长度为 1327 bp。将上述序列输入 NCBI 经序列比对及同源性分析，可得到最相似的物种名、登录号及其相似率。根据 BLAST 序列比对结果，菌株与 *Lactobacillus zeae strain KLDS1.0402*（KF977412.1）等菌株的核苷酸序列同源性为 100%，比对结果见表 3-10。由图 3-6 可知，菌株与 KF977412.1（*Lactobacillus zeae strain KLDS1.0402*）在一个分支上，因此将菌株鉴定为玉米乳杆菌（*Lactobacillus zeae strain*）。

表 3-10　菌株在 CNBI 上的序列比对结果

Description	Max score	Total score	Query cover	E value	Ident	Accession
Lactobacillus zeae strain KLDS1. 0402	2446	2446	100%	0. 0	99%	KF977412. 1
Lactobacillus zeae strain KLDS1. 0401	2446	2446	100%	0. 0	99%	KF977411. 1
Lactobacillus zeae strain: YIT 0278	2446	2446	100%	0. 0	99%	AB008213. 1
Lactobacillus zeae strain RIA 482	2440	2440	100%	0. 0	99%	NR_037122. 1
Lactobacillus zeae strain KLDS1. 0402	2446	2446	100%	0. 0	99%	KF977412. 1

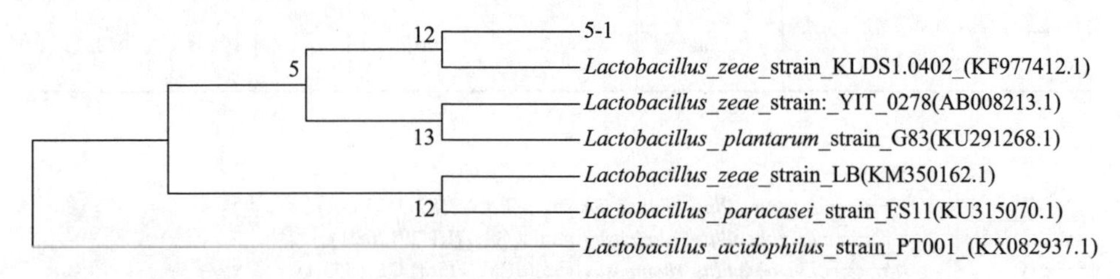

图 3-6　基于 16S rRNA 基因序列构建的菌株和相关菌株的系统发育树

玉米乳杆菌菌落特征圆形乳白色菌落，表面光滑扁平，透明，中心突起，边缘扁平整齐，有明显的溶钙圈，菌体为革兰氏阳性杆菌，不运动，不形成芽孢，呈单个或多个排列。

6. 干酪乳杆菌（*Lactobacillus casei*）

菌株的目的条带在 1000～2000 bp 之间，约为 1400 bp，经 16S rDNA 测序结果可知，菌株序列长度为 1358 bp。将上述序列输入 NCBI 经序列比对及同源性分析，可得到最相似的物种名、登录号及其相似率。根据 BLAST 序列比对结果，菌株与 *Lactobacillus casei* strain DSM 20011（KP326371. 1）等菌株的核苷酸序列同源性为 100%，比对结果见表 3-11，再利用 MEGA5. 0 软件构建系统发育树，由图 3-7 可知，菌株与 KP326371. 1（*Lactobacillus casei* strain DSM 20011）在一个分支上，因此菌株鉴定为干酪乳杆菌（*Lactobacillus casei*）。

表 3-11　菌株在 CNBI 上的序列比对结果

Description	Max score	Total score	Query cover	E value	Ident	Accession
Lactobacillus casei strain DSM 20011	2442	2442	100%	0. 0	99%	KP326371. 1

续表

Description	Max score	Total score	Query cover	E value	Ident	Accession
Lactobacillus casei strain IDCC 3451	2442	2442	100%	0.0	99%	KP420227.1
Lactobacillus casei strain CICC6117	2442	2442	100%	0.0	99%	KJ833598.1
Lactobacillus casei subsp. *casei* ATCC 393	2442	12195	100%	0.0	99%	AP012544.1
Lactobacillus zeae strain 371206	2442	2442	100%	0.0	99%	KC755105.1
Lactobacillus casei strain PRA041	2442	2442	100%	0.0	99%	HE661290.1

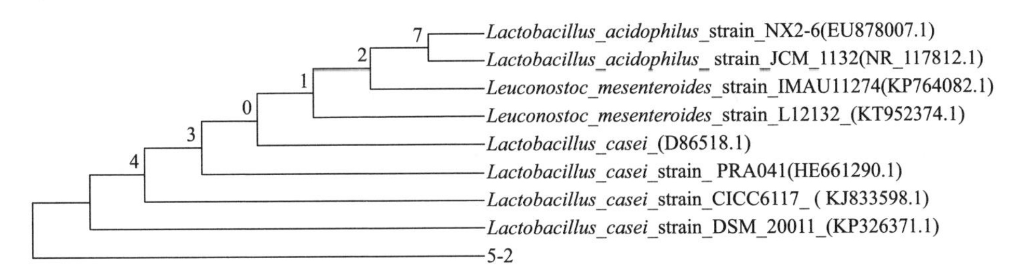

图 3-7　基于 16S rRNA 基因序列构建的菌株和相关菌株的系统发育树

干酪乳杆菌为短杆状或长杆状的多形性杆菌，长短不一，一般宽度均小于 1.5 μm，菌两端平齐呈方形，排列方式多为短链或呈长链，有时亦可见到球形菌，通常有方形的两端，多以链状存在，菌落粗糙，灰白色，有时呈微黄色，革兰氏染色阳性，无运动性，不产生芽孢，最适生长温度为 37 ℃。

7. 其他菌株

还分离得到了 1 株醋酸菌（*Acetobacter*）；5 株酵母菌，分别是克鲁维酵母菌（*Kluyveromyces marxianus*）、季也蒙酵母菌（*Meyerozyma guilliermondii*）、毕赤酵母菌（*Pichia kudriavzevii*）、酿酒酵母（*Saccharomyces cerevisiae*）、奥默毕赤酵母（*Pichia kudriavzevii*）。

随着科学技术的发展，还会不断有新的菌种应用于酸浆生产，但无论如何，在选择酸浆生产菌种时必须遵循以下原则：

① 不产毒素。

② 生长繁殖快，抗杂菌力强。

③ 生长温度范围大，有利于长年生产。

④ 产酸能力强，同时产酸性蛋白酶、谷氨酰胺转氨酶、肽酶及有利于提高酸浆豆制品质量的酶系。

⑤ 能使酸浆质地酸味纯正，气味香甜，无酒味和其他异味。

第二节 酸浆生产工艺优化

目前，国内酸浆纯种发酵研究多以乳酸菌为主要对象，对乳酸菌与其它微生物混合发酵制备酸浆（豆清发酵液）的研究则比较少。而酸浆与其它凝固剂复合使用，充分发挥不同凝固剂特点的研究尚在起步阶段。开发复合凝固剂，使生产的豆制品感官更佳，质地更好，营养价值更高，是许多科研单位以及企业研究的热点，但目前相关应用的报道较少。

赵良忠、江振桂等采用多菌种协同发酵技术对酸浆工业化生产进行研究，取得积极的成果。首先以豆腐生产过程中产生的副产物——豆清液为培养基，接种从自然发酵的豆清发酵液中筛选出的植物乳杆菌 3-2（*Lactobacillus plantarum* strain 3-2）、干酪乳杆菌 5-2（*Lactobacillus casei* strain 5-2）、奥默毕赤酵母 P-13（*Pichia kudriavzevii* P-13），按实验得到的最佳混合比例 2∶2∶1 的体积比混合发酵豆清液制备酸浆（豆清发酵液）；其次采用真空冷冻干燥技术冻干豆清发酵液，将其制成豆清发酵粉。

一、纯种发酵法生产酸浆工艺条件研究

本研究将从自然发酵的豆清发酵液中筛选出的植物乳杆菌 3-2、干酪乳杆菌 5-2、奥默毕赤酵母 P-13 按实验得到的最佳混合比例 2∶2∶1 的体积比接种至豆清液中，通过单因素及响应面实验，优化多菌种协同发酵工艺条件，制备富含有机酸、蛋白酶的酸浆（豆清发酵液）。

1. 实验材料与仪器

（1）实验材料　菌种：植物乳杆菌 3-2、干酪乳杆菌 5-2、奥默毕赤酵母 P-13。豆清液：固形物含量 (0.8±0.3)°Brix，总酸 (1.2±0.3)g/L，均由豆制品加工与安全控制湖南省重点实验室提供。

（2）实验试剂　葡萄糖、乳酸、氢氧化钠、福林试剂、乳酸钠、碳酸钠、三氯乙酸、L-酪氨酸标准物质。

（3）实验仪器　电子天平、恒温水浴槽、恒温振荡器、台式高速离心机、恒温培养箱、分析天平、单道移液器、双人单面净化工作台、高压灭菌器、紫

外分光光度计、pH 计。

2. 实验方法

（1）菌种活化及富集　采用 MRS 液体培养基对甘油保藏的 3 株菌进行活化，并将活化后的菌接种至已灭菌的 10 mL 豆清液中，37 ℃富集 24 h。

（2）菌种扩大培养　将已活化富集的 3 株菌分别进行 100 mL、500 mL 两级扩大培养，并保存于 4 ℃冰箱中备用。

（3）培养基配制　MRS 液体培养基：蛋白胨 10.0 g、酵母提取物 5.0 g、葡萄糖 20.0 g、牛肉膏 10.0 g、硫酸镁 0.58 g、硫酸锰 0.25 g、醋酸钠 5.0 g、柠檬酸氢二铵 2.0 g、磷酸氢二钾 2.0 g、吐温-80 1.0 mL，蒸馏水 1000 mL，pH 调至 6.2～6.6。

（4）总酸测定（以乳酸计）　参照 GB 12456—2021《食品安全国家标准　食品中总酸的测定》。

（5）蛋白酶活力测定

① 标准曲线的绘制　将 L-酪氨酸标准品溶于水，配成 0、10 μg/mL、20 μg/mL、30 μg/mL、40 μg/mL、50 μg/mL、60 μg/mL 不同浓度的标准溶液，分别吸取 1 mL 标准溶液，加入 5 mL Na_2CO_3 和 1 mL Folin 试剂，36 ℃水浴 20 min，冷却至室温，于 680 nm 处测定吸光值。以 L-酪氨酸含量为横坐标，吸光值为纵坐标，绘制标准曲线，得到线性回归方程。

② 酶活测定　采用福林酚法测定蛋白酶活力，具体为取 1 mL 豆清发酵液于试管中 36 ℃预热 5 min，加入 1 mL 经同样预热处理的用缓冲液配制的酪蛋白，精确反应 10 min，迅速加入 2 mL、0.4 mol/L 三氯乙酸终止反应，继续 36 ℃水浴 10 min，冷却至室温，8000 r/min 离心 5 min，取上清液 1 mL，继续加入 5 mLNa_2CO_3 和 1 mL Folin 试剂，继续 36 ℃水浴 20 min，冷却至室温，于 680 nm 处测定吸光值。空白组实验方法同上，区别在于空白组先加以先加三氯乙酸，再加酪蛋白。酶活定义：在 36 ℃下，在 1 min 内水解酪蛋白产生相当于 1 μg 酚基氨基酸的酶量，为 1 个酶活单位（U）。

（6）混合菌发酵豆清液产酸单因素实验

① 初始 pH 对混合菌产酸量的影响　固定葡萄糖添加量为 3%，发酵时间为 36 h，发酵温度为 36 ℃，混合菌接种量为 3%，选择培养基初始 pH 分别为 4.6、5.4、6.2、7.0、7.8 进行单因素实验，以产乳酸量为评价指标，重复实验 3 次，以确定最佳初始 pH。

② 葡萄糖添加量对混合菌产酸量的影响　固定初始 pH 为 6.2，发酵时间为 36 h，发酵温度为 36 ℃，混合菌株接种量为 3%，选择葡萄糖添加量分别

为2%、3%、4%、5%、6%（质量分数）进行单因素实验，以产乳酸量为评价指标，重复实验3次，以确定最佳葡萄糖添加量。

③ 发酵时间对混合菌产酸量的影响　固定初始pH为6.2，葡萄糖添加量为4%，发酵温度为36 ℃，混合菌株接种量为3%，选择混合菌株发酵时间分别为18 h、24 h、30 h、36 h、42 h进行单因素实验，以产乳酸量为评价指标，重复实验3次，以确定最佳发酵时间。

④ 发酵温度对混合菌产酸量的影响　固定初始pH为6.2，葡萄糖添加量为4%，发酵时间为36 h，混合菌株接种量为3%，选择混合菌培养温度为30 ℃、33 ℃、36 ℃、39 ℃、42 ℃进行混合菌株发酵温度单因素实验，以产乳酸量为评价指标，重复实验3次，以确定最佳发酵温度。

⑤ 接种量对混合菌产酸量的影响　固定初始pH为6.2，葡萄糖添加量为4%，发酵时间为36 h，发酵温度为36 ℃，选择混合菌接种量分别为2%、3%、4%、5%、6%（体积分数）进行单因素实验，以产乳酸量为评价指标，重复实验3次，以确定最佳接种量。

（7）混合菌发酵豆清液产酸响应面实验　基于单因素实验结果，以初始pH（*A*）、葡萄糖添加量（*B*）、发酵时间（*C*）、发酵温度（*D*）和接种量（*E*）为自变量，产酸量为响应值Y_1，采用响应面法优化混合菌发酵产酸的工艺条件，因素编码水平见表3-12。

表3-12　实验编码水平表

编码水平	单因素				
	A 初始pH	*B* 葡萄糖添加量/%	*C* 发酵时间/h	*D* 发酵温度/℃	*E* 接种量/%
−1	5.4	3	30	33	2
0	6.2	4	36	36	3
1	7.0	5	42	39	4

（8）混合菌发酵豆清液产蛋白酶单因素实验

① 初始pH对混合菌产蛋白酶的影响　固定葡萄糖添加量为3%，发酵时间为36 h，发酵温度为36 ℃，混合菌接种量为3%，选择培养基初始pH分别为4.6、5.4、6.2、7.0、7.8进行单因素实验，以产蛋白酶为评价指标，重复实验3次，以确定最佳初始pH。

② 葡萄糖添加量对混合菌产蛋白酶的影响　固定初始pH为6.2，发酵时间为36 h，发酵温度为36 ℃，混合菌接种量为3%，选择葡萄糖添加量为分别2%、3%、4%、5%、6%（质量分数）进行单因素实验，以产蛋白酶为评价指标，重复实验3次，以确定最佳葡萄糖添加量。

③ 发酵时间对混合菌产蛋白酶的影响　固定初始 pH 为 6.2，葡萄糖添加量为 4%，发酵温度为 36 ℃，混合菌接种量为 3%，选择发酵时间分别为 18 h、24 h、30 h、36 h、42 h 进行单因素实验，以产蛋白酶为评价指标，重复实验 3 次，以确定最佳发酵时间。

④ 发酵温度对混合菌产蛋白酶的影响　固定初始 pH 为 6.2，葡萄糖添加量为 4%，发酵时间为 36 h，混合菌接种量为 3%，选择培养温度分别为 30 ℃、33 ℃、36 ℃、39 ℃、42 ℃进行单因素实验，以产蛋白酶为评价指标，重复实验 3 次，以确定最佳发酵温度。

⑤ 接种量对混合菌株产蛋白酶的影响　固定初始 pH 为 6.2，葡萄糖添加量为 4%，发酵时间为 36 h，发酵温度为 33 ℃，选择接种量为 2%、3%、4%、5%、6%（体积分数）进行单因素实验，以产蛋白酶为评价指标，重复实验 3 次，以确定最佳接种量。

（9）混合菌发酵豆清液产酶响应面实验　基于单因素实验结果，以培养基初始 pH（A）、葡萄糖添加量（B）、发酵时间（C）、发酵温度（D）和接种量（E）为自变量，蛋白酶活力为响应值 Y_2，采用响应面法优化混合菌发酵豆清液产蛋白酶的工艺条件，因素编码水平见表 3-13。

表 3-13　实验编码水平表

编码水平	单因素				
	A 初始 pH	B 葡萄糖添加量/%	C 发酵时间/h	D 发酵温度/℃	E 接种量/%
−1	5.4	3	30	30	2
0	6.2	4	36	33	3
1	7.0	5	42	36	4

3. 结果与分析

（1）酪氨酸标准曲线绘制　采用福林酚法测定蛋白酶活力，得到酪氨酸标准曲线方程：$y=0.0106x-0.0004$，$R^2=0.9994$（图 3-8）。

（2）单因素实验结果与分析

① 初始 pH 对混合菌发酵产酸和产蛋白酶的影响　由图 3-9 可知，产酸量和蛋白酶活力随着初始 pH 的升高先升高再降低且各组间差异极显著（$p<0.01$）。当初始 pH 为 6.2 时，处于菌种生长较适范围，有利于缩短菌种延滞期，加快进入对数生长期或稳定期，使混合菌产酸产蛋白酶的能力最强；当初始 pH 低于 6.2 时，产酸产酶的能力随 pH 增大而增大，可能是初始 pH 较低时破坏了混合菌胞内 pH 值的动态平衡，使胞内 pH 值随培养基初始 pH 下降，从而改变细胞膜通透性，影响其对外界营养物质的吸收利用，使其生长受到抑

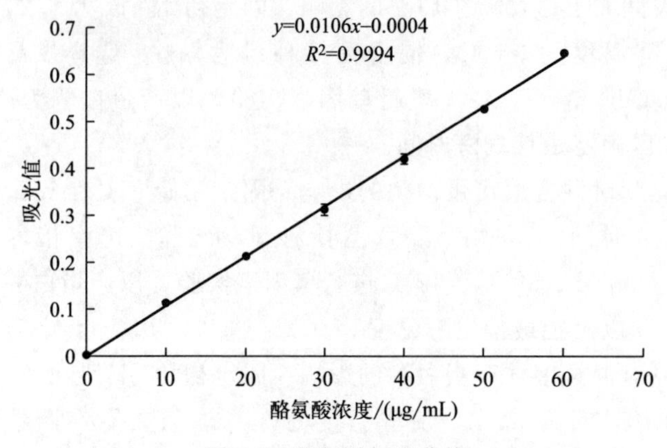

图 3-8　酪氨酸标准曲线

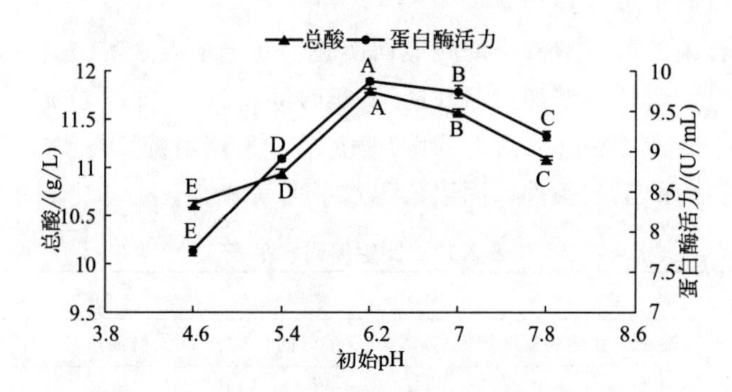

图 3-9　初始 pH 对混合菌产酸量和蛋白酶的影响

制或延滞期延长，甚至死亡；而当初始 pH 超过 6.2 时，其产酸量呈缓慢下降趋势，可能是混合菌种产生的酸被中和，导致实际滴定测得的酸值较小；蛋白酶活力的降低可能是碱性条件对酶活性有抑制作用，故选择最佳初始 pH 为 6.2。

② 葡萄糖添加量对混合菌发酵产酸和产蛋白酶的影响　由图 3-10 可知，产酸量和蛋白酶活力随着葡萄糖添加量的增大而先升高再降低，且各组差异极显著（$P<0.01$）。当葡萄糖添加量达到 4%时，混合菌产酸产酶达到最大值，可能是当葡萄糖添加量低于 4%时，培养基中碳源含量不足，无法满足混合菌种所需的生长条件；而当葡萄糖添加量高于 4%时，因为葡萄糖含量的增大，使培养基中碳氮比发生改变，导致发酵液渗透压增大，不利于混合菌的生长、乳酸的积累与蛋白酶的合成，且葡萄糖添加量的增大也会导致发酵液中固形物含量的增大，使发酵液浑浊色泽昏暗，以其作为豆腐凝固剂生产豆腐会影响豆腐的外观色泽，故选择葡萄糖添加量为 4%。

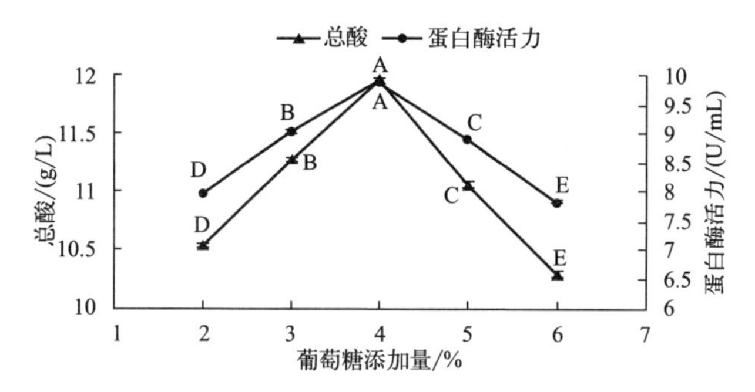

图 3-10　葡萄糖添加量对混合菌产酸量和蛋白酶的影响

③ 发酵时间对混合菌产酸和产蛋白酶的影响　由图 3-11 可知，随着发酵时间的延长，产酸量不断增多直至趋于平缓，蛋白酶活力则先升高后降低，蛋白酶活力与其他各组差异极显著（$P<0.01$）。当发酵时间为 36 h 时，其产酸产酶能力最强，可能是混合菌在 0～36 h 内先后经历延滞期、对数期直至稳定期，在此期间混合菌处于不断适应并生长的阶段，发酵产酸产酶能力不断增强；当超过 36 h 时，产酸量变化不显著（$P>0.05$），蛋白酶活力降低，可能是培养基中营养物质逐渐被消耗殆尽，代谢产物乳酸逐步积累，乳酸作为解偶联剂，使培养基中 H^+ 进入胞内，导致胞内、外环境 pH 逐渐下降，从而抑制混合菌自身生长，抑制代谢产物蛋白酶的合成；而闫征等则认为随着乳酸含量的增多，其对乳酸脱氢酶活性的抑制作用不断加强，进而抑制糖代谢途径，抑制混合菌生长，故选择发酵时间为 36 h。

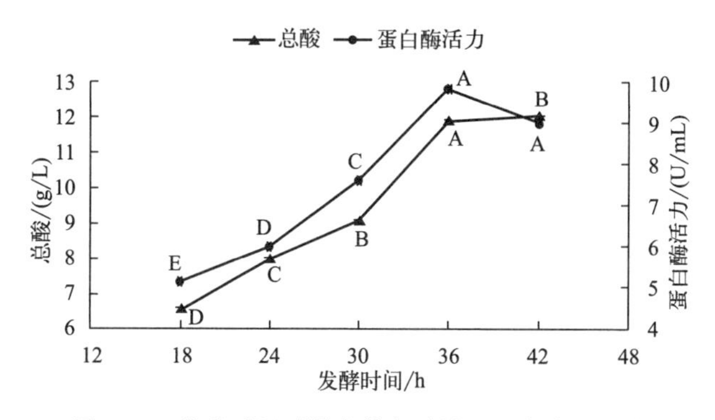

图 3-11　发酵时间对混合菌产酸量和蛋白酶的影响

④ 发酵温度对混合菌产酸和产蛋白酶的影响　由图 3-12 可知，混合菌发酵产酸和产蛋白酶活力随着发酵温度的升高而先升高再降低，且各组差异极显著（$P<0.01$）。当发酵温度为 36 ℃时，产酸量达到最大值，可能是混合菌对温度较为敏感，较高或较低温度都不适合混合菌的生长，不利于代谢产物乳酸

的积累；而当发酵温度为33 ℃时，蛋白酶活力达到最大值，主要原因是混合菌中酵母菌为产蛋白酶的主要菌，其对温度要求较低，且低温有助于酵母菌缓慢增殖，延长其对数生长期和稳定期，进而增大蛋白酶的生成量，故发酵产酸选择发酵温度为36 ℃，发酵产酶选择发酵温度为33 ℃。

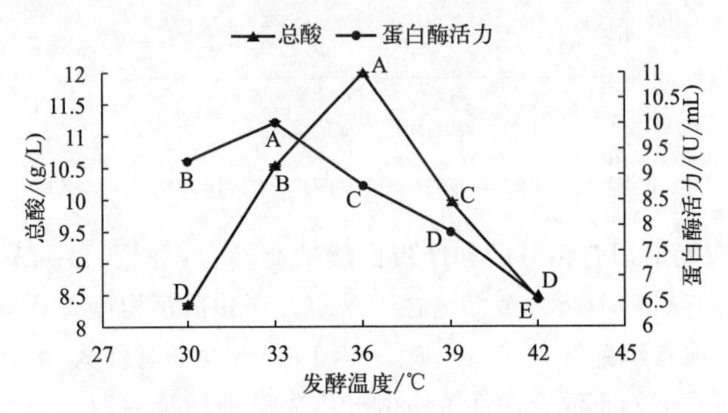

图3-12　发酵温度对混合菌产酸量和蛋白酶的影响

⑤ 接种量对混合菌产酸和产蛋白酶的影响　由图3-13可知，产酸量和蛋白酶活力随着混合菌接种量的增大而先升高后下降，且各组差异极显著（$P<0.01$）。当接种量为3%时，产酸和蛋白酶活力达到最大值，可能是当接种量低于3%时，培养基中营养物质相对含量较多，能最大限度地满足混合菌生长与代谢所需；而当接种量高于3%时，混合菌基数大增殖快，导致培养基黏度增大，营养物质相对含量较少，无法满足混合菌的生长及代谢所需，使其生长后劲不足，从而抑制混合菌产酸与蛋白酶的合成，故选择接种量为3%。

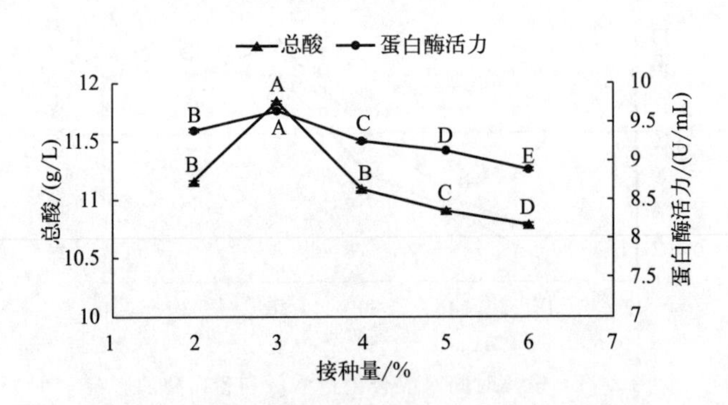

图3-13　接种量对混合菌产乳酸量和蛋白酶的影响

（3）响应面实验结果与分析

① 响应面法优化混合菌发酵产酸和产蛋白酶实验结果　采用响应面法优化混合菌发酵豆清液产酸和产蛋白酶实验结果见表3-14。

表 3-14 响应面优化设计及结果

实验号	初始 pH	葡萄糖添加量	发酵时间	发酵温度	接种量	产酸量/(g/L)	蛋白酶活力/(U/mL)
1	−1	−1	0	0	0	10.21	8.17
2	1	−1	0	0	0	9.77	8.45
3	−1	1	0	0	0	9.6	7.91
4	1	1	0	0	0	10.26	8.74
5	0	0	−1	−1	0	8.12	7.11
6	0	0	1	−1	0	9.99	8.38
7	0	0	−1	1	0	7.67	7.18
8	0	0	1	1	0	9.56	7.94
9	0	−1	0	0	−1	10.81	8.69
10	0	1	0	0	−1	9.99	8.51
11	0	−1	0	0	1	9.64	7.92
12	0	1	0	0	1	10.52	8.61
13	−1	0	−1	0	0	7.99	6.46
14	1	0	−1	0	0	8.29	6.84
15	−1	0	1	0	0	9.82	8.06
16	1	0	1	0	0	11.09	9.12
17	0	0	0	−1	−1	9.43	8.25
18	0	0	0	1	−1	8.19	7.33
19	0	0	0	−1	1	9.17	7.94
20	0	0	0	1	1	9.02	8.24
21	0	−1	−1	0	0	8.32	7.45
22	0	1	−1	0	0	8.06	6.71
23	0	−1	1	0	0	10.53	8.22
24	0	1	1	0	0	10.19	8.13
25	−1	0	0	−1	0	9.47	8.56
26	1	0	0	−1	0	10.06	8.92
27	−1	0	0	1	0	8.85	8.03
28	1	0	0	1	0	8.85	8.02
29	0	0	−1	0	−1	7.68	6.57
30	0	0	1	0	−1	10.31	8.39
31	0	0	−1	0	1	8.36	6.91

续表

实验号	初始 pH	葡萄糖添加量	发酵时间	发酵温度	接种量	产酸量/(g/L)	蛋白酶活力/(U/mL)
32	0	0	1	0	1	10.13	8.34
33	−1	0	0	0	−1	9.92	8.37
34	1	0	0	0	−1	10.02	8.79
35	−1	0	0	0	1	9.81	8.02
36	1	0	0	0	1	9.62	8.72
37	0	−1	0	−1	0	9.56	8.39
38	0	1	0	−1	0	9.35	8.12
39	0	−1	0	1	0	8.39	7.47
40	0	1	0	1	0	8.11	7.23
41	0	0	0	0	0	12.03	9.88
42	0	0	0	0	0	12.12	10.01
43	0	0	0	0	0	11.75	9.74
44	0	0	0	0	0	12.17	10.09
45	0	0	0	0	0	12.29	10.22
46	0	0	0	0	0	12.13	10.04

② 混合菌发酵条件对产酸量的影响

a. 混合菌产酸量回归模型的建立与显著性分析　通过对表 3-14 多元回归拟合得到自变量混合菌（干酪乳杆菌 5-2、植物乳杆菌 3-2、奥默毕赤酵母 P-13）的初始 pH（A）、葡萄糖添加量（B）、发酵时间（C）、发酵温度（D）、接种量（E）与响应值 Y_1（产酸量）的多元回归方程：$Y_1 = -394.65788 + 19.72044A + 5.42688B + 3.31979C + 14.90792D + 3.65313E + 0.34375AB + 0.050521AC - 0.061458AD - 0.090625AE - 3.33333\text{E-}003BC - 5.83333\text{E-}003BD + 0.42500BE + 2.77778\text{E-}004CD - 0.035833CE + 0.090833DE - 1.63314A^2 - 1.07188B^2 - 0.046441C^2 - 0.20725D^2 - 1.12937E^2$。

采用方差分析和显著性检验来判定模型的拟合效果，其中可通过方差分析中概率 P 值来判断响应值 Y_1（产酸量）受各变量的影响程度。通过表 3-15 可知，该模型的 P 值 <0.0001，说明该模型为极显著，而失拟项的 P 值为 0.0649 大于 0.05，则说明该模型的失拟项不显著，由此可知该回归方程的预测值与实际值较为接近，相对误差较小，拟合程度良好，同时该模型的复相关系数 $R^2=0.9601$，校正决定系数 $R^2_{adj}=0.9282$，说明 92.82％的响应值 Y_1 变

化都能由该模型解释，并能预测该混合菌发酵豆清液的响应值 Y_1；由显著性检验可知，一次项 C、D，二次项 A^2、B^2、C^2、D^2、E^2，对响应值 Y_1 均极显著，交互项 BE 对响应值 Y_1 影响显著；而一次项 A、B、E，交互项 AB、AC、AD、AE、BC、BD、CD、CE、DE 的交互作用对响应值 Y_1 影响都不显著，由此可判断，响应值 Y_1 与各实验因素之间的影响并非普通的线性关系；此外还可通过 F 值来确定响应值 Y_1 受各因素影响的程度大小，其中 F 值越大，表示其对响应值 Y_1 影响程度就越大，重要性越突出，由此可确定对响应值 Y_1 影响程度大小依次为：$C>D>A>B>E$，即发酵时间>发酵温度>初始 pH>葡萄糖添加量>接种量。

表 3-15　混合菌发酵条件对产酸量影响的方差分析

方差来源	平方和	自由度	均分	F 值	P 值	显著性
模型	68.72	20	3.44	30.08	<0.0001	**
A	0.33	1	0.33	2.87	0.1027	ns
B	0.083	1	0.083	0.72	0.403	ns
C	18.34	1	18.34	160.55	<0.0001	**
D	2.65	1	2.65	23.19	<0.0001	**
E	4.00E-04	1	4.00E-04	3.50E-03	0.9533	ns
AB	0.3	1	0.3	2.65	0.1162	ns
AC	0.24	1	0.24	2.06	0.1637	ns
AD	0.087	1	0.087	0.76	0.3911	ns
AE	0.021	1	0.021	0.18	0.6716	ns
BC	1.60E-03	1	1.60E-03	0.014	0.9067	ns
BD	1.23E-03	1	1.23E-03	0.011	0.9183	ns
BE	0.72	1	0.72	6.32	0.0187	*
CD	1.00E-04	1	1.00E-04	8.75E-04	0.9766	ns
CE	0.18	1	0.18	1.62	0.215	ns
DE	0.3	1	0.3	2.6	0.1194	ns
A^2	9.53	1	9.53	83.46	<0.0001	**
B^2	10.03	1	10.03	87.78	<0.0001	**
C^2	24.39	1	24.39	213.55	<0.0001	**
D^2	30.36	1	30.36	265.79	<0.0001	**
E^2	11.13	1	11.13	97.45	<0.0001	**
残差	2.86	25	0.11			

续表

方差来源	平方和	自由度	均分	F 值	P 值	显著性
失拟项	2.69	20	0.13	4.01	0.0649	ns
纯误差	0.17	5	0.034			
总和	71.57	45				
R^2	0.9601		C.V/%	3.48		
R^2_{adj}	0.9282					

注：* 表示差异显著（$p<0.05$）；* * 表示差异极显著（$p<0.01$）；ns 表示差异不显著（$p>0.05$）。

b. 响应面分析及最佳参数的确定　响应面图是各个实验因素对响应值 Y_1（产酸量）的影响及各因素间交互作用所构成的三维曲面图，是对回归方程的直观描述，由图可看出各个因素之间的相互作用的显著情况及最佳参数值，其中曲面和等高线呈圆形表示两因素之间交互作用不显著，而曲面和等高线呈椭圆形则表示两因素交互影响显著。

由图 3-14～图 3-23 和多元回归线性方程可知，响应曲面都是开口向下、向上凸起且回归方程的二次项系数均为负值，说明响应曲面的最高点即为响应值 Y_1（产酸量）的极大值，并运用 Design-Expert 8.06 软件建立回归模型，进行最优分析，得到最佳工艺：初始 pH 为 6.29，葡萄糖添加量为 3.97%，发酵时间为 37.99 h，发酵温度为 35.65 ℃，接种量为 2.94%，此时最佳产酸量预测值为 12.29 g/L。

考虑实际生产调整发酵参数：即初始 pH 为 6.3，葡萄糖添加量为 4%，发酵时间为 38 h，发酵温度 36 ℃，接种量 3%，经 3 次验证实验，得产酸量为（12.20±0.03)g/L，其与预测值较为接近，说明此模型预测效果好可用于混合菌发酵豆清液产酸量的预测。

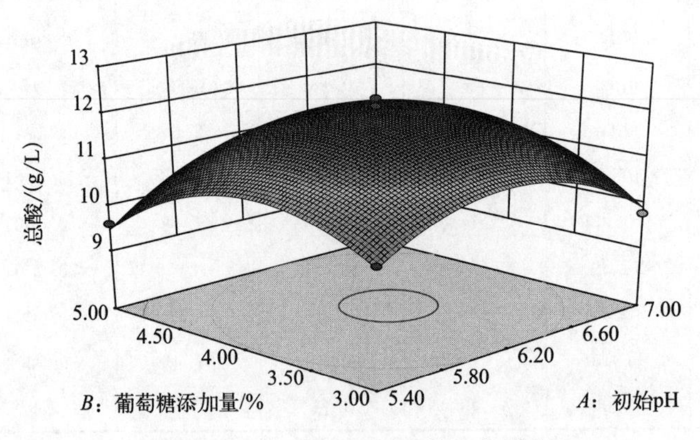

图 3-14　$Y=f(A, B)$ 的响应面图

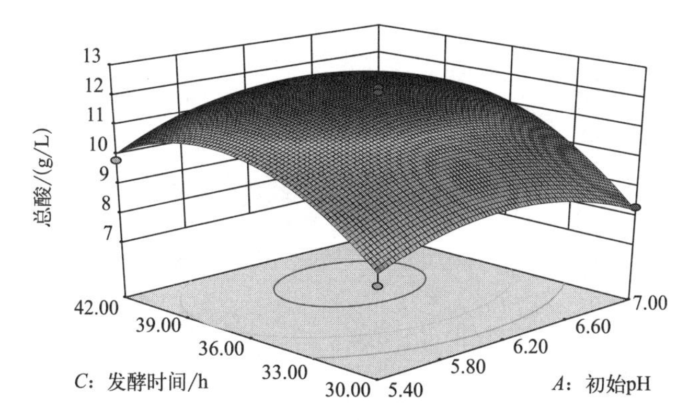

图 3-15　$Y=f(A，C)$ 的响应面图

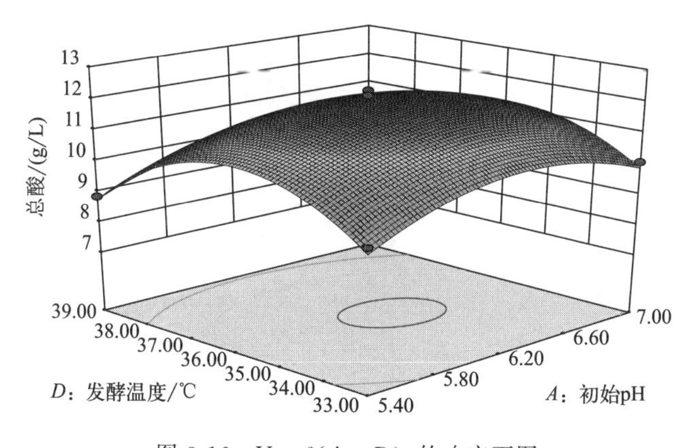

图 3-16　$Y=f(A，D)$ 的响应面图

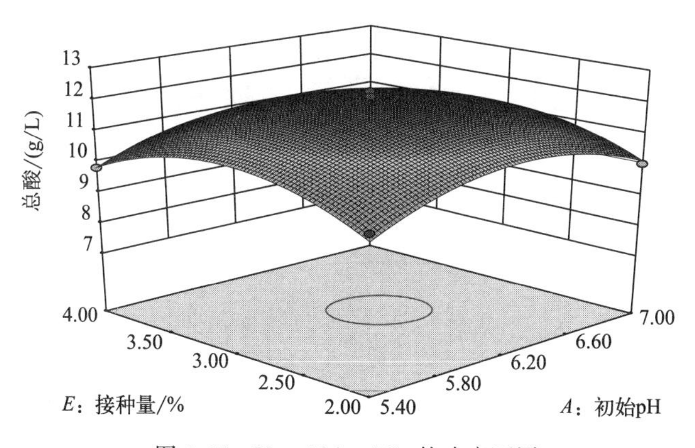

图 3-17　$Y=f(A，E)$ 的响应面图

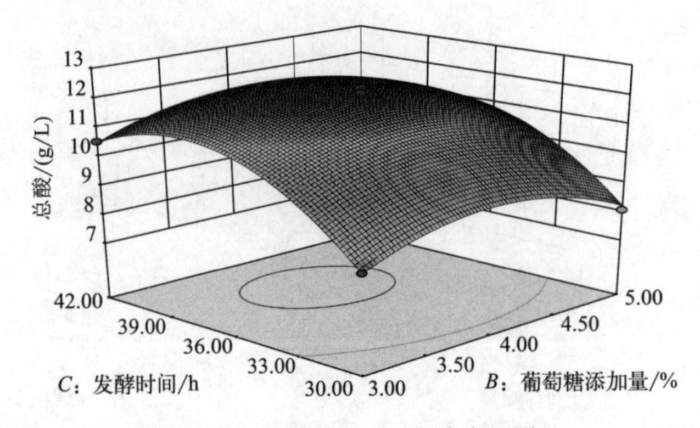

图 3-18　$Y=f(B，C)$ 的响应面图

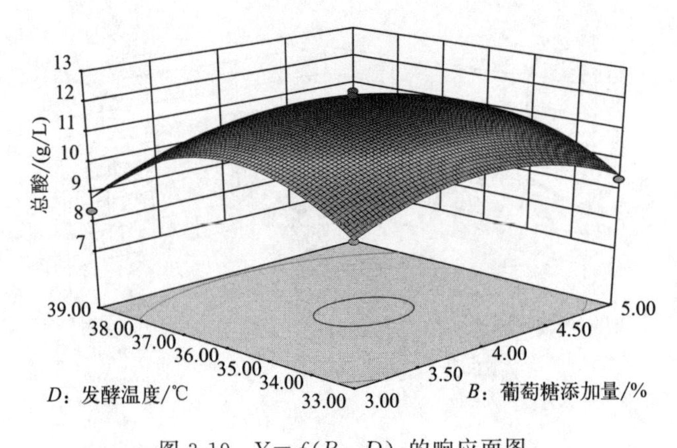

图 3-19　$Y=f(B，D)$ 的响应面图

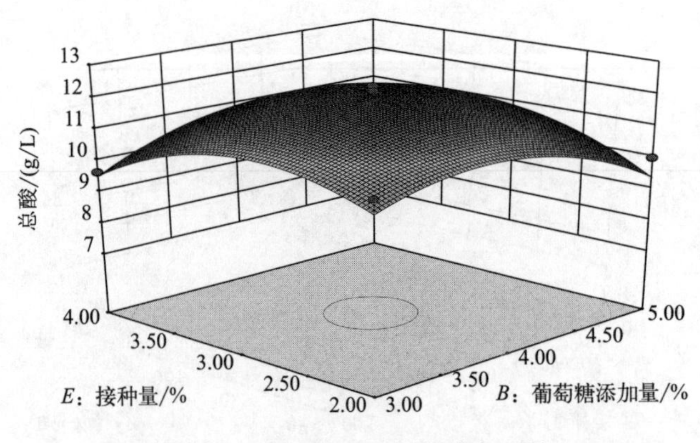

图 3-20　$Y=f(B，E)$ 的响应面图

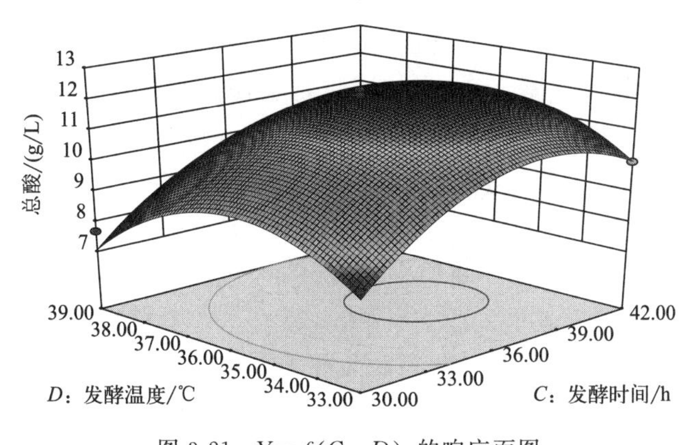

图 3-21　$Y=f(C,\ D)$ 的响应面图

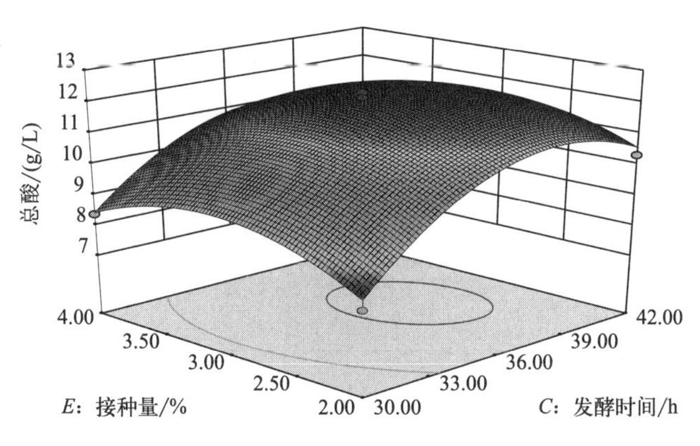

图 3-22　$Y=f(C,\ E)$ 的响应面图

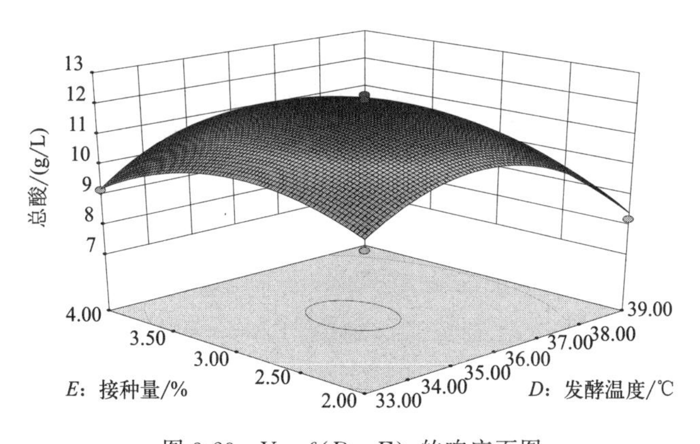

图 3-23　$Y=f(D,\ E)$ 的响应面图

(4) 混合菌发酵条件对蛋白酶活力的影响

① 蛋白酶活力回归模型的建立与显著性分析　通过对表 3-16 元回归拟合得到自变量混合菌（干酪乳杆菌 5-2、植物乳杆菌 3-2、奥默毕赤酵母 P-13）的初始 pH（A）、葡萄糖添加量（B）、发酵时间（C）、发酵温度（D）、接种量（E）与响应值 Y_2（蛋白酶活力）的多元回归方程：$Y_2=-227.55949+13.25039A+4.54938B+3.06823C+7.83514D+0.89625E+0.17188AB+0.035417AC-0.038542AD+0.087500AE+0.027083BC+2.50000\text{E-}003BD+0.21750BE-7.08333\text{E-}003CD-0.016250CE+0.10167DE-1.12012A^2-0.92188B^2-0.041603C^2-0.11734D^2-0.84854E^2$

采用方差分析和显著性检验来判定模型的拟合效果，其中可通过方差分析中概率 P 值来判断响应值 Y_2（蛋白酶活力）受各变量的影响程度。通过表 3-17 可知，P 值<0.0001，说明该模型为极显著，而模型的失拟项的 P 值为 0.052 大于 0.05，则说明该模型失拟项不显著，由此可知该回归方程的预测值与实际值较为接近，误差相对较小，拟合程度良好，同时该模型的复相关系数为 $R^2=0.9329$，校正决定系数 $R^2_{adj}=0.8791$，说明 87.91%的响应值 Y_2 变化都能由该模型解释，并能预测该混合菌发酵豆清液的响应值 Y_2。由显著性检验可知，一次项 A、C、D，二次项 A^2、B^2、C^2、D^2、E^2，对响应值 Y_2 影响极显著，一次项 B、E 和交互项对响应值 Y_2 影响都不显著。由此可判断，响应值 Y_2 与各实验因素之间的影响并非普通的线性关系。此外还可通过 F 值来确定响应值 Y_2 受各因素影响的程度大小，其中 F 值越大，表示其对响应值 Y_2 影响程度就越大，重要性越突出，由此可确定对响应值 Y_2 影响程度大小依次为：$C>D>A>B>E$，即发酵时间>发酵温度>初始 pH>葡萄糖添加量>接种量。

表 3-16　混合菌发酵条件对蛋白酶活力影响的方差分析

方差来源	平方和	自由度	均分	F 值	P 值	显著性
模型	36.77	20	1.84	17.37	<0.0001	**
A	1.01	1	1.01	9.54	0.0049	**
B	0.04	1	0.04	0.38	0.5443	ns
C	8.05	1	8.05	76.06	<0.0001	**
D	1.12	1	1.12	10.56	0.0033	**
E	2.50E-03	1	2.50E-03	0.024	0.8791	ns
AB	0.076	1	0.076	0.71	0.406	ns
AC	0.12	1	0.12	1.09	0.306	ns

续表

方差来源	平方和	自由度	均分	F 值	P 值	显著性
AD	0.034	1	0.034	0.32	0.5747	ns
AE	0.02	1	0.02	0.19	0.6707	ns
BC	0.11	1	0.11	1	0.3274	ns
BD	2.25E-04	1	2.25E-04	2.13E-03	0.9636	ns
BE	0.19	1	0.19	1.79	0.1933	ns
CD	0.065	1	0.065	0.61	0.4406	ns
CE	0.038	1	0.038	0.36	0.5543	ns
DE	0.37	1	0.37	3.52	0.0725	ns
A^2	4.49	1	4.49	42.37	<0.0001	* *
B^2	7.42	1	7.42	70.06	<0.0001	* *
C^2	19.58	1	19.58	184.93	<0.0001	* *
D^2	9.73	1	9.73	91.94	<0.0001	* *
E^2	6.28	1	6.28	59.36	<0.0001	* *
残差	2.65	25	0.11			
失拟项	2.51	20	0.13	4.47	0.052	ns
纯误差	0.14	5	0.028			
总和	39.41	45				
R^2	0.9329		$C.V/\%$	3.95		
R^2_{adj}	0.8791					

注：* 表示差异显著（P<0.05）；* * 表示差异极显著（P<0.01）；ns 表示差异不显著（P>0.05）。

② 响应面分析及最佳参数的确定　由图 3-24～图 3-33 和多元回归线性方程可知，响应曲面都是开口向下、向上凸起且回归方程的二次项系数均为负值，说明响应曲面的最高点即为响应值 Y_2（蛋白酶活力）的极大值，并运用 Design-Expert 8.06 软件建立回归模型，进行最优分析，得到最佳工艺：初始 pH 为 6.37，葡萄糖添加量为 4.01%，发酵时间为 37.55 h，发酵温度为 32.53 ℃，接种量为 2.96%，此时最佳蛋白酶活力预测值为 10.14 U/mL。考虑实际生产调整发酵参数：即初始 pH 为 6.4，葡萄糖添加量为 4%，发酵时间为 38 h，发酵温度为 33 ℃，接种量为 3%，经 3 次验证实验，得蛋白酶活力为（10.07±0.03）U/mL，其与预测值较为接近，说明此模型预测效果较好可用于混合菌发酵豆清液产蛋白酶的预测。

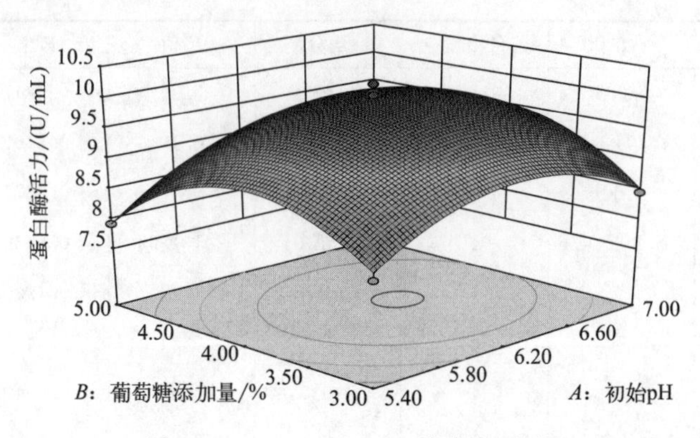

图 3-24　$Y=f(A, B)$ 的响应面图

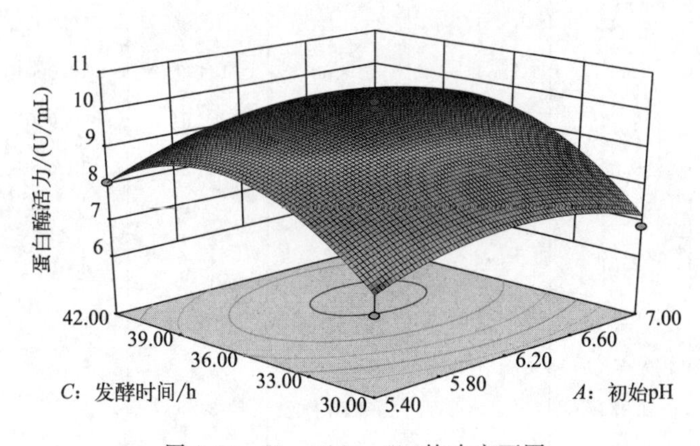

图 3-25　$Y=f(A, C)$ 的响应面图

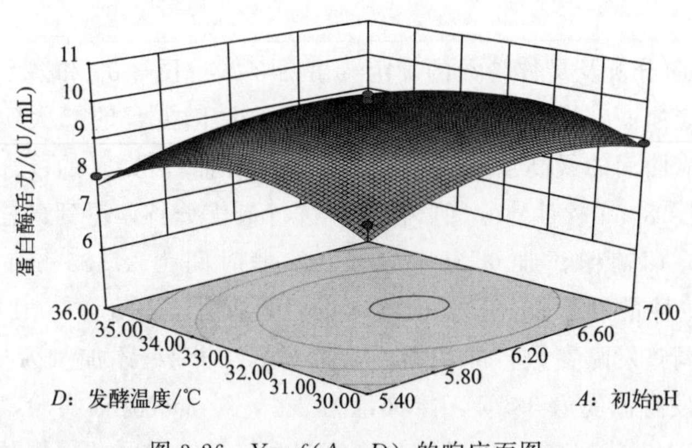

图 3-26　$Y=f(A, D)$ 的响应面图

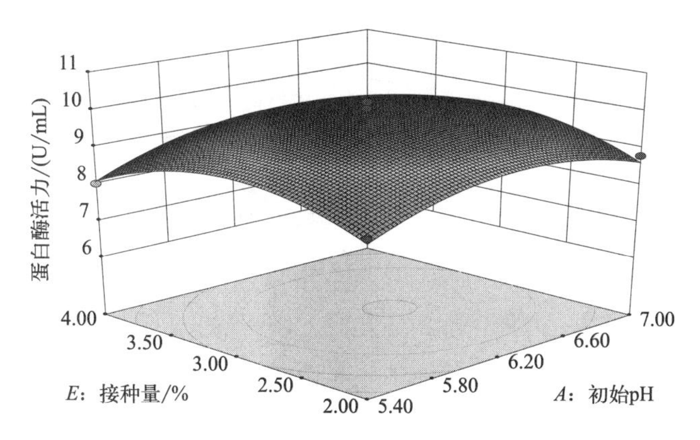

图 3-27　$Y=f(A, E)$ 的响应面图

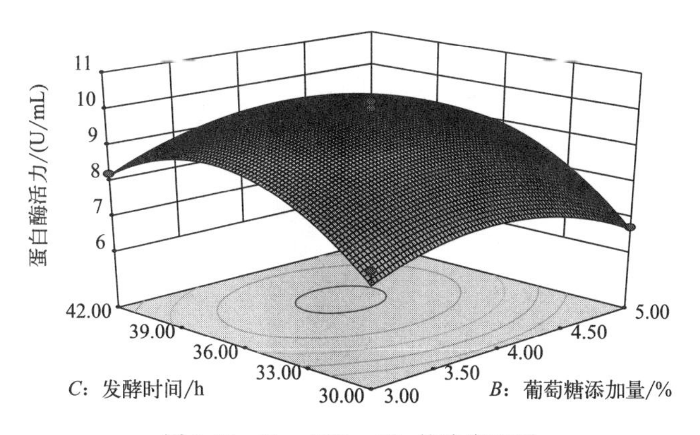

图 3-28　$Y=f(B, C)$ 的响应面图

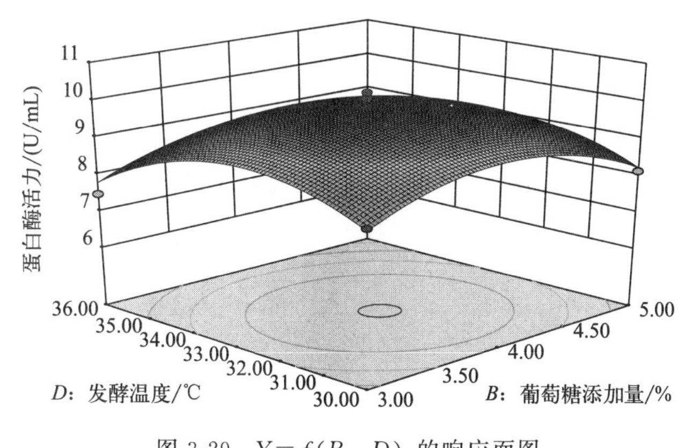

图 3-29　$Y=f(B, D)$ 的响应面图

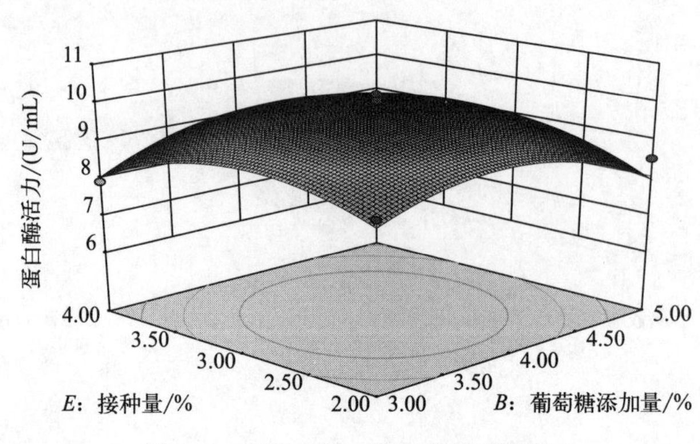

图 3-30　Y＝f(B，E) 的响应面图

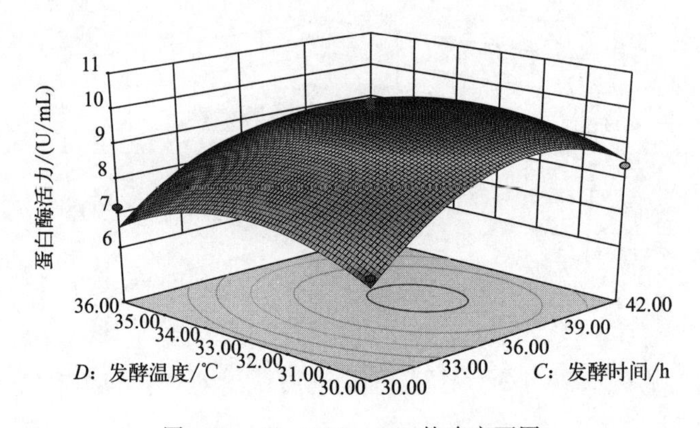

图 3-31　Y＝f(C，D) 的响应面图

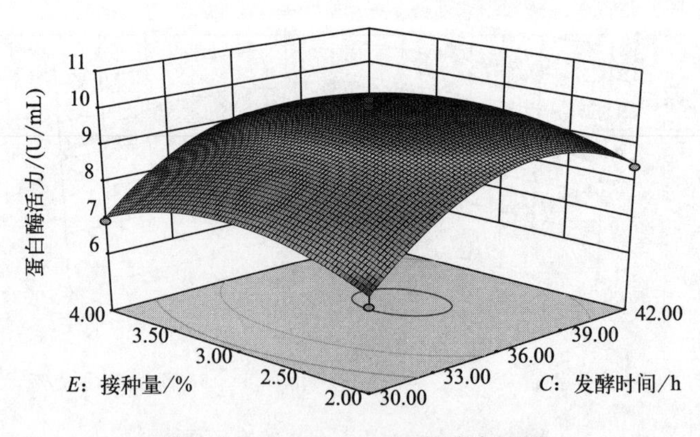

图 3-32　Y＝f(C，E) 的响应面图

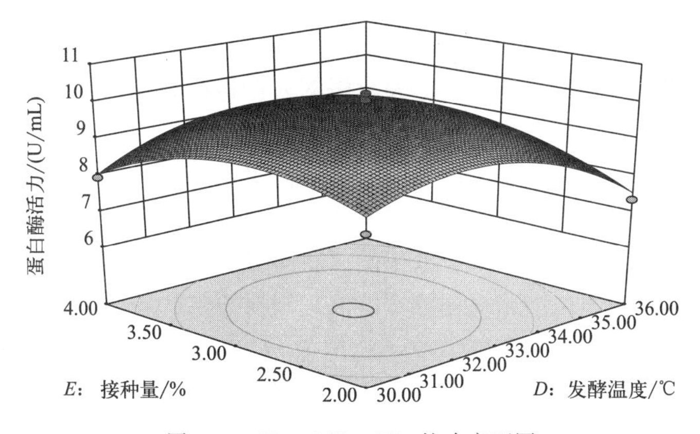

图 3-33　$Y=f(D, E)$ 的响应面图

③ 混合菌发酵豆清液制备豆清发酵液最佳条件的确定　由于分别以总酸和蛋白酶活力为评价指标进行响应面优化，得到的最佳参数不同，故选取不同的影响因素（pH、温度）进行验证实验，实验结果见表 3-17。由表 3-17 可知，在相同 pH 条件下，豆清发酵液总酸随着温度升高而增大逐渐趋于平缓，蛋白酶活力则随着温度升高而减少，且不同温度间存在显著差异（$P<0.05$）。当 pH 为 6.3 时，发酵温度 35 ℃与 36 ℃的总酸无显著差异（$P>0.05$），综合考虑豆清发酵液点浆凝胶为酸酶协同的作用，且酸对豆腐凝胶的作用较大，故确定混合菌发酵豆清液制备豆清发酵液的最佳参数：即初始 pH 为 6.3，葡萄糖添加量为 4%，发酵时间为 38 h，发酵温度为 35 ℃，接种量为 3%。经 3 次验证实验，得混合菌株发酵豆清液产酸量为（12.18±0.04)g/L，蛋白酶活力为(9.39±0.03)U/mL。由此可知，该混合菌发酵豆清液制备生物凝固剂——豆清发酵液的工艺稳定良好，可用于预测混合菌发酵豆清液制备豆清发酵液的产酸量与蛋白酶活力的理论预测。

表 3-17　不同条件下混合菌发酵产酸和蛋白酶活力表

指标		温度/℃			
		33	34	35	36
pH6.3	总酸/(g/L)	10.80 ± 0.04^{c}	11.71 ± 0.04^{b}	12.18 ± 0.04^{a}	12.21 ± 0.03^{a}
	蛋白酶活力/(U/mL)	10.08 ± 0.02^{a}	9.86 ± 0.02^{b}	9.41 ± 0.03^{c}	8.74 ± 0.03^{d}
pH6.4	总酸/(g/L)	10.82 ± 0.02^{d}	11.69 ± 0.03^{c}	12.15 ± 0.02^{b}	12.22 ± 0.03^{a}
	蛋白酶活力/(U/mL)	10.06 ± 0.03^{a}	9.86 ± 0.03^{b}	9.39 ± 0.03^{c}	8.71 ± 0.02^{d}

注：每行进行多重比较，a～d 表示差异显著（$P<0.05$）。

二、酸浆（豆清发酵液）冻干工艺条件研究

豆清发酵液点浆用量较大，需要较多的大体积储罐和调配罐进行储存和调配，这必然需要占用更多的生产车间，且生产操作不便，所以将豆清发酵液制成浓缩液或者粉末状则是现阶段豆清发酵液需要研究的内容。

酸浆（豆清发酵液）点浆凝胶主要是酸酶协同的作用，考虑到真空浓缩技术和喷雾干燥技术都对豆清发酵液中的蛋白酶等生物活性物质影响较大，故采用真空冷冻干燥技术将酸浆（豆清发酵液）制成粉末状。通过预实验表明，真空冷冻干燥技术制成的酸浆粉（豆清发酵液粉），其酸含量基本不变，得率高达 99.6%，但其蛋白酶活力得率仅为（59.23%±0.46)%，故选用蛋白酶活力得率作为酸浆（豆清发酵液）冻干的评价指标，采用响应面法优化冻干保护剂，筛选出适合酸浆（豆清发酵液）冻干的保护剂，为酸浆粉的制备、运用与推广提供技术支持。

1. 实验材料与仪器

(1) 实验材料

菌种：植物乳杆菌 3-2、干酪乳杆菌 5-2、奥默毕赤酵母 P-13。豆清液：固形物含量（0.8±0.3)°Brix，总酸（1.2±0.3)g/L。均由豆制品加工与安全控制湖南省重点实验室提供。

(2) 实验试剂　除脱脂乳为食品级，其他试剂均为国产分析纯。

(3) 实验仪器　真空冷冻干燥机、电子天平、恒温水浴槽、台式高速离心机、紫外分光光度计、恒温培养箱、分析天平、双人单面净化工作台、单道移液器、高压灭菌器、pH 计。

2. 实验方法

(1) 豆清发酵液的制备　选取新鲜豆清液添加 4%葡萄糖，调整 pH 为 6.3，115 ℃灭菌 15 min，接种 3%的混合菌（植物乳杆菌 3-2∶干酪乳杆菌 5-2∶奥默毕赤酵母 P-13＝2∶2∶1)，于 35 ℃发酵 38 h，即为豆清发酵液，备用。

(2) 蛋白酶活力的测定

同一、纯种发酵法生产酸浆工艺条件研究中蛋白酶活力测定。

(3) 蛋白酶活力得率的计算

测定冻干前蛋白酶活力 U_0、冻干后蛋白酶活力 U_1，并按公式进行计算，得到酶活得率。

$$\text{冻干酶活力得率}=\frac{U_1}{U_0}\times 100\%$$

（4）单因素实验筛选保护剂

选择不同类型（甘油、吐温-80、葡萄糖、乳糖、蔗糖、海藻糖、麦芽糊精、环状糊精、脱脂乳、变性淀粉）的保护剂，分别按照不同质量分数添加至30 mL豆清发酵液中，使其充分溶解混匀，装液厚度约为5 mm，−60 ℃预冻4 h，置于真空冷冻干燥机内干燥20 h，使样品中残余水分低于5%，即可得到豆清发酵粉。而后将豆清发酵粉复水至与原豆清发酵液和保护剂两者质量总和后再测其蛋白酶活力得率，以蛋白酶活力得率为评价指标，筛选出效果较优的冻干保护剂。

（5）响应面法优化冻干保护剂配方　基于不同保护剂蛋白酶活力得率的实验结果，选择麦芽糊精添加量（A）、海藻糖添加量（B）、脱脂乳添加量（C）为自变量，蛋白酶活力得率为响应值 Y_3，采用响应面法优化真空冷冻干燥豆清发酵液保护剂配方，因素编码水平见表3-18。

表3-18　实验编码水平表

编码水平	单因素		
	麦芽糊精添加量/%	海藻糖添加量/%	脱脂乳添加量/%
−1	1	1	5
0	2	2	6
1	3	3	7

3. 结果与分析

（1）单因素实验结果与分析

以保护剂对蛋白酶冻干的影响为例。

由表3-19可知，同一保护剂不同添加量对真空冷冻干燥蛋白酶活力得率的影响差异显著（$P<0.05$）；由表3-20可知，同一添加量不同保护剂对真空冷冻干燥蛋白酶活力得率的影响差异显著（$P<0.05$）。在添加量为6%时，脱脂乳的保护效果最佳，海藻糖、麦芽糊精次之，乳糖的保护效果最差。脱脂乳保护效果最佳的原因可能是其含有大量的蛋白质，可在菌体表面形成一层有效的保护层，有效地包裹细胞，提高其整体稳定性及减少蛋白酶细胞内部冰晶的形成，防止因为细胞膜破损导致胞内物质的流失，最大限度地降低细胞的损伤。

表3-19　不同添加量相同保护剂的蛋白酶活力得率

保护剂	蛋白酶活力得率/%						
	1%	2%	3%	4%	5%	6%	7%
甘油	75.03 ± 0.14^{f}	75.55 ± 0.04^{e}	76.11 ± 0.06^{d}	77.26 ± 0.08^{b}	78.78 ± 0.05^{a}	76.36 ± 0.08^{c}	74.64 ± 0.03^{g}

续表

保护剂	蛋白酶活力得率/%						
	1%	2%	3%	4%	5%	6%	7%
吐温-80	76.18±0.05^{d}	77.28±0.11^{a}	76.91±0.13^{b}	76.55±0.07^{c}	76.18±0.04^{d}	76.01±0.07^{e}	75.78±0.05^{f}
蔗糖	69.19±0.06^{e}	71.36±0.09^{c}	72.09±0.06^{a}	71.89±0.08^{b}	70.47±0.06^{d}	68.44±0.05^{f}	64.22±0.05^{g}
乳糖	64.18±0.08^{f}	67.50±0.23^{e}	69.19±0.09^{c}	70.88±0.04^{a}	70.92±0.07^{a}	69.97±0.15^{b}	68.85±0.08^{d}
葡萄糖	70.24±0.09^{f}	71.12±0.09^{e}	72.18±0.09^{d}	74.83±0.10^{a}	74.10±0.07^{b}	72.76±0.18^{c}	69.73±0.12^{g}
海藻糖	73.33±0.09^{f}	83.19±0.07^{a}	79.85±0.07^{b}	76.35±0.12^{c}	74.28±0.14^{d}	73.77±0.10^{e}	73.31±0.09^{f}
脱脂乳	63.15±0.12^{g}	63.83±0.08^{f}	64.84±0.07^{e}	66.05±0.07^{d}	67.88±0.04^{c}	83.66±0.07^{a}	81.45±0.05^{b}
环状糊精	64.48±0.11^{e}	67.27±0.08^{d}	70.45±0.08^{c}	74.65±0.09^{b}	79.19±0.05^{a}	79.25±0.08^{a}	79.20±0.08^{a}
麦芽糊精	72.12±0.10^{g}	81.77±0.08^{a}	80.23±0.09^{b}	79.87±0.09^{c}	79.63±0.05^{d}	79.08±0.06^{e}	78.19±0.09^{f}
变性淀粉	75.03±0.18^{f}	75.65±0.18^{e}	76.11±0.07^{d}	77.15±0.10^{c}	77.75±0.07^{b}	77.99±0.09^{a}	78.15±0.09^{a}

注：每行进行多重比较，a～g 表示差异显著（$P<0.05$）。

表 3-20　不同保护剂相同添加量蛋白酶活力得率

保护剂	蛋白酶活力得率/%						
	1%	2%	3%	4%	5%	6%	7%
甘油	75.03±0.14^{b}	75.55±0.04^{d}	76.11±0.06^{d}	77.26±0.08^{b}	78.78±0.05^{c}	76.36±0.08^{e}	74.64±0.03^{e}
吐温-80	76.18±0.05^{a}	77.28±0.11^{c}	76.91±0.13^{c}	76.55±0.07^{c}	76.18±0.04^{e}	76.01±0.07^{f}	75.78±0.05^{d}
蔗糖	69.19±0.06^{f}	71.36±0.09^{e}	72.09±0.06^{e}	71.89±0.08^{g}	70.47±0.06^{i}	68.44±0.05^{j}	64.22±0.05^{i}
乳糖	64.18±0.08^{h}	67.50±0.23^{g}	69.19±0.09^{g}	70.88±0.04^{h}	70.92±0.07^{h}	69.97±0.15^{i}	68.85±0.08^{h}
葡萄糖	70.24±0.09^{e}	71.12±0.09^{f}	72.18±0.09^{e}	74.83±0.10^{e}	74.10±0.07^{g}	72.76±0.18^{h}	69.73±0.12^{g}
海藻糖	73.33±0.09^{c}	83.19±0.07^{a}	79.85±0.07^{b}	76.35±0.12^{d}	74.28±0.14^{f}	73.77±0.10^{g}	73.31±0.09^{f}
脱脂乳	63.15±0.12^{i}	63.83±0.08^{i}	64.84±0.07^{h}	66.05±0.07^{i}	67.88±0.04^{j}	83.66±0.07^{a}	81.45±0.05^{a}
环状糊精	64.48±0.11^{g}	67.27±0.08^{h}	70.45±0.08^{f}	74.65±0.09^{f}	79.19±0.05^{b}	79.25±0.08^{b}	79.20±0.08^{b}
麦芽糊精	72.12±0.10^{d}	81.77±0.08^{b}	80.23±0.09^{a}	79.87±0.09^{a}	79.63±0.05^{a}	79.08±0.06^{c}	78.19±0.09^{c}
变性淀粉	75.03±0.18^{b}	75.65±0.18^{d}	76.11±0.07^{d}	77.15±0.10^{b}	77.75±0.07^{d}	77.99±0.09^{d}	78.15±0.09^{c}

注：每列进行多重比较，a～j 表示差异显著（$P<0.05$）。

（2）响应面实验结果与分析

① 响应面法优化蛋白酶冻干保护剂配方　采用响应面法优化蛋白酶冻干保护剂配方实验结果见表 3-21。

表 3-21　响应面优化设计及结果

序号	麦芽糊精添加量/%	海藻糖添加量/%	脱脂乳添加量/%	蛋白酶活得率/%
1	−1	−1	0	71.11
2	1	−1	0	80.01

续表

序号	麦芽糊精添加量/%	海藻糖添加量/%	脱脂乳添加量/%	蛋白酶活得率/%
3	−1	1	0	79.46
4	1	1	0	78.42
5	−1	0	−1	66.02
6	1	0	−1	75.54
7	−1	0	1	75.70
8	1	0	1	84.87
9	0	−1	−1	63.00
10	0	1	−1	73.20
11	0	−1	1	78.41
12	0	1	1	82.39
13	0	0	0	86.81
14	0	0	0	89.05
15	0	0	0	88.87
16	0	0	0	90.35
17	0	0	0	88.05

② 蛋白酶活力得率回归模型的建立与显著性分析　通过对表3-22多元回归拟合得到自变量麦芽糊精添加量（A）、海藻糖添加量（B）、脱脂乳添加量（C）与响应值Y_3（蛋白酶活力得率）的多元回归方程：$Y_3=-320.79100+29.00075A+42.23450B+105.29725C-2.48500AB-0.087500AC-1.55500BC-5.04675A^2-6.32925B^2-8.04675C^2$。

采用方差分析和显著性检验来判定模型的拟合效果，其中可通过方差分析中概率P值判定响应值Y_3受各个变量的影响程度。通过表3-22可知，该模型的P值<0.01，说明该模型为极显著，而模型失拟项P值为0.0780大于0.05，则说明该模型失拟项为不显著，由此可见该回归方程的预测值与实际值较为接近，相对误差较小，拟合程度良好，同时该模型的复相关系数为$R^2=0.9695$，校正决定系数$R^2_{adj}=0.9302$，说明93.02%的响应值Y_3变化都能由该模型解释，并能预测响应值Y_3；由显著性检验可知，一次项A、C，二次项A^2、B^2、C^2，对响应值Y_3影响极显著，一次项B，对响应值Y_3影响显著；而交互项AB、BC、AC的交互作用对响应值Y_3影响不显著。由此可判断，

响应值 Y_3 与各实验因素之间的影响并非普通的线性关系；此外还可通过 F 值来确定响应值 Y_3 受各因素影响的程度大小，其中 F 值越大，表示其对响应值 Y_3 影响程度就越大，重要性越突出，由此可确定对响应值 Y_3 影响程度大小依次为 $C>A>B$，即脱脂乳添加量＞麦芽糊精添加量＞海藻糖添加量。

表 3-22　Box-Behnken 实验结果方差分析

方差来源	平方和	自由度	均分	F 值	P 值	显著性
Model	1024.94	9	113.88	24.69	0.0002	* *
A	88.11	1	88.11	19.1	0.0033	* *
B	54.81	1	54.81	11.88	0.0107	*
C	237.73	1	237.73	51.54	0.0002	* *
AB	24.7	1	24.7	5.35	0.0539	ns
AC	0.031	1	0.031	6.64E-03	0.9373	ns
BC	9.67	1	9.67	2.1	0.1909	ns
A^2	107.24	1	107.24	23.25	0.0019	* *
B^2	168.67	1	168.67	36.57	0.0005	* *
C^2	272.63	1	272.63	59.1	0.0001	* *
残差	32.29	7	4.61			
失拟项	25.45	3	8.48	4.96	0.078	ns
纯误差	6.84	4	1.71			
总和	1057.23	16				
R^2	0.9695		$C.V/\%$	2.70		
R^2_{adj}	0.9302					

注：* 表示差异显著（$P<0.05$）；* * 表示差异极显著（$P<0.01$）；ns 表示差异不显著（$P>0.05$）。

③ 响应面结果分析　由图 3-34～3-36 可知，影响蛋白酶活力得率的三因素（麦芽糊精添加量、海藻糖添加量、脱脂乳添加量）两两因素交互作用的响应面图都较平缓，等高线图的椭圆形都不明显，接近圆形，表明麦芽糊精添加量与海藻糖添加量、麦芽糊精添加量与脱脂乳添加量、海藻糖添加量与脱脂乳添加量之间有一定的交互作用，但交互作用较弱。结合表 3-22 中的结果，交互项 AB、AC、BC 对实验结果的显著性分析均为 $P>0.05$，表明麦芽糊精添加量、海藻糖添加量、脱脂乳添加量这三个因素的两两交互作用不显著，与图 3-34～图 3-36 中响应曲面和等高线图所示结果一致。

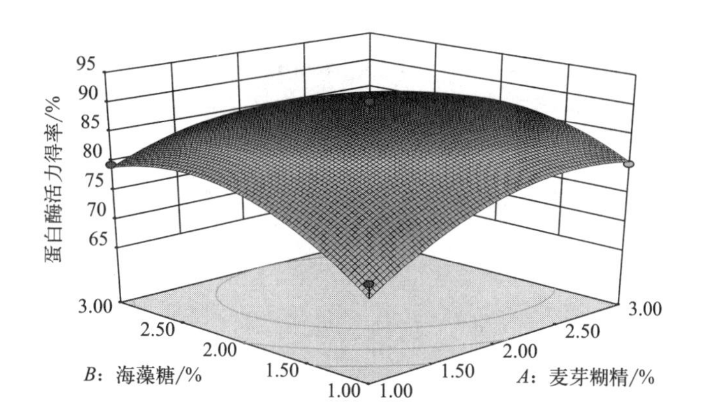

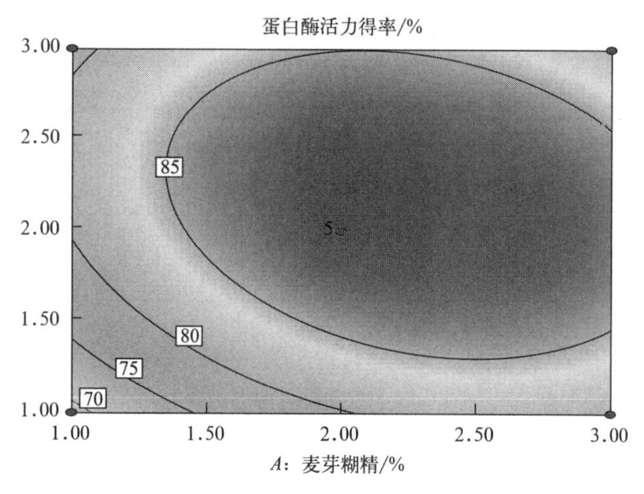

图 3-34 $Y=f(A, B)$ 的响应面图

④ 冻干保护剂最佳配方的确定 由图 3-34～图 3-36 和多元回归线性方程可知，响应曲面图都是开口朝下、向上凸起的及且回归方程的二次项系数均为负值，说明响应曲面的最高点即为响应值 Y_3 的极大值，并运用 Design-Expert 8.06 软件建立回归模型，进行最优分析，优化得到最佳保护剂配方：即麦芽糊精添加量为 2.30%，海藻糖添加量为 2.11%，脱脂乳添加量为 6.33%，此时模型预测蛋白酶活得率为 90.15%。考虑实际生产调整工艺参数：即麦芽糊精添加量为 2.3%，海藻糖添加量为 2.1%，脱脂乳添加量为 6.3%，以此配方进行 3 次验证实验，得蛋白酶活力得率为（90.12±0.34)%，与预测的蛋白酶活力得率 90.15%结果相近，相对误差较小，表明响应面法优化得到的保护剂最优组合准确可靠，具有实用意义。

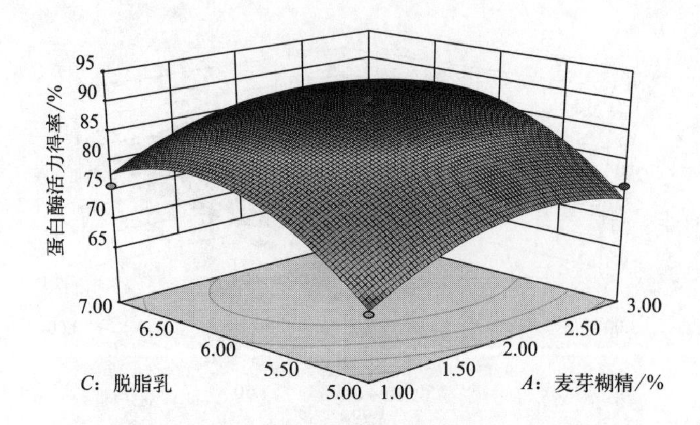

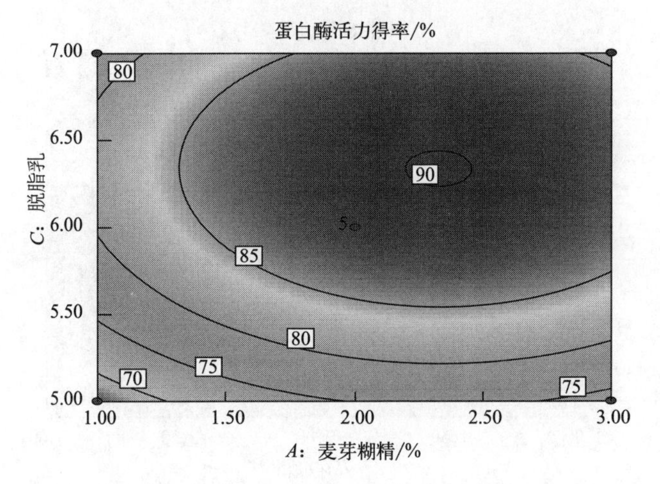

图 3-35　$Y=f(A, C)$ 的响应面图

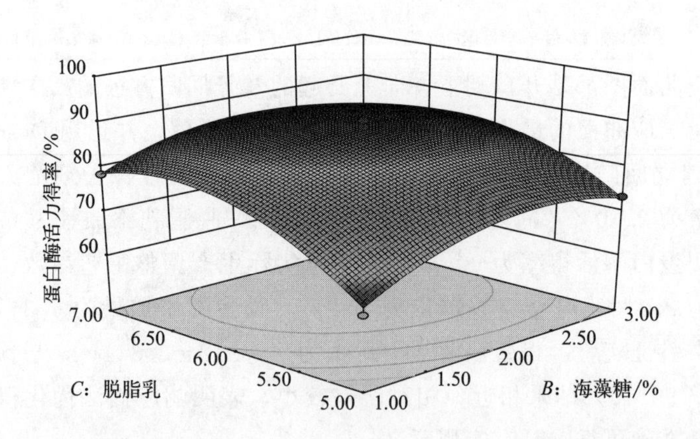

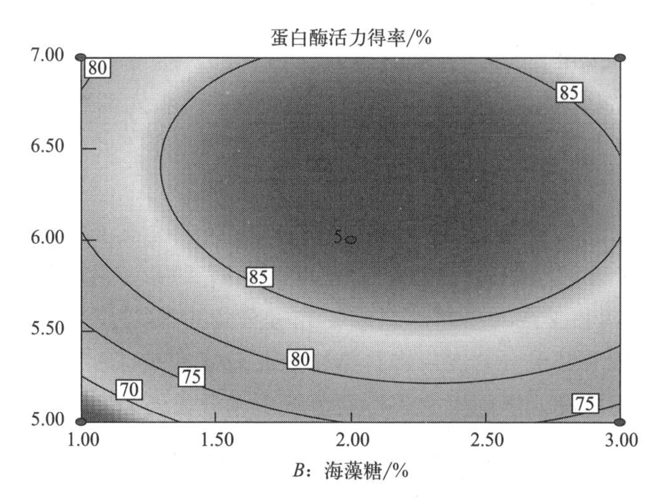

图 3-36　$Y=f(B，C)$ 的响应面图

第三节　酸浆工业化生产技术

一、酸浆发酵原料

酸浆工业化生产的主要原料是豆腐加工的副产物豆清液和碳水化合物。

1. 豆清液

豆清液是豆腐点浆工序中蛋白质凝固时析出和豆腐压榨时产生的大豆乳清液之总称，是益生菌的良好培养基。

（1）豆清液的主要成分　豆清液含有大豆乳清蛋白、不饱和脂肪、碳水化合物、维生素和β-胡萝卜素等营养成分以及大豆异黄酮、大豆低聚糖等功能性成分。经检测分析，豆清液含蛋白质 4.08 g/L、可溶性固形物含量 14.7 g/L，脂肪 1.10 g/L，总糖 2.36 g/L，还原糖 0.53 g/L，蔗糖 1.83 g/L，大豆异黄酮 0.62 g/L，还有维生素和微量元素。

据统计，每 1 t 大豆加工成豆腐，能产生 4～7 t 豆清液。其蛋白质以大豆乳清蛋白为重要蛋白成分，它由 2S 蛋白和 7S 蛋白组分组成，易溶于水。

（2）影响豆清液品质的因素

① 大豆品种　大豆品种繁多，大豆成分含量受大豆品种、产地、生产年份、气候等因素影响。从地域看，安徽和湖北等生长在黄淮流域的大豆品种，

加工豆制品时，获得豆清液的质量相对较好。豆清液颜色淡黄色，较清亮，比较合适用于酸浆发酵。

② 豆制品加工用水　目前豆制品企业的加工用水大多数采用自来水或地表水。自来水各地差异较大，同时各地自来水管理水平不同，导致自来水的硬度和余氯均不统一，从而影响豆清液的成分和品质。

适合酸浆工艺的豆制品用水，最佳的方式是采用去离子水或反渗透水，水的硬度低于 300 mg/L（以 $CaCO_3$ 计），以消除加工用水对豆清液品质的影响。

③ 豆制品制浆工艺　豆制品制浆工艺可分为生浆工艺和熟浆工艺，熟浆法又分为一次浆渣共熟、二次浆渣共熟和热水淘浆。不同的制浆工艺，豆清液的成分不同，经检测，不同工艺获得豆清液的成分如表 3-23 所示。

表 3-23　不同制浆工艺对豆清液成分的影响

成分	总固形物/(g/L)	总糖/(g/L)	蛋白质/(g/L)	脂肪/(g/L)	异黄酮/(g/L)	还原糖/(g/L)
生浆工艺	8.5	0.93	4.79	1.3	0.54	0.24
一次浆渣共熟工艺	10.6	2.08	4.24	1.2	0.58	0.43
二次浆渣共熟工艺	14.7	2.36	4.08	1.1	0.62	0.53
热水淘浆工艺	9.3	1.76	4.47	1.2	0.58	0.38

从表 3-23 可以看出，熟浆工艺产生的豆清液总固形物含量和总糖的含量大于生浆工艺，其中二次浆渣共熟工艺，获得的豆清液总糖可达 2.36 g/L。豆清液的总糖和蛋白质能为微生物发酵提供较好的碳源和氮源。

④ 凝固剂种类　目前国内外主要使用的豆腐凝固剂是石膏（硫酸钙）、氯化镁和酸浆（豆清液发酵液）。采用石膏（硫酸钙）和氯化镁作为豆腐的凝固剂时，Ca^{2+} 和 Mg^{2+} 将进入豆清液中，导致豆清液中 Ca^{2+} 和 Mg^{2+} 浓度超过 50 mg/L，Ca^{2+} 和 Mg^{2+} 一是对微生物代谢有抑制，二是发酵过程中，可与豆清液中的蛋白质形成沉淀。酸浆（豆清发酵液）豆腐生产所产生的豆清液不含 Ca^{2+} 和 Mg^{2+}，是酸浆发酵适合的培养基。

⑤ 加工设备

豆制品加工设备的自动化程度、设备清洗系统和豆清液收集系统的设计水平，直接影响豆清液收集的数量和质量。从豆清液的成分可知，豆清液是非常适合微生物生长繁殖的培养基，因此，豆清液的收集，需要高效、快捷和卫生。

目前，国内豆制品设备基本上没有设计豆清液回收系统和 CIP 清洗系统，不利于豆清液的清洁收集。因此，从豆制品加工设备的角度考虑，点浆凝固和压榨工序应增加豆清液的回收系统和 CIP 自动清洗系统，收集豆腐凝固、压榨过程产生的豆清液。这样才能保证豆清液清洁充分收集。同时，豆制品设备CIP清洗，可有效保证生产设备卫生状况，控制收集过程中豆清液中微生物繁殖。一般情况下，在2～4 h之内，将豆清液收集并灭菌，可确保豆清液发酵安全。

⑥ 生产环境　豆清液为豆制品加工的副产物，其质量的稳定性与生产环境有密切的关系，车间温度、湿度、空气中微生物数量和种类，均可影响豆清液的质量。

2. 碳水化合物

碳水化合物是微生物生长繁殖不可缺少的营养物质之一，俗称碳源。碳源以糖类为主，其中单糖优于多糖，己糖优于戊糖，葡萄糖、果糖、蔗糖、乳糖等均可用于酸浆发酵，以葡萄糖的效果最好。葡萄糖补充的量根据酸浆发酵最终要求的总酸和发酵时间来确定。

二、酸浆发酵机理

1. 酸浆微生物代谢途径和发酵类型

酸浆发酵的主要微生物是乳酸菌，根据乳酸菌糖代谢发酵途径的不同，可以把乳酸菌微生物主要分为同型乳酸发酵和异型乳酸发酵2大类。乳酸菌的糖代谢途径包括在厌氧条件下的糖酵解途径（EMP）和有氧条件下的磷酸转酮醇酶途径。

（1）同型发酵。在糖酵解途径中，由1 mol葡萄糖可得到2 mol乳酸，并净得2 mol ATP。这种只产生单一的一种乳酸分子而不产其他有机酸（杂酸）的发酵就是同型乳酸发酵。事实上，葡萄糖100%转化为乳酸只是理论值。由于微生物的生长及其生理活动会消耗部分葡萄糖，不会完全达到100%转化率的程度。

（2）异型发酵。在有氧条件下，乳酸菌利用磷酸己糖途径（磷酸转酮醇酶途径）进行异型乳酸发酵。由葡萄糖产生等量的乳酸、CO_2和乙醇或乙酸。

（3）混合发酵。除上述2种代谢途径外，还在下述情况下进行混合发酵。当培养基中葡萄糖的量受到限制，或碳源是葡萄糖以外的糖时，如乳酸乳球菌（*L. lactis*）以麦芽糖、乳糖和半乳糖为碳源的乳酸发酵，或者改变发酵环境条件，如提高pH、降低温度时的发酵，在这些条件下除形成乳酸外，还生成乙醇、乙酸和甲酸。实际上，该菌先进行同型乳酸发酵，代谢至丙酮酸时，一部分生成乳酸，另一部分由丙酮酸甲酸裂解酶（PFL）催化，形成甲酸和乙酰CoA。在有氧条件下，丙酮酸甲酸裂解酶失活，代之以丙酮酸脱氢酶PDH活化，产生CO_2和$NADH_2$。

从乳酸菌的糖代谢途径可知，豆清液发酵成酸浆，乳酸菌的糖代谢途径为异型发酵和混合发酵途径。酸浆有机酸种类以乳酸为主，同时还有乙酸、甲酸和柠檬酸。乳酸菌在早期繁殖阶段，乳酸菌的代谢途径是三羧酸循环，由三羧酸循环的途径可知，生物在代谢过程中会产生柠檬酸。

此外，酸浆中活性酶主要来源于真菌发酵产生。酶的活性虽然不高，但其作用非常重要。

2. 酸浆发酵动力学

发酵动力学是研究生物反应过程中菌体生产、底物消耗、产物合成之间的动态平衡规律及其定量关系的科学。以化学热动力学（研究反应的方向）和化学动力学（研究反应速度）为基础，针对微生物发酵的表观动力学，通过研究微生物群体的生长、代谢，定量反映细胞群体酶促反应体系的宏观变化速率。通过对微生物生长率、培养基质和氧消耗率、产物合成率的动态研究，实现发酵条件参数的在线监测，掌握发酵过程的规律，确定发酵动力学模型；优化发酵工艺条件，确定最优发酵参数，如基质的浓度、温度、pH、溶氧等，提高发酵产量、效率和转化率，以发酵动力学模型作为依据，利用计算机进行程序设计、模拟最合适的工艺流程和发酵工艺参数，从而使生产控制达到最优化，实现发酵过程控制的智能化和数字化。

酸浆发酵是兼性厌氧发酵过程，发酵过程较为简单，同时豆清液发酵主要考虑产物合成的状态，所以，在此，我们重点研究产物合成的动力学。

产物的合成（指除细胞以外的生成物），与基质的消耗有关，且产物的形成是微生物代谢活动的结果，因此微生物生长和产物形成都与营养基质的利用密切相关，并且取决于微生物的自身代谢调节作用。根据培养过程中菌体的生长，发酵参数（培养基、培养条件等）和产物形成速率三者间的关系，将发酵过程划分为不同的类型：Ⅰ型生长关联型、Ⅱ型部分生长关联型及Ⅲ型非生长关联型。

分批发酵的分类对发酵实践具有指导意义：如果生产的产品是生长关联型（如菌体与初级代谢产物），宜采用有利于细胞生长的培养条件，延长与产物合成有关的对数生长期；如果产品是非生长关联型，则宜缩短对数生长期，并迅速获得足够量的菌体细胞后延长平衡期，以提高产量。

三、酸浆生产及其品质管理

1. 酸浆生产工艺

酸浆的主要成分是有机酸和生物活性酶。酸浆发酵的微生物主要是乳酸菌，从乳酸菌的糖代谢途径可知，酸浆发酵是异型发酵和混合发酵的代谢途径。目前酸浆存在两种生产模式：自然发酵和纯种发酵生产。自然发酵，主要豆清液收集后静置，自然条件下完成发酵，是非控温、粗放式的发酵模式，这种模式简单经济，但不适合工业化生产。纯种发酵工艺，是在发酵罐内精准控制发酵进程，这种酸浆生产模式是本文重点讨论的工艺。结合酸浆发酵的特点和原料的状况，酸浆生产主要采用深层液态发酵法工艺。

（1）工艺流程（间歇式灭菌法）　酸浆液态深层发酵一般采用不锈钢机械搅式兼性厌氧发酵罐，发酵罐的容积为 1000～10000 L。目前酸浆发酵采用 3 株以上的乳酸菌作为菌种，进行发酵。下面介绍源于湖南君益福食品有限公司的酸浆发酵工艺，具体工艺流程图 3-37 所示。

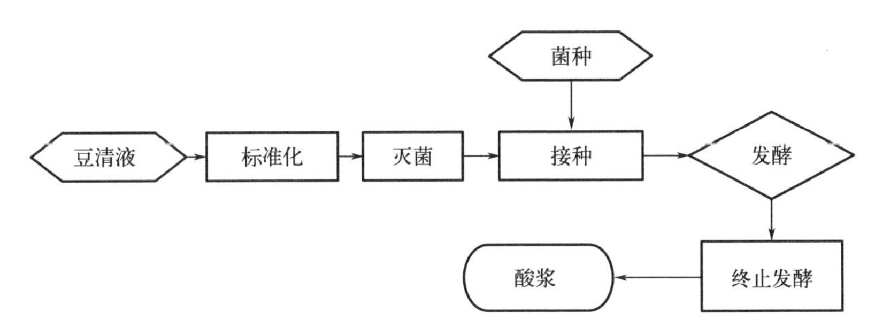

图 3-37　酸浆发酵工艺流程

（2）操作要点

① 豆清液　色泽金黄或淡黄，可溶性固形物含量为≥0.8°Brix，总酸≤1.2 g/L（以乳酸计），经 60～120 目过滤，暂存收集罐中，室温暂存时间≤4 h；若暂存时间超过 4 h，则收集的豆清液需降温至 10 ℃以下或升温 60 ℃以上保存。最长暂存时间不超过 12 h。

② 收集罐空消

a. 首次使用或停产超过 72 h 后使用或连续生产超过 144 h，打开蒸汽阀罐内通蒸汽，待温度达 100 ℃时，打开排气阀排气 3 min 再关闭，待收集罐温度达 121 ℃保温 10～15 min，再关闭蒸汽阀，打开底阀排尽蒸汽。

b. 连续生产时，打开蒸汽阀罐内通蒸汽，待温度达 100 ℃时，打开排气阀排气 3 min 再关闭，温度到达 105 ℃，并维持 5～10 min，待收集罐内温度下降到 40 ℃以下，并打开无菌空气管，向罐内通无菌空气，然后打开罐底阀，排除冷凝水。

c. 异常情况处理　若在空消杀菌过程中出现停电、停水或蒸汽压力不足等情形，故障导致的停止时间低于 2 h，重复杀菌过程；若超过 2 h，则重新打开排气阀，通蒸汽至 100 ℃，打开排气阀排气 3 min 再关闭，待收集罐温度达 105 ℃保温 10～15 min，再关闭蒸汽阀，打开底阀排尽蒸汽。

③ 发酵罐空消　打开蒸汽阀、取样口蒸汽小阀，待温度达 100 ℃时，打开排气阀和接种阀排气 5 min 再关闭，待发酵罐温度达 105 ℃保温 10～15 min，再关闭所有蒸汽阀，打开底阀排尽蒸汽。

a. 首次使用或停产超过 72 h 后使用或连续生产超过 144 h，打开蒸汽阀罐内通蒸汽，待温度达 100 ℃时，打开排气阀排气 5 min 再关闭，待发酵罐温度达 121 ℃保温 10～15 min，再关闭蒸汽阀，打开底阀排尽蒸汽。

b. 连续生产时，打开蒸汽阀罐内通蒸汽，待温度达 100 ℃时，打开排气阀排气 3 min 再关闭，同时维持 5～10 min，然后打开罐底阀，排除冷凝水。

c. 异常情况处理　若在空消杀菌过程中出现停电、停水或蒸汽压力不足等情形，故障导致的停止时间低于 2 h，重复杀菌过程；若超过 2 h，则重新打开排气阀，通蒸汽至 100 ℃，打开排气阀排气 3 min 再关闭，待发酵罐温度达 105 ℃保温 10～15 min，再关闭蒸汽阀，打开底阀排尽蒸汽。

④ 豆清液标准化　按照豆清液的营养成分，基于乳酸菌发酵的特点，需要补充碳源，添加 1%～2%的食品级葡萄糖，由人孔添加到发酵罐，搅拌转速为 30～40 r/min，直至完全溶解。

⑤ 灭菌、冷却

a. 加入标准化完成的豆清液后，打开发酵罐的蒸汽阀罐内通蒸汽，待温度达 100 ℃时，轻开排气阀和接种阀排气 3～5 min 再关闭，待发酵罐温度达 121 ℃保温 10～15 min；打开冷却水阀，冷却至（38±2）℃，冷却时需往罐内通无菌空气，保证压力表示数不低于 0.1 MPa，避免冷却时罐体因罐内负压变形。

b. 异常情况处理　若在豆清液杀菌过程中出现停电、停水或蒸汽压力不足等情形，首先取样检测豆清液的总酸和可溶性固形物含量，然后，若故障导致的停止时间低于 2 h，且杀菌时间超过规定时间的 1/2 时，则补足相应的杀菌时间，若故障导致的停止时间低于 2 h 且杀菌时间小于规定时间的 1/2 时，则将剩余的杀菌时间延长 1.5 倍，作为相应的杀菌时间；若故障导致的停止时间超过 2 h，则取样检测豆清液的总酸和可溶性固形物含量，总酸和可溶性固形物含量变化绝对值小于 0.2 g/L 时，则将杀菌时间为规定时间 1.5 倍，若总酸和可溶性固形物含量变化绝对值超过 0.2 g/L 时，则排出豆清液。

⑥ 接种　接种前先将硅胶管高温高压灭菌，同时观察压力表，若为负压需事先通无菌空气，防止内部形成负压吸入外界杂菌；若为正压，开排气阀待压力为零，再将硅胶管与无菌空气和菌液瓶盖的快接皮管接头连接喉箍卡紧，再往接种环内添加 75%酒精置于接种口，点火，再将菌液瓶盖的另一端不锈

钢管置于火焰上方 15 s，最后往菌液桶内通入一定无菌空气将菌液打入发酵罐内，接种口灭菌，盖紧。同时打开接种区域的蒸汽阀，在接种区域形成局部无菌，接种量为 2%～3%。

⑦ 发酵　设定培养温度为（38±2)℃，转速为 160 r/min，其中前 4 h 通入无菌空气，通过溶氧电极，检测发酵液的溶氧量 2～3 mg/L，而后停止通气恒温培养 12～20 h。

⑧发酵终止　当发酵液的总酸为（4.2±0.2)g/L（以乳酸计）时，终止发酵，经 150～200 目过滤，并将豆清发酵液经板式换热器升温至（55±1)℃，再由泵打入酸浆凝固剂罐待用。

⑨暂存　豆清液发酵原则是当班使用完毕。若 72 h 内使用完，则须降温至 25 ℃以下密闭保存，但使用前须升温至 55 ℃。

(3) 发酵系统的 CIP 清洗

① 在连续生产时，且时间不超过 72 h，则采用热水法 CIP 清洗方法，详见表 3-24。

表 3-24　热水法

流程简图	清洗消毒液要求			
	清洗液	浓度	温度	清洗时间
热水清洗	工艺水	/	80 ℃以上	≥10 min
↓ 结束				

② 在连续生产时，72 h≤生产时间≤144 h，三步法 CIP 清洗方法，详见表 3-25。

表 3-25　三步法 CIP 清洗

流程简图	清洗消毒液要求			
	清洗液	浓度	温度	清洗时间
常温水清洗	工艺水	/	常温	≥10 min
↓ 碱液清洗	碱液(复合碱)	1%～2%	80 ℃以上	≥10 min
↓ 常温水清洗	工艺水	/	常温	≥10 min
↓ 结束	备注：1. 第一步工艺水冲洗时间为参考值，工厂可根据实际的出水水质来确定具体冲洗时间。 2. CIP 过程中，工艺水可根据设备实际情况选择使用常温水或热水；最后一步若使用热水，应在热水冲洗 10 min 后，使用常温工艺水冲洗至 pH 值或电导率符合要求。			

③ 在连续生产时，超过 144 h，采用五步法 CIP 清洗法，详见表 3-26。

表 3-26　五步法清洗消毒

流程简图	清洗消毒液要求			
	清洗消毒液	浓度	温度	清洗时间
常温水清洗	工艺水	/	常温	≥10 min
碱液清洗	碱液(复合碱)	1%～2%	80 ℃以上	≥10 min
常温水清洗	工艺水	/	常温	≥10 min
酸液清洗	酸液(HNO_3)	1%～2%	80 ℃以上	≥10 min
常温水清洗	工艺水	/	常温	≥10 min
结束	备注：1. 第一步、第三步工艺水冲洗时间为参考值，工厂可根据实际的出水水质来确定具体冲洗时间。 2. 灌注机清洗消毒过程中，工艺水可根据设备实际情况选择使用常温水或热水；最后一步若使用热水，应在热水冲洗 10 min 后，使用常温工艺水冲洗至 pH 值或电导率符合要求。			

(4) 注意事项

① 培养基的灭菌　酸浆发酵属于生物发酵领域，而生物发酵的关键是培养基的灭菌，培养基的灭菌效果是决定发酵是否成功的关键。根据发酵工艺，培养基的灭菌可分为间歇灭菌和连续灭菌。目前两种方法国内都有企业采用。

a. 间歇灭菌（分批灭菌）　间歇灭菌时将配制好的豆清液培养基全部输入到发酵罐内或发酵装置，然后通入蒸汽将培养基和所用设备加热至设定温度后维持一定时间，再冷却到接种温度，这工艺也称为实罐灭菌。间歇灭菌过程分为升温阶段、恒温阶段和冷却阶段。

在培养基灭菌之前，通常应先将与罐相连的分空气过滤器用蒸汽灭菌并用空气吹干。分批灭菌时，先将输料管路内的污水排净，然后将配制好的豆清液培养基用泵送至发酵罐内，同时开启搅拌器进行灭菌。灭菌前先将各排气阀打开，将蒸汽引入夹层或蛇管进行加热，当罐温升至 80～90 ℃，将排气阀逐渐关小。这段预热时间为了使物料溶胀和受热均匀，预热后再将蒸汽直接通入豆清液培养基中，这样可以减少冷凝水量。当温度升至灭菌温度 121 ℃，罐压为 1×10^5 Pa（表压）时，打开接种、补料、消泡剂、酸、碱等管道阀门进行排汽，并调节好各进汽和排汽阀门的排汽量，使罐压和温度保持在一定的水平上进行保温。生产中通常采用的保温时间为 30～60 min。在保温过程中应注意凡在培养基液面下的各种管道都通入蒸汽，即“三路进汽”，蒸汽通风口、取样口和出料口进入罐内直接加热；而在培养基液面以上的管道口则应排放蒸汽，即“四路出汽”，蒸汽从排汽、接种、进料和消泡剂管道排汽，这样才能做到不留灭菌死角。保温结束时，先关闭排汽阀门，再关闭进汽阀门，待罐内压力低于无菌空气压力后，立即向罐内通入无菌空气，以维持罐压。在夹层或蛇管中通冷水进行快速冷却，使培养基的温度降至所需温度。

b. 连续灭菌　在豆清液培养基灭菌过程中，高温条件下，除了微生物死亡外，还伴随着培养基营养成分的破坏，而间歇灭菌由于升温和降温时间长，所以，对培养基营养成分破坏较大，而以高温、快速为特点的连续灭菌，可以在一定程度上解决培养基营养破坏的问题。连续灭菌时，培养基可在短时间内加热到保持温度，并且能快速冷却，升温时间短，有利于减少培养基中营养物质的破坏。连续灭菌时将豆清液培养基通过高温瞬时灭菌机（UHT），进行连续流动灭菌后，进入预先灭菌的发酵罐中的灭菌方式，也称之为连消。

连续灭菌时在短时间加热使物料温度达到灭菌温度 126～132 ℃，并保持一定的时间，通常 30～60 s，快速冷却后进入已灭菌的发酵罐。

② 影响培养基灭菌效果的因素

a. 培养基的成分　豆清液培养基中的糖类、蛋白质和脂肪影响微生物的耐热性，使微生物的受热死亡速率变慢，这主要是有机物会在微生物细胞外形成一层薄膜，影响热的传递。另外豆清液中含有少量碎豆花，也会影响灭菌效果。所以，豆清液收集后必须过滤除去豆花。

b. 培养基的 pH　pH 对微生物的耐热性影响很大。微生物一般在 pH 6.0～8.0 时最耐热，pH＜6.0，氢离子易渗入微生物细胞内，从而改变细胞的生理反应促使其死亡。培养基的 pH 越低，灭菌所需温度越低，时间越短。通常情况下，pH 低于 4.6，则可选择 100 ℃灭菌。

③ 微生物性质和数量　各种微生物对热的抵抗力相差较大，细菌的营养体、酵母、霉菌的菌丝体对热较为敏感，而放线菌和霉菌孢子以及细菌芽孢等对热的抵抗力较强。处于不同生长阶段的微生物，所需灭菌的温度与时间也不同。繁殖期的微生物对高温的抵抗力要比衰老期抵抗力小得多，这与衰老期微生物细胞中蛋白质的含水量低有关。同一温度下，微生物的数量越大，则所需的灭菌时间越长，因为微生物在数量较多时，其中耐热个体出现的机会也越多。所以，为保证豆清液灭菌的效果，一般需要控制收集的豆清液的微生物含量水平。

④ 冷空气排除情况

高压蒸汽灭菌的关键问题是为热的传导提供良好条件，而其中最重要的是使冷空气从灭菌器中顺利排出。因为冷空气导热性差，阻碍蒸汽的热传导，而且还可能减低蒸汽分压使之不能达到应有的温度，容易形成冷点。当发酵罐冷空气排除不彻底，压力表所显示的压力不单是罐内蒸汽压力，还有空气的分压，所以罐内的实际温度低于压力表所对应的温度，造成灭菌温度不够（表 3-27）。为了确保灭菌时发酵罐空气排出度，可采用灭菌发酵罐上同时安装压力表和温度计。

表 3-27　空气排出程度与温度的关系表

蒸汽压力/atm	罐内实际温度/℃				
	未排出	排出 1/3 空气	排出 1/2 空气	排出 2/3 空气	完全排出空气
0.3	72	90	94	100	109
0.7	90	100	105	109	115
1.0	100	109	112	115	121
1.3	109	115	118	121	126
1.5	115	121	124	126	130

注：1 atm＝1.01×10^5 Pa。

2. 酸浆品质管理

酸浆是微生物发酵产品，而微生物发酵过程是一个非常复杂的动态过程，涉及微生物细胞生长、繁殖、产酶，以及酶催化的生化反应过程。发酵水平高低不仅取决于生产菌种本身的性能，而且要赋予其合适的条件，才能使它的生产能力充分表达出来。所以，酸浆的品质与接种量、培养温度、pH、培养基组成，以及溶解氧因素有关，为了获得稳定的酸浆，必须掌握发酵过程中微生物代谢的基本变化规律，并通过各种监测手段和传感器以监测并记录整个发酵过程中与代谢变化有关的各个参数，并根据各个参数的变化情况，结合代谢调控的基础理论，有效地控制发酵过程，达到酸浆预期的生产水平和品质状况。

（1）发酵过程需要监控的参数　发酵过程中需要监测的参数很多，根据这些参数的性质，可区分为物理参数、化学参数和生物参数三类，主要监控参数及检测方法见表 3-28。

表 3-28　控制参数及控制方法一览表

参数类别	参数名称	单位	检测方法	意义及主要作用
物理参数	温度	℃	温度传感器	影响细胞生产、产物合成
	压力	MPa	压力表	维持正压，增加氧的溶解
	通气量	m^3/L	流量计	提供氧气、废气排除
	搅拌速度	r/min	测速计	混合物料、增加溶氧
	pH	/	pH 电极	反映细胞代谢状况
	溶解氧	mg/L	溶氧电极	反映氧供应状况

续表

参数类别	参数名称	单位	检测方法	意义及主要作用
化学参数	氧化还原电位	mV	电位差电极	反映菌体代谢情况
	基质浓度	°Brix	折光仪	反映碳源和氮源状况
	总酸含量	g/L	滴定法	反映产物合成浓度
生物参数	浊度	光密度	分光法	反映菌体生长情况
	菌体浓度	g/L	称量	反映菌体生长情况
	细胞计数	个/mL	计数器	反映菌体生长情况
	酶活	U/mL	HPLC	反映代谢速率
	细胞生长速率	个/min	计数器	反映菌体生长情况

微生物发酵是在一定条件下进行的，其代谢变化是通过各种参数反映出来的。一般发酵过程主要监控参数如下。

① pH　发酵液的 pH 是发酵过程中各种生化反应的综合结果，它是发酵工艺控制的重要参数之一。pH 的高低与菌体生长和产物生成有着重要的关系。

② 温度　指发酵整个过程或不同阶段中所维持的温度。它的高低与发酵中的酶反应速率、氧在培养液中的溶解度和传递速率、菌体生长速率以及产物生成速率等有密切关系。

③ 溶解氧浓度　乳酸菌是兼性厌氧菌，因此，在前期微生物增殖过程，是好氧过程。溶解氧的变化，可了解产生菌对氧利用的规律，反映发酵的异常情况，也可作为发酵中间控制参数及设备供氧能力的指标。溶氧一般用绝对含量（mg/L）来表示，也可用氧在培养液中饱和度的百分数（%）表示。

④ 基质浓度　是发酵液中碳、氮、磷等重要营养物质的浓度。它们的变化对产生菌的生长和产物的合成有着重要的影响，也是提高代谢产物产量的重要控制手段。因此，在发酵过程中，必须定时测定碳（总糖和还原糖）、氮（氨基氮或铵氮）等基质的浓度。

⑤ 通气量　指每分钟内每单位体积发酵液通入空气的体积，也可叫通风比，也是好氧发酵的控制参数。它的大小与氧的传递和其他控制参数有关，一般控制在 0.5～1.0 L/min。

⑥ 罐压　指发酵过程中发酵罐维持的压力。罐内维持正压可以防止外界空气中的杂菌侵入而避免污染，以保证纯种的培养。同时罐压的高低还与氧和二氧化碳在培养液中的溶解度有关，间接影响菌体代谢。

⑦ 搅拌转速　指搅拌器在发酵过程中的转速（r/min）。对好氧性发酵，

在发酵的不同阶段控制发酵罐搅拌器不同的转速，以调节培养基中的溶氧。它的大小与氧在发酵液中的传递速率和发酵液均匀性有关。

⑧ 发酵液浊度　浊度是能及时反映单细胞生长状况的参数，用于澄清培养液中低浓度非丝状菌的测量，测得的OD值与细胞浓度呈线性关系。一般采用分光光度计在波长420～660 nm测量。浊度对氨基酸、核苷酸等产品的生产是极其重要的。

⑨ 总酸含量　酸浆的主要成分是有机酸。有机酸是发酵产物产量高低或代谢正常与否的重要参数，也是决定发酵周期长短的依据。

⑩ 氧化还原电位　培养基的氧化还原电位是影响微生物生长及其生化活性的因素之一。对各种微生物而言，培养基最适宜的与所允许的最大电位值，与微生物本身的种类和生理状态有关。氧化还原电位常作为控制发酵过程的参数之一，特别是厌氧发酵和某些氨基酸发酵是在有限氧条件下进行的，溶氧电极已不能精确使用，这时用氧化还原电位参数控制则较为理想。

(2) 温度对发酵的影响及控制　由于微生物的种类不同，微生物繁殖的温度和代谢产物合成的温度也不同，因此所要求的发酵温度也不同。还有些微生物在生长、繁殖和产物合成等各个阶段的最适温度是不同的。因此，要想获得最高的发酵产量，在发酵的各个阶段都应该对发酵温度进行适当的调整。如处于发酵延迟期的菌体对温度十分敏感，最好在其最适生长温度范围内对其进行培养。这样可以缩短延迟期和孢子萌发时间。通常情况下，在最适温度范围内提高对数生长期的温度，有利于菌体的生长。例如提高枯草芽孢杆菌发酵前期的最适温度，对该菌的生长产生明显的促进作用。总之，温度对发酵的影响是多方面的，既会影响到微生物细胞的生长，也会影响发酵液黏度、细胞膜的通透性、生物酶的活性，以及菌体的代谢途径和产物合成的方向等。因此在发酵过程中必须保证稳定而适宜的温度环境。

① 温度对微生物细胞生长的影响　在达到最适温度之前，温度越高，反应速度越快，呼吸强度越强，必然导致细胞生长繁殖加快。同时随着温度的上升，酶的失活速度也在加快，菌体衰老提前，发酵周期缩短，对发酵后期生产尤其是产物生成可能带来极为不利的影响。大多数微生物生长在20～40 ℃，嗜冷菌在20 ℃以下生长速率最大，嗜热菌在40 ℃以上也能生长良好。

② 温度对发酵液物理性质的影响　随着温度的升高，发酵液黏度不断下降，物质传递和物质交换速度加快，对发酵产生积极的影响。但同时由于温度的升高，直接影响了细胞的呼吸代谢，从而影响到细胞代谢和产物的生物合成。

③ 温度对代谢途径和产物合成的影响　温度能够改变菌体代谢产物的合

成方向。通常菌体的最适生长温度和产物最适合成温度并不相同。所以在整个发酵过程中，通常根据微生物生长曲线和糖代谢途径，把发酵温度控制在合适温度范围内。

④ 温度的控制和最适温度选择　为了使微生物的生长速率最快，代谢产物的产率最高，在发酵过程中必须根据菌种的性质严格选择和控制最适合的温度。由于菌种、培养条件、酶反应体系、所处的生长阶段等的不同，菌体的最合适生长温度均有所不同。酸浆发酵的主要微生物是乳酸菌，因此选择发酵为温度 36～42 ℃。

第四章

酸浆豆制品制浆工艺和设备

第一节　酸浆豆制品制浆工艺概述

制浆是指从大豆中提取蛋白质、脂肪、碳水化合物、大豆异黄酮等营养成分制成豆浆的工艺过程，一般包括泡豆、磨浆、煮浆、浆渣分离等工序。评价制浆的核心指标是蛋白质的提取率，豆浆中蛋白质含量决定豆制品的产量，而豆浆的质量直接决定豆腐质构、弹性、韧性和持水性及风味。

根据制浆前大豆是否浸泡，制浆工艺分为干法制浆和湿法制浆两种工艺。

干法制浆工艺：又称半干法制浆工艺，其主要工艺过程包括大豆烘烤、脱皮、灭酶、粗磨、精磨、纤维分离、豆浆瞬间熟化等工序。由于大豆制浆前没经过浸泡，故称干法。因为大豆原料经过高温处理，大豆中的脂肪氧化酶等大豆中固有酶类的活性被破坏，制得的豆浆无豆腥味，但豆香味弱，适合加工豆奶、豆粉，不太合适加工豆腐，目前国内豆粉生产均采用干法制浆工艺。其基本工艺流程见图 4-1。

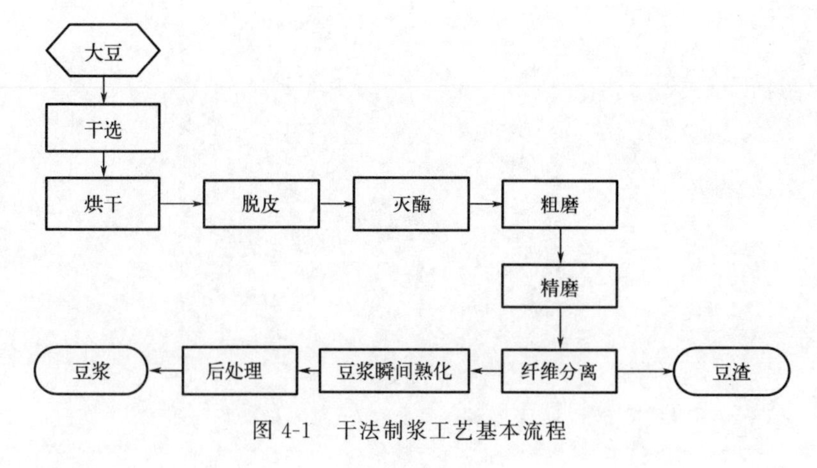

图 4-1　干法制浆工艺基本流程

湿法制浆工艺：这是传统豆腐生产的主流工艺。根据豆糊在分离前是否加热，又可分为生浆工艺和熟浆工艺。

生浆工艺：是指按大豆浸泡、磨浆、浆渣冷分离、煮浆等工序生产豆浆的制浆工艺。其特点是豆糊直接分离浆渣得到冷豆浆，然后对豆浆加热。

熟浆工艺：是指按大豆浸泡、磨浆、浆渣共熟、浆渣热分离，然后煮浆等工序生产豆浆的制浆工艺。其特点是豆糊煮熟，然后分离浆渣获得热豆浆。

根据浆渣共熟的次数和方式，熟浆工艺主要有三种类型。

一次浆渣共熟工艺：冷水磨浆，浆渣共同加热一次，浆渣热分离一次。

二次浆渣共熟工艺：冷水磨浆，浆渣共同加热两次，浆渣热分离两次。

热水淘浆法：90 ℃以上热水磨浆，浆渣热分离，又称灭酶磨浆法。

熟浆工艺和生浆工艺均可用于酸浆豆腐生产，但其产品的质量有较大的区别，特别是生浆工艺生产酸浆豆腐时，豆清液的成分与熟浆工艺的豆清液相差较大，对酸浆发酵时间、酸浆风味都有较大的影响。

一、生浆工艺

1. 工艺流程

国内豆制品企业目前采用的生浆工艺流程略有不同，但主要工艺流程见图4-2。

2. 工艺操作

(1) 大豆浸泡　干豆浸泡效果对大豆蛋白的提取率和豆浆品质有重要影响，浸泡可使大豆子叶吸水软化，硬度下降，组织、细胞和蛋白质膜破碎，从而使蛋白质、脂质等营养成分更易从大豆子叶细胞中抽提出来。大豆吸水的程度决定磨豆时蛋白质、碳水化合物等其他营养成分的溶出率，进而影响到豆浆的蛋白质含量。浸泡可使大豆纤维吸水膨胀，韧性增强，保证磨豆后，纤维素以较大的碎片存在，不会因为体积小而在浆渣分离时大量进入豆浆中，影响产品口感。

浸泡是豆制品生产的第一道工序，其工艺研究较多，但各地原料、气候、水质均有所不同，所以根据实际情况设计浸泡工艺对保证豆制品品质有重要意义。

① 泡豆温度和时间　目前泡豆工艺有两种：恒温泡豆和室温泡豆。

恒温泡豆，泡豆水的温度控制在一定范围，大豆浸泡温度和时间相对稳定，有利于生产安排，适宜大规模连续化生产。

室温泡豆，水的温度随季节和天气的变化而变化，浸泡的时间也随之变

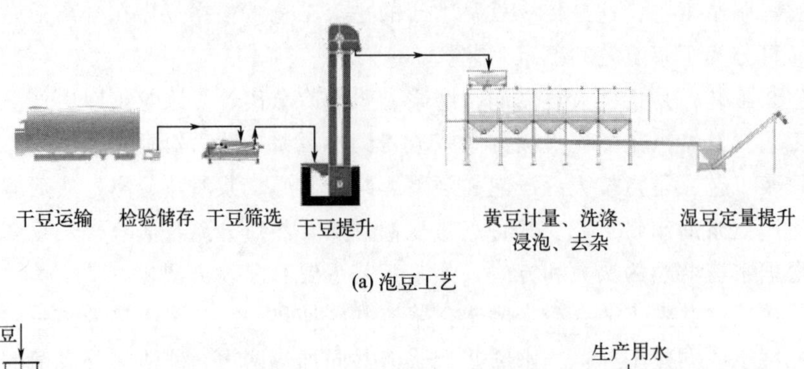

(a) 泡豆工艺

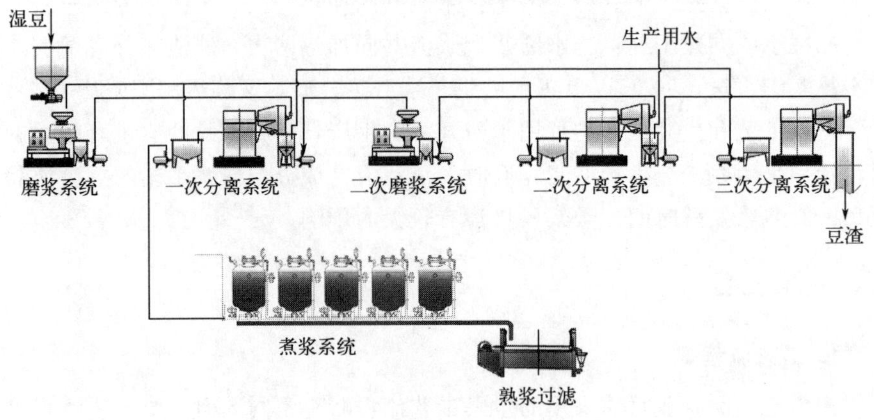

(b) 制浆工艺

图 4-2　生浆制浆工艺流程

化。一般来说，水温低，大豆浸泡时间长，水温高，大豆浸泡时间短。冬季水温为 2～10 ℃时，浸泡时间为 15～13 h；春、秋季水温为 10～30 ℃时，浸泡时间为 8.0～12.5 h；夏季水温在 30 ℃以上，仅需 6.0～7.5 h，甚至更短，并且应定时更换泡豆水。

大豆浸泡的时间要适度，浸泡时间过短，水分无法渗透至大豆子叶中心，从而导致浸泡不充分；浸泡时间过长，则会使一些可溶固形物流失，增加泡豆损失；长时间浸泡会导致 pH 下降，不利于大豆蛋白溶出，甚至会因微生物繁殖而导致酸败，影响大豆蛋白凝胶强度。

夏季因为气温高，在浸泡水中可添加 0.2%～0.3%（以干豆质量计）食用级碳酸氢钠或氢氧化钠，防止泡豆水变酸，并且可提高大豆蛋白提取率。

② 泡豆用水　豆水比约为 1∶4。泡豆用水量少于 1∶4 时，浸泡后期大豆如果露出水面，会导致浸泡不均匀，甚至出现大豆发芽。发芽大豆蛋白水解酶活性高，蛋白质被水解形成多肽甚至氨基酸，从而导致形成大豆蛋白凝胶的 7S 蛋白、11S 蛋白含量下降，进而影响出品率和豆腐品质；泡豆水量大于 1∶4，

用水量增加，生产成本提高。

③ 泡豆质量控制　大豆的浸泡程度可通过感官检验（外观、内部形态、气味等）、含水量测定、浸泡后水 pH 值测定等方法进行控制。

a. 大豆外观　随机取少量浸泡后的大豆放入盛水的容器中观察大豆的吸水量是否适当，吸水量适当的大豆表现如下外观特征：大豆籽粒应完全膨胀起来，且膨胀的程度上下部位一致；籽粒表面鲜黄明亮、圆满水嫩，无皱褶无发芽；大豆的表皮近似透明状，与大豆的籽粒不脱离；用手随机抓取适量大豆，用力攥紧时应有明显“硌手”和“生挺”感和反弹感，并能够听到“咯吱、咯吱”的声响。松手后大豆表皮脱落数量小于 1/10，破瓣率不高于 1/15 的比例。

b. 大豆内部形态　随机选取一些大豆破瓣观察，吸水量适当的大豆表现如下内部特征：豆瓣的中心位置应与四周似于平整，略有凹心；豆瓣中心点能看见一条很窄且颜色略深于周边的长线，表明这时大豆吸水饱满度已经达到了90%左右，即业内所称的大豆吃水九成，这是生产豆浆所需的大豆浸泡程度；用手折断豆瓣时会发出非常干脆的声音，折断的端面平整，边缘整齐；用手搓碾大豆籽粒检测，浸泡适度的大豆外皮比较容易脱落，而大豆整粒的破瓣分开要比外皮的脱落明显困难，而要刻意用力才能将籽粒的两瓣分开，同时也会伴有轻微的声响出现。

c. 大豆气味　大豆经过浸泡后，应该有很浓的“生腥”味，这种“生腥”味就是大豆本身的豆腥味与略带有绿色植物所特有的“土青味”混合后产生的特有气味，不能有另外的“酸”味，或“酸腐”味，这是浸泡后大豆品质控制的重点。

d. 大豆含水量　浸泡后的大豆含水量要求受大豆品种、产地、脂肪含量、生长周期、土壤条件等因素的不同而略有不同，一般要求在 59%左右。大豆浸泡后膨胀系数要求在 1.8～2.2 倍之间。

e. 浸泡水 pH 值　浸泡水的 pH 检测值应≥6.5，呈现弱酸性，水的颜色是微黄色或淡黄色。

(2) 磨浆　磨浆是将浸泡适度的大豆，放入磨浆机料斗并加适量的水，使大豆组织破裂，蛋白质等营养物质溶出，得到乳白色糊状液的操作。磨浆的水质应符合 GB 5749 相关要求。磨浆是通过磨浆机上下磨片的正压力和动片与大豆颗粒摩擦的剪切力，将大豆磨碎成糊状。

磨浆机装有湿豆定量分配器可保证水、豆按一定比例添加，减少了人为因素对豆浆浓度的影响，豆浆浓度控制偏差小于±0.3°Bx，为后道工序的点浆奠定了良好的基础。

整个磨浆工序的各种容器容积都较小，物料在容器内存量很少，减少豆浆在空气中的暴露时间，即减少了豆浆中脂肪氧化酶的反应程度和被微生物感染的概率，有利于提高产品品质。容积泵的应用大大减少了泡沫的产生，无须在此工序添加消泡剂，降低了生产成本。

① 豆水比　磨浆豆水比是决定豆浆浓度、豆腐产品质量的重要因素。磨浆用水量越大，豆浆的浓度越低。酸浆豆腐的豆浆浓度一般控制在6.5～7.5°Brix。磨浆豆∶水控制在1∶6～8（以干豆计）。

② 豆糊粒径　大豆蛋白是溶解到水里，从理论上讲，减少磨片间距，大豆破碎程度增高，豆糊粒径减少，豆糊表面积增大，有利于蛋白质溶出。但在实际生产中，大豆磨碎程度要适度，磨得过细，豆糊粒径太少，豆纤维碎片增多，在浆渣分离时，小体积的纤维碎片会随着蛋白质一起进入豆浆中，影响蛋白质凝胶网络结构，导致产品口感和质地变差。同时，豆纤维过细易造成离心机的筛孔堵塞，使豆渣内蛋白质残留含量增加，影响分离效果，从而降低出品率。

③ 磨浆品质控制　磨糊品质控制一方面为了提高大豆蛋白质的出品率，另一方面为了保证最终产品的质量。

磨糊的要求：温度在32 ℃以下，手感黏稠均匀，无明显颗粒感，无分层现象的粥样半流状液体。粉碎细度要求在120目，颗粒直径为12 μm左右。在实际生产过程中，对磨糊的检测一般采取以下两种感官检测的方法：

a. 触摸法　用食指、中指和拇指细搓碾磨糊，手指间应该摸不到有明显的颗粒状物质，只有很小又很薄的细片状物质，磨糊温度略高于自来水的温度，但要低于人的体温，所以摸上去不能感觉到热。

b. 水漂法　用500 mL的烧杯装上清洁的自来水，取15～20 g的磨糊放进杯中观察磨糊的变化：磨糊中的豆浆逐渐展开与水完全融合；磨糊中纤维状的大豆籽皮等物质，由刚开始的半漂浮状态开始缓慢地下降到烧杯的底部。如果存在大量的细小颗粒很快地沉到水底，说明研磨不够，颗粒度太大。

磨糊的设备目前有钢磨、砂轮磨和陶瓷磨。酸浆豆制品的最佳磨片首选陶瓷磨，陶瓷磨磨出的豆糊均匀，细度适当。

(3) 浆渣分离　生浆工艺一般采用离心机进行浆渣分离。卧式离心筛滤浆是生浆工艺比较先进、比较理想和工业生产应用最广泛的滤浆方法。离心分离机的滤网目数一般大于100目，在100～120目之间较合适，转速2000 r/min以上。离心分离一般都不能耐高温，豆渣中残存蛋白质含量较高，一般超过3.0%，豆渣水分含量也较高，一般超过85%。所以，离心分离，一般需要多次洗渣，多次分离，较为常见的是三组离心机。但是，三组离心分离浆渣导致管道较多、回路较多，容易产生卫生死角，在设备布局设计中，要慎重考虑，科学布局，尽可能减少弯道和卫生死角。

（4）煮浆 煮浆即通过加热，使豆浆中7Sβ-伴大豆球蛋白和11S球蛋白的天然状态均以β-折叠结构为主，蛋白质受热变性后，蛋白质分子结构从球形变为线性，结构内部的疏水基团暴露，同时三级结构被破坏，从而导致大豆蛋白充分变性，一方面为点浆创造必要条件，另一方面消除抗营养因子和胰蛋白酶抑制剂，破坏脂肪氧化酶活性，消除豆腥味，杀灭细菌，延长产品保质期。

煮浆的时间、温度和方式决定豆腐品质。目前主要煮浆方式主要有敞开式常压煮浆、密闭式连溢流续煮浆和微压煮浆。

敞开式常压煮浆，煮浆温度达到90 ℃后，温度上升较慢，煮浆的时间相对较长，容易形成假沸现象，导致操作工误判，且热能损耗较大和对生产车间的环境影响较大，逐步被企业淘汰。

密闭式溢流连续煮浆，能耗低，效率高，生产规模可大可小，适用性强。常用的溢流煮浆是由五个封闭式阶梯罐串联组成，罐与罐之间有管路连通，每一个罐都设有蒸汽管道和保温夹层，每个罐的进浆口在下面，出浆口在上面。生产时，先把第五个罐的出浆口关上，然后从第一个罐的进浆口向五个罐内注浆，注满后开始通气加热，当第五个罐的浆温达到98～100 ℃时，开始由第五个罐的出浆口放浆。在第一个罐的进浆口连续进浆，通过五个罐逐渐加温，并由第五个罐的出浆口连续出浆。豆浆经第一个罐加热后，豆浆温度可达40 ℃，第二个罐60 ℃，第三个罐80 ℃，第四个罐90 ℃，第五个罐为98～100 ℃。密闭式溢流连续煮浆，由于豆浆在煮浆过程中，在每个设定的温度环境，煮浆时间是固定，从而影响大豆蛋白7S蛋白和11S蛋白的变性程度，从而影响豆腐的品质。

微压煮浆是基于大豆蛋白7S蛋白和11S蛋白的变性特点而设计煮浆温度和压力曲线，全过程采用PLC程序控制，确保豆浆中大豆蛋白充分变性。此外，微压环境中煮浆，抑制豆浆的泡沫产生，减少消泡剂的使用。微压煮浆是目前较为主流的煮浆方式，逐渐被大企业所选用。在微压条件下，煮浆的温度可达到105～108 ℃，豆浆的香气成分被激发，不良气体充分排放，其中的蛋白质粒子比例较高，豆浆乳化系统更加稳定，且无需使用消泡剂。此款设备可以根据不同的产品需求设置不同的煮浆温度曲线，得到不同的豆浆风味。微压煮浆的豆浆豆香味浓郁，口感饱满。微压煮浆设备一般配置CIP系统，可以实现自动清洗设备。微压煮浆设备贵，投资额度高，增加企业设备成本。

3. 工艺特点

生浆工艺一般采用离心机进行浆渣分离，常见是三组离心机，主要是因为生浆工艺中在温度较低时大豆中的营养物质的转移速度较慢，需要经过多次的清洗豆渣，才能够将大豆中的营养物质提取完全。生浆工艺的蛋白质提取率相对较低、果胶等多糖溶出率不高，豆浆黏度低，乳化性差，容易产生泡沫。可用于生产酸浆豆腐，但产品的质量和再加工特性不是十分理想。

生浆工艺优点和缺点都十分明显，优点是设备简单、投资小。缺点一是大豆磨浆后在空气中暴露的时间相对较长，在脂肪氧化酶、葡萄糖苷酶等大豆内源酶的作用下，容易导致豆浆的豆腥味和苦涩味较重，口感粗；二是生浆法制出的豆浆黏度低、乳化性差，储存过程容易出现沉淀和脂肪上浮分层；三是清洗自动化程度相对较低，一般情况下，磨浆、分离设备构成的磨浆系统都没有配置在线 CIP 系统，增加操作人员的清洗难度；四是豆浆微生物含量较高，研究数据表明，生浆工艺豆浆的微生物含量 $10^5 \sim 10^7$ CFU/mL，生产过程中遇到设备故障，豆浆存放的时间增加，容易变质。生浆工艺的豆渣水分含量一般超过 80%，且抗营养物质没有被钝化，影响豆渣再次利用。

二、熟浆工艺

熟浆工艺是酸浆豆腐最合适的制浆工艺，河南新密打虎亭东汉墓考古的石刻壁画说明，在东汉时期，我国已经采用“熟浆法”生产豆腐，时间上远早于日本豆腐生产的历史。根据加热的次数与顺序，熟浆工艺又可分为一次浆渣共熟工艺、二次浆渣共熟工艺和热水淘浆（灭酶法）工艺。

1. 工艺流程

熟浆工艺的三种工艺流程分别见图 4-3～图 4-5。

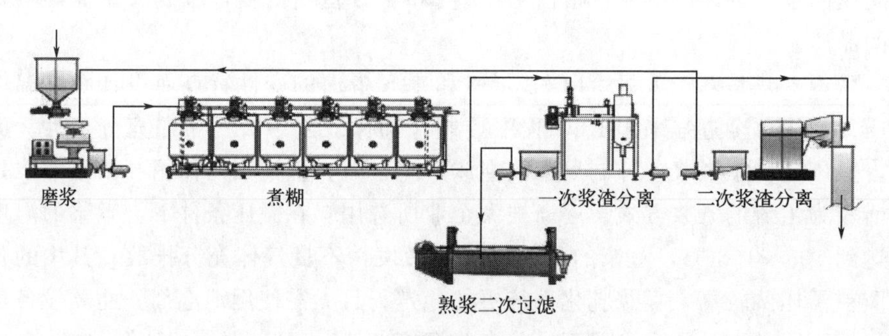

图 4-3　一次浆渣共熟工艺流程

2. 工艺操作

(1) 泡豆　同生浆工艺大豆浸泡。

(2) 磨浆　同生浆工艺磨浆。

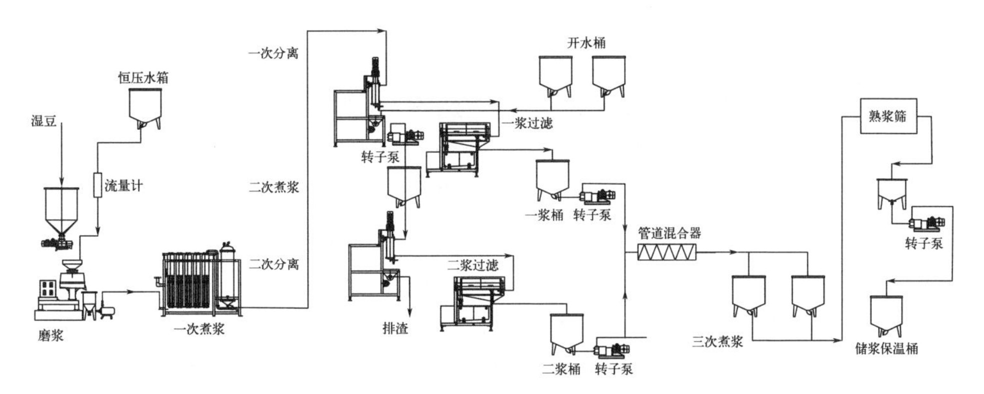

图 4-4 二次浆渣共熟工艺流程

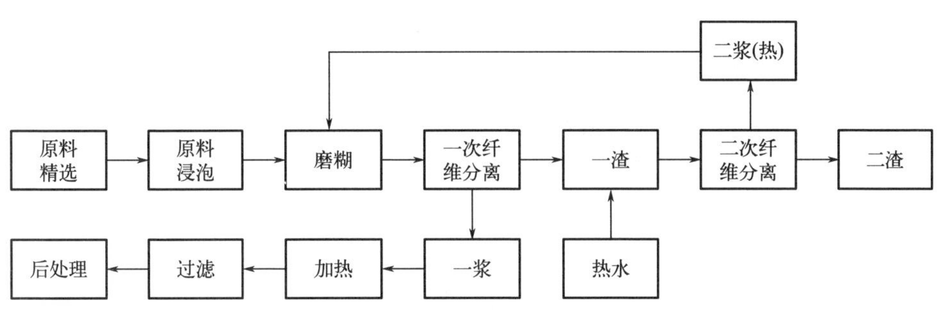

图 4-5 热水淘浆（灭酶法）工艺流程

（3）浆渣共熟 浆渣共熟是熟浆工艺与生浆工艺的主要区别点。浆渣共熟是指大豆经浸泡后磨成豆糊，将豆糊加热煮熟，主要采用蒸汽直接或间接加热，将豆糊加热到工艺温度。浆渣共熟的目的是将豆糊中大豆多糖和大豆磷脂等有效成分提取出来，提高豆浆的稳定性和口感，进而提高豆糊的品质。研究表明，豆糊加热的温度和时间，对浆渣共熟的效果影响较为明显。加热温度低于 70 ℃，豆糊加热的时间低于 3 min，豆糊中的多糖和磷脂溶出率较低，豆腥味相对较重。但是豆糊加热的温度不是越高越好，时间也不是越长越好。研究数据表明：豆糊的加热温度在 105 ℃比较适宜，且维持的时间为 6 min，豆浆蛋白质含量达到峰值，豆浆的沉降速度最低。

（4）浆渣分离 熟浆工艺的浆渣分离一般不采用离心分离，因为豆糊经煮熟后，黏度较大，离心机分离效果较差，大量蛋白质不能有效分离。熟浆工艺的浆渣分离一般采用手动包裹压滤和机械螺旋挤压分离。

① 手动包裹压滤 将 100～160 目过滤专用布袋均匀放置于上端有固定横梁的压框内，将熟豆汁倒入袋内，封闭袋口，盖上压板，使用千斤顶加压过

滤。包裹过滤法适合采用熟浆工艺的作坊和小型加工厂。

② 螺旋挤压分离　螺旋挤压机是由一根带有一定锥度的螺旋主轴旋转，带动豆糊逐步向前挤压，豆糊经圆锥体挤压室，螺旋挤压绞龙将含渣豆浆逐渐推向挤压室底部的同时不断提高水平方向的压力，迫使豆糊中的豆浆挤出筛网，经管道流入高目数滚筛得到生产用豆浆。外套是带有无数微孔的圆形筒，磨糊经过不断的强力挤压，豆浆从微孔流出，豆渣从另一侧挤出，完成浆渣分离工艺。挤压机的运作是自动连续的，随着物料不断泵入挤压室，前缘压力的不断增大，当达到一定程度时，将会突破卸料口抗压阈值，此时豆渣从卸料口进入豆渣桶中，实现浆渣分离。挤浆机核心部件为螺旋主轴，其外面套70～80目不锈钢网，豆渣中残存蛋白质含量应≤2.0％、水分含量应≤80％。由于螺旋挤压机的一级分离过滤网孔径较大，部分细渣进入豆浆中，所以，豆浆煮浆后，细豆渣体积膨胀，需要再次过滤除去。目前一般的豆制品企业采用圆形共振筛或反复式振动筛过滤细渣，但圆形共振筛或反复式振动筛不利于清洁。也可采用在线管道式过滤器或卧式螺旋离心机。

(5) 煮浆　熟浆工艺的煮浆与生浆工艺煮浆的目的有相同部分，也有区别。生浆工艺的煮浆的主要目的是促使7S蛋白和11S蛋白受热变性，为点浆创造必要条件，同时消除抗营养因子和胰蛋白酶抑制剂，破坏脂肪氧化酶活性。熟浆工艺的煮浆的目的是一方面，进一步促进7S蛋白和11S蛋白变性，同时促进蛋白质与磷脂、大豆多糖形成蛋白粒子，所以煮浆的工艺条件更为严格，一般采用微压煮浆实现。工艺参数105～108 ℃/3～5 min，煮浆的温度和时间为非线性变化，而是根据7S蛋白和11S蛋白的特点，采用程序控制，将煮浆温度和煮浆的时间有机结合，促使豆浆达到最佳的稳定状态。

3. 工艺特点

熟浆工艺是指对大豆经浸泡后常温水（或热水）磨碎，然后将豆糊加热至工艺温度，再将浆渣分离工艺方法。由于豆糊经加热后，豆糊的黏度高，普通离心机不能有效将浆渣分离，一般采用挤压分离方式。研究数据表明，熟浆工艺的豆浆中具有香甜味的3-甲基-丁醛含量较高，豆腥味的己醛含量较低，蛋白质、脂肪和多糖的溶出率高，蛋白质、脂肪、碳水化合物的溶出率超过85％，从而提高了豆制品的品质和得率。由于大豆磷脂和多糖的溶出率增加，从而熟浆工艺的豆浆口感丝滑度及饱满度高，且具有良好的储藏稳定性，豆腐弹性好，持水性高，豆腥味、苦涩味低。熟浆工艺的豆浆的微生物含量低于10^4 CFU/mL。熟浆工艺的豆渣水分含量一般低于80％，且抗营养物质被钝化，豆渣再次利用率高。熟浆工艺的缺点是设备造价高，投资额度大，提高企业的经营成本。

二次浆渣共熟工艺是国家非物质文化遗产湖南武冈豆腐生产的独特工艺，通过豆制品加工与安全控制湖南省重点实验室科研人员多年的科学研究和生产实践基础上进行改进创新。大豆经浸泡、碾磨后，豆渣经历两次加热，豆浆则被3次加热，纤维素的膨润度得以增加，减少了豆浆中的粗纤维素含量，赋予豆浆更加细腻的口感；同时二次浆渣共熟提高了多糖、大豆磷脂的溶出，可促进固态分散微粒和液态乳化物形成牢固而稳定的多元缔合体系，有效保证豆浆良好的乳化特性，有效地阻碍了脂肪聚合形成大油体上浮，也防止蛋白质粒子聚沉形成蛋白质沉淀，得到的豆浆稳定性高。二次浆渣共熟工艺是生产休闲豆干和豆奶的最佳工艺，适合高端产品。

三、 制浆工艺与蛋白粒子构成

大豆蛋白、大豆多糖和大豆磷脂在加热过程形成蛋白粒子。蛋白粒子的构成，改变了豆浆的稳定性和流变特性，将豆浆构建成相对稳定的凝胶体系。豆浆蛋白-脂肪乳化粒子的形成机理是豆浆制备过程中，大豆籽粒中的蛋白体经溶胀、破碎和溶出后，蛋白质经热处理产生热变性，磨碎的蛋白体碎片或颗粒发生解离，然后重新结合，形成新的蛋白粒子和非蛋白粒子。二硫键对于维持蛋白聚集体的形成起着非常重要的作用。加热中，大豆球蛋白与β-伴大豆球蛋白充分变性展开，各亚基相互作用形成新的蛋白聚集体，其中碱性亚基和β亚基倾向于通过次级键的相互作用形成的聚集体主要存在于蛋白粒子中；酸性亚基和α亚基、α′亚基倾向于通过二硫键相互作用形成的聚集体而存在于非粒子组分中。加热过程中豆乳中蛋白粒子形成过程，当豆浆的加热温度达到75 ℃时，豆浆中原有蛋白粒子开始解离，首先粒子中的α亚基、α′亚基从的生豆浆粒子中解离出来，并释放出脂质体，此时，粒子蛋白主要由大豆球蛋白的酸性亚基、碱性亚基及β-伴大豆球蛋白的β亚基构成；当加热温度达到90 ℃以上，变性的亚基蛋白重新组合而形成新的粒子，此时粒子主要由的11S的碱性亚基和7S的β亚基构成，此时，豆浆蛋白粒子中包含的脂质体几乎全部释放出来，转移到豆浆经过超高速离心分离浮层组分中。其他能够使蛋白变性的加工方式也能促进豆浆蛋白粒子的形成。这些聚集体按直径大小可以分为蛋白粒子（$d>40$ nm）和非蛋白粒子（$d<40$ nm）豆浆经加热后，蛋白粒子含量一般在35%～75%，豆浆蛋白粒子的含量与大豆品种及加工方式都存在一定的相关性。一般生浆工艺的蛋白粒子低于熟浆工艺，生浆工艺的蛋白粒子的比例低于40%，而熟浆工艺的蛋白粒子的比例高于50%，二次浆渣共熟工艺的蛋白粒子的比例可以达到70%以上。常压下加热蛋白粒子含量一般在40%以下，

微压下加热蛋白粒子含量一般在50%以上。

四、不同制浆工艺对豆浆品质影响

赵良忠、范柳对不同泡豆时间、豆水比、煮浆温度、煮浆时间对豆浆蛋白质含量以及豆浆颗粒的沉降速度的影响进行了研究，发现不同的制浆工艺存在着较大差异。

1. 材料与方法

（1）主要材料与试剂　大豆、去离子水、氢氧化钠、硫酸标准滴定溶液、甲基红乙醇溶液、亚甲基蓝乙醇溶液、浓硫酸、对硝基苯酚、硫酸铜、无水乙酸钠、石油醚、标准葡萄糖试剂、苯酚、硫酸钾、乙酰丙酮、乙酸钠。

（2）设备与仪器　制浆机、粒径分析仪、电子天平、电热鼓风干燥箱、旋转式黏度计、紫外可见分光光度计、台式冷冻离心机、恒温水浴锅。

2. 实验方法

（1）制浆工艺流程

① 生浆工艺

大豆→清选→浸泡→磨浆→浆渣分离→煮浆→过滤→定容→豆浆

② 一次浆渣共熟工艺

大豆→清选→浸泡→磨浆→浆渣共熟→浆渣分离→煮浆→过滤→定容→豆浆

③ 二次浆渣共熟工艺

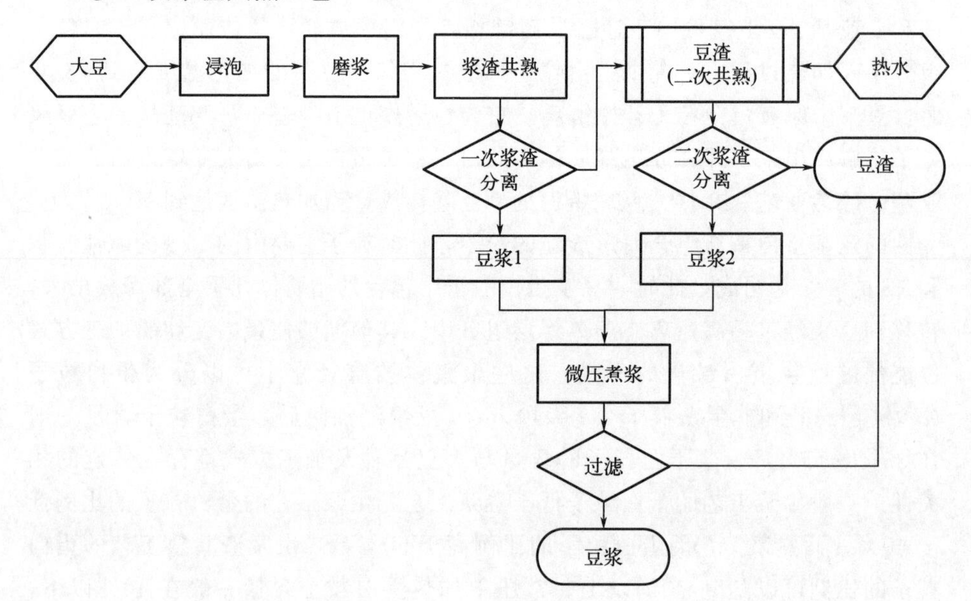

④ 热水淘浆工艺

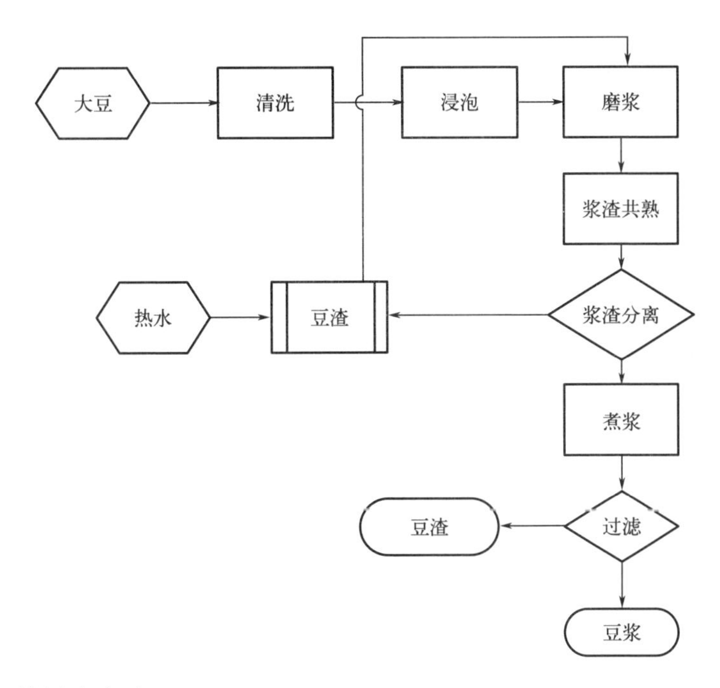

（2）单因素实验

① 浸泡　清洗大豆 2 遍后，按照 1∶3 的豆水比，将 5 kg 干豆分别在 25 ℃下浸泡 6 h、7 h、8 h、9 h、10 h，将浸泡好的大豆与水按 1∶6 的比例进行磨浆，将分离好的豆浆加热至 105 ℃，保温 6 min，得到豆浆使用 200 目网袋过滤，定容至 45 L。

② 磨浆　清洗大豆 2 遍后，按照 1∶3 的豆水比，将 5 kg 干豆在 25 ℃下浸泡 8 h，将浸泡好的大豆与水按 1∶4、1∶5、1∶6、1∶7、1∶8 的比例进行磨浆，将分离好的豆浆加热至 105 ℃，保温 6 min，得到豆浆使用 200 目网袋过滤，定容至 45 L。

③ 煮浆温度　清洗大豆 2 遍后，按照 1∶3 的豆水比，将 5 kg 干豆在 25 ℃下浸泡 8 h，将浸泡好的大豆与水按 1∶6 的比例进行磨浆，将分离好的豆浆加热至 95 ℃、100 ℃、105 ℃、110 ℃、115 ℃，保温 6 min，得到豆浆使用 200 目网袋过滤，定容至 45 L。

④ 煮浆时间　清洗大豆 2 遍后，按照 1∶3 的豆水比，将 5 kg 干豆在 25 ℃下浸泡 8 h，将浸泡好的大豆与水按 1∶6 的比例进行磨浆，将分离好的豆浆加热至 105 ℃，保温 0 min、3 min、6 min、9 min、12 min，得到的豆浆用 200 目网袋过滤，定容至 45 L。

(3) 制浆工艺之间对比实验　在单因素实验基础上，使用最佳的制浆工艺生产豆浆，进行感官评分对比（豆浆色泽、气味、风味、口感)、物理指标对比（豆浆稳定性、离心沉淀率、黏度、粒径、沉降速度）和营养成分对比（豆浆蛋白质、脂肪、多糖、灰分)，通过对比选择最适合豆浆生产的制浆工艺。

① 感官评价　挑选10位经过培训的专业研究生组成感官评价小组，分别对4种不同制浆工艺生产出来的豆浆进行独立感官评价。按照表4-1的评价标准分别从色泽、气味、滋味、口感4个方面进行评分，其总分记为感官评分，再取平均值作为最终感官评价结果。

表4-1　豆浆品质感官评分表

项目	评分标准		
色泽（20分）	乳白色，淡乳黄色（16～20）	淡黄色（12～15）	颜色太深，异常色（<12）
气味（30分）	豆香味醇厚，无豆腥味等不良气味（26～30）	香气稍淡，稍有豆腥味（20～25）	豆腥味浓，有不良气味（<20）
滋味（30分）	具有豆浆应有的味，顺滑饱满，稍有涩味，无异味（26～30）	滋味稍差（20～25）	涩味重，有不纯滋味，异味（<20）
口感（20分）	口感细腻、丝滑，无明显颗粒感（16～20）	口感稀薄、有轻微颗粒感（12～15）	口感粗糙，渣感明显（<12）

② 豆浆稳定性　取豆浆适量，稀释40倍，在4000 r/min转速下离心5 min，785 nm波长处测定样品离心前后的吸光度，并按下式计算。

$$R=\frac{A_2}{A_1}$$

式中，R为稳定性系数；A_2为离心后上清液吸光度；A_1为离心前吸光度。其中$R\leqslant 1$，R值越大表明豆浆体系越稳定。

③ 豆浆离心沉淀率　在10 mL离心管中加入适量样品，用离心机以5000 r/min离心10 min，弃去上层液体，倒扣试管沥干称重，平行测定3次，并按下列公式计算。

$$w_1=\left(\frac{m_2-m_1}{m_0}\right)\times 100\%$$

式中，w_1为离心沉淀率，%；m_0为样品质量，mg；m_1为离心管质量，mg；m_2为离心弃上清液后离心管质量，mg。

④ 豆浆黏度　使用NDJ-5S黏度计测定豆浆黏度，黏度计使用0号转子，

转速为 60 r/min，测量温度为 25 ℃。

⑤ 豆浆粒径测定　使用 WJL-628 型激光粒径仪测定豆浆粒径分布范围及其平均粒径，参数控制：分散介质为蒸馏水折射率实部为 1.76，虚部为 0.05，理想遮光比为 1～2，介质折射率为 1.33。

⑥ 豆浆粒子密度测定　豆浆体系由介质水以及除水以外的所有粒子组成，使用差值法可计算出豆浆粒子密度。公式如下：

$$\rho_{粒子} = \frac{m_{豆浆} - m_{水}}{V_{豆浆} - V_{水}}$$

式中，$\rho_{粒子}$ 为豆浆粒子密度，g/cm^3；$m_{豆浆}$ 为豆浆质量，g；$m_{水}$ 为水的质量，g；$V_{豆浆}$ 为豆浆体积，mL；$V_{水}$ 为水的体积，mL。

⑦ 豆浆沉降速度测定　豆浆的沉降速度与豆浆稳定性密切相关，使用激光粒径仪测量豆浆粒径，使用黏度仪测量豆浆的黏度，根据斯托克斯定律（Stokes Law）中，粒子受到的向下的重力为沉降介质的浮力与摩擦阻力二者之和，即：

$$v = \frac{g(\rho_1 - \rho_2)d^2}{18\eta}(Re < 0.4)$$

式中，v 为沉降速度，cm/s；d 为粒子平均直径，cm；η 为介质黏度，Pa·s；ρ_1 为粒子密度，g/cm^3（豆浆体系中除水以外的所有粒子密度）；ρ_2 为介质密度，g/cm^3（水是豆浆体系中的介质）。

⑧ 豆浆蛋白质含量测定　按 GB 5009.5—2016 规定的分光光度法测定，蛋白质的换算系数为 6.25。

⑨ 豆浆脂肪含量测定　按 GB 5009.6—2016 规定的索氏提取法测定，使用的提取剂为石油醚。

⑩ 豆浆中水分含量测定　按 GB 5009.3—2016 规定的直接干燥法测定。

⑪ 豆浆中灰分含量测定　按 GB 5009.4—2016 规定的灼烧法测定。

（4）数据处理　采用 Excel 2010 和 SPSS 22.0 进行分析。

3. 结果分析

（1）单因素实验

① 泡豆时间对不同制浆工艺豆浆蛋白质含量以及沉降速度影响

a. 泡豆时间对不同制浆工艺蛋白质含量影响　如图 4-6 所示，在不同泡豆时间下，二次浆渣共熟工艺制得的豆浆蛋白质含量最高，热水淘浆工艺次之，生浆法蛋白质含量最低。随着泡豆时间增加，豆浆的蛋白质含量先上升后下降的趋势，当泡豆时间达到 8 h 时，4 种制浆工艺制得豆浆达到峰值，蛋白质含量最高的是二次浆渣共熟工艺，蛋白质含量为3.892 g/100g。热水淘浆工艺豆浆的蛋白质含量为3.824 g/100g，一次浆渣共熟工艺豆浆的蛋白质含量为3.684 g/100g，生浆工艺蛋白质含量最低，为3.574 g/100g；随着泡豆时间超过8 h时，4种制浆工艺豆浆中蛋白质含量呈下降趋势。主要原因是当泡豆时间低于8 h时，大豆子叶吸水不充分，组织、细胞和蛋白质膜破碎不完全，导致蛋白质溶出率下降；当泡豆时间高于8 h时，大豆子叶吸水膨胀过度，一部分水溶性蛋白质溶入泡豆水而流失，一部分被大豆子叶内生物酶分解，蛋白质损失量高达0.3%～0.8%。所以随着泡豆时间的增加，4种制浆工艺制得豆浆蛋白质含量呈先上升后下降趋势。

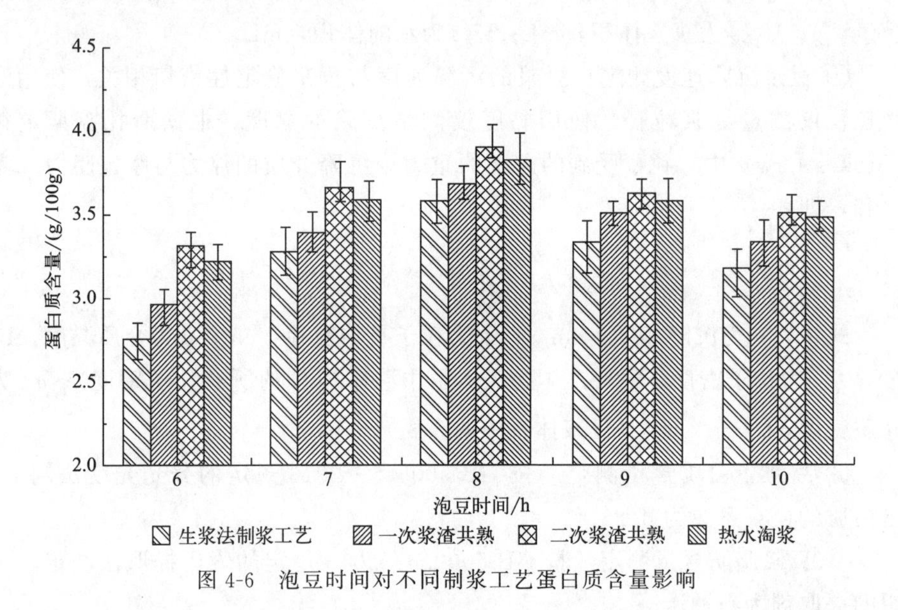

图4-6　泡豆时间对不同制浆工艺蛋白质含量影响

b. 泡豆时间对不同制浆工艺沉降速度影响　如图4-7所示，4种制浆工艺随着泡豆时间增加豆浆沉降速度先下降后上升趋势，当泡豆时间达到8 h时，豆浆体系的沉降速度达到最小值。4种制浆工艺中，二次浆渣共熟工艺的豆浆沉降速度最低，为0.263 nm/s，热水淘浆工艺的豆浆沉降速度为0.278 nm/s，一次浆渣共熟工艺的豆浆沉降速度为0.294 nm/s，生浆工艺的豆浆沉降速度为0.318 nm/s。4种制浆工艺豆浆的沉降速度排序分别为：生浆工艺＞一次浆渣共熟工艺＞热水淘浆工艺＞二次浆渣共熟工艺。可能是因为泡豆时间低于8 h时，大豆组织没有充分吸水软化，造成磨浆煮浆过程大豆中蛋白质、多糖等大分子物质溶出率低，最终导致豆浆体系黏度较小，豆浆沉降速度增加；当泡豆时间超过8 h时，由蛋白质含量水平可知：豆浆中蛋白质含量也在下降，大分子物质的减少，另一方面，大豆内部生物酶活性增强，将部分蛋白质水解成多肽或氨基酸，导致豆浆体系的黏度下降，豆浆体系为牛顿流体，从斯托克斯定律可知，流体内黏度下降，流体内的沉降速度增加，所以，当泡水豆时间超过 8 h 后，豆浆沉降速度会增加，且随着时间的进一步延长，豆浆沉降速度增加会更快。

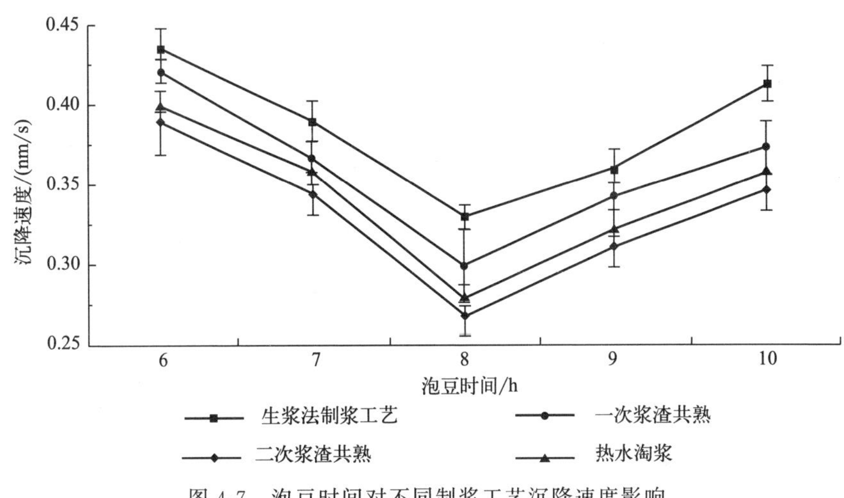

图 4-7　泡豆时间对不同制浆工艺沉降速度影响

② 磨浆豆水比对不同制浆工艺蛋白质含量以及沉降速度影响

a. 磨浆豆水比对不同制浆工艺蛋白质含量影响　如图 4-8 所示，生浆工艺、一次浆渣共熟工艺、热水淘浆工艺蛋白质含量随磨浆豆水比增加呈先上升再下降趋势，当豆水比达到 1∶6 时，3 种制浆工艺制得豆浆蛋白质含量达到峰值，生浆工艺的豆浆蛋白质含量为 3.571 g/100g，一次浆渣共熟工艺的豆浆蛋白质含量为 3.727 g/100g，热水淘浆工艺的豆浆蛋白质含量为 3.901 g/100g；而二次浆渣共熟工艺豆水比为 1∶7 时，蛋白质含量达到峰值，蛋白质含量为 3.882 g/100g。可能是由于在磨浆过程中，水作为溶剂，而水添加量少时，蛋白质在相同的温度下，溶解度是一定，溶剂量较少，溶出的蛋白质量也相应较少，从而导致豆浆蛋白质含量低；随着豆水比的增加，大豆内的可溶性蛋白质溶入水的量相应增加，当磨豆水增加到一定数值时，达到蛋白质最大的溶解量时，豆浆的蛋白质含量达到最大值。又因为大豆内蛋白质总量为定值，当水量增加超过蛋白质溶解度时，蛋白质溶液的浓度将被稀释，导致蛋白质浓度下降。二次浆渣共熟工艺用水量比其他 3 种磨浆工艺用水量多，因为二次浆渣共熟工艺多一次洗渣的过程，提高蛋白质的同时，磨浆需要更多的用水量。

b. 豆水比对不同制浆工艺沉降速度影响　如图 4-9 所示，4 种制浆工艺获

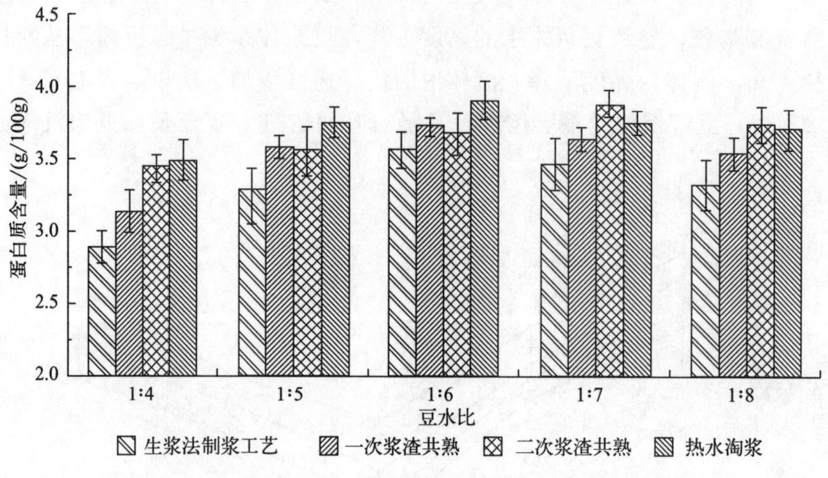

图 4-8　磨浆豆水比对不同制浆工艺蛋白质含量影响

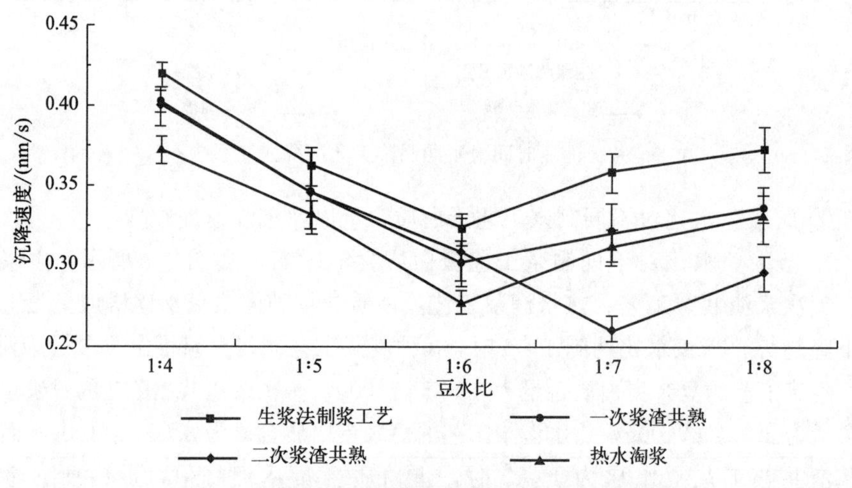

图 4-9　磨浆豆水比对不同制浆工艺沉降速度影响

得豆浆沉降速度表现为豆水比增加呈先下降再上升的趋势，但生浆工艺、一次浆渣共熟工艺、热水淘浆工艺获得的豆浆沉降速度，在豆水比为 1∶6 达到最低点时，二次浆渣共熟工艺豆水比为 1∶7 时，豆浆的沉降速沉降速度最低，主要是二次浆渣共熟在制浆过程中多一次洗豆渣用水，所以，总体豆水比要比其他 3 种工艺高。不同工艺的豆浆沉降速度，二次浆渣共熟工艺的豆浆沉降速度为 0.261 nm/s，相对而言，二次浆渣共熟工艺豆浆沉降速度为最低点，热水淘浆工艺的豆浆沉降速度为 0.278 nm/s，一次浆渣共熟工艺的豆浆沉降速为 0.302 nm/s，生浆工艺的豆浆沉降速为 0.324 nm/s。由于豆浆为牛顿流体，豆浆的黏度与豆浆内分子间剪切力呈正相关，而豆浆沉降速度与黏度呈负相关。豆浆黏度与豆浆有效大分子物质的浓度有关，由于水为溶剂，当磨浆时水添加量较少时，大豆中多糖、小颗粒蛋白质溶出量较少，从而导致豆浆有效大分子物质浓度低，进而导致豆浆的黏度小，豆浆沉降速度较快；当豆水比超过一定比例时，大豆总可溶性固形物含量为固定，因而在溶剂量增加时，溶液的浓度下降，从而导致豆浆的黏度下降，从而导致豆浆沉降速度上升。4 种制浆工艺中沉降速度排序为：生浆工艺＞一次浆渣共熟工艺＞热水淘浆工艺＞二次浆渣共熟工艺。

③ 煮浆温度对不同制浆工艺蛋白质含量以及沉降速度影响

a. 煮浆温度对不同制浆工艺蛋白质含量影响　如图 4-10 所示，4 种不同制浆工艺蛋白质含量随煮浆温度增加呈先上升后下降趋势；到达 105 ℃时 4 种制浆工艺蛋白质含量达到峰值，二次浆渣共熟工艺的豆浆蛋白质含量为 3.874 g/100g，一次浆渣共熟工艺的豆浆蛋白质含量为 3.757 g/100g，热水淘浆工艺的豆浆蛋白质含量为 3.754 g/100g，生浆工艺的豆浆蛋白质含量为 3.539 g/100g。4 种制浆工艺中蛋白含量二次浆渣共熟工艺最高，热水淘浆工艺次之，一次浆渣共熟工艺第三，生浆工艺蛋白质含量最低。当煮浆温度逐渐上升时，由于蛋白质分子迁移到水中，温度越高，迁移速度越快，尽可能将豆糊中蛋白质迁移到水中，当煮浆温度达到 105 ℃时，在温度和压力作用下，蛋白质迁移达到最佳值。当温度高于 105 ℃时，豆浆中蛋白质过度变性，部分蛋白质之间发生聚集，且 7S 和 11S 的亚基间会发生反应而形成不可溶的多级聚合体和沉淀，部分蛋白聚集体随豆渣分离，导致蛋白质含量降低。4 种制浆工

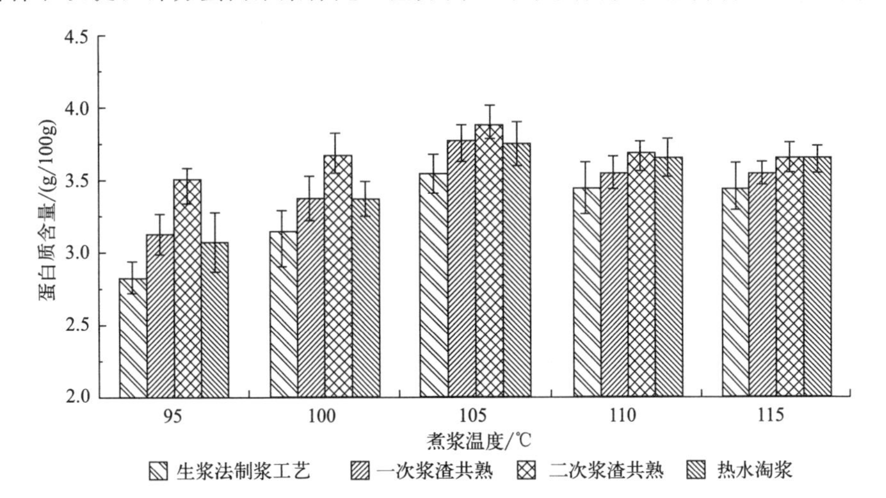

图 4-10　煮浆温度对不同制浆工艺沉降速度影响

艺煮浆温度选择 105 ℃比较合适。

b. 煮浆温度对不同制浆工艺沉降速度影响　如图 4-11 所示，4 种制浆工艺沉降速度随煮浆温度的升高，呈先下降再上升的趋势，当煮浆温度为 105 ℃时，豆浆沉降速度达到最低点，二次浆渣共熟工艺豆浆沉降速度为 0.271 nm/s，较其他 3 种工艺豆浆的沉降速度为最低，热水淘浆工艺豆浆沉降速度为 0.276 nm/s，一次浆渣共熟工艺豆浆沉降速度为 0.305 nm/s，生浆工艺豆浆沉降速度为 0.318 nm/s。从斯托克斯定律可知，豆浆中粒子的沉降速度与介质的黏度呈反比，与流体内粒子直径呈正比，当豆浆煮浆的温度上升时，大豆蛋白质分子的由 β 螺旋结构展开，与其他蛋白质分子连接和缠绕，从牛顿流体力学可知，介质的黏度与分子间剪切力正相关，大豆蛋白结构展开后，分子间剪切力增强，从而增强介质的黏度。另一方面，随着豆浆煮浆温度上升，豆糊内大豆多糖、大豆磷脂等物质溶出率上升，而大豆多糖和大豆磷脂等物质会增加豆浆的黏度，也会导致沉降速度下降。随着温度上升，豆浆中可溶性固形物含量较低，豆浆黏度下降，导致豆浆沉降速度上升；当煮浆温度为 105 ℃时，豆浆中豆乳蛋白粒子的含量多，微压煮浆的豆乳中单位体积粒子数增多，增加了分散介质有效表面积，使更多的酸性多肽和 7S 的 α 亚基、α′亚基分布于蛋白粒子表面，这可能是造成微压煮浆豆浆亲水性增强，豆浆的黏度达到峰值，豆浆的沉降速度达到最低值。当煮浆温度高于 105 ℃时，蛋白质之间形成聚集体，导致豆浆粒子粒径增大，同时分子间间距也增大，分子间的剪切力减少，介质的黏度下降，从而豆浆沉降速度增加。

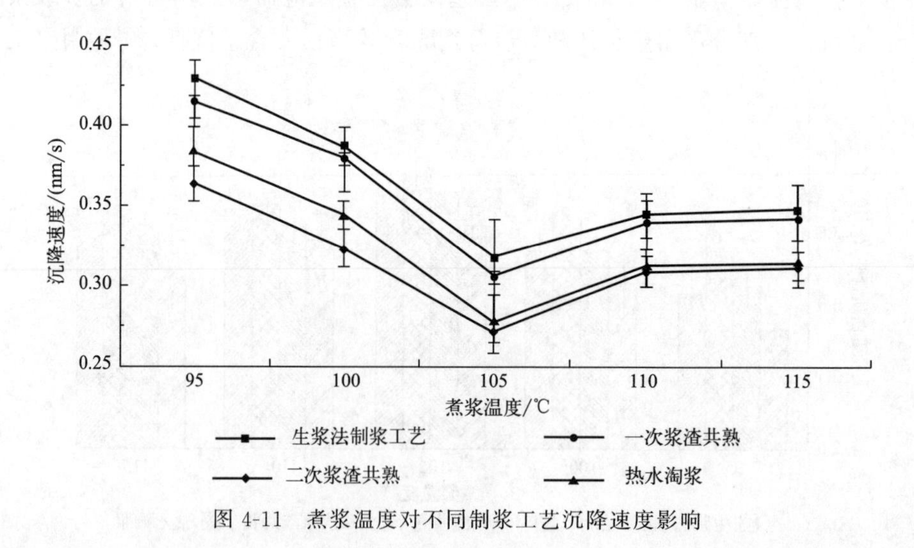

图 4-11　煮浆温度对不同制浆工艺沉降速度影响

④ 煮浆时间对不同制浆工艺蛋白质含量以及沉降速度影响

a. 煮浆时间对不同制浆工艺蛋白质含量影响　如图 4-12 所示，4 种制浆工艺蛋白质含量随煮浆时间增加呈先上升再下降趋势，当煮浆时间为 6 min 时，4 种制浆工艺制得豆浆蛋白质含量达到峰值，二次浆渣共熟工艺豆浆的蛋白质含量为 3.862 g/100g，热水淘浆工艺豆浆的蛋白质含量为 3.897 g/100g，一次浆渣共熟工艺豆浆的蛋白质含量为 3.679 g/100g，生浆工艺豆浆的蛋白质含量为 3.569 g/100g，二次浆渣共熟工艺的豆浆的蛋白含量最高。大豆籽粒中蛋白质迁移到水中，形成豆浆需要时间，其迁移的速度与时间和温度呈正相关，煮浆时间低于 6 min 时，大豆中蛋白质溶解不够充分，导致豆浆中蛋白质含量较低；随着煮浆时间延长，由于豆浆中 7S 蛋白和 11S 蛋白，在温度作用下，重新聚合成 15S 蛋白，而 15S 蛋白不溶于水，另一方面，长时间的高温造成蛋白质进一步变性，也成为不可溶蛋白质，跟随豆渣分离出去导致豆浆蛋白质含量降低。

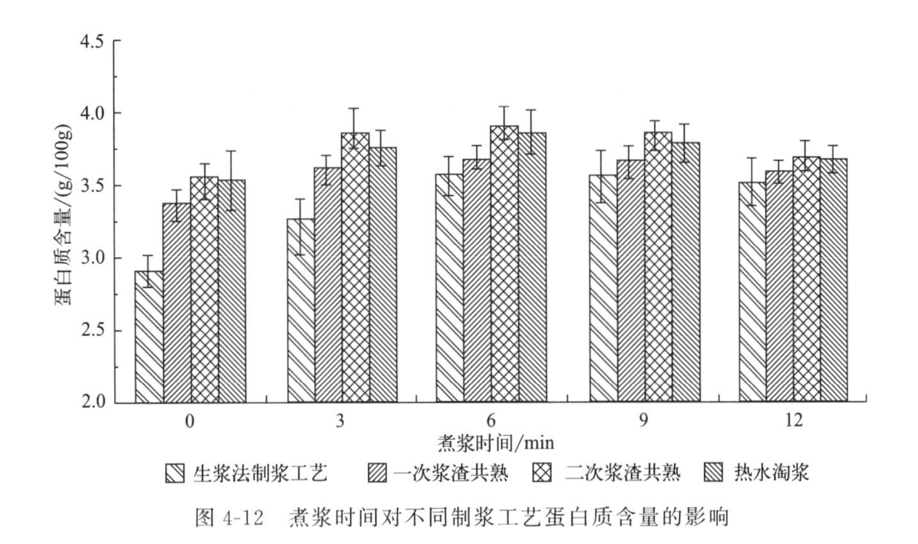

图 4-12　煮浆时间对不同制浆工艺蛋白质含量的影响

b. 煮浆时间对不同制浆工艺沉降速度影响　如图 4-13 所示，4 种制浆工艺沉降速度随煮浆时间的升高，呈先下降再上升的趋势，当煮浆时间为 6 min 时，豆浆沉降速度达到最低点，豆浆的沉降速度分别为：二次浆渣共熟工艺豆浆的沉降速度为 0.271 nm /s，热水淘浆工艺豆浆的沉降速度为 0.276 nm/s，一次浆渣共熟工艺豆浆的沉降速度为 0.305 nm/s，生浆工艺豆浆的沉降速度为 0.318 nm/s。4 种制浆工艺中沉降速度快慢为：生浆工艺＞一次浆渣共熟工艺＞热水淘浆工艺＞二次浆渣共熟工艺。从煮浆时间对豆浆的蛋白质含量影响的关系可知，当煮浆时间为 6 min 时，豆浆蛋白质含量达到峰值，而豆浆中蛋白质分子为豆浆的主要大分子，蛋白质浓度直接影响豆浆流体介质的黏度，蛋白质浓度与流体介质黏度呈正相关。当煮浆时间低于 6 min 时，豆糊中可溶性固形物溶出率低，导致豆浆黏度下降，豆浆沉降速度上升。当煮浆时间大超过 6 min 时，随着煮浆时间的延长，豆浆的蛋白含量呈下降趋势，从而导致豆浆的黏度下降。此外，豆浆中高温处理造成大豆蛋白质变性，因而疏水性增强，可能通过蛋白质分子之间疏水相互作用或交联作用聚合成不溶物。从斯托克斯定律可知，增加豆浆颗粒的平均粒径，也会导致豆浆沉降速度上升。

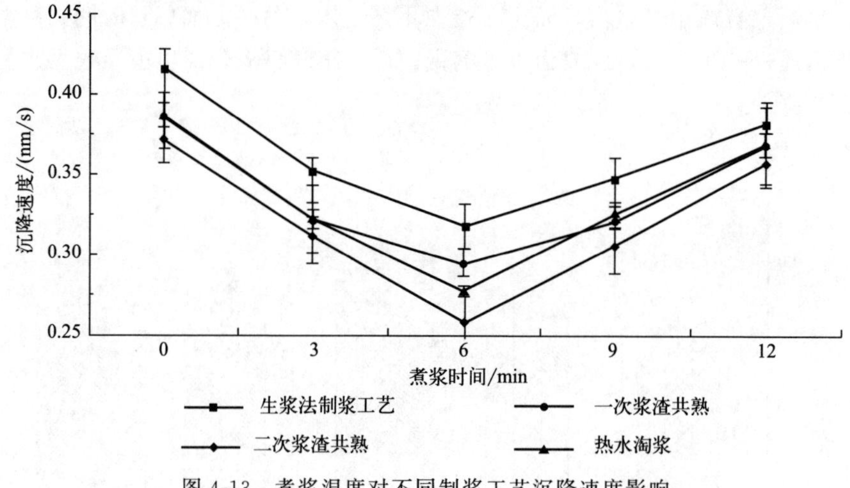

图 4-13　煮浆温度对不同制浆工艺沉降速度影响

（2）不同制浆工艺差异性分析

① 豆浆感官得分分析　对不同制浆工艺得到豆浆进行感官评分，熟浆工艺感官评价平均得分为 86.0 分，明显高于生浆工艺平均得分 74.8 分（图 4-14）。生浆工艺采用先浆渣分离再煮浆的工艺，导致豆糊暴露在空气中的时间比熟浆工艺长，大豆中不饱和脂肪酸、大豆异黄酮等物质与脂肪氧化酶、葡萄糖苷酶等活性物质充分接触，迅速发生催化氧化反应，产生已醛、壬醛等豆腥物质和苦涩物质，影响豆浆感官评价。且在煮浆过程中，部分分子量较小的大豆纤维素发生润胀，给豆浆带来粗糙口感。在 3 种熟浆制浆工艺中，感官评价得分二次浆渣共熟法为 87.8 分，热水淘浆法 87.3 分，一次浆渣共熟法 82.9 分。显然，二次浆渣共熟法工艺感官评分高于其他制浆工艺，可能是由于采用多次加热共熟更好地破坏脂肪氧化酶的活性，减少酶与底物接触的频率，从而减

少了己醛等豆腥味成分，同时具有香甜味的3-甲基-丁醛含量较高；此外，熟浆工艺中大豆多糖和磷脂溶出率高，增加豆浆丝滑度和饱满感，同时多次加热使大豆纤维素膨胀，便于有效分离，使豆浆口感细腻，从而豆浆风味更加丰满而醇厚。

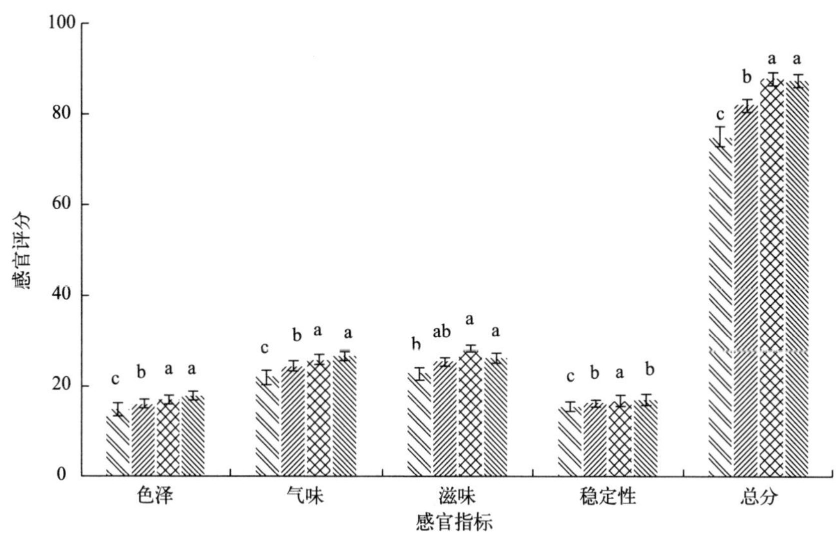

图 4-14　不同制浆工艺对豆浆感官指标的影响

② 豆浆物理指标分析　由表4-2可以看出，二次浆渣共熟工艺的稳定性（94.9%）与热水淘浆工艺的稳定性（93.7%）显著高于一次浆渣共熟法（85.3%）与生浆工艺（84.4%），可能是由于二次浆渣共熟与热水淘浆工艺有利于多糖、磷脂的溶出，可有效保证固态分散物和液态乳化物形成牢固而稳定的多元缔合体系和良好的乳化特性，有效地阻碍了脂肪聚合形成大油体上浮，也防止蛋白质粒子聚沉形成蛋白质沉淀，所以得到豆浆稳定性高。生浆工艺与一次浆渣共熟工艺豆浆中的营养物质大多是以游离形态存在，没有形成稳定的结构，导致豆浆的稳定性较差，离心沉淀率也较低。通过分析豆浆沉降速度的变化，可以推测产品的稳定性趋势，从而及时发现生产中引起产品不稳定的环节。在特定的植物蛋白饮料中，粒子的密度与介质的密度变化不大，可约等于常量，豆浆黏度与豆浆粒子大小成为影响沉降速度的两个主要因素。二次浆渣共熟工艺与热水淘浆工艺中可溶性固形物溶出率高，增加豆浆体系黏度；多次加热也提高酸性多肽与7S蛋白的α亚基、α′亚基分布于蛋白质粒子表面，提高蛋白质粒子表面的亲水性也可能是提高豆浆黏度的一个重要

原因。所以沉降速度最小的为二次浆渣共熟工艺（0.264 nm/s），热水淘浆工艺次之（0.281 nm/s），生浆工艺（0.321 nm/s）与一次浆渣共熟工艺（0.304 nm/s）较大。

表 4-2　不同制浆工艺豆浆理化指标测定结果

制浆工艺	稳定性/%	离心沉淀率/%	黏度/(mPa·s)	沉降速度/(nm/s)
生浆工艺	84.445±0.809[c]	0.886±0.007[b]	3.313±0.025[d]	0.321±0.003[d]
一次浆渣共熟	85.368±0.829[c]	0.861±0.013[b]	4.621±0.010[c]	0.304±0.005[c]
二次浆渣共熟	94.951±1.016[a]	0.965±0.043[a]	5.820±0.030[a]	0.264±0.007[a]
热水淘浆法	93.700±0.571[b]	0.974±0.035[a]	5.431±0.040[b]	0.281±0.004[b]

注：a～d 表示差异的显著性，同列字母不同表示差异显著（$P<0.05$）。

③ 豆浆粒径测定结果分析　如图 4-15 和图 4-16 所示，4 种制浆工艺得到的豆浆粒径主要分布在 0.1～2.8μm 之间，生浆制浆工艺、一次浆渣共熟工艺、热水淘浆工艺、二次浆渣共熟工艺的豆浆粒径分别在 0.429 μm、0.469 μm、0.514 μm 以及 0.562 μm 占比最高，占比分别为 7.70%、7.64%、7.00%以及 5.50%；生浆工艺的豆浆粒径最大值为 2.174 μm，一次浆渣共熟工艺的豆浆粒径最大值为 2.379 μm，二次浆渣共熟工艺的豆浆粒径最大值为 2.603 μm，热水淘浆工艺的豆浆粒径最大值为 2.849 μm。当豆浆粒径分布在 0.01～0.2 μm 时，主要以单个游离的油脂粒子、蛋白质粒子、多糖、磷脂等形式存在；当豆浆粒径分布在 0.2～0.6 μm 之间时，主要以蛋白质＋多糖、蛋白质＋磷脂＋脂肪、蛋白质＋多糖＋蛋白质、油脂＋油脂、油脂＋油脂＋磷脂＋蛋白质等形式存在；当豆浆粒径分布在 0.6～2.8 μm 时，主要是以蛋白质沉聚物、大分子脂肪颗粒以及纤维素片段等形式存在。

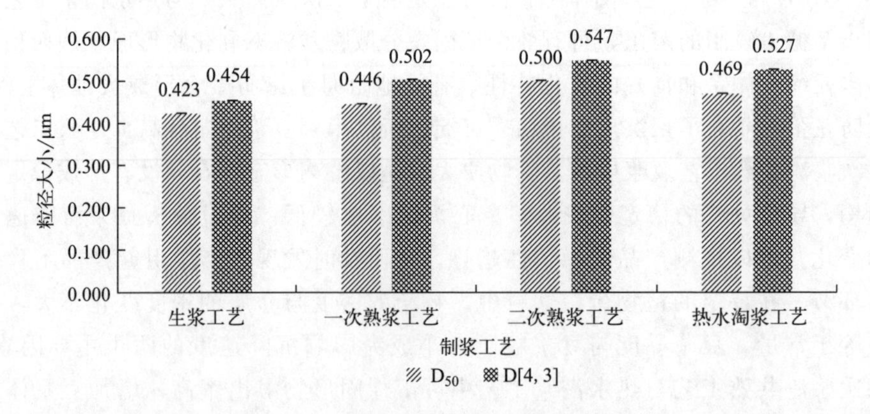

图 4-15　不同制浆工艺粒径分布范围

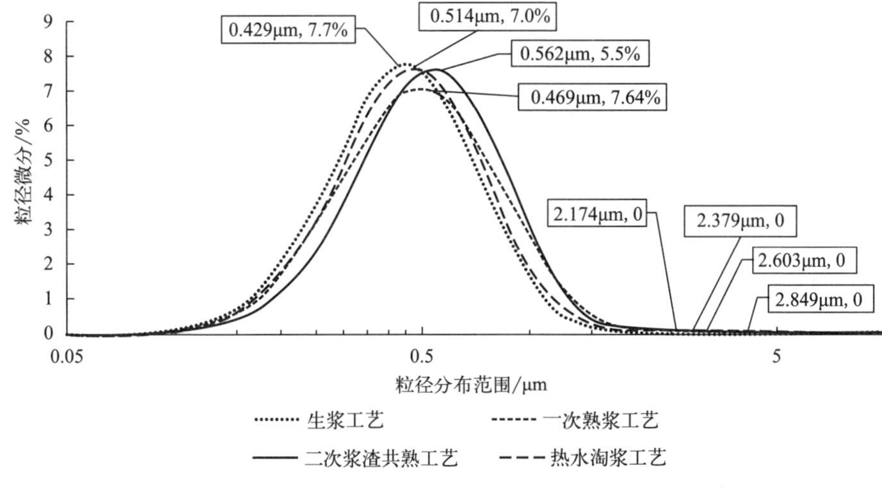

图 4-16　不同制浆工艺对豆浆粒径 D_{50}、D［4，3］的影响

4 种不同制浆工艺中，二次浆渣共熟工艺 D_{50}（中位粒径）以及 D[4,3]（平均粒径）最大分别为 0.500 μm、0.547 μm，热水淘浆法次之分别为 0.469、0.527 μm，一次浆渣共熟工艺第三分别为 0.446 μm、0.502 μm，生浆工艺最小分别为 0.423 μm、0.454 μm。3 种熟浆工艺豆浆的 D_{50}、D[4,3] 均比生浆工艺大。3 种熟浆工艺中二次浆渣共熟工艺最大、热水淘浆次之、一次浆渣共熟工艺最小，主要是二次浆渣共熟工艺采用“2 提 3 煮”，得到的豆浆中小颗粒蛋白质、多糖、K^+、Na^+ 等物质含量高，这些小颗粒蛋白质以 S—S 结合，蛋白质、脂肪、多糖之间以氢键连接形成大颗粒物质，导致二次浆渣共熟工艺粒径最大。一次浆渣共熟法工艺比较简单，只通过一次洗渣，一次煮浆，得到豆浆中营养物质相对较少，所以豆浆粒径为熟浆工艺中最小。

（3）豆浆营养成分含量分析　由表 4-3 可知，生浆工艺蛋白质、脂肪、总糖、灰分含量处于 4 种制浆工艺中最低，可能是由于大豆中营养成分在磨浆之后，缺少浆渣共熟的过程，部分营养成分还在豆渣中，没有完全浸提到豆浆中，造成豆浆中营养成分低于其他 3 种熟浆工艺。二次浆渣共熟工艺豆渣被二次加热洗提豆浆，豆浆历经 3 次加热，最大限度地提取大豆中营养成分的含量，使更多的蛋白质、脂肪、可溶性多糖等营养物质溶出至豆浆中，所以二次浆渣共熟工艺营养成分含量最高。热水淘浆法营养成分含量次之，热水淘浆法将第一次浆渣分离的豆渣通过热水洗浆、分离得到的第二道浆再次作为下一次磨浆水，热水磨浆提高了大豆中营养成分溶出率的同时有效减少豆渣中营养成分含量。总体而言，二次浆渣共熟工艺营养成分提取率最高（蛋白 3.890 g/100g、脂肪 1.814 g/100g、总糖 1.267 g/100g），热水淘浆工艺次之（蛋白质 3.823 g/100g、脂肪 1.790 g/100g、总糖 1.146 g/100g），一次浆渣共熟法第三（蛋白质 3.688 g/100g、脂肪 1.623 g/100g、总糖 0.954g/100g），生浆工艺营养成分提取率最低（蛋白质 3.571 g/100g、脂肪 1.608 g/100g、总糖 0.87 g/100g）。

表 4-3　不同制浆工艺豆浆营养成分含量

制浆工艺	蛋白质含量/(g/100g)	脂肪含量/(g/100)	总糖/(g/100g)	水分含量/(g/100g)	灰分/(g/100g)
生浆工艺	3.571 ± 0.036^{d}	1.608 ± 0.049^{b}	0.87 ± 0.006^{d}	93.585 ± 1.560^{a}	0.197 ± 0.014^{c}
一次浆渣共熟	3.688 ± 0.022^{c}	1.623 ± 0.030^{b}	0.954 ± 0.005^{c}	92.765 ± 1.865^{b}	0.260 ± 0.007^{b}
二次浆渣共熟	3.890 ± 0.019^{a}	1.814 ± 0.016^{a}	1.267 ± 0.010^{a}	91.285 ± 1.388^{d}	0.283 ± 0.010^{a}
热水淘浆法	3.823 ± 0.027^{b}	1.790 ± 0.019^{a}	1.146 ± 0.012^{b}	91.746 ± 1.066^{bc}	0.276 ± 0.005^{ab}

注：a～d 表示差异的显著性，同列字母不同表示差异显著（$P<0.05$）。

（4）豆浆品质指标相关性分析　使用 SPSS 22 对豆浆营养指标（蛋白质、脂肪、水分、总糖）、物理指标（黏度、稳定性、沉淀率、平均粒径）与感官评分进行 Pearson 相关性分析，结果表明：蛋白质与脂肪、总糖、黏度、稳定性、平均粒径、感官评价呈极显著正相关关系（r 分别为 0.930、0.914、0.968、0.843、0.979、0.975），与稳定性存在显著性相关关系（$r=0.6$），与沉降速度呈负相关关系（$r=-0.974$）（表 4-4）。蛋白质含量与总糖、脂肪存在极显著相关关系，可能是因为大豆在磨浆、洗渣、煮浆工艺过程中提取率相关，蛋白质提取率升高，总糖、脂肪等含量也会随之升高；蛋白质、脂肪、总糖含量升高，豆浆中蛋白质、脂肪、多糖含量升高，豆浆中会形成大分子稳定结构，提高豆浆体系的稳定性、黏度以及平均粒径；当豆浆总糖、脂肪、多糖含量增高、豆浆体系更加稳定豆浆的感官评价也会随之升高。

豆浆沉降速度与豆浆稳定性、黏度呈极显著负相关关系（r 分别为 -0.968、-0.953），与豆浆粒径呈极显著负相关关系（$r=-0.902$），主要是因为斯托克斯公式中规定当测定粒子与介质密度相对稳定时，粒子的沉降速度与粒子粒径呈正相关关系，与介质黏度呈负相关；当粒子沉降速度越慢时，体系稳定性越好，所以豆浆沉降速度与豆浆稳定性呈极显著负相关关系。

表 4-4　豆浆品质指标相关性分析表

相关系数	蛋白质	脂肪	水分	总糖	黏度	稳定性	离心沉淀	平均粒径	沉降速度	感官评分
蛋白质	1									
脂肪	0.930**	1								
水分	−0.462	−0.422	1							
总糖	0.914**	0.874**	−0.441	1						
黏度	0.968**	0.869**	−0.568	0.88**	1					
稳定性	0.843**	0.938**	−0.440	0.933**	0.897**	1				
沉淀率	0.661*	0.949**	−0.594*	0.673*	0.881**	0.972**	1			
平均粒径	0.979**	0.884**	−0.538	0.891**	0.997**	0.638*	0.866**	1		
沉降速度	−0.974**	−0.833**	0.386	−0.947**	−0.953**	−0.968**	−0.458	−0.902**	1	
感官评分	0.975**	0.914**	−0.583*	0.722**	0.989**	0.981**	0.531	0.844**	−0.958**	1

注：$N=12$，$df=10$，$M=2$。*在0.05水平上（双侧）显著相关，**在0.01水平上（双侧）极显著相关。

第二节　二次浆渣共熟制浆工艺优化

赵良忠，范柳等的研究结果表明，二次浆渣共熟工艺从感官评分、物理指标、营养成分等方面都优于其他制浆工艺，更加适合高品质、高营养豆浆生产。而豆浆的蛋白质含量与豆浆颗粒沉降速度能较好地反映豆浆的营养品质与物理稳定性。

一、材料与设备

1. 主要材料与试剂

大豆、去离子水、氢氧化钠、硫酸标准滴定溶液、甲基红乙醇溶液、亚甲基蓝乙醇溶液。

2. 设备与仪器

设备仪器、制浆机、粒径分析仪、电子天平、电热鼓风干燥箱、旋转式黏度计、紫外可见分光光度计。

二、实验方法

1. 二次浆渣共熟制浆工艺

(1) 工艺流程

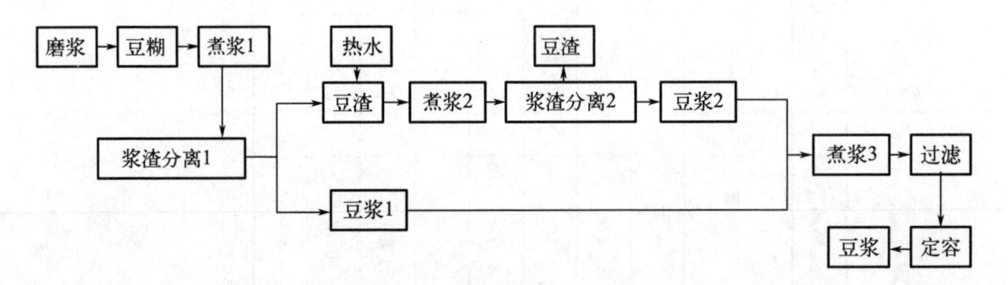

(2) 工艺要点

浸泡：清洗大豆 2 遍后，按照 1∶3 的豆水比，将 5 kg 干豆在 25 ℃下浸泡 8 h，浸泡完成后湿豆重量为 10～11 kg。

磨浆：将浸泡好的大豆与水按一定的比例进行磨浆。

煮浆 1：将分离好的豆浆进行加热至合适温度，保温、保压合适时间。

洗渣：加入 2 倍温度为 65 ℃的水洗涤豆渣。

煮浆 2：将洗渣水与豆渣共同加热至 90 ℃，保温 2 min。

煮浆 3：将豆浆 1 与豆浆 2 混合后共同加热至合适温度，保温、保压合适时间。

2. 二次浆渣共熟工艺响应面优化设计

单因素基础上，根据 Box-Behnken 实验设计原理，选取泡豆时间、豆水比、煮浆温度、煮浆时间为变量，以沉降速度、蛋白质含量为测量指标设计 4 因素 3 水平响应面方案（表 4-5）。

表 4-5　不同制浆工艺响应面设计方案

因素	水平		
	−1	0	1
泡豆时间 A/h	7	8	9
豆水比 B	1∶6	1∶7	1∶8
煮浆温度 C/℃	100	105	110
煮浆时间 D/min	3	6	9

三、二次浆渣共熟工艺响应面实验结果与分析

1. 二次浆渣共熟工艺响应面结果与分析方案

响应面实验结果与分析方案见表 4-6。

表 4-6　响应面实验结果与分析方案

序号	泡豆时间/h	豆水比	煮浆温度/℃	煮浆时间/min	蛋白质含量/(g/100g)	沉降速度/(nm/s)
1	7	1∶7	110	6	3.546	0.383
2	8	1∶7	105	6	3.842	0.275
3	8	1∶8	100	6	3.687	0.348
4	9	1∶7	100	6	3.667	0.334
5	8	1∶7	105	6	3.865	0.291
6	9	1∶7	110	6	3.731	0.355
7	8	1∶7	105	6	3.848	0.281
8	7	1∶7	105	3	3.468	0.366
9	9	1∶7	105	3	3.658	0.328
10	9	1∶6	105	6	3.434	0.341
11	8	1∶6	100	6	3.638	0.321
12	7	1∶7	100	6	3.507	0.368

续表

序号	泡豆时间/h	豆水比	煮浆温度/℃	煮浆时间/min	蛋白质含量/(g/100g)	沉降速度/(nm/s)
13	8	1∶8	110	6	3.756	0.372
14	8	1∶7	105	6	3.919	0.271
15	7	1∶6	105	6	3.328	0.367
16	8	1∶7	100	3	3.735	0.317
17	8	1∶7	110	3	3.816	0.338
18	9	1∶7	105	9	3.683	0.362
19	7	1∶7	105	9	3.468	0.368
20	8	1∶8	105	3	3.663	0.342
21	8	1∶6	110	6	3.632	0.342
22	8	1∶7	105	6	3.875	0.285
23	7	1∶8	105	6	3.396	0.381
24	8	1∶6	105	3	3.576	0.338
25	9	1∶8	105	6	3.614	0.348
26	8	1∶7	100	9	3.776	0.329
27	8	1∶8	105	9	3.755	0.352
28	8	1∶7	110	9	3.795	0.352
29	8	1∶6	105	9	3.551	0.331

(1) 豆浆蛋白质含量方差分析表（表4-7） 采用Design-Expert 7.1软件进行回归分析，求出各因素一次效应、二次效应及交互效应关联式。

表4-7 蛋白质含量方差分析表

项目	平方和	自由度	均方	*F* 值	*P* 值	
模型	0.67	14	0.048	85.47	＜0.0001	显著
A(泡豆时间)	0.096	1	0.096	172.84	＜0.0001	**
B(豆水比)	0.042	1	0.042	75.96	＜0.0001	**
C(煮浆温度)	5.90E-03	1	5.896E-03	10.60	0.0057	*
D(煮浆时间)	1.05E-03	1	1.045E-03	1.88	0.1920	
AB	3.14E-03	1	3.136E-03	5.64	0.0324	*
AC	1.56E-04	1	1.563E-04	0.28	0.6044	
AD	1.56E-04	1	1.563E-04	0.28	0.6044	
BC	1.41E-03	1	1.406E-03	2.53	0.1341	
BD	3.42E-03	1	3.422E-03	6.15	0.0264	*

续表

项目	平方和	自由度	均方	F 值	P 值	
CD	9.61E-04	1	9.610E-04	1.73	0.2098	
A^2	0.38	1	0.380	685.33	<0.0001	* *
B^2	0.20	1	0.20	361.91	<0.0001	* *
C^2	2.38E-03	1	2.379E-03	4.28	0.0576	*
D^2	0.025	1	0.025	44.69	<0.0001	* *
残差	7.79E-03	14	5.561E-04			
失拟项	4.07E-03	10	4.067E-04	0.44	0.868	不显著
纯误差	3.72E-03	4	9.297E-04			
总误差	0.670	28.000				
$R^2=0.9884$		$R^2_{adj}=0.9769$		C.V/%=0.64		

注：* 表示在 0.05 水平上显著相关（双尾），* * 表示在 0.01 水平上显著相关（双尾）。

蛋白质含量 $=3.87+0.089A-0.059B+0.022C+9.333\text{E-}003D-0.028AB+6.250\text{E-}003AC+6.250\text{E-}003AD-0.019BC-0.029BD-0.015CD-0.24A^2-0.18B^2-0.019C^2-0.062D^2$，

模型方差分析结果如表 4-7 所示。模型 $P<0.0001$，表明响应回归模型极显著，失拟项 $P=0.868>0.05$，差异不显著，说明实验误差小；模型校正系数 $R^2=98.84\%$，说明该方程拟合良好。模型修正系数 $R^2_{adj}=97.69\%$ 表明该模型较好地反映了各因素关系。由方差分析结果可知，各因素影响豆浆的蛋白质含量大小依次为泡豆时间（A）>豆水比（B）>煮浆温度（C）> 煮浆时间（D）。方程的一次项 C 对豆浆蛋白质含量的影响达显著水平，A、B 对豆浆的蛋白质含量的影响达到极显著，方程的二次项 A^2、B^2、D^2 对豆浆的蛋白质含量的影响达到极显著水平。

（2）沉降速度方差分析表（表 4-8）　采用 Design-Expert 7.1 软件对实验数据进行回归分析，得到回归方程。

表 4-8　沉降速度方差分析表

	平方和	自由度	均方	F 值	P 值	
模型	0.027	14	1.92E-03	36.66	<0.0001	极显著
A(泡豆时间)	2.27E-03	1	2.27E-03	43.27	<0.0001	* *
B(豆水比)	8.84E-04	1	8.84E-04	16.86	0.0011	*
C(煮浆温度)	1.30E-03	1	1.302E-03	24.83	0.0002	*
D(煮浆时间)	3.52E-04	1	3.521E-04	6.72	0.0213	*

续表

	平方和	自由度	均方	F 值	P 值	
AB	1.23E-05	1	1.225E-05	0.23	0.6363	
AC	9.00E-06	1	9.000E-06	0.17	0.6849	
AD	2.56E-04	1	2.560E-04	4.88	0.0443	*
BC	2.25E-06	1	2.250E-06	0.04	0.8389	
BD	7.23E-05	1	7.225E-05	1.38	0.2600	
CD	1.00E-06	1	1.000E-06	0.02	0.8921	
A^2	0.015	1	0.015	285.43	<0.0001	* *
B^2	7.19E-03	1	7.19E-03	137.05	<0.0001	* *
C^2	5.95E-03	1	5.949E-03	113.46	<0.0001	* *
D^2	4.31E-03	1	4.31E-03	82.24	<0.0001	* *
残差	7.34E-04	14	5.243E-05			
失拟项	4.83E-04	10	4.828E-05	0.77	0.666	不显著
纯误差	2.51E-04	4	6.280E-05			
总误差	0.028	28.000				
$R^2=0.9734$		$R^2_{adj}=0.9469$		$C.V/\%=2.15$		

注：*表示在0.05水平上显著相关（双尾），* *表示在0.01水平上显著相关（双尾）。

沉降速度$=+0.28-0.014A-8.583E\text{-}003B+0.010C+5.417E\text{-}003D+1.750E\text{-}003AB+1.500E\text{-}003AC+8.000E\text{-}003AD-7.500E\text{-}004BC-4.250E\text{-}003BD+5.000E\text{-}004CD+0.048A^2+0.033B^2+0.030C^2+0.026D^2$

对该模型进行方差分析，结果如表4-8所示。模型$P<0.0001$，失拟项$P=0.666>0.05$，模型的校正系数$R^2=97.34\%$，模型的修正系数$R^2_{adj}=94.69\%$，表明响应回归模型达到了极显著水平，方程对实验对拟合情况较好，模型较好地反映了各因素的关系。

由方差分析结果可知，各因素影响豆浆的豆浆颗粒沉降速度大小依次为泡豆时间（A）>豆水比（B）>煮浆温度（C）>煮浆时间（D）。方程的一次项B、C、D对豆浆的沉降速度的影响达显著水平，A对豆浆的沉降速度的影响达极显著水平，方程的二次项A^2、B^2对豆浆的蛋白质含量的影响达到极显著水平。

2. 响应面3D模型图

（1）蛋白质含量响应面3D模型图　见图4-17。

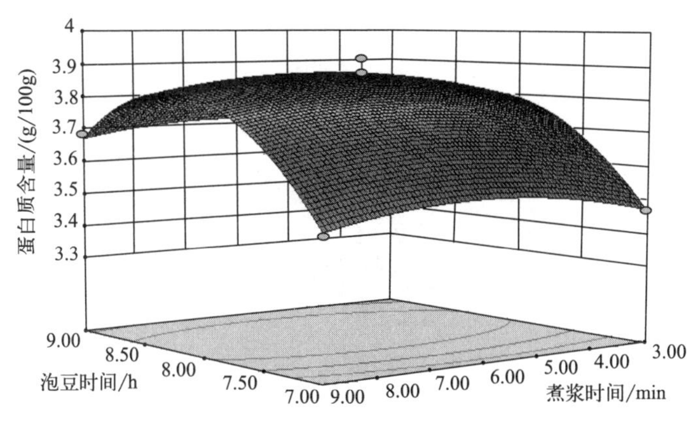

(a) 泡豆时间与煮浆时间响应面

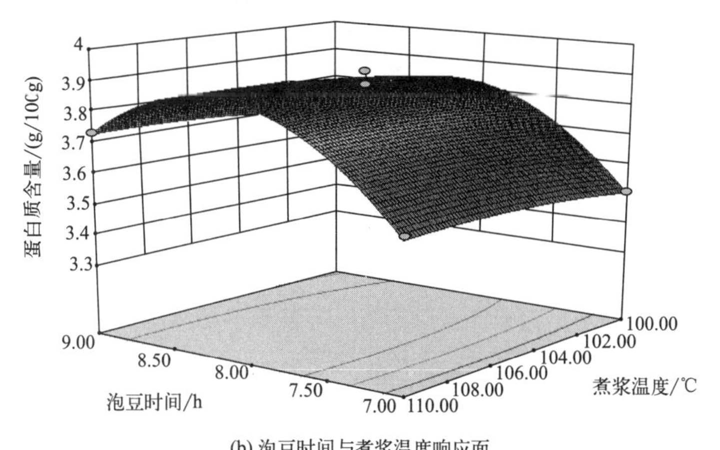

(b) 泡豆时间与煮浆温度响应面

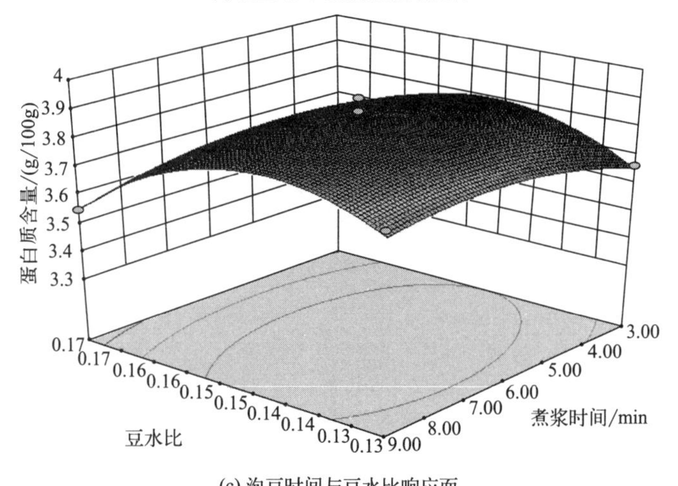

(c) 泡豆时间与豆水比响应面

图 4-17

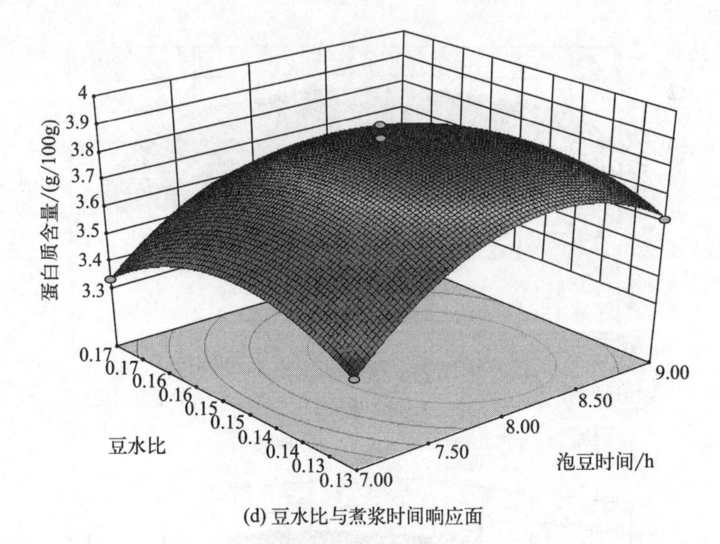

(d) 豆水比与煮浆时间响应面

图 4-17 蛋白质含量响应面 3D 模型

(2) 沉降速度响应面 3D 模型图 见图 4-18。

3. 验证实验

经过 Design-Expert 7.1 软件的响应面优化设计，综合考虑蛋白质含量最高值、沉降速度最低值，软件给出二次浆渣共熟法制浆工艺的最优工艺为泡豆时间 8.17 h、豆水比 1∶6.66、煮浆温度 104.58 ℃、煮浆时间 5.83 min，此时模型给出蛋白质含量为 3.89 g/100g，豆浆颗粒的沉降速度为 0.259 nm/s。

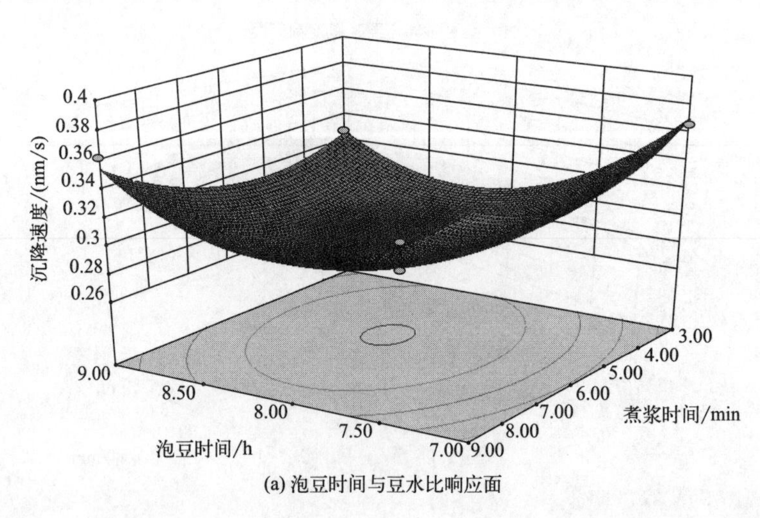

(a) 泡豆时间与豆水比响应面

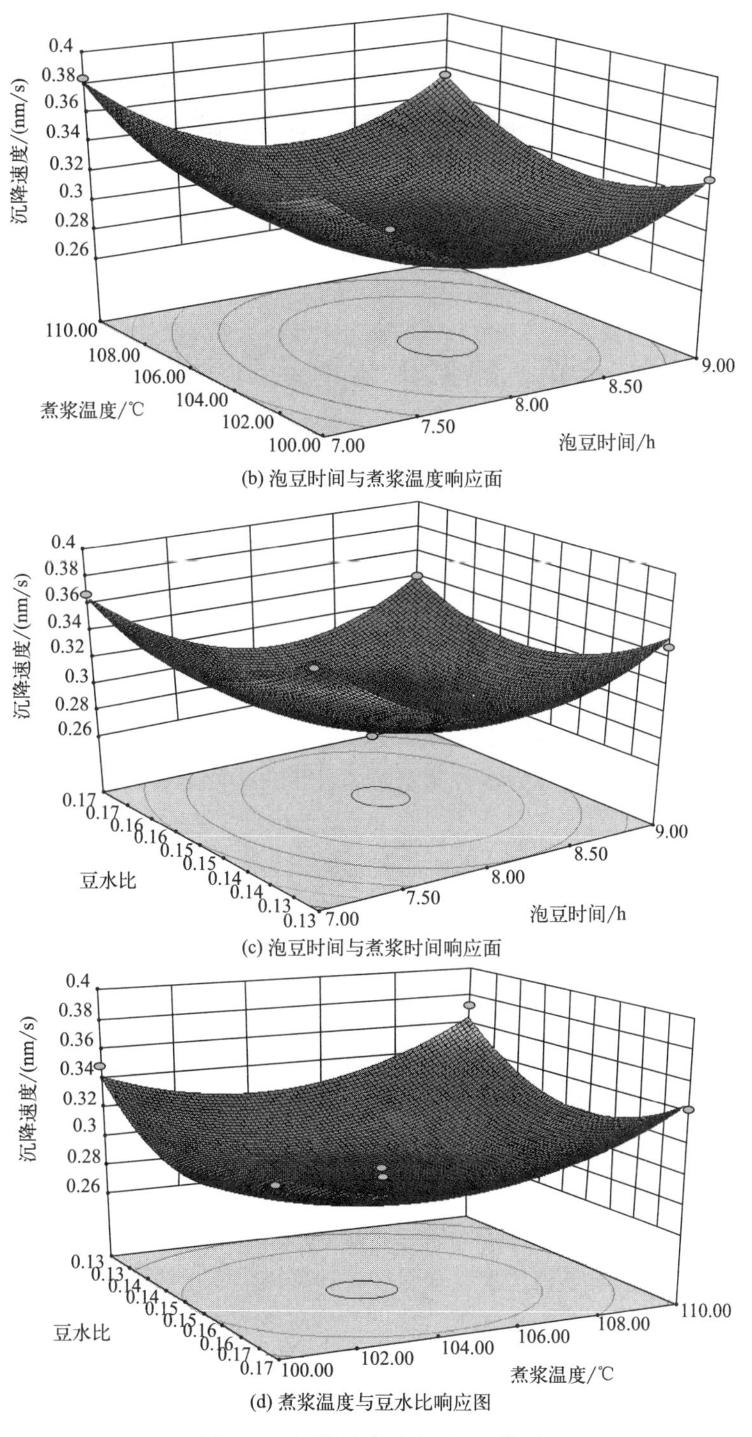

(b) 泡豆时间与煮浆温度响应面

(c) 泡豆时间与煮浆时间响应面

(d) 煮浆温度与豆水比响应图

图 4-18　沉降速度响应面 3D 模型

为了进一步验证响应面法优化豆浆二次浆渣共熟法制浆工艺的可靠性，采用优化后的制浆工艺参数进行验证，考虑到实际工业生产中的实际操作条件，将豆浆二次浆渣共熟法制浆工艺参数调整为：泡豆时间 8.1 h，豆水比 1∶6.5，煮浆温度 104.5 ℃，煮浆时间 5.8min，在此条件下进行 3 次重复试验，测得豆浆蛋白质平均含量为 4.02 g/100g，豆浆颗粒的平均沉降速度为 0.257 nm/s，与理论预测值误差小于 2%，较为接近。

第三节　熟浆工艺制浆的主要设备

一、磨浆设备

磨浆设备是豆制品必不可少的设备之一，主要作用是将大豆籽粒破碎，便于大豆子叶细胞储藏的蛋白质和脂肪等营养成分的提取，同时缩短营养成分提取时间。随着时代和科学技术的发展，磨浆设备也经历多次更新换代，最早是石磨，目前行业主流磨基本是砂轮磨或钢磨，但随着消费者对品质的追求变化和整体设备自动化程度和智能化程度的提升，砂轮磨不能满足豆制品加工的需求。陶瓷磨逐渐进入行业，也许随着技术进步，还可能出现更先进的磨。

1. 陶瓷磨的特点

（1）陶瓷磨耐热性能比石磨和砂轮磨强，最高耐受的温度可达 85～95 ℃，适合高温磨浆或热水磨浆。

（2）陶瓷磨的研磨物料粒径小，细度均匀，磨浆豆糊的粒径小于 100 目，有利于蛋白质的提取。

（3）磨片是烧结成型的磨片，不含化学黏合剂，安全卫生耐磨性好，耐腐蚀，工作时不会发热，是高黏度物料最有效的研磨设备。

（4）磨片间隙固定，减少设备调整次数，同时，磨体安装在线清洗系统，可以免拆卸清洗，增强设备使用效率。

（5）磨片的粗糙面是非规则排列，这样可以降低大豆在磨浆过程溶出的蛋白质分子随磨盘运动的线速度。如果磨片粗糙面为有序规则分布，会导致蛋白质分子随磨盘一直处于加速状态，从而减少研磨的时间，此外，大豆蛋白分子在较大的线速度下，导致蛋白质分子长时间处于拉伸状态，因而破坏大豆蛋白分子的完整性，影响大豆蛋白在形成凝胶时的网络结构，表现豆腐品质的质构指标变差。

(6) 磨浆效率高，磨轮直径为 345 mm，生产能力达 600 kg/h。

2. 陶瓷磨的主要结构

陶瓷磨是由基座、料斗、磨片、电机、CIP 清洗口构成。设备外观的基座和料斗的材质都是不锈钢 304，外形尺寸为 Φ590×1020 mm，如图 4-19 所示。磨片是烧结成型的磨片，黏合强度高，粗糙度分布均匀，如图 4-20 所示。磨芯由三轮叶片构成，在磨芯高速旋转时，有利于大豆进入磨片。电机功率 11 kW，降压启动。

图 4-19　陶瓷磨整体外形图

图 4-20　陶瓷磨片

二、螺旋挤压浆渣分离设备

酸浆豆制品生产一般采用熟浆工艺，因此，制浆时用离心机进行浆渣分离就不适宜了。熟浆工艺是先煮豆糊后分离，豆糊在高温状态下，大豆中大豆多糖、大豆磷脂的溶出率高，因此，豆糊的黏度大，如果使用离心机分离热豆糊，离心网很快就糊住了，无法正常分离，比较适宜的分离设备就是螺旋挤压分离机（螺旋挤压机）。

1. 设备特点

该设备采用螺旋挤压方式，并带有细渣过滤系统，可一次连续完成浆渣分离作业，无须进行多次分离，省工、省力，可实现无人操作。结构紧凑，占地面积小，分离效果好，蛋白质提取率比较高。由于挤压力较大，挤出的豆渣含水分一般在75%左右，而且豆渣是经过煮沸的，有利于豆渣的再利用和储存运输，所以螺旋挤压机是熟浆分离的理想设备。

2. 工作原理

螺旋挤压机是由一根带有一定锥度的螺旋主轴旋转，使豆糊逐步向前挤压，豆糊经圆锥体挤压室、螺旋挤压绞龙将含渣豆浆逐渐推向挤压室底部的同时不断提高水平方向的压力，迫使豆糊中的豆浆挤出筛网，经管道流入高目数滚筛得到生产用豆浆。外套是带有无数微孔的圆形筒，豆糊经过不断的强力挤压，豆浆从微孔流出，豆渣从另一侧挤出，完成浆渣分离工艺。挤压机的运作是自动连续的，随着物料不断泵入挤压室，前缘压力的不断增大，当达到一定程度时，将会突破卸料口抗压阈值，此时纤维素等不溶物从卸料口进入豆渣桶中，实现浆渣分离。豆浆流到储存桶通过浆泵输送到下一工序，豆渣挤出后进入关风器由气力输送设备输送到专用储存罐内。设备整机采用可编程控制器自动控制，该设备螺旋轴与外套圆筒的配合精度比较高，圆筒微孔加工和圆筒强度要求都比较高，因而设备造价较高。

3. 主要结构

螺旋挤压机是由机架、锥形桶、螺旋轴、出渣调节手轮、输送泵、电机和变速箱组成。设备除电机变速系统外，其余全部使用不锈钢材料制作，机架是不锈钢角钢焊接而成。锥形桶是三层结构，外层是外套用于收集豆浆，并通过输送泵及时输出。中层是挤压桶加强圈，内层是带有数个微孔的锥形桶，被挤压的豆浆从微孔中排出。螺旋轴是带螺旋叶片的锥形螺旋轴，豆糊就是通过螺旋轴向前推进，进入锥形螺旋桶，逐渐加压最后挤出螺旋桶。调节手轮是出渣口的调节机构，控制豆渣挤出量。

螺旋挤压分离机（图 4-21）适用于熟浆工艺，可分为立式螺杆挤压机和卧式螺杆挤压机。

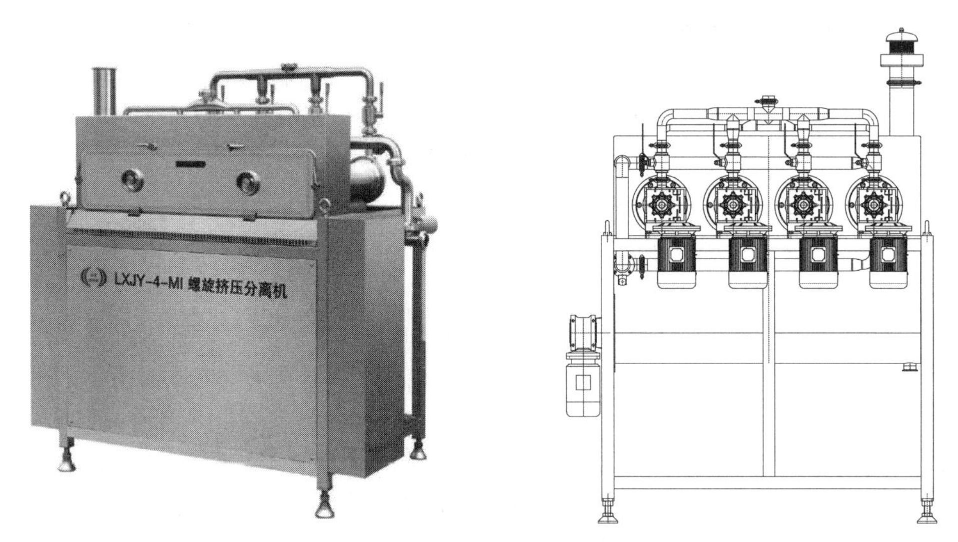

图 4-21　螺旋挤压机外观及其结构示意图

三、微压煮浆设备

煮浆就是通过加热，使豆浆中的蛋白质发生热变性。一方面是为点浆工序创造必要的条件，另一方面还可以减轻异味，消除大豆的抗营养因子，提高大豆蛋白的营养价值，杀灭细菌。同时也是蛋白质-脂肪乳化粒子构成的主要设备。

1. 微压煮浆的工作步骤

（1）将生豆浆加热至 70～ 85 ℃，然后进行真空脱气处理至浆液中无气泡。

（2）将经真空脱气处理后的浆液加入至微压煮浆罐中进行煮浆至 103～107 ℃/3～5 min，即得成品豆浆。

2. 微压煮浆的原理

微压煮浆包括对豆浆进行预热、脱气处理和微压蒸煮过程，对豆浆起到了灭酶、去除杂味、降低发泡和构建蛋白粒子等作用。同时，预热使豆浆在微压煮浆前已达到一定温度，保证了升温至微压环境过程的快速进行，在使用蒸汽直接加热煮浆时可减少豆浆浓度的降低。经过脱气的豆浆在微压煮浆时受热更加均匀，泡沫涨溢现象也得到了很好的改善，因而无需使用消泡剂。微压煮浆豆浆提升了风味、改善了口感，提高了产品的稳定性，降低了成本，增加了生产效率。

3. 微压煮浆的主要构成

微压煮浆是由6个密闭罐、连接管、自动控制阀、蒸汽管、减压阀、CIP清洗球和控制柜构成。密闭罐的耐压范围0.02～0.05 MPa，为压力容器，应符合压力容器的相关国家标准，罐体尺寸为Φ750 mm×1750 mm，同时，需要提供压力容器许可证和合格证。连接管道为不锈钢304，应符合《食品安全国家标准 食品接触用金属材料及制品》（GB 4806.9—2016）相应要求，机架为不锈钢304，如图4-22微压煮浆示意图。

煮浆温度由温度传感器测定，煮至设定温度后，指示电气元件做出打开放浆阀门和关闭排气阀门动作，使罐内形成密封高压，把豆浆全部压送出去，然后停止冲入蒸汽，完成一次煮浆。微压煮浆符合食品安全要求，同时便于清洗，可以设计自动洗清系统（CIP）。微压煮浆与密闭式溢流煮浆设备的主要区别在于微压煮浆的温度曲线和压力曲线是基于大豆蛋白热变性的特点而设计，其控制采用PLC编程控制，密闭式溢流煮浆设备的每个罐内豆浆的煮浆时间和温度是固定的。

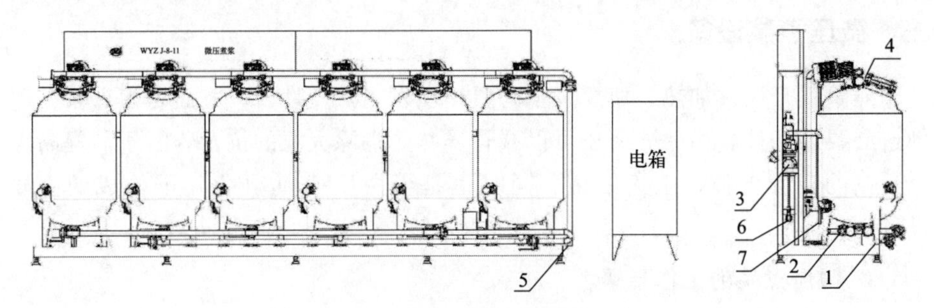

图4-22 微压煮浆罐结构图

1—出浆口；2—进浆口；3—蒸汽管；4—CIP清洗管；5—煮浆排汽口；6—冷凝水排水口；7—安全阀排放口

第五章

酸浆豆腐生产机理及其应用研究

第一节　酸浆豆腐凝固机理

酸浆豆腐历史悠久，但酸浆豆腐蕴含的科学密码，国内学者提出不同的观点和想法，其中以等电点学说较为流行。豆制品加工与安全控制湖南省重点实验室赵良忠教授团队，基于等电点理论，将传统自然发酵法生产的酸浆通过95 ℃，30 min加热杀菌处理，然后用制备的酸浆生产豆腐，发现用加热杀菌后酸浆生产的豆腐其弹性、韧性、持水性、硬度等均与未杀菌酸浆生产的豆腐有显著差异。显然，在豆腐凝胶形成时，酸浆中起作用的物质不仅只有酸，应该还有其他物质起作用。为了从理论上解决酸浆豆腐的凝胶形成机理，赵良忠教授团队从湖南、云南、内蒙古、贵州等省市收集酸浆，并对其样品中的微生物、化学成分等进行分析，发现酸浆主要化学成分除有机酸外，还有酸性蛋白酶、转谷氨酰胺酶（TGase）、水化酶、γ-氨基丁酸等生物活性成分。并且发现酸浆加热的温度和时间影响点浆效果，超过55 ℃后，影响效果尤为明显。通过有机酸和生物酶重组与缺失试验，分子间作用力测定等手段，终于揭示了酸浆豆腐酸酶协同形成凝胶的作用机理，破解了酸浆豆腐古老技艺的科学密码，为酸浆豆腐的古老技艺工业化提供了理论支撑。在此机理的基础上，综合大豆蛋白等电点凝固学说和离子桥学说，提出了大豆蛋白热凝固的多维凝固机理。

一、 酸浆凝固机理——酸酶协同机理

豆浆中7Sβ-伴大豆球蛋白和11S球蛋白的天然状态均以β-折叠结构为主，呈球状，疏水基团包埋在大豆蛋白质分子内部，亲水基团分布在大豆蛋白质分子外部，其表征特征见图5-1、图5-2。

图 5-1　大豆蛋白立体表征

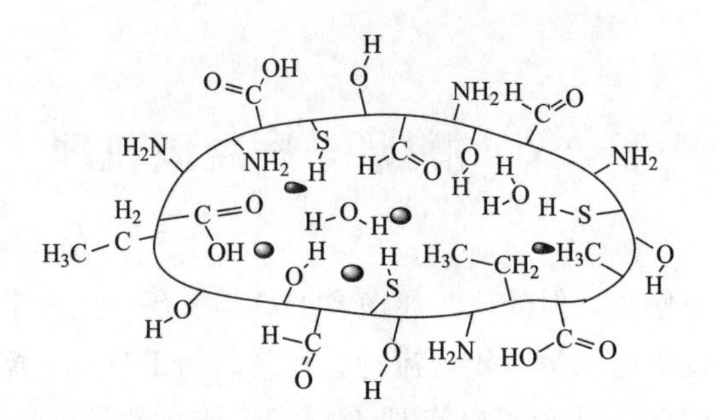

图 5-2　大豆蛋白内部表征

煮浆过程中，蛋白质加热过程中，球形蛋白质分子伸展变为线形，位于球状结构内部的疏水基团暴露，大豆蛋白分子间斥力增大，蛋白质分子间距离变大，同时加热后的豆浆 pH 在 6.8 左右，而大豆蛋白的 pI 是 4.6，豆浆中的蛋白质分子表面带负电荷，蛋白分子间因为同种电荷的排斥作用，分子间距离进一步较大，氢键等作用力较弱（图 5-3）。

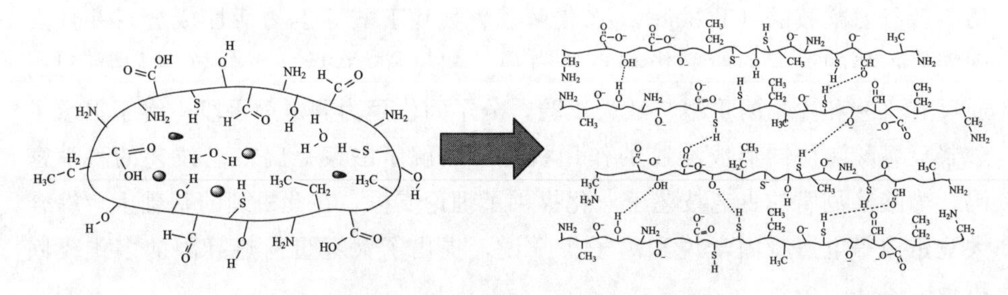

图 5-3　大豆蛋白加热伸展示意

酸酶协同作用，使大豆蛋白溶液开成凝胶。其基本过程如下：热变性的豆浆加入酸浆后，酸浆中 H^+ 离子中和大豆蛋白质所带的负电荷，使蛋白质分子表面所带负电荷量减少，从而破坏了大豆蛋白质表面的水化层，使蛋白质分子间静电排斥作用下降，蛋白质分子之间距减少，同时，在疏水相互作用下，蛋白质分子进一步聚集，分子间的距离进一步减小，在偶极矩作用力下，氢键重构，蛋白质分子间氢键等作用力变强，初步形成蛋白质网络框架（图 5-4）。与此同时，酸浆中所含的蛋白酶类既可通过酰胺转移、蛋白质分子间或分子内交联催化蛋白质分子中的酰胺基和赖氨酸 ε-氨基之间形成异肽键，也可以通过蛋白质脱氨作用改变蛋白质等电点和溶解度，使蛋白质分子间距离进一步减小，蛋白质间或分子内发生多维交联作用，使蛋白质分子间距离进一步减小，蛋白质间发生多维交联，蛋白质间的分子作用力（氢键、疏水键、二硫键、离子键）进一步增强，从而形成良好的网络结构（图 5-5、图 5-6）。

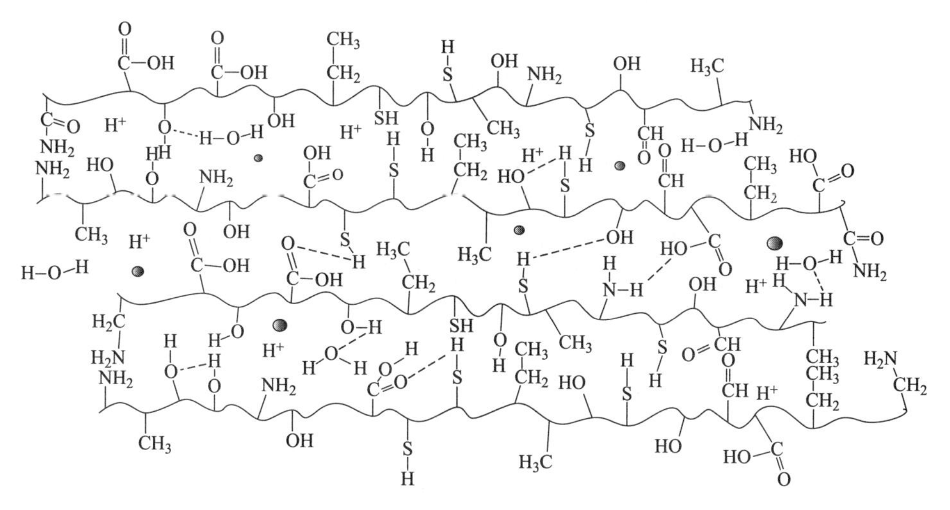

图 5-4　酸对大豆蛋白作用示意

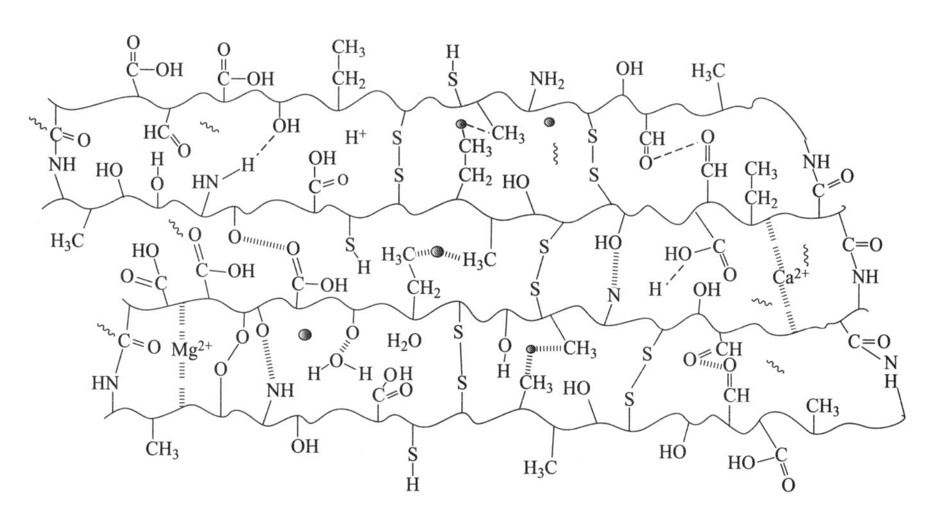

图 5-5　酶对大豆蛋白作用示意

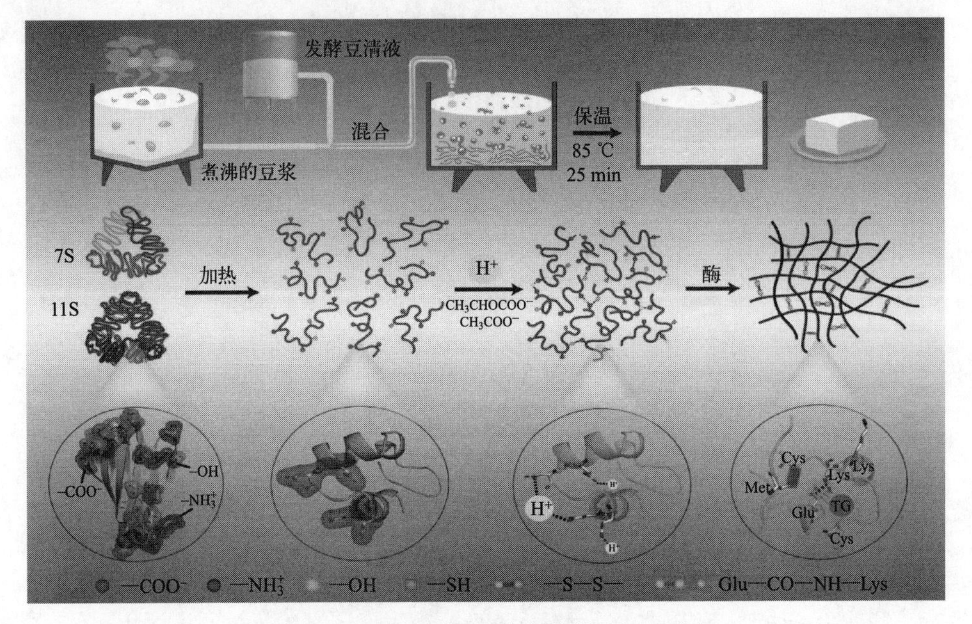

图 5-6　酸酶协同大豆蛋白凝胶作用机理示意

二、大豆蛋白多维凝固机制

从酸酶协同作用机理出发，容易理解多维凝固机制就是大豆蛋白热凝胶的形成是多种化学作用力协同作用的结果，该机制可以合理解释氯化镁、硫酸钙和酸或酶对大豆蛋白的凝固过程。

引起大豆蛋白凝胶形成的化学作用力主要有静电作用、疏水相互作用、极性分子间的作用、二硫键作用、离子桥作用和酶的交联作用。

静电作用：酸（H^+）、阳离子（金属离子 Ca^{2+}、Mg^{2+}）可以减少蛋白质分子表面所带负电荷量，从而使蛋白质分子间距离逐步减小。

疏水相互作用：大豆蛋白质分子含有的醛基—CHO、羟基—OH（包括醇羟基和酚羟基）、羰基（酮基）C═O、羧基—COOH、酯基—COO—、氨基—NH_2还有烃基—CH_3 等非极性基团，由于疏水相互作用，可进一步使蛋白质分子间距离减小。

极性分子间的作用：静电作用和疏水相互作用，使蛋白质分子间距离减小，蛋白质分子上亲水基团间形成的氢键作用力增加。

二硫键作用：静电作用、疏水相互作用和极性分子间的作用使蛋白质分子间距离减小，含硫大豆蛋白质中的—SH 氧化而成二硫键桥。

离子桥作用：静电作用、疏水相互作用和极性分子间的作用使蛋白质分子间距离减小，Ca^{2+}、Mg^{2+}在蛋白质分子间形成盐桥。

酶作用：蛋白酶类既可通过酰胺转移、蛋白质分子间或分子内交联催化蛋白质分子中的酰胺基和赖氨酸ε-氨基之间形成异肽键，也可以通过蛋白质脱氨作用改变蛋白质等电点和溶解度，使蛋白质分子间距离再进一步减小，蛋白质分子间或分子内发生多维交联作用。

显然，在加热的条件下，大豆蛋白多维凝固机制中的任何一种作用力都可以诱导大豆蛋白凝胶的形成，比如有机酸、氯化镁、硫酸钙、TG酶均可单一作为豆腐生产凝固剂用。但如果使用的凝固剂中可提供两种或两种以上的作用力，则大豆蛋白凝胶的网络结构更加致密。比如以氯化镁、硫酸钙做凝固剂生产的豆腐弹性、持水性优于以有机酸为凝固剂生产的豆腐，是因为氯化镁、硫酸钙可提供有静电作用力和盐桥作用力，而有机酸仅能提供静电作用力。同样，用酸浆生产的豆腐弹性、持水性优于以有机酸为凝固剂生产豆腐，是因为酸浆可同时提供静电作用力和酶交联作用力，而有机酸只能提供静电作用力。由于酸浆中的蛋白酶类既可通过酰胺转移、蛋白质分子间或分子内交联催化蛋白质分子中的酰胺基和赖氨酸ε-氨基之间形成异肽键，也可以通过蛋白质脱氨作用改变蛋白质等电点和溶解度，与酸浆中的酸共同提供静电作用力，所以用酸浆生产的豆腐持水性、弹性等优于以氯化镁、硫酸钙酶为凝固剂生产的豆腐（表5-1和图5-7）。

大豆蛋白多维凝固机制的提出为复合凝固剂的生产提供了理论支持。

表5-1　不同凝固剂豆腐物理性指标对照表

凝固剂	黏结性	弹力	弹性	豆腐得率/%	保水性/%
石膏	2.98 ± 0.23^{a}	0.08 ± 0.01^{b}	0.76 ± 0.11^{a}	266.45 ± 0.56^{a}	77.71 ± 0.26^{a}
氯化镁	2.36 ± 0.09^{b}	0.13 ± 0.01^{a}	0.80 ± 0.10^{a}	123.95 ± 1.33^{c}	67.75 ± 0.05^{c}
酸浆	2.38 ± 0.11^{b}	0.15 ± 0.01^{a}	0.78 ± 0.10^{a}	174.04 ± 1.05^{b}	73.79 ± 0.24^{b}

注：同一列不同字母表示组间差异显著。

从图5-7可以明显地看到，酸浆凝固大豆蛋白形成的凝胶结构较致密，网络孔隙小且数量多；氯化镁和醋酸凝固大豆蛋白形成的凝胶结构网络孔隙都相对较大，前者的孔隙数量较后者多。凝胶的网络结构孔隙大且多说明形成的凝胶后续容易排出较多的水分，从而会导致凝胶的硬度过大，弹性、咀嚼性和黏着性较差。氯化镁和醋酸凝固大豆蛋白形成蛋白凝胶时，这两种凝固剂的作用比较急剧，凝胶硬度较大，含水量较低，酸浆凝固大豆蛋白时相对较为温和，形成的凝胶结构致密，有利于锁住水分子，黏着性好。

(a) 酸浆豆腐

(b) 氯化镁豆腐

(c) 醋酸浆豆腐

图 5-7 不同凝固豆腐扫描电镜图

三、不同凝固剂对蛋白凝胶特性的影响

为了验证多维凝固机制的科学性。赵良忠、孙菁利用 TGase、氯化镁、醋酸作为凝固剂，研究不同凝固剂对大豆分离蛋白凝胶特性的影响。具体研究过程如下。

1. 材料和方法

（1）材料与试剂　安徽豆、TGase、戊烯二醛、OsO_4、乙醇（分析纯）。

（2）仪器与设备　圆二色谱仪、扫描电子显微镜。

2. 研究方法

（1）制备 7S 和 11S 大豆球蛋白工艺流程图　见图 5-8。

（2）检测方法

① TGase 凝固 7S 和 11S 球蛋白的水解度变化　500 mL 烧杯中加入 400 mL 大豆分离蛋白（SPI）溶液，95 ℃加热 10 min，冷却后加酶。凝固条件：凝固温度 55 ℃，蛋白质浓度 4%，初始 pH 5.0，TGase 用量 0.5%。

凝固时间的测定：蛋白质浓度 4%，用磷酸盐调节 pH 至 3.5，测定

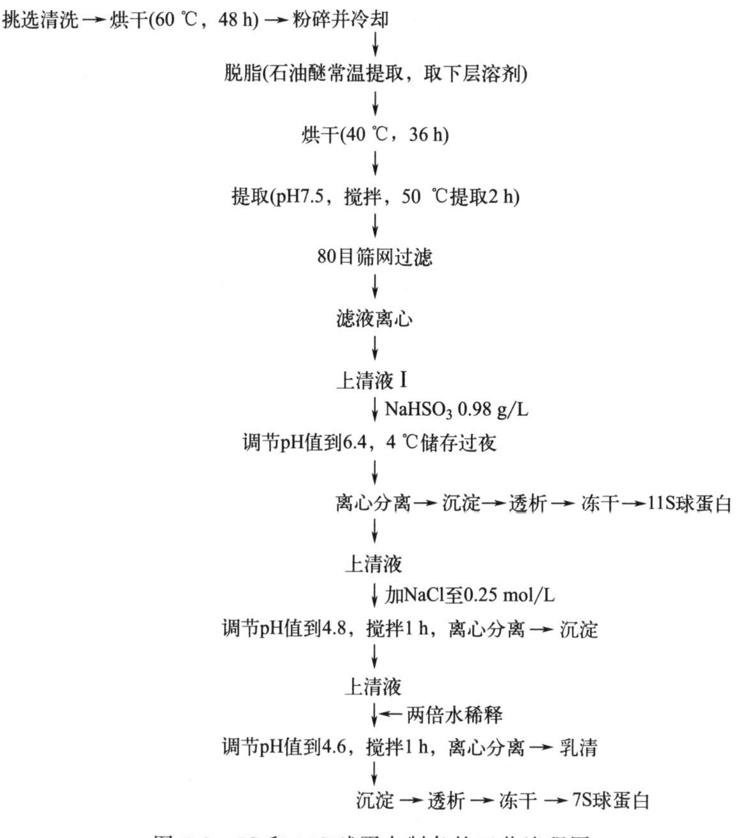

图 5-8 7S 和 11S 球蛋白制备的工艺流程图

TGase 凝固 SPI 过程中水解度的变化。

② TGase 凝固大豆蛋白过程中二级结构的变化 通过圆二色谱（circular dichroism，CD）测定 TGase 凝固豆浆、SPI、11S 球蛋白和 7S 球蛋白过程中的二级结构含量的变化情况。

选用 1 mm 比色皿，T＝20 ℃。扫描波长：开始 250 nm，结束 190 nm，分辨率 1 nm，带宽 1.0 nm，敏感度 50 mdeg，扫描速度 50 nm/min，反应时间 1 s，扫描次数 4。

样品制备：豆浆，SPI，7S 球蛋白和 11S 球蛋白溶液，凝固温度 55 ℃，蛋白质浓度 4%，初始 pH5.0，TGase 添加量 5%。

③ 扫描电镜观察微观结构

通过扫描电子显微镜（scanning electron microscopy，SEM）观察 TGase 凝固豆浆的微观结构，并与氯化镁和醋酸凝固的样品相对比。

样品制备：凝固温度 55 ℃，蛋白质浓度 4%，初始 pH5.0，500 mL 烧杯中加入 400 mL SPI 溶液，95 ℃加热 10 min，冷却后加分别加 TGase、氯化镁和醋酸。制备好的样品经预处理后进行电镜观察。

(3) 数据分析　采用 EXCEL 与 SPSS22.0 数据处理软件对数据进行相关性分析和主成分分析。

3. 结果与分析

(1) TGase 凝固蛋白质分子水解度变化　图 5-9 显示了 TGase 凝固大豆 7S 和 11S 球蛋白过程中水解度的变化。由图看出 11S 球蛋白凝固过程中水解度刚过 1%，不到 1.5%，明显小于 7S 球蛋白的水解度（超过 7%）。已有的相关文献都表明，在大豆蛋白的凝固过程中，11S 球蛋白起到主要作用，实验结果与这些结论相似。

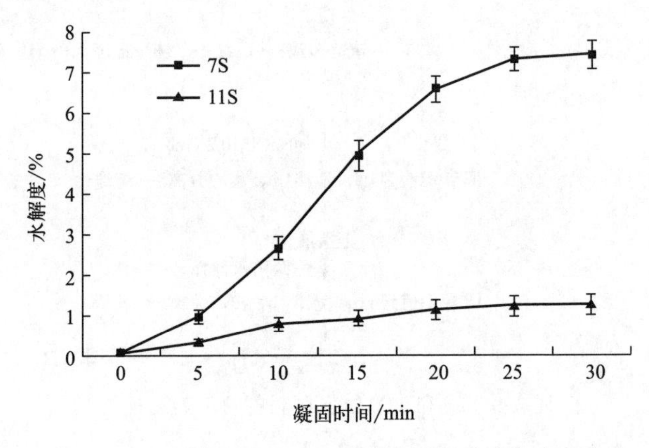

图 5-9　TGase 凝固 7S 和 11S 球蛋白过程中水解度的变化

(2) TGase 凝固大豆蛋白过程中二级结构的变化　TGase 凝固豆浆、SPI、11S 和 7S 的过程如图 5-10～图 5-13 所示。在豆浆和 SPI 中，β-折叠和无规卷曲的含量总体来说随着凝固时间的增加而增加，α-螺旋和 β-转角的含量随着凝固时间的增加而降低。豆浆和 SPI 中无规卷曲的最终含量相近，但是豆浆中的还是略高。研究表明，豆浆中非蛋白质组分的存在也会影响二级结构含量的变化。豆浆中的油脂可能是原因的一部分，因为油脂造成疏水圈，这样蛋白质中疏水侧链的那一部分会轻易暴露到蛋白质分子表面上。

在 11S 和 7S 球蛋白中，β-折叠的含量都随着凝固时间的增加而增加，α-螺旋和 β-转角的含量都随着凝固时间的增加而降低，无规卷曲的含量都略有变化但不明显。

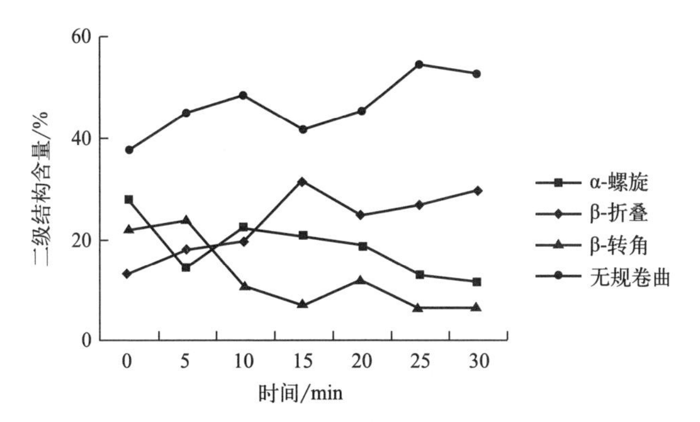

图 5-10　TGase 凝固豆浆过程中二级结构含量的变化

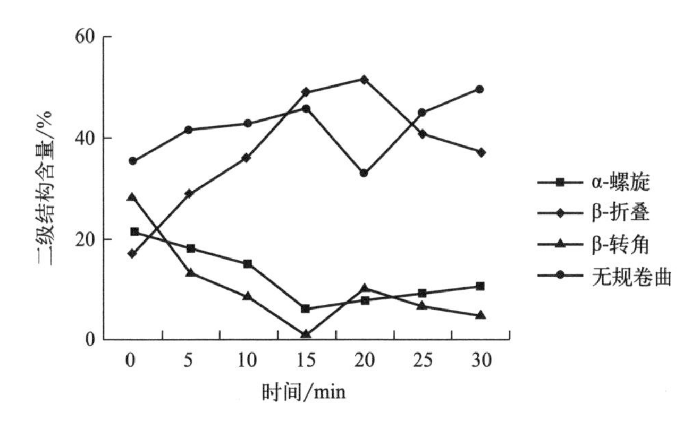

图 5-11　TGase 凝固 SPI 过程中二级结构含量的变化

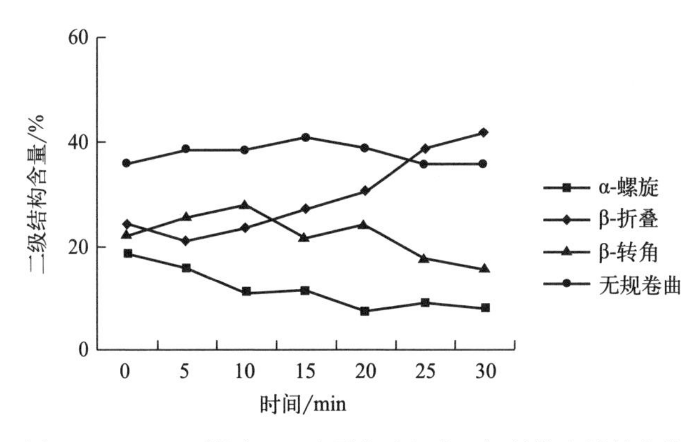

图 5-12　TGase 凝固 11S 球蛋白过程中二级结构含量的变化

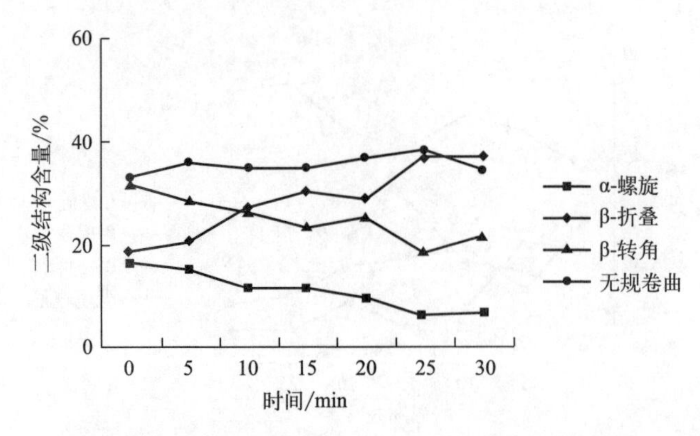

图 5-13　TGase 凝固 7S 过程中二级机构含量的变化

总的来说，在所有样品里 α-螺旋和 β-转角的含量随着凝固时间的增加而降低，β-折叠和无规卷曲的含量随着凝固时间的增加而增加。α-螺旋和 β-转角影响分子内氢键形成，而 β-折叠形成分子间氢键形成。这从侧面反应了在 TGase 凝固大豆蛋白的过程中，肽链间氢键的形成是十分重要的。无规卷曲在豆浆中含量变化显著，在其他样品中含量变化略有增加但不是十分显著。研究认为无规卷曲的增加有利于有序结构的打开，使肽链形成更为开放的结构有利于疏水基团暴露。这就说明疏水作用在 TGase 凝固大豆蛋白的过程中，起到了一部分作用。

(3) 三种凝固剂凝固 SPI 的微观结构　TGase、氯化镁和醋酸分别凝固大豆蛋白形成蛋白凝胶的扫描电子显微结构如图 5-14～图 5-16 所示。可以明显地看到，TGase 凝固大豆蛋白形成的凝胶结构较致密，网络孔隙小且数量不多；氯化镁和醋酸凝固大豆蛋白形成的凝胶结构网络孔隙都相对较大，前者的孔隙数量较后者多。凝胶的网络结构孔隙大且多说明形成的凝胶的后续容易排出较多的水分，从而会导致凝胶的硬度过大，弹性、咀嚼性和黏着性较差。氯化镁和醋酸凝固大豆蛋白形成蛋白凝胶时，这两种凝固剂的作用比较急剧，凝胶硬度较大，含水量较低，TGase 凝固大豆蛋白时相对较为温和，形成的凝胶结构致密，有利于锁住水分子，黏着性好。

四、蛋白凝胶形成作用力研究

大豆蛋白质分子结构和分子间作用力是蛋白质各项功能性质形成的主要原因，所以大豆蛋白凝胶机理研究离不开大豆蛋白质分子作用力的研究。维持蛋白质凝胶分子间作用力有很多，包括离子键和共价键，其中键能最高的是二硫键和离子键，但该两种分子间作用力数量少；而疏水作用和氢键数量庞大但整

图 5-14　TGase 凝固 SPI 的扫描电镜结构图

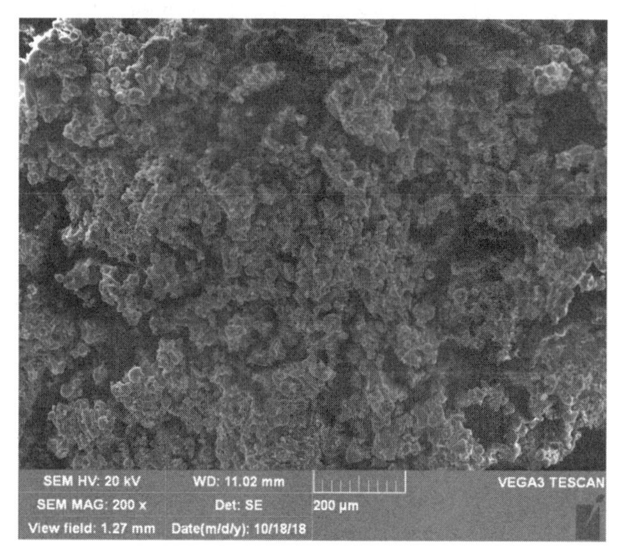

图 5-15　氯化镁凝固 SPI 的扫描电镜结构图

体键能低。通过二硫键与巯基间的转换作用，进而形成肽链间二硫键，这是在整个凝胶过程中提高蛋白质凝胶强度的主要方式，然而这种转换作用需要有较高的温度环境才能实现。由疏水作用引发凝胶形成的结合-分离反应亦能起到至关重要的作用，在形成凝胶前氢键的作用起到十分关键的作用，在凝胶冷却

图 5-16　醋酸凝固 SPI 的扫描电镜结构图

过程中疏水作用和氢键可以起到稳定和增强凝胶强度的作用。

疏水作用、巯基转换作用可以通过试验再通过计算测定，但是在作用力的测定过程中，没有办法直接测定凝胶中包括氢键在内的各种分子间作用力。在当前的研究条件下，蛋白质凝胶的分子间作用力测定都需要通过间接测定的方法。蛋白质凝胶的分子间作用力大小的维持，最终将通过凝胶的动力学特性进行表征呈现。在建立了相关的评价指标之后，通过添加可以造成某一种蛋白质分子间作用力改变的物质到形成的凝胶之中，观察相应条件下的流变学性质改变，进而可判断该种作用力在凝胶的形成过程中是否起到作用。

赵良忠、孙菁通过研究 TGase 凝固 SPI 过程黏度变化、分子间静电作用、氢键作用、疏水作用、巯基转换作用等分子间作用力，验证多维凝固机制的正确性。

1. 材料和方法

(1) 实验材料

① 材料与试剂　安徽豆、TGase、NaCl、三硝基苯磺酸（TNBS）、十二烷基磺酸钠（SDS）、亮氨酸、高氯酸、Folin 试剂、1-苯胺基-8-萘磺酸(ANS)、2,2′-二硫双（5-硝基吡啶）（DTNP)、2-巯基乙醇（2-ME，简称M)、*N*-乙基马来酰亚胺（NEM，简称 N））。

② 仪器与设备　DJ-3002 电子天平、101-1AB 电热鼓风干燥箱、F-2500 荧光分光光度计、NDJ-1B-1 数字式黏度计、LS 型质构仪、HH-S 恒温水浴

锅、UV-4802紫外可见分光光度计、VELOCITY18R高速冷冻离心机。

（2）研究方法

① 制备大豆分离蛋白（SPI）

挑选大豆→清洗沥水→烘干（40 ℃，48 h）→粉碎并冷却→脱脂（石油醚常温提取，取下层溶剂）→烘干（40 ℃，36 h）→提取（pH 7.5，搅拌，50 ℃提取 2 h）→80 目筛网过滤→滤液离心→上清液Ⅰ→调节 pH 4.6→离心→洗涤脱盐→冻干→SPI

② 检测方法

a. TGase凝固SPI过程黏度测定　500 mL烧杯中加入400 mL SPI溶液，95 ℃加热10 min，冷却后加酶。凝固条件为：凝固温度55 ℃，蛋白质浓度4%，初始pH 5.0，TGase用量0.5%。加酶后每隔5 min测一次黏度。

b. TGase凝固SPI过程中分子间静电作用　500 mL烧杯中加入400 mL SPI溶液，95 ℃加热10 min，冷却后加酶。凝固条件为：凝固温度55 ℃，蛋白质浓度4%，初始pH 5.0，TGase用量0.5%。分别添加0、0.1、0.2、0.3、0.4、0.5、0.6、0.7、0.8mol/L，测定不同浓度NaCl对酶凝固SPI的时间、TPA特性和水解度（DH）。

水解度测定：凝固温度55 ℃，蛋白质浓度4%，SPI溶液50 mL，调整初始pH，TGase用量0.5%，在SPI容易凝固时取样，TNBS（三硝基苯磺酸）法测定水解度。

TNBS法：取4.5 mL 1% SDS（十二烷基磺酸钠）预热到90 ℃，加入0.5 mL样品，混合均匀后90 ℃保温15 min将酶钝化。用0.1%的SDS将上述样品稀释10倍后取0.2 mL，加入磷酸缓冲溶液和TNBS溶液，50 ℃避光保存1 h，再加0.1 mol/L的盐酸后静置30 min，340 nm处测吸光度。用亮氨酸作标准曲线，用未水解的样品作空白。

水解度计算公式：

$$DH=\frac{h_0}{h_{tot}}\times 100\%$$

式中　DH——水解度,%；

h_0——蛋白质在反应中被水解的肽键量，mmol/g；

h_{tot}——蛋白质所含肽键量，mmol/g。

c. TGase凝固SPI过程氢键作用　500 mL烧杯中加入400 mL SPI溶液，95 ℃加热10 min，冷却后加酶。凝固条件为：凝固温度55 ℃，蛋白质浓度4%，初始pH 5.0，TGase用量0.5%。测定添加不同量脲对酶凝固SPI的时间、TP（质构）特性和水解度。

d. TGase 凝固 SPI 过程中疏水作用

Ⅰ. TGase 凝固 SPI 过程中蛋白质表面疏水性变化　500 mL 烧杯中加入 400 mL SPI 溶液，95 ℃加热 10 min，冷却后加酶。凝固条件：凝固温度 55 ℃，蛋白质浓度 4%，初始 pH 5.0，TGase 用量 0.5%。加酶后每隔 10 min 测一次疏水性。用灭活的 TGase 作用 SPI 记录为 $t=0$ 时。

蛋白质表面疏水性测定方法：用 pH 6.8 的磷酸缓冲液稀释样品，分别稀释到蛋白质浓度 0.02%，0.04%，0.06%和 0.08%，在稀释液中加入 ANS (1-苯胺基-8-萘磺酸)，混合后静置 2 h 测定荧光强度。以蛋白质浓度为横坐标，用线性回归得到的趋势线斜率即表示蛋白质表面疏水性。

Ⅱ. SDS 对 TGase 凝固 SPI 的影响　500 mL 烧杯中加入 40 0mL SPI 溶液，95 ℃加热 10 min，冷却后加酶。凝固条件为：凝固温度 55 ℃，蛋白质浓度 4%，初始 pH 5.0，TGase 用量 0.5%。分别添加 0、0.2、0.4、0.6、0.8 mol/L，测定不同浓度 SDS 对酶凝固 SPI 的时间、TPA 特性和水解度的影响。

e. TGase 凝固 SPI 过程中巯基转换作用

Ⅰ. TGase 凝固 SPI 过程中巯基含量的变化　500 mL 烧杯中加入 400 mL SPI 溶液，95 ℃加热 10 min，冷却后加酶。凝固条件为：凝固温度 55 ℃，蛋白质浓度 4%，初始 pH 5.0，TGase 用量 0.5%。每隔 10 min 测定酶凝固 SPI 过程中巯基含量的变化。灭活的酶作用 SPI 作为对照，记录为 $t=0$。

巯基含量测定方法：取 0.2 mL 样品加入 1.8 mL 0.1 mol 磷酸缓冲溶液 (pH 6.8) 中，快速混匀，加入 0.5 mL DTNP 乙醇溶液 (5.0×10^{-4} mol)，室温静置 20 min，加入 2.5 mL 10%的高氯酸，混匀离心后取上清液测定吸光度。

巯基含量计算公式：

$$\mathrm{SH}=\frac{73.53A_{386}D}{C}$$

式中　A_{386}——386 nm 下的吸光值；

C——样品浓度，%；

D——稀释倍数；

73.53——转换系数。

Ⅱ. 巯基试剂的影响

测定添加巯基试剂 NEM 和 2-ME 对酶凝固 SPI 的时间和 TPA 特性。500 mL 烧杯中加入 400 mL SPI 溶液，95 ℃加热 10 min，冷却后加酶。凝固条件为：凝固温度 55 ℃，蛋白质浓度 4%，初始 pH 5.0，TGase 用量 0.5%。

第一份做空白对照（C组），第二份加入0.2 mol/L 2-ME（M组），第三份加入0.02 mol/L NEM（N组），第四份加入0.2 mol/L 2-ME和0.02 mol/L NEM（M+N组）混合均匀，

（3）数据分析　采用EXCEL与SPSS 22.0数据处理软件对数据进行相关性分析和主成分分析。

2. 结果与分析

（1）TGase凝固SPI过程黏度变化　李里特等认为黏性是分子运动和分子间引力的体现。图5-17反应了TGase凝固SPI过程中黏度的变化，随反应时间的增大，黏度逐渐变大。在0～20 min，SPI溶液黏度变化小；20～30 min，黏度变化明显加速增大；30～60 min，SPI溶液中黏度变化小，在40 min时黏度有最大值，之后略有下降。因此认为TGase在凝固SPI过程中，分子间作用力总体而言是增加的，因为大豆蛋白表面带负电荷，TGase在凝固大豆蛋白这个过程中，一定需要克服静电斥力做功。但这个过程中作用力的具体变化需要进一步研究。

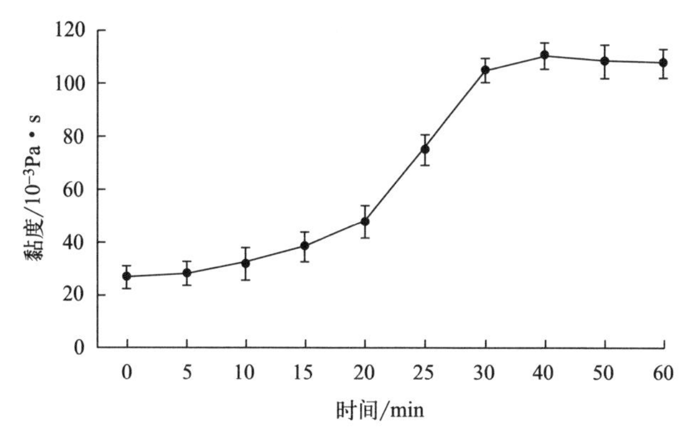

图5-17　TGase凝固SPI过程中黏度的变化

（2）TGase凝固SPI过程中分子间静电作用　跟分子间静电作用相关的图见图5-18～图5-21。

由图5-19可知，随着NaCl浓度的增大，SPI凝固时间和水解度均呈先减小后增大的趋势。NaCl浓度在0～0.4 mol/L时，随着NaCl浓度的增加凝固时间缩短，水解度降低；NaCl浓度在0.3～0.8 mol/L时，凝固时间逐渐增加，在0.8 mol/L时凝固时间为52 min；而水解度越来越大，在0.8 mol/L是有最大值。由图5-20和图5-21可知，随着NaCl浓度的增加，硬度、弹性、咀嚼性和黏着性均呈先增大后减小的趋势。硬度在NaCl浓度0.2 mol/L时有最大值，随后一直减小至0.15 N左右；弹性在0.3 mol/L时有最大值，随后

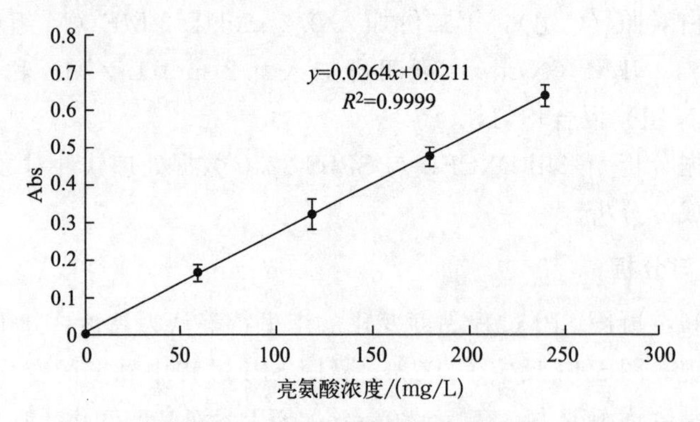

图 5-18 亮氨酸吸光度标准曲线

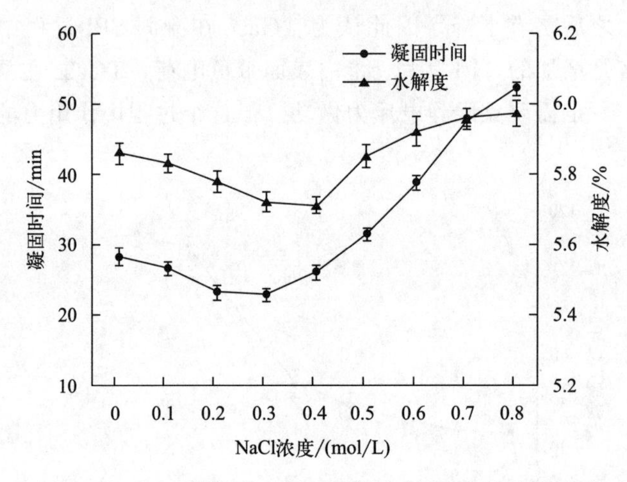

图 5-19 NaCl 浓度对 SPI 溶液凝固时间和水解度的影响

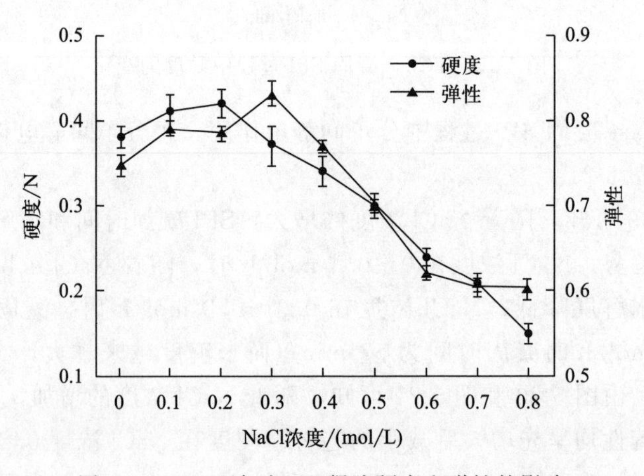

图 5-20 NaCl 浓对 SPI 凝胶硬度和弹性的影响

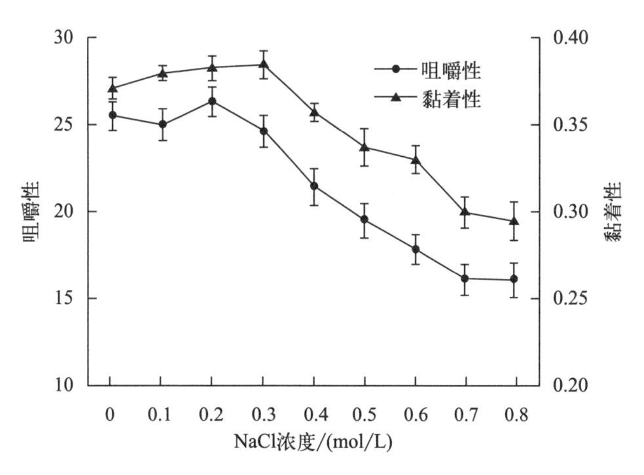

图 5-21　NaCl 浓度对 SPI 凝胶咀嚼性和黏着性的影响

急剧减小，在 NaCl 浓度 0.6～0.8 mol/L 之间变化较为平缓。咀嚼性在 NaCl 浓度 0.2 mol/L 时有最大值，随后一直减小，到 0.7 mol/L 时往后无明显变化；黏着性在 NaCl 浓度 0.3 mol/L 时有最大值，随后一直减小。

栾广中在研究中表明，pH 值对蛋白质分子表面电荷性质十分重要。pH 值在 7.6～6.0 之间可以减少大豆蛋白所带的净负电荷，从而降低肽键之间的静电斥力并促进蛋白凝胶的形成。大豆蛋白是带负电荷的蛋白，NaCl 在低浓度时可中和电荷，降低肽键间的静电斥力，有利于肽键相互接近和凝聚。图 5-20 和图 5-21 的结果显示，在 NaCl 浓度 0.2～0.3 mol/L 间，SPI 凝固能力明显增强，凝固时间缩短，凝胶的硬度、弹性、咀嚼性和黏着性增大；在 NaCl 浓度高于 0.3 mol/L 后，凝固能力明显下降甚至无法形成凝胶，凝固时间显著增长，水解度减小，硬度、弹性、咀嚼性和黏着性减小。NaCl 可以增强蛋白质的水化作用，导致蛋白质分子之间的次级键被破坏。因此，增大 NaCl 浓度，也意味蛋白质水化作用增强，导致蛋白质分子无法相互聚集难以形成凝胶，因此凝胶的硬度、弹性、咀嚼性和黏着性均呈下降趋势，凝固时间增加。综上所述，TGase 凝固 SPI 过程中需要静电作用。

（3）TGase 凝固 SPI 过程中氢键作用　脲可以竞争氢键的结合位点，破坏氢键的形成。脲对 TGase 凝固 SPI 的影响如图 5-22～图 5-24 所示。随着脲浓度的增大，凝固时间明显增长，水解度增大，硬度和黏着性显著减小，弹性和咀嚼性也有减小，说明脲的加入对于 TGase 凝固 SPI 有抑制或减弱的作用。

大豆蛋白形成大豆蛋白凝胶，肽链之间需要形成新的氢键。在 SPI 溶液加热的过程中，肽链内的氢键先打开暴露出来，随着 TGase 的作用，肽链外侧的氢键相互结合形成链间氢键，多条肽链相互聚集形成凝胶。由于脲的加入，

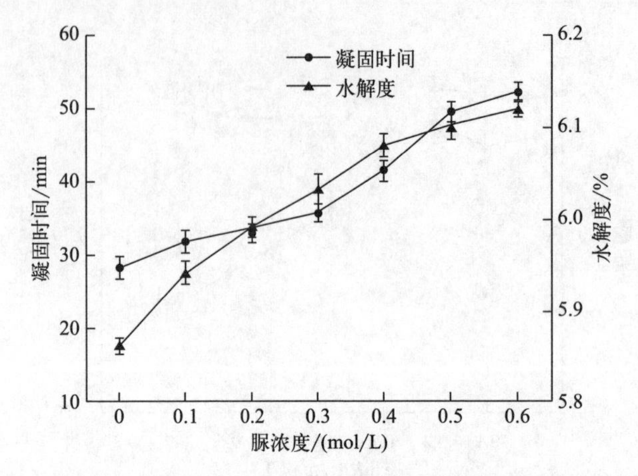

图 5-22　脲浓度对 SPI 溶液凝固时间和水解度的影响

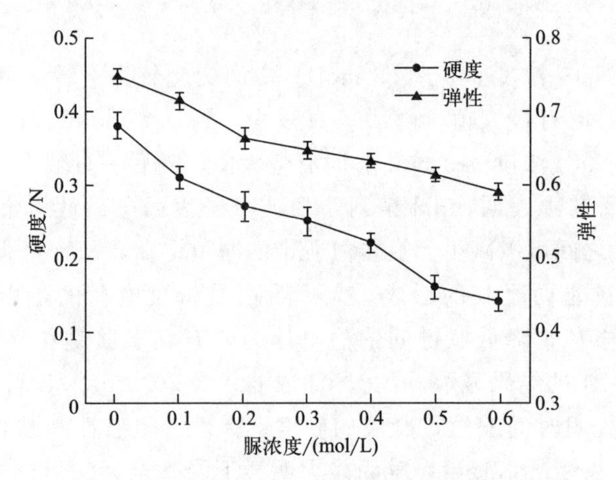

图 5-23　脲浓度对 SPI 凝胶硬度和弹性的影响

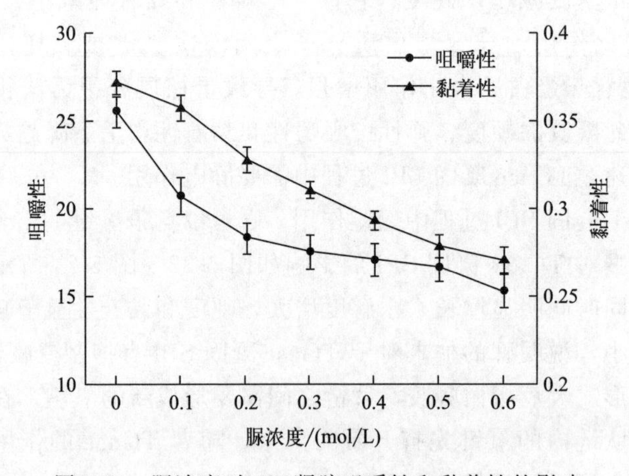

图 5-24　脲浓度对 SPI 凝胶咀嚼性和黏着性的影响

导致 SPI 形成凝胶明显被抑制，可能是由于折叠的蛋白质肽链内含有大量分子内氢键，这些分子内的氢键打开形成分子间氢键，即肽链之间的链间氢键。理论上来说在这个过程中，蛋白质表面能形成氢键的侧链与水形成的氢键也会被破坏。蛋白质分子加热发生变性，原有的肽链二级结构被破坏，形成了新的、开放的结构，被破坏的链内氢键暴露出来。因此可以推断，氢键在 TGase 凝固 SPI 形成蛋白凝胶的过程中有重要作用。

（4）TGase 凝固 SPI 过程中疏水作用

① TGase 凝固 SPI 过程中蛋白质表面疏水性变化　图 5-25 反映了 TGase 凝固 SPI 过程中蛋白质表面疏水性的变化。在前 20 min，大豆蛋白表面疏水性显著降低，在 20～30 min 间下降趋势减缓，因此可以推断 TGase 凝固 SPI 过程中发生了疏水结合。

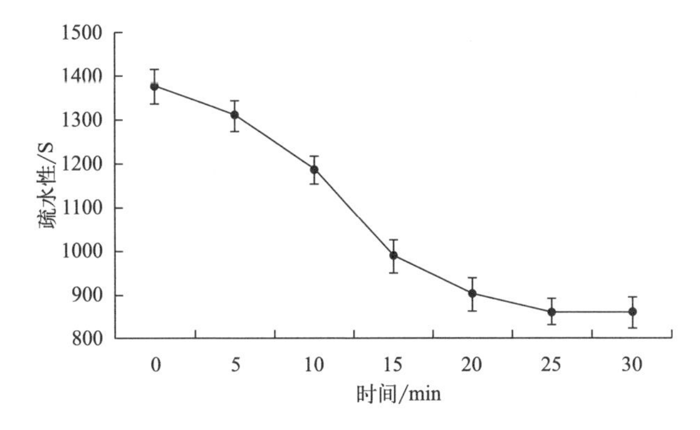

图 5-25　TGase 凝固 SPI 过程中蛋白质表面疏水性变化

随着蛋白质水解的进行，其本身的空间结构会被破坏，导致肽链上一些疏水基团被暴露到蛋白质的表面，整体上疏水性应该是增加的。从图 5-24 中来看 TGase 凝固 SPI 过程中蛋白质表面的疏水性是随着时间的增加而下降，一部分学者认为肽链之间发生疏水结合，将疏水基团包围起来，使得疏水性并无显著增加。再者选用 ANS 法测定大豆蛋白表面的疏水性，不受整体蛋白质疏水性干扰，单独就大豆蛋白表面的疏水性而言是降低的。从理论上来讲 TGase 凝固 SPI 过程中生成的那些疏水末端和蛋白质水解暴露出来的疏水侧链都与蛋白质表面原有的疏水侧链产生了广泛的结合，通过这种疏水结合蛋白质分子相互具体成团形成凝胶结构。根据以上结果推断疏水作用在 TGase 凝固 SPI 过程中是起作用的。

② SDS 对 TGase 凝固 SPI 的影响　从图 5-26～图 5-28 可以看出，随着 SDS 浓度的增加，凝固时间与水解度明显增加，硬度先上升再下降，弹性、黏着性

与咀嚼性明显降低。

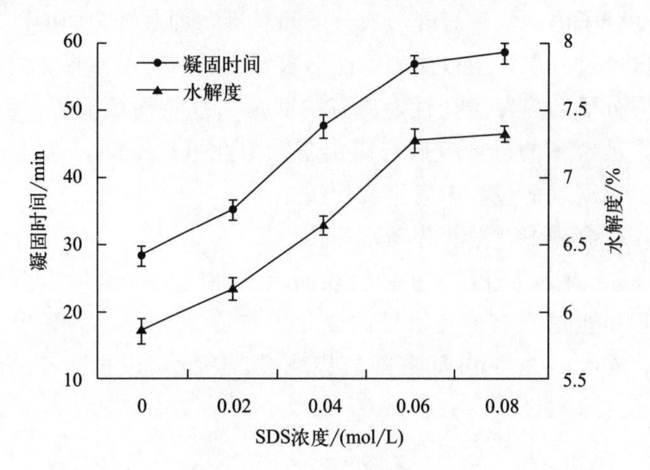

图 5-26 SDS 浓度对 SPI 溶液凝固时间和水解度的影响

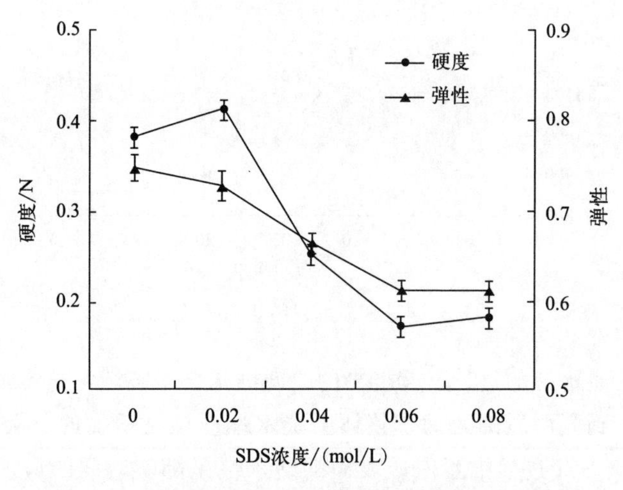

图 5-27 SDS 浓度对 SPI 凝胶硬度和弹性的影响

SDS 的添加对 TGase 凝固 SPI 过程中凝固效果有很明显的影响，这是因为 SDS 作为一种亲水基表面活性剂会破坏蛋白质分子的疏水结合，所以凝胶结构的形成被延缓，凝胶强度被降低，再加上界面张力降低的原因，造成凝胶的黏性降低，推断疏水作用对于 TGase 凝固 SPI 过程中是起到较大作用的。

(5) TGase 凝固 SPI 过程中巯基转换作用

① 巯基转换作用对 TGase 凝固 SPI 的影响　在 TGase 凝固 SPI 的过程中，巯基含量的变化如图 5-29 所示。在这个过程中，巯基的含量明显持续降低，从开始的 6.728 μmol/g 减小至 4.541 μmol/g。结果表明，在该过程中，

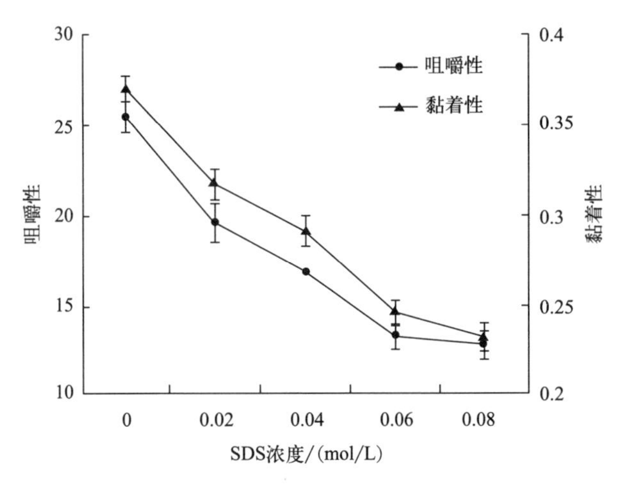

图 5-28　SDS 浓度对 SPI 凝胶咀嚼性和黏着性的影响

一部分游离巯基被氧化形成二硫键，其主要作用是连接不同肽链或同一肽链的不同部分。二硫键是由含硫氨基酸形成的，半胱氨酸被氧化成胱氨酸以形成二硫键，对于稳定和增强蛋白质凝胶结构有非常重要的作用。有学者在 1985 年研究菠萝蛋白酶凝固 SPI 过程中巯基含量的变化时，也是呈下降趋势，因此我们推测巯基转换作用（二硫键）对 TGase 凝固大豆蛋白可能有重要作用。

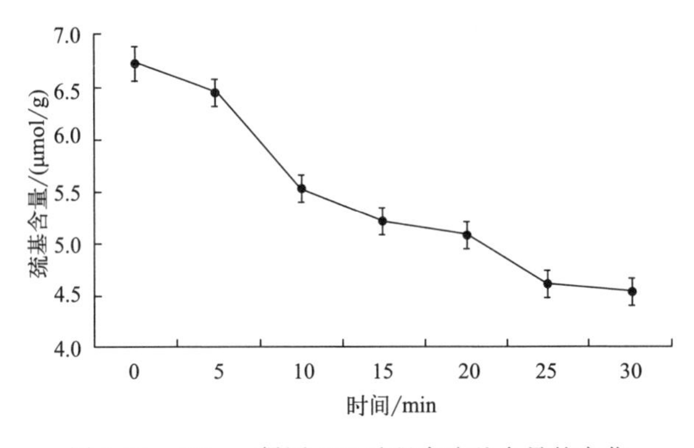

图 5-29　TGase 凝固 SPI 过程中巯基含量的变化

② 巯基试剂的影响　从图 5-30～图 5-34 中可以看出，与空白对照组（C 组）相比，添加巯基试剂的试验组，TGase 凝固 SPI 的时间增长，尤其是 M＋N 组，凝固时间是最长的；硬度显著降低，三个试验组呈阶梯式下降；弹性变化趋于平缓；咀嚼性降低，M＋N 组和 N 组接近；黏着性也呈下降趋势，但对照组中 M＋N 组数值最高。硬度、弹性、咀嚼性和黏着性均呈下降趋势，

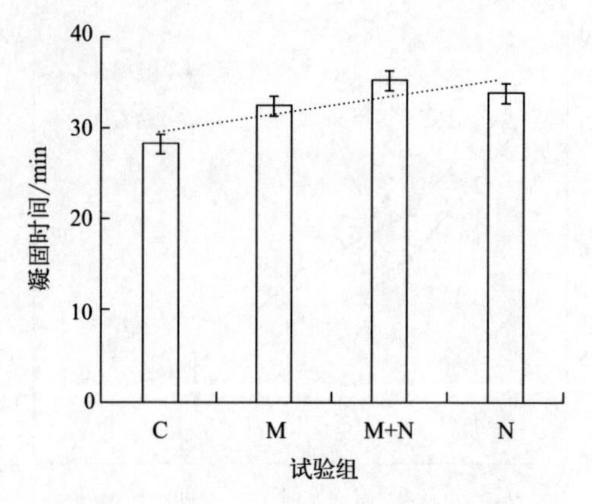

图 5-30　巯基试剂对凝固时间的影响

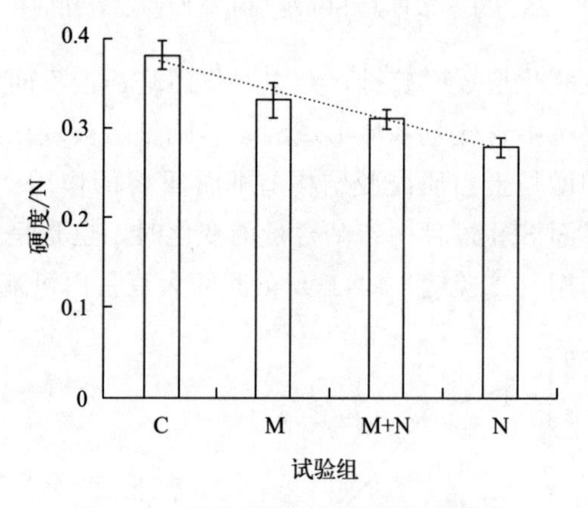

图 5-31　巯基试剂对凝胶硬度的影响

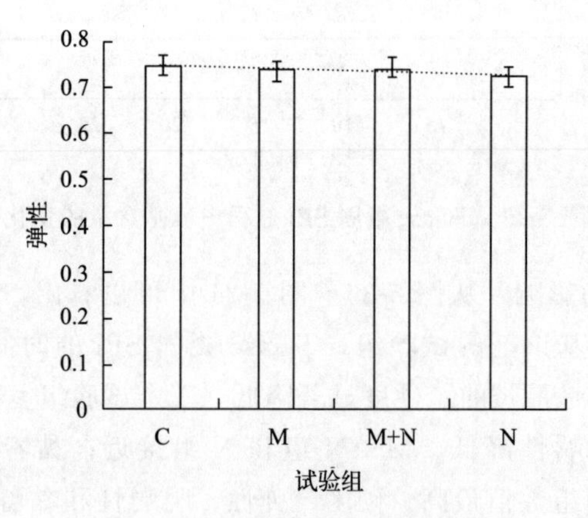

图 5-32　巯基试剂对凝胶弹性的影响

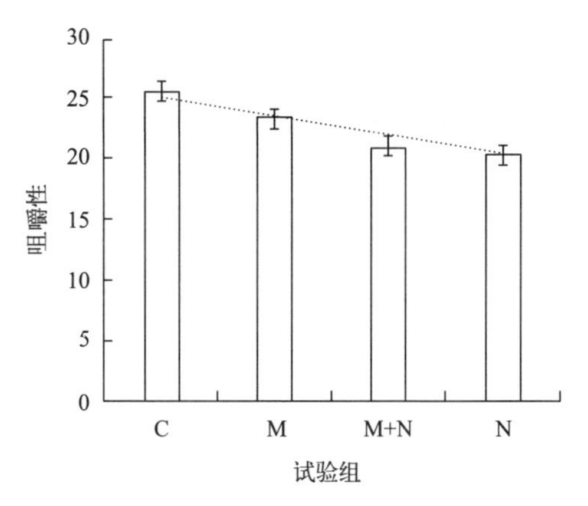

图 5-33　巯基试剂对凝胶咀嚼性的影响

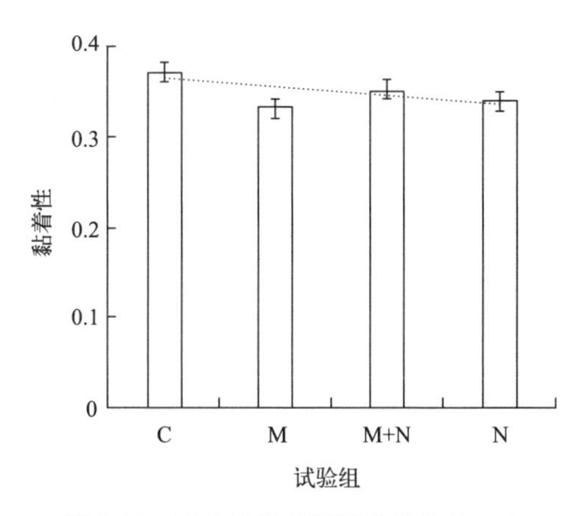

图 5-34　巯基试剂对凝胶黏着性的影响

可知巯基试剂对 TGase 凝固 SPI 有抑制作用，这从另一个角度说明了巯基转换作用（二硫键）对 TGase 凝固大豆有作用。综上可推断二硫键在 TGase 凝固 SPI 形成凝胶的过程中起到重要作用。

五、酸浆点浆工艺研究

赵良忠、谢灵来通过单因素试验研究酸浆（豆清发酵液）总酸含量、酸浆（豆清发酵液）添加量、点浆温度和蹲脑时间对豆腐品质的影响，并且利用响应面实验对酸浆（豆清发酵液）点浆工艺进行优化。

1. 实验材料与设备

（1）主要原料和试剂　黄豆（黑龙江优质大豆）、0.1 mol/L 氢氧化钠标准滴定溶液其他化学试剂均为国产分析纯。

(2) 主要仪器和设备　物性测定仪、台式冷冻离心机、水分自动测定仪、凯氏定氮仪、热量成分检测仪、单人超净工作台、电热鼓风干燥箱。

2. 实验方法

(1) 酸浆（豆清发酵液）的制备　选取新鲜豆清液添加4%葡萄糖，调整pH为6.3，115 ℃灭菌15 min，接种3%的混合菌（植物乳杆菌3-2：干酪乳杆菌5-2：奥默毕赤酵母P-13＝2：2：1），于35 ℃，发酵38 h，即为酸浆（豆清发酵液），备用。

(2) 酸浆（豆清发酵液）点浆生产豆腐工艺及其操作要点

① 工艺流程

大豆→挑选→清洗→浸泡→磨浆→一次加热→一次过滤→一渣→二次加热→二次过滤→二浆→混合加热→点浆→蹲脑→浇脑→压榨成型→豆腐

② 操作要点

a. 挑选　挑选饱满、无虫蛀、无发霉变质的大豆，剔除石头等杂质。

b. 浸泡　清洗大豆2遍后，按照1：4的豆水比，将大豆在室温下（夏季5～7 h，冬季8～12 h）浸泡，浸泡后大豆应该饱满，断面无明显硬心，湿豆重量为干豆的2～2.2倍。

c. 酸浆（豆清发酵液）调配　取一定量发酵好的酸浆（豆清发酵液），根据不同总酸含量用温水（温度低于60 ℃）调配，备用。

d. 磨浆　以干豆：水＝1：6的比例进行磨浆。

e. 一次加热　将豆渣和生浆混合后，搅拌均匀，再进行加热，温度从低到高，注意不停搅拌防豆浆煮煳，煮沸2 min。

f. 一次过滤　用120目纱布将豆糊进行分离，得到一渣和一浆。

g. 二次加热　豆渣按照一定的比例加水混合后，加热至沸腾，保持2 min。

h. 二次过滤　用120目纱布将豆糊进行分离，得到二渣和二浆。

i. 混合加热　按照一定的比例将一浆和二浆混合，加热煮沸一定时间。

j. 点浆　点浆时豆腐凝固剂缓缓加入装有一定温度豆浆的烧杯中，同时用不锈钢勺子以120 r/min的速度搅拌，直至脑花析出；蹲脑时防止振动烧杯，避免破坏脑花，影响成型。

k. 蹲脑　点浆完毕后，将烧杯置于恒温水浴锅，蹲脑一定时间，此过程要避免振动烧杯，以免破坏脑花。

l. 压榨成型　将脑花浇注至铺好滤布的小型豆腐框中，包好布后，置于1 MPa压强下压榨20 min，得到豆腐。

（3）酸浆（豆清发酵液）总酸含量对豆腐品质的影响　固定酸浆（豆清发酵液）添加量为30%，豆浆浓度为7°Bx，点浆温度为75 ℃，分别用总酸含量为2.5 g/kg、3.5 g/kg、4.5 g/kg、5.5 g/kg、6.5 g/kg的酸浆（豆清发酵液）进行点浆，蹲脑35 min，压榨制成豆腐后，对豆腐各项指标进行综合评定。

（4）酸浆（豆清发酵液）添加量对豆腐品质的影响　固定豆浆浓度为7°Brix，点浆温度为75 ℃，酸浆（豆清发酵液）总酸含量为5.5 g/kg，酸浆（豆清发酵液）分别按照20%、25%、30%、35%、40%的添加量进行点浆，蹲脑35 min，压榨制成豆腐后，对豆腐各项指标进行综合评定。

（5）点浆温度对豆腐品质的影响　固定酸浆（豆清发酵液）总酸含量为5.5 g/kg，添加量为30%，豆浆浓度为7°Bx，在点浆温度分别为55 ℃、65 ℃、75 ℃、85 ℃、95 ℃时进行点浆，蹲脑35 min，压榨制成豆腐后，对豆腐各项指标进行综合评定。

（6）蹲脑时间对豆腐品质的影响　固定酸浆（豆清发酵液）总酸含量为5.5 g/kg，添加量为30%，豆浆浓度为7°Bx，在点浆温度为75 ℃时进行点浆，分别蹲脑20 min、25 min、30 min、35 min、40 min，压榨制成豆腐后，对豆腐各项指标进行综合评定。

（7）响应面法试验设计　在单因素试验的基础上，根据Box-Behnken试验设计原理，利用运用Design-Expert 8.0.5b软件进行响应面优化实验，优化酸浆（豆清发酵液）点浆工艺。

3. 检测方法

（1）酸浆（豆清发酵液）总酸含量的测定　按GB/T 12456—2021执行。取30.000 g酸浆（豆清发酵液），置于250 mL三角瓶中，加入50 mL纯净水及0.2 mL 1%酚酞指示剂，用0.1 mol/L氢氧化钠标准溶液滴定至微红色30 s内不退色，用水替代酸浆（豆清发酵液），重复以上操作方法，同一批豆清液测定两次。总酸含量按下式计算：

$$X=\frac{c\times(V_1-V_2)\times K\times F}{m}\times 1000$$

式中，X为总酸含量，g/kg；c为氢氧化钠标准滴定溶液浓度的准确的数值，mol/L；V_1为滴定试液时氢氧化钠标准滴定溶液的体积，mL；V_2为空白试验时氢氧化钠标准滴定溶液的体积，mL；K为酸的换算系数，乳酸，0.090；F为试液的稀释倍数；m为酸浆（豆清发酵液）的质量，g；1000为换算系数。

(2) 感官评分　采用双盲法感官评价方法。检测应对样品进行密码编号，邀请10名具有食品专业背景的学生（5名男性、5名女性）组成感官评定小组，并对小组成员进行感官评定的简单培训。注意感官评定时小组成员相互之间不要进行交流。根据本实验的主要研究目的以及参考GB/T 22106—2008的标准，确定豆腐的总体接受性感官指标为色泽、气味、滋味和质地。感官评分标准采用百分制，色泽分值占20%、气味分值占20%、滋味分值占20%和质地分值占40%，具体的感官评价标准见表5-2。

表5-2　豆腐感官评分表

评价项目	评价标准及评分
色泽 (20分)	均一的白色或淡黄色,有光泽 16～20 白色,略有光泽 11～15 色泽灰暗,无光泽 0～10
气味 (20分)	豆香味浓郁,无酸涩味,无异味 16～20 豆香味较浓,微酸,无异味 11～15 豆香味不浓,偏酸,有异味 0～10
滋味 (20分)	豆香味浓,无明显酸味,口感细腻,不粘牙,滋味好 16～20 豆香味较浓,微酸,口感较细腻,不粘牙,口感一般 11～15 豆香味不浓,偏酸,口感粗糙,粘牙,滋味差 0～10
豆腐质地 (40分)	形态完整,切面无空隙,光滑细腻,软硬适中,弹性和韧性好 30～40 形态较完整,切面有少量空隙,粗糙,软硬适中,弹性和韧性一般 20～30 形态不完整,切面有较多空隙,粗糙,偏软,弹性和韧性较差 0～20

(3) 豆腐持水率的测定　称取一定质量的豆腐样品，记为W_1，置于50 mL离心管的底部，1000 r/min离心10 min，去除上清液后，豆腐样品记重W_2，然后将此样品置于105 ℃下干燥至恒重，记为W_3。持水率按下式计算：

$$G=\frac{W_2-W_3}{W_1-W_3}\times 100\%$$

式中，G为持水率,%；W_1为原样品质量，g；W_2为离心后除去上清液样品质量，g；W_3为样品干燥后质量，g。

(4) 质构测定　质构是衡量豆腐品质的重要指标。质构测定模仿人咀嚼食物的过程，通过对探头在运动过程中受到力和时间的图谱（即质构测试曲线，见图5-35）进行分析，得到物料的一系列质构参数。采用对食品测量的二次压

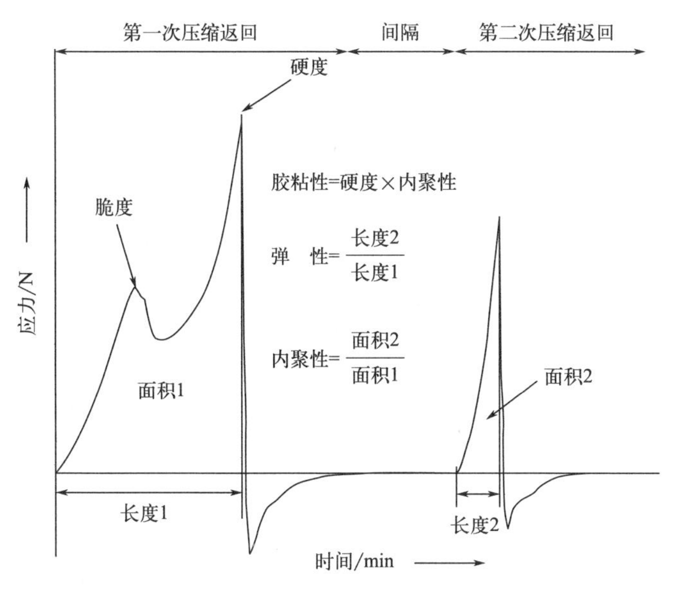

图 5-35　TPA 试验典型质地曲线

缩方法测量豆腐质构。根据样品的种类和试验的目的，重点选取硬度和弹性两个指标对豆腐样品进行质构评价，质构参数的含义如下：弹性，去除力后变性物料恢复到原始状态的比率；硬度，使物料发生一定形变所需的力。

采用阿美特克有限公司生产的 LS 系列材料质构试验机测定，测试条件如下：在豆腐上部、中部、下部分别取样，要求样品表面平整，高度为 1 cm，然后用 P35 圆柱形平底探头测定。操作如下：开机启动程序，设定测前、测中、侧后速度，分别为 40 mm/s，30 mm/s，40 mm/s，下压距离设定为 40%，中间停留时间 5 s，触发力 0.05 N，同一个样品选择 3 个不同部位进行测定，取其平均值。

(5) 豆腐得率的测定　将新鲜制得的豆腐于室温放置 5 min，然后精确称量其质量，再计算每 100 g 干豆制得新鲜豆腐的质量，豆腐得率按下式计算：

$$F=\frac{m_1}{m_0}\times 100\%$$

式中，F 为豆腐得率，%；m_0 为干基大豆质量，g；m_1 为湿基豆腐质量，g。

(6) 理化指标的测定　水分的测定采用快速水分测定仪进行，蛋白质的测定采用凯氏定氮法进行。

(7) 微生物指标的测定　菌落总数测定按 GB 4789.2—2022 执行，大肠菌群的测定按 GB 4789.3—2016 执行，致病菌的测定按 GB 29921—2021 执行。

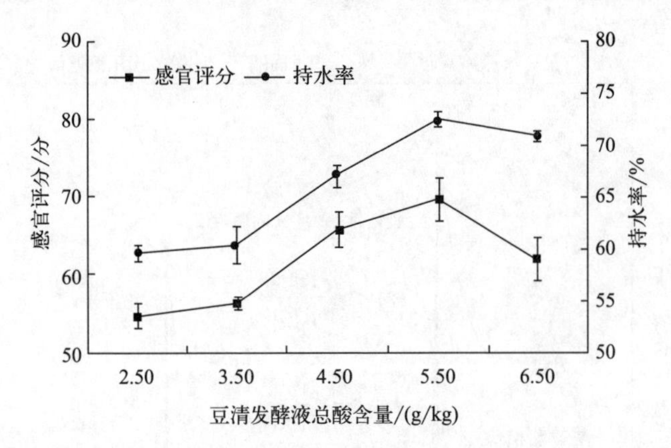

图 5-36　酸浆（豆清发酵液）总酸含量对豆腐感官评分和持水率的影响

4. 结果与分析

（1）单因素实验结果分析

① 酸浆（豆清发酵液）总酸含量对豆腐品质的影响　由图 5-36 可知，随着酸浆（豆清发酵液）总酸含量的升高，豆腐的感官评分先上升后降低。持水率呈现先增加后趋于稳定的趋势。总酸含量为 2.5 g/kg 和 3.5 g/kg 时，氢离子浓度太低，大豆蛋白分子之间不能充分反应，胶凝效果差，脑花呈糊状，豆腐压榨后成型效果差，持水性差，豆腐外观不完整，感官评分较低。随着酸浆（豆清发酵液）总酸含量的增加，凝胶效果变好，豆腐感官评分和持水率不断增加，总酸含量达到 5.5 g/kg 时，豆腐感官评分和持水率均达到最大值，总酸含量继续增大，豆腐变酸，感官评分开始下降，但是持水率趋于稳定。

由图 5-37 可知，随着酸浆（豆清发酵液）总酸含量的不断增大，豆腐的硬度和弹性呈现先升高后趋于稳定的趋势。主要原因是，酸浆（豆清发酵液）

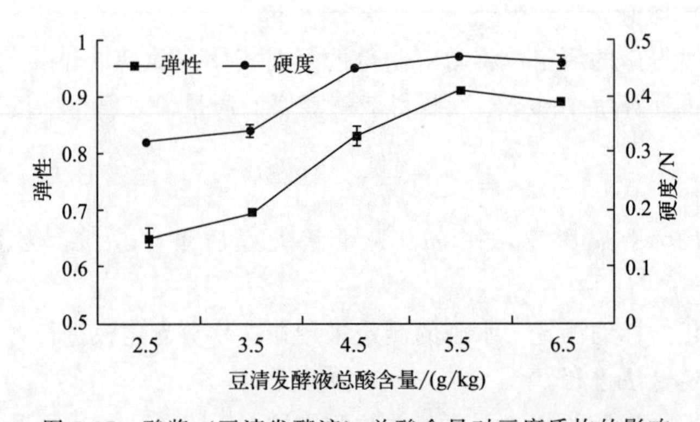

图 5-37　酸浆（豆清发酵液）总酸含量对豆腐质构的影响

总酸含量为 2.5～4.5 g/kg 时，豆浆凝固不充分，大豆蛋白凝胶网络结构疏散不稳定，胶凝强度较小，所以弹性和硬度都较小。酸浆（豆清发酵液）总酸含量达到 5.5 g/kg 后，大豆蛋白凝胶网络结构紧密，凝胶强度最大，弹性和硬度达到最大。继续增大酸浆（豆清发酵液）总酸含量，豆腐弹性和硬度趋于稳定，变化不大。综合考虑，选择酸浆（豆清发酵液）5.5 g/kg 作为较优水平。

② 酸浆（豆清发酵液）添加量对豆腐品质的影响　由图 5-38 可知，随着酸浆（豆清发酵液）添加量的增大，豆腐感官评分和持水率呈现先增大后下降的趋势。酸浆（豆清发酵液）添加量为 20%时，豆浆未充分凝固，呈现稀糊状，胶凝效果差，持水性较差，豆腐质地柔软，粘牙，感官评分较低。增大酸浆（豆清发酵液）添加量时，豆腐凝胶效果越来越好，持水性和感官评分越来越高，到 30%时，均达到最大。继续加大酸浆（豆清发酵液）的添加量，豆腐质地变硬，酸味过重，感官评分下降。同时，过高的氢离子浓度破坏蛋白质分子之间的平衡作用力，胶凝的网络结构变稀疏，蛋白凝胶的持水能力下降。

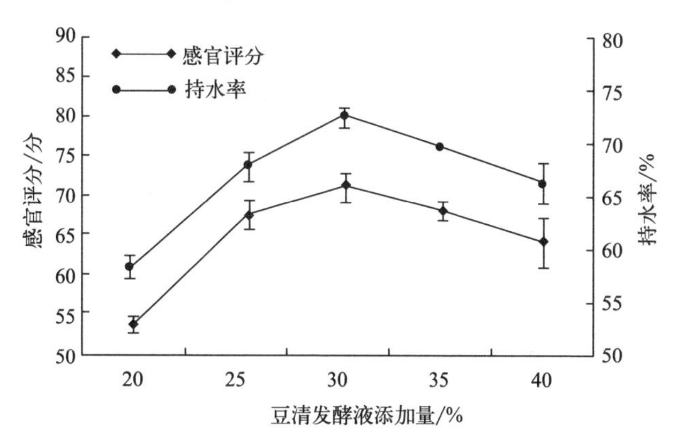

图 5-38　酸浆（豆清发酵液）添加量对豆腐感官评分和持水率影响

由 5-39 可知，酸浆（豆清发酵液）添加量在 20%～30%之间时，随着添加量的增大豆腐的弹性和硬度不断增大，到 30%时，豆腐弹性最佳。主要是因为此添加量下酸浆（豆清发酵液）中的氢离子刚好中和大豆蛋白分子的负电荷，使得 pH 值刚好降低到大豆蛋白的等电点，豆浆反应充分，凝胶效果最佳，所以豆腐弹性最好，硬度也最大。继续加大酸浆（豆清发酵液）添加量，点浆后形成的豆腐结构松散，结构粗糙，质地较硬。所以，虽然豆腐硬度继续上升，但是弹性开始下降。综合考虑，选择酸浆（豆清发酵液）添加量 30%作为较优水平。

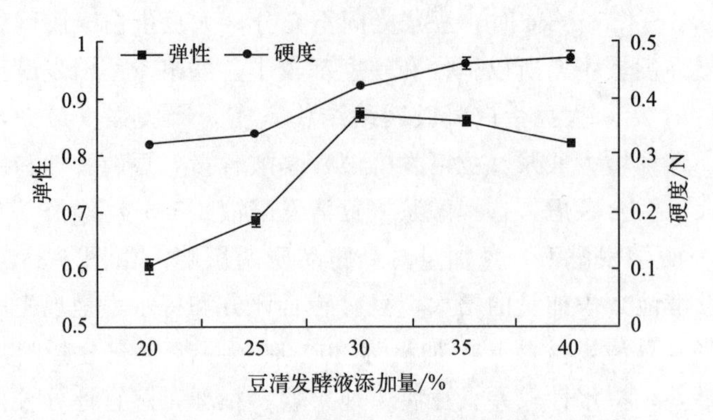

图 5-39　酸浆（豆清发酵液）添加量对豆腐质构的影响

③ 点浆温度对豆腐品质的影响　由图 5-40 可知，点浆温度的变化会引起豆腐感官品质和持水率较大的差异。随着点浆温度的提高，豆腐感官评分先快速升高后急剧下降，其中到达 75 ℃时，豆腐感官评分最高。过高的温度使得蛋白质分子内能突然增大，与酸浆（豆清发酵液）反应时，蛋白质迅速聚集，导致豆腐弹性变小，硬度变大，豆腐口感变粗糙，豆腐感官评分下降。同样，随着点浆温度的升高，豆腐持水率先升高，达到 75 ℃时豆腐持水率达到最大，但是继续升高点浆温度，豆腐持水率慢慢趋于稳定，变化较小。主要是因为在一定温度范围内，温度的升高可以加速蛋白质的凝集，形成完善的凝胶网络结构，有利于提高豆腐的持水率。温度过高，会造成蛋白质过度变性，不利于豆腐持水率的提高。

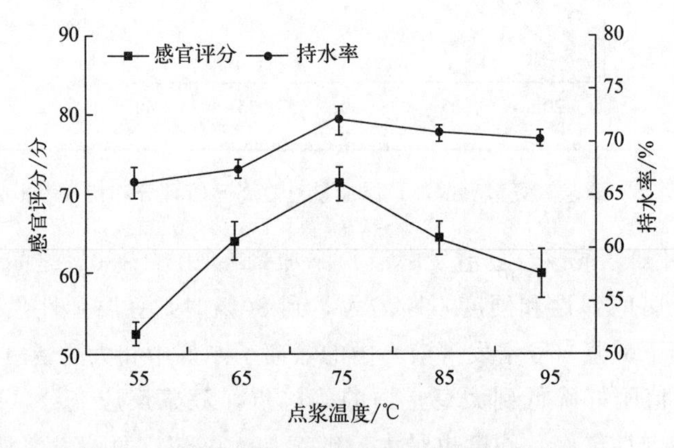

图 5-40　点浆温度对豆腐感官评分和持水率影响

由图 5-41 可知，不同的点浆温度对豆腐的质构影响显著。当点浆温度从 55 ℃上升到 75 ℃时，豆腐硬度和弹性不断增大，到达 75 ℃时，豆腐硬度和

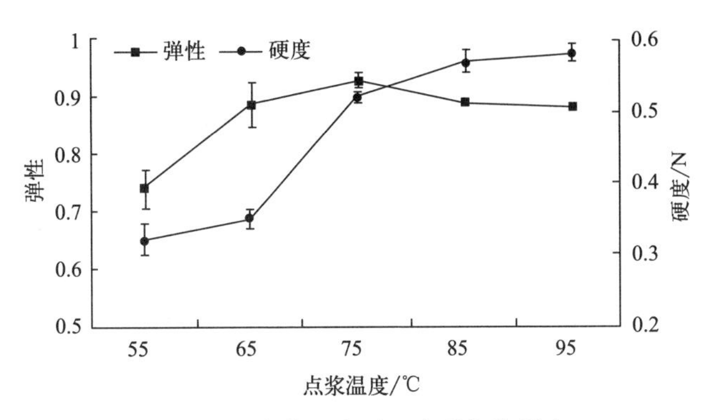

图 5-41　点浆温度对豆腐质构的影响

弹性达到最大值，继续升高点浆温度，豆腐弹性开始降低，但是豆腐硬度却继续增大。主要是因为过高温度导致豆腐失水严重后硬度变大。综合考虑，选择点浆温度 75 ℃作为较优水平。

④ 蹲脑时间对豆腐品质的影响　由图 5-42 可知，不同蹲脑时间对豆腐感官品质和持水率影响较小。蹲脑又称养脑，是在往豆浆里添加完豆腐凝固剂后，让大豆蛋白继续凝固的过程，只有经过一定时间的静置，凝固才能完成。蹲脑时间过短时，豆腐凝胶网络结构结合不够紧密，豆腐弹性和硬度不足，感官评分和持水率较低。随着蹲脑时间的延长，豆腐感官评分和持水率逐渐上升，当蹲脑时间达到 35 min 时，豆腐的感官评分和持水率趋于稳定，变化不再明显。

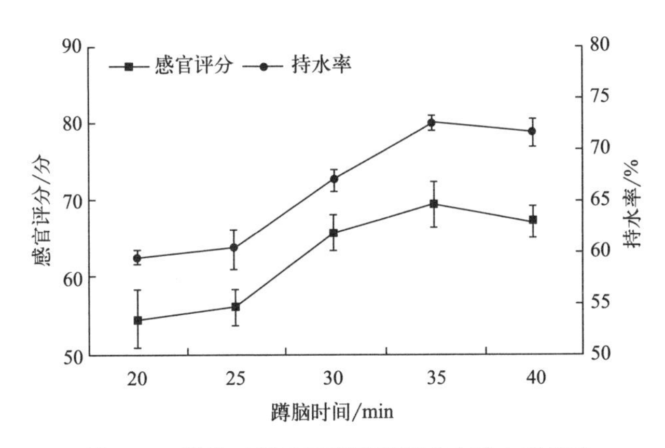

图 5-42　蹲脑时间对豆腐感官评分和持水率影响

由图 5-43 可知，蹲脑时间对豆腐质构影响不太显著。随着蹲脑时间的延长，豆腐的硬度和弹性也增大，达到 35 min 时，豆腐的硬度和弹性达到最大

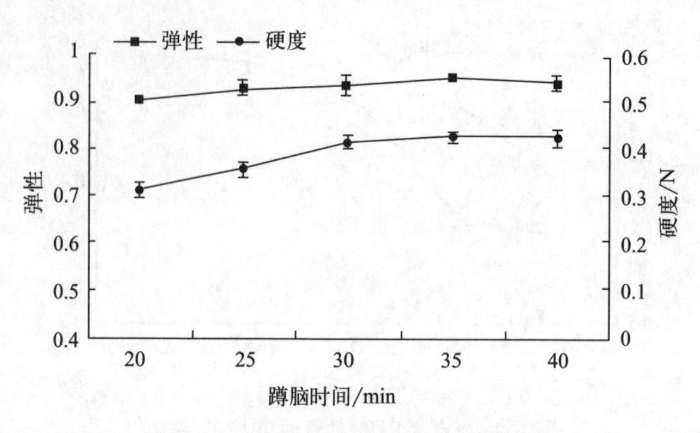

图 5-43　蹲脑时间对豆腐质构的影响

值，不再随着蹲脑时间增大而发生较大波动。蹲脑时间太短，大豆蛋白变成凝胶的量不足且结构不紧密，所以制得的豆腐硬度和弹性也差。但是蹲脑时间过长不利于工厂自动化高效率生产。

(2) 响应面法优化酸浆（豆清发酵液）点浆工艺　根据单因素实验结果，利用 Design-Expert 8.0.5b 软件 Box-Behnken 方法，以感官评价总分（Y_1）和弹性（Y_2）为响应值，选取 A（酸浆总酸含量）、B（酸浆添加量）、C（点浆温度）3 个因素进行三因素三水平响应面优化试验，因素水平编码见表 5-3，最后的实验结果见表 5-4。

表 5-3　响应面因素水平表

编码水平	因素		
	A 酸浆总酸/(g/kg)	B 酸浆添加量/%	C 点浆温度/℃
−1	4.5	25	65
0	5.5	30	75
1	6.5	35	85

表 5-4　Box-Behnken 实验设计及结果

试验号	A	B	C	感官评分/分	弹性
1	0	0	0	75.25	0.95
2	0	0	0	75.44	0.96
3	−1	0	−1	66.42	0.94
4	1	0	−1	59.20	0.88
5	0	−1	1	68.23	0.95

续表

试验号	A	B	C	感官评分/分	弹性
6	0	1	1	61.60	0.89
7	0	0	0	76.87	0.96
8	1	1	0	52.20	0.86
9	0	−1	−1	62.65	0.89
10	0	1	−1	60.41	0.88
11	−1	0	1	65.25	0.91
12	1	−1	0	66.48	0.87
13	1	0	1	64.20	0.92
14	−1	−1	0	65.45	0.93
15	0	0	0	76.10	0.97
16	0	0	0	75.68	0.95
17	−1	1	0	67.52	0.89

① 酸浆（豆清发酵液）点浆工艺对豆腐感官评分的影响

a. 回归模型的建立与显著性分析

运用 Design-Expert 8.0.5b 进行多元回归拟合，得到豆腐感官评分（Y_1）对自变量 A、B、C 的多元回归方程 $Y_1=75.87-2.82A-2.63B+1.33C-4.09AB+1.54AC-1.10BC-6.21A^2-6.75B^2-5.90C^2$。对回归模型进行方差分析，结果见表 5-5。

表 5-5　豆腐感官评分响应面方差分析结果

方差来源	平方和	自由度	均分	F 值	P 值	显著性
模型	773.29	9	85.92	69.43	<0.0001	* *
A	63.62	1	63.62	51.41	0.0002	* *
B	55.55	1	55.55	44.88	0.0003	* *
C	14.05	1	14.05	11.35	0.0119	*
AB	66.83	1	66.83	54.00	0.0002	* *
AC	9.52	1	9.52	7.69	0.0276	*
BC	4.82	1	4.82	3.89	0.0891	ns
A^2	162.13	1	162.13	131.00	<0.0001	* *
B^2	191.86	1	191.86	155.02	<0.0001	* *
C^2	146.33	1	146.33	118.24	<0.0001	* *
残差	8.66	7	1.24			

续表

方差来源	平方和	自由度	均分	F 值	P 值	显著性
失拟项	7.00	3	2.33		0.0641	ns
纯误差	1.66	4	0.41			
总和	781.95	16				
R^2	0.9889		$C.V\%$	1.66		
R^2_{adj}	0.9747					

注：* 表示差异显著（$P<0.05$）；* * 表示差异极显著（$P<0.01$）；ns 表示差异不显著（$P>0.05$）。

由表 5-5 可以看出，该二次多项式模型 P 值<0.0001，模型极显著，失拟项 P 值为 0.0641 大于 0.05，失拟项不显著，表明该回归方程拟合度较好；该模型的复相关系数为 $R^2=0.9889$，校正决定系数 $R^2_{adj}=0.9747$，说明建立的模型误差小，与实际预测值能较好地拟合，能够解释 98.89%的响应值变化，可用来进行豆腐的感官评分 Y_1（响应值）的预测。各个因素中，一次项 A、B，交互项 AB，二次项 A^2、B^2、C^2，对感官评分影响均极显著，一次项 C，交互项 AC 对豆腐的感官评分影响显著；而交互项 BC 对豆腐感官评分影响不显著。另外，通过 F 值大小，可以评定各因素对豆腐感官评分的影响大小为：$A>B>C$，即酸浆总酸含量>酸浆添加量>点浆温度。

b. 响应面分析　利用 Design-Expert 8.0.5b 绘制的响应曲面图及在二维平面上的等高线图，如图 5-44～图 5-46。响应面图是响应值对各个实验因素所构成的三维曲面图，从图上可以得到优化的最佳参数以及各个因素之间的相互作用。由图 5-44～图 5-46 可知，响应面图是凸起、开口朝下的曲面，说明感官评分 Y_1 存在极值，该值在响应球面的最高处。

等高图可判定交互作用的显著性，等高图趋向椭圆，交互作用显著。由图 5-44～图 5-46 可知，AB 交互作用和 AC 交互作用的等高图呈椭圆形，说明 AB 之间、AC 之间的交互作用显著，BC 的等高图趋于圆形，说明 BC 之间的交互作用不显著。等高线的疏密程度可判定各因素对感官评分的影响大小，等高线越密，影响越大，反之则越小，所以酸浆总酸含量 A 对感官评分的影响比酸浆添加量 B 的影响大，酸浆总酸含量 A 对感官评分的影响比点浆温度 C 的大，酸浆添加量 B 对感官评分的影响比点浆温度 C 的影响大，这与方差分析的结果是一致的。

综上所述，酸浆总酸含量对豆腐感官评分的影响最为显著，酸浆添加量其次，点浆温度最小。

c. 酸浆点浆最佳工艺参数的确定　经过 Design-Expert 8.0.5b 软件的响应面优化设计，分析预测酸浆点浆的最佳工艺参数为：酸浆总酸含量 5.34 g/kg，

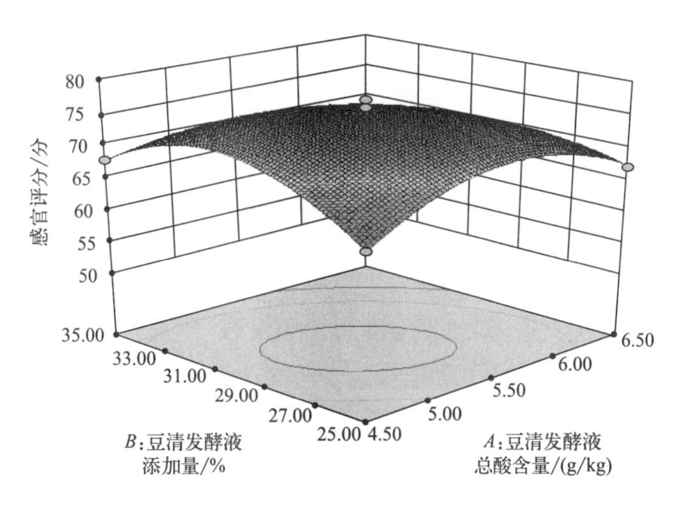

(a) 豆腐感官评分

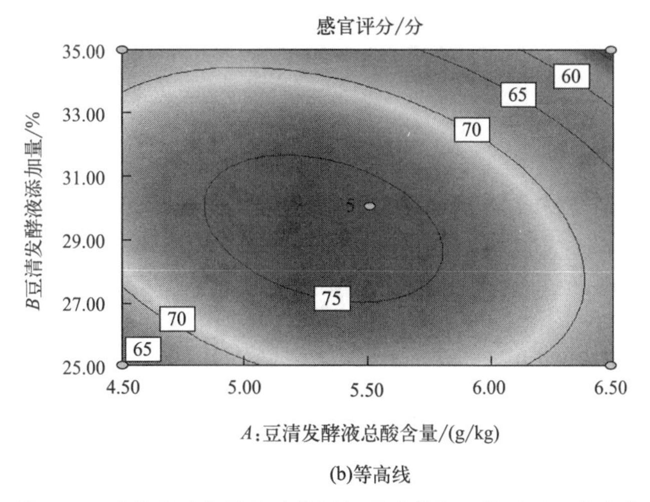

(b)等高线

图 5-44 酸浆总酸含量和酸浆添加量及其相互作用对豆腐感官评分的响应面图（a）和等高线（b）

酸浆添加量 29.23%，点浆温度 76.05 ℃，此时模型预测豆腐感官评分为 76.37 分。

为了进一步验证响应面法优化酸浆（豆清发酵液）点浆工艺的可靠性，采用优化后的点浆工艺参数进行验证实验，同时，考虑到工厂生产中的实际操作条件，将酸浆点浆的工艺参数调整为：酸浆 5.40 g/kg，酸浆添加量为 29%，点浆温度为 76 ℃，在此条件下进行 3 次重复试验，测得的豆腐感官评分的均值为（76.33±0.47)分，与理论预测值较为接近。

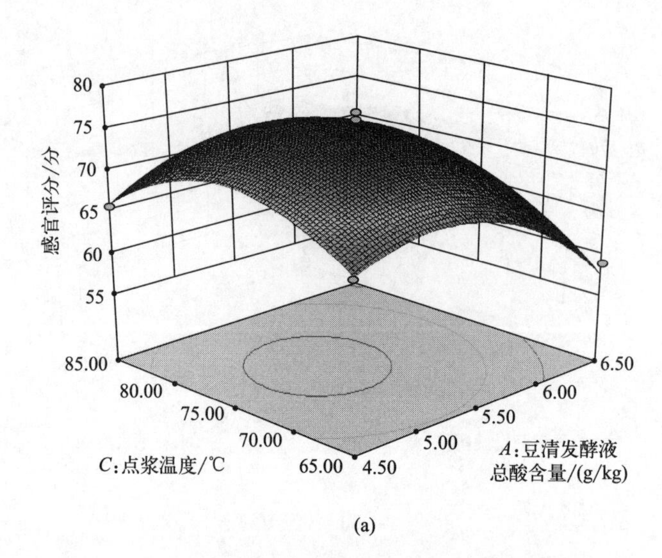

(a)

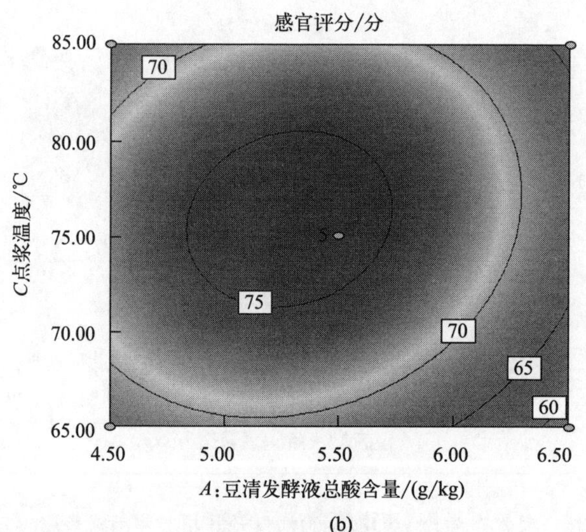

(b)

图 5-45　酸浆总酸含量和点浆温度及其相互作用对豆腐感官评分的响应面图（a）和等高线（b）

② 酸浆点浆工艺对豆腐弹性的影响

a. 回归模型的建立与显著性分析

运用 Design-Expert 8.0.5b 对表 5-6 进行多元回归拟合，得到弹性值（Y_2）对自变量 A、B、C 的多元回归方程 $Y_2=0.96-0.018A-0.015B+0.010C+0.0075AB+0.017AC-0.012BC-0.030A^2-0.040B^2-0.015C^2$。对回归模型进行方差分析，结果见表 5-6。

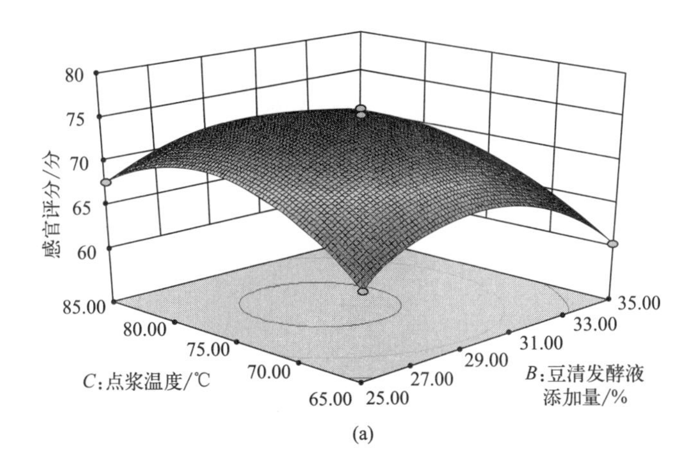

(a)

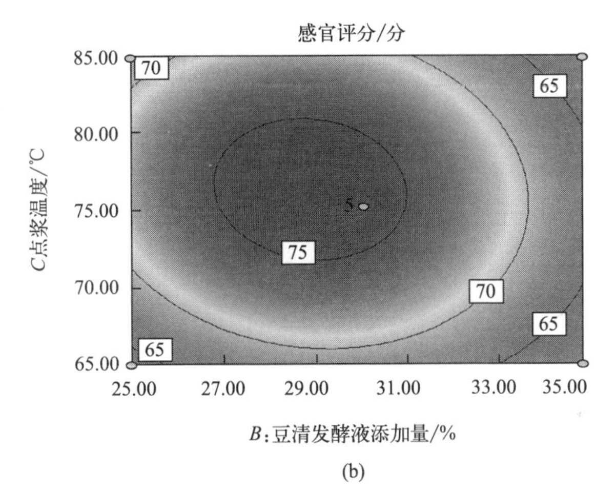

(b)

图 5-46　酸浆添加量和点浆温度及其相互作用对豆腐感官评分的响应面图（a）和等高线（b）

表 5-6　豆腐弹性响应面方差分析结果

方差来源	平方和	自由度	均分	*F* 值	*P* 值	显著性
模型	0.020	9	0.00221	15.81	0.0007	* *
A	0.00245	1	0.00245	17.50	0.0041	* *
B	0.00180	1	0.00180	12.86	0.0089	* *
C	0.00080	1	0.00080	5.71	0.0481	*
AB	0.00023	1	0.00023	1.61	0.2454	ns
AC	0.00123	1	0.00123	8.75	0.0212	*

续表

方差来源	平方和	自由度	均分	F 值	P 值	显著性
BC	0.00063	1	0.00063	4.46	0.0725	ns
A^2	0.00385	1	0.00385	27.52	0.0012	* *
B^2	0.00682	1	0.00682	48.72	0.0002	* *
C^2	0.00098	1	0.00098	6.99	0.0332	*
残差	0.00098	7	0.00014			
失拟项	0.00070	3	0.00023	3.30	0.1376	ns
纯误差	0.00028	4	0.00007			
总和	0.021	16				
R^2	0.9531		$C.V\%$	1.29		
R^2_{adj}	0.8929					

注：* 差异显著（$P<0.05$）；* * 差异极显著（$P<0.01$）；ns差异不显著（$P>0.05$）

由表5-6可以看出，该二次多项式模型 P 值＝0.0007＜0.01，模型极显著，失拟项 P 值为0.1376大于0.05，失拟项不显著，表明该回归方程拟合度较好，误差小，与实际预测值能较好地拟合；该模型的复相关系数为 $R^2=0.9531$，校正决定系数 $R^2_{adj}=0.8929$，说明建立的模型能够解释95.31%的响应值变化，可用来进行豆腐的弹性值 Y_2 的预测。

由显著性检验可知，一次项 A、B，二次项 A^2、B^2 对弹性影响均极显著，一次项 C，交互项 AC，二次项 C^2 对豆腐的弹性影响显著；而交互项 AB、BC 对豆腐弹性影响不显著。通过 F 值大小，可判定各因素对豆腐弹性的影响大小为：$A>B>C$，即酸浆总酸含量＞酸浆添加量＞点浆温度。

b. 响应面分析　利用 Design-Expert 8.0.5b 绘制的响应曲面图及在二维平面上的等高线图，如图5-47～图5-49所示，由图可知 AC 交互作用的等高图呈椭圆形，说明 AC 之间的交互作用显著，AB、BC 的等高图趋于圆形，说明 AB、BC 之间的交互作用不显著。等高线的疏密程度可判定各因素对感官评分的影响大小，等高线越密，影响越大，反之则越小，所以酸浆总酸含量 A 对豆腐弹性的影响比酸浆添加量 B 的影响大，酸浆总酸含量 A 对豆腐弹性的影响比点浆温度 C 的大，酸浆添加量 B 对豆腐弹性的影响比点浆温度 C 的影响大，这与方差分析的结果是一致的。

综上所述，酸浆（豆清发酵液）总酸含量对豆腐弹性的影响最为显著，酸浆（豆清发酵液）添加量其次，点浆温度最小。

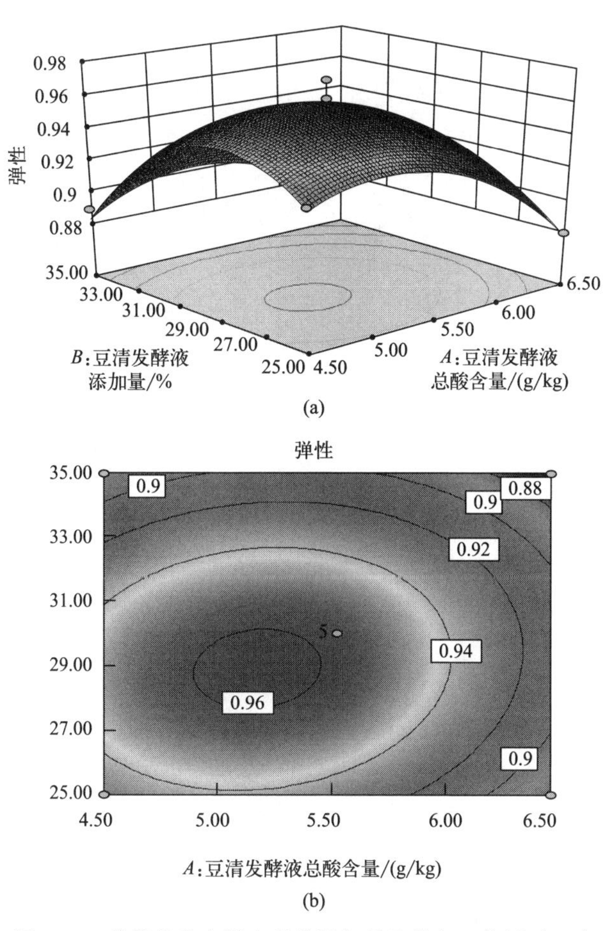

图 5-47　酸浆总酸含量和酸浆添加量及其相互作用对豆腐弹性的响应面图（a）和等高线（b）

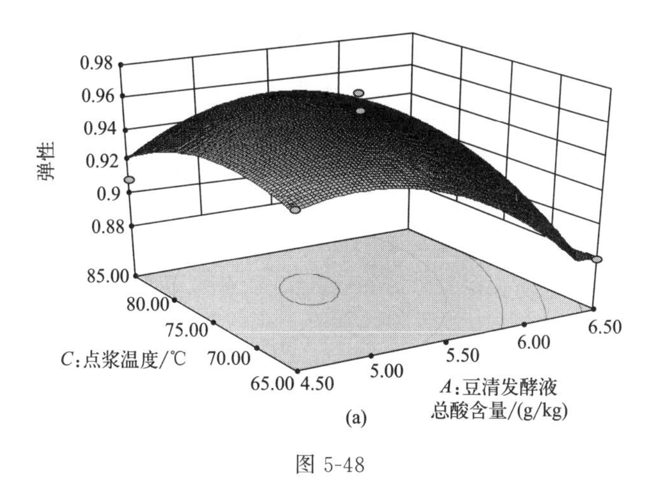

图 5-48

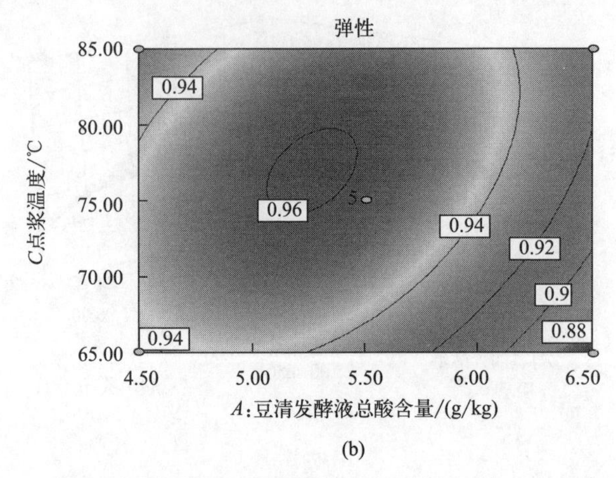

图 5-48 酸浆总酸含量和点浆温度及其相互作用对豆腐弹性的响应面图（a）和等高线（b）

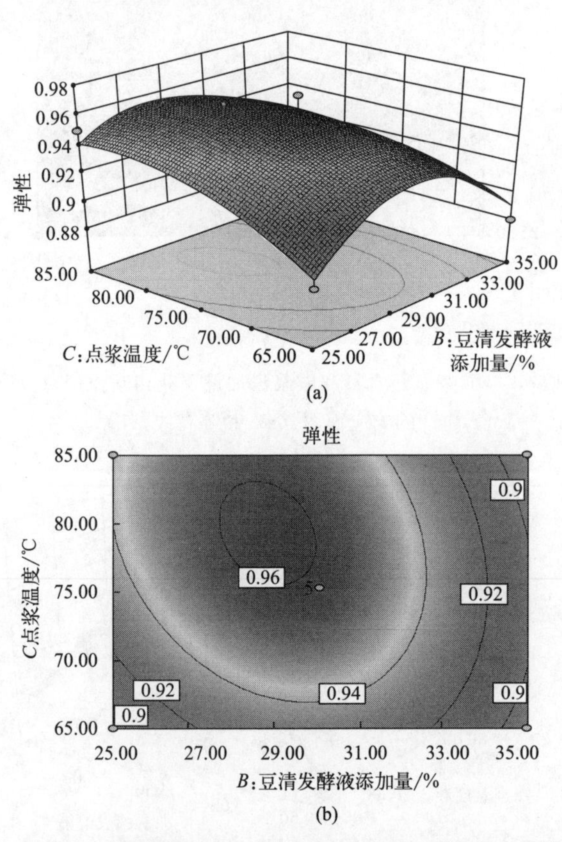

图 5-49 酸浆添加量和点浆温度及其相互作用对豆腐弹性的响应面图（a）和等高线（b）

c. 酸浆（豆清发酵液）点浆最佳工艺参数的确定　经过 Design-Expert 8.0.5b 软件的响应面优化设计，分析预测酸浆（豆清发酵液）点浆的最佳工艺参数为：酸浆总酸含量 5.27 g/kg，酸浆添加量 28.73%，点浆温度 77.97 ℃，此时模型预测豆腐弹性值为 0.96。同时，考虑到试验和工厂生产中的实际操作条件，将酸浆点浆的工艺参数调整为：酸浆总酸含量 5.30 g/kg，酸浆添加量 29%，点浆温度 78 ℃，在此条件下进行 3 次重复试验，测得的豆腐弹性的均值为 0.95±0.01，与理论预测值较为接近。

结合酸浆点浆工艺对豆腐感官评分和弹性的响应面结果分析，综合考虑，确定酸浆点浆工艺的最佳参数为：酸浆含量 5.30 g/kg，酸浆添加量 29%，点浆温度 76 ℃。在此工艺条件下，3 次验证试验，结果如表 5-7 所示。

表 5-7　豆腐理化指标和质构指标表

感官指标	理化指标			质构指标	
感官评分/分	蛋白质含量/(g/100 g)	持水率/%	得率/%	弹性	硬度/N
76.20±0.36	7.50±0.08	75.09±0.29	171.67±1.23	0.95±0.01	0.51±0.01

由表 5-7 可知，3 次验证试验制得豆腐感官评分为 76.20±0.36 分，豆腐弹性为 0.95±0.01，豆腐的品质良好，工艺优化效果好。

六、工程案例

1. 工艺流程

（1）工艺简述　酸浆点浆工艺主要由酸浆调配和酸浆点浆等工艺组成。

（2）工艺流程图

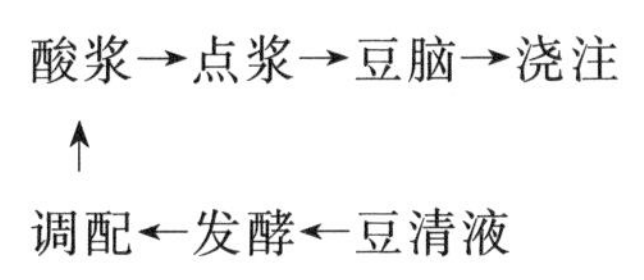

2. 设备配置

（1）设备组成　包括自动凝固系统和豆清液发酵调配系统。主要是由点浆桶、酸浆暂存桶、酸浆调配桶、酸浆发酵罐、板式换热器、豆清液缓冲桶等组成。

（2）设备流程图　见图 5-50。

（3）设备流程描述　自动点浆程序开启后，选定的第 1 号点浆桶，开始进浆，到达设定液位后，感应探头感应，停止进浆，酸浆管道出口装置和搅拌装

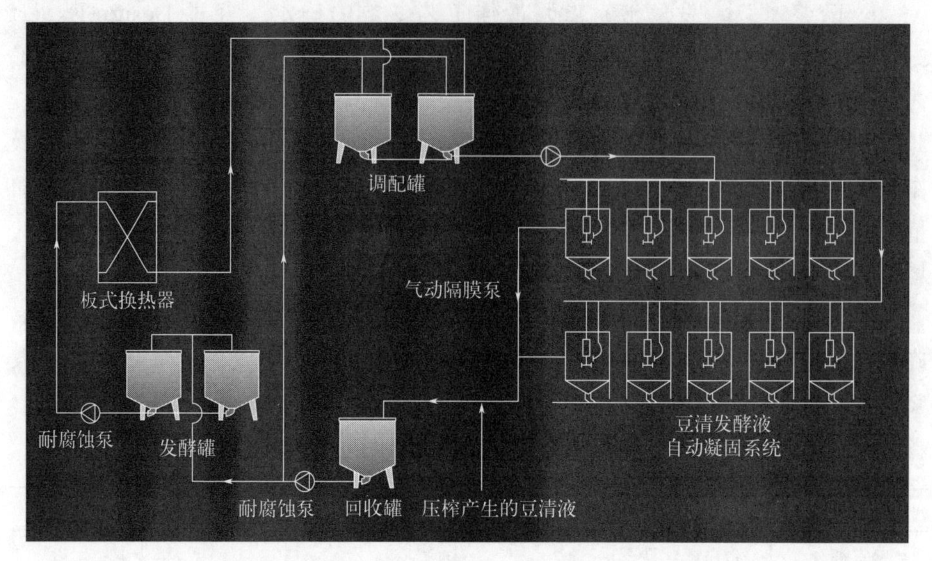

图 5-50　酸浆（豆清发酵液）点浆工艺设备流程图

置同时进入豆浆底部，搅拌叶按照设定时间和频率开始搅拌，同时酸浆注入豆浆中；完成第一次搅拌后，搅拌装置回升到最高位置，间隔一定时间后，酸浆管道出口装置和搅拌装置第二次进入豆浆底部，搅拌叶按照设定时间和频率开始搅拌，同时酸浆注入豆浆中，完成第二次搅拌后，搅拌装置回升到最高位置，初步完成点浆操作。从点浆开始计时，一定时间后，隔膜泵自动开启，把脑花表面的豆清液抽至酸浆暂存桶，排水完毕后，隔膜泵关闭，一定时间后，点浆桶开始放脑花至分配装置进行浇注工序。在 1 号桶开始进浆一定时间后，2 号点浆桶开始进浆，进行上述点浆过程。

3. 操作规程

（1）酸浆（豆清发酵液）发酵调配操作规程　酸浆（豆清发酵液）的发酵调配包括豆清液的收集、发酵、调配等工序。

① 开机前的检查　检查所有不锈钢桶和管道的阀门开关是否正常开启或者关闭。

② 清洗　将可能残留在管道内的碱水或者污水排净，然后对各酸浆调配桶、酸浆暂存桶、酸浆发酵桶进行彻底清洗。

③ 豆清液收集　从点浆桶和圆盘压机循环轨道中，通过开启隔膜泵对豆清液进行收集，先把豆清液输送到酸浆暂存桶中，再把豆清液输送到相应的酸浆发酵罐。

④ 豆清液的发酵　将豆清液加热到一定的温度后，停止加热，保温发酵

一定时间，发酵到一定酸度时，备用。

⑤ 酸浆（豆清发酵液）的调配　将一定量发酵好的酸浆（豆清发酵液）打到1号和2号酸浆调配桶，然后根据酸浆（豆清发酵液）的总酸测定结果，和一定温度的热水或者新鲜收集的豆清液按照一定比例进行混合，并同时开启搅拌，使得混合液搅拌均匀，到达点浆所需酸度后，加热到一定温度，备用。

⑥ 注意事项

a. 确保所有酸浆调配桶、酸浆暂存桶、酸浆发酵桶和管道的清洁卫生，防止杂菌污染，影响豆清液的正常发酵。

b. 调配前把酸浆调配桶底部的沉淀排尽，防止沉淀影响点浆效果。

c. 用于酸浆调配的热水温度不可过高，应该低于60 ℃。

d. 调配好的酸浆加热时不可煮沸，温度应该低于60 ℃，高于40 ℃。

⑦ 工艺要求

a. 新鲜豆清液　总酸含量0.5～1.5 g/kg；pH 5.0～6.0；淡黄至深黄，透明清亮，有豆香味，微酸，无异味。

b. 发酵好的酸浆　总酸含量4.0～4.5 g/kg；pH 3.0～5.0；颜色深黄，表面没有长霉和成膜现象，没有呈现黏状流体，正常的酸味，无异味。

c. 调配好的酸浆　总酸含量4.0～5.0 g/kg；温度30～60 ℃。

（2）自动点浆操作规程

① 开机前的检查　检查所有管道和设备的阀门是否正常开启或者关闭。

② 清洗预热　手动控制将热水注入点浆桶，然后将可能残留在管道内的碱水或者污水排净，然后再注入热水，对点浆桶进行预热，液位达到点浆桶三分之二即可。

③ 提升酸浆　启动“泵开关”，将调配好的酸浆抽至高位酸浆缓存桶内，备用。

④ 排水　将点浆桶的内热水排尽，同时手动开启“1号点浆桶进浆”，将管道内残留的水排尽，直至排出豆浆，停止“1号点浆桶进浆”，再通过点浆桶下的出口阀门排出。

⑤ 点浆　按照工艺要求设定好点浆参数，调至“自动”“全程”模式，按下“启动”按钮，开始自动点浆。

⑥ 点浆结束　点浆完毕后，按下“停止”按钮，结束自动点浆工艺，并调至“手动”“全程”模式。

⑦ 清洗　依次用自来水，碱水和热水对管道和容量桶进行彻底清洗。

⑧ 注意事项

a. 点浆操作前确保所有管道开启正确，点浆桶和酸浆高位暂存桶内没有废水和污物等残留，方可开始点浆操作。

b. 及时检测豆浆浓度、温度、酸浆总酸含量等重要点浆指标，防止点浆失败。

c. 自动操作中，如果个别点浆桶出现加浆不完全，反应不充分等异常现象，应该辅以人工点浆，完成点浆操作，确保生产顺利进行。

d. 生产中做好生产记录，及时反映影响生产的问题，及时排除影响生产的故障。

e. 注意点检工艺前后的工序情况，避免点浆不及时或者蹲脑时间过长等异常情况。

⑨ 工艺要求

a. 点浆条件　豆浆浓度 6.0～8.0°Bx；豆浆 pH 6.0～7.0；豆浆温度 85～95 ℃；酸浆酸度 3.6～4.0 g/kg；酸浆温度 50～60 ℃；酸浆添加量 20%～30%；蹲脑时间 30～40 min。

b. 点浆过程（以 300 kg 豆浆为例）

第一次点浆：搅拌时间 60～90 s，酸浆添加时间为 30～50 s，对应质量为 35～50 kg，添加量为 11.0%～21.0%。搅拌完后，点浆桶有小脑花出现，但是仍有大量白浆，没有豆清液析出。

第二次点浆，搅拌时间 40～60 s，酸浆添加时间为 10～20 s，对应质量为 10～20 kg，添加量为 3.0%～8.0%。搅拌完毕后，点浆桶内呈现大量脑花，没有白浆，有豆清液析出表面。

第三次点浆：根据前两次点浆情况选择是否进行。

蹲脑过程：蹲脑 20～40 min 后，脑花较大，结合紧密，脑花较嫩。

点浆终点判定：一是表面有清亮的豆清液析出，二是点浆桶没有白浆现象，三是脑花较大，较嫩，结合较紧密。

4. 工艺评价

（1）工艺优势

① 总体工艺评价　以酸浆为凝固剂的自动凝固系统，在酸浆凝固机理的研究基础上，模仿工厂经验丰富师傅手工点浆方式，采用二次点浆方式，按照设定参数和程序完成了自动进浆、自动添加酸浆、自动搅拌、自动抽取新鲜豆清液、自动破脑、自动放脑等工序，完成豆制品生产中最为关键的点浆工序，保证了豆腐质量的稳定性。

同时，对点浆过程中豆脑表面析出的豆清液和后续压榨工艺排除的豆清液进行收集、发酵、调配，作为凝固剂点浆的循环工艺，减少了豆腐生产过程中废水的排放，保护环境，变废为宝，减少了资源的浪费。酸浆作为凝固剂生产豆腐还具有安全、营养、美味的特点。

另外，由于酸浆是由多种有机弱酸组成的缓冲溶液，以 pH 值作为控制点浆的指标，通常会导致产品品质不稳定，不足以控制好酸浆的最适点浆条件。本工艺采用酸浆的总酸含量（以乳酸计）取代传统 pH 值作为控制点浆工艺的指标之一，能够更好控制酸浆点浆工艺的最适条件，保证产品品质的稳定性，同时满足机械化精准控制点浆的需求。

② 细节工艺评价

a. 低位溢流式注浆，减少泡沫，注浆量控制精准。

b. 酸浆（豆清发酵液）与豆浆分层均匀混合，酸浆利用率高，凝固效果佳。

c. 管道运输豆脑，豆花块形好，便于二次凝固。

d. 和传统的连续旋转式凝固剂相比，大容量的点浆桶没有振动运转对蹲脑效果的影响。

e. 占地面积小。

（2）工艺劣势

① 酸浆点浆对豆浆浓度、酸浆总酸含量和添加量等因素水平的精确度要求比较高，自动控制不精准则豆腐凝固效果较差。

② 自动点浆系统运行时，一旦有故障急停，重新启动后，所有程序自动复位，原来正在进行工艺程序无法保持连续运行，所有程序必须重新开始，这对点浆效果影响非常大。

③ 连续点浆如果两个点浆桶之间的工艺时间控制不精准，管道同时添加酸浆时，由于酸浆输送管道直径的限制，同一条参数条件下两个点浆桶的酸浆添加量不能完全保持一致，对豆腐凝固有影响。

④ 蹲脑时间对豆腐品质有一定影响。蹲脑时间过长脑花较老，制得的豆腐硬度较大，保水性较差，口感较差。点浆后的浇注、压榨工序必须保持连续性，一旦暂停则蹲脑时间过长，豆脑变老，将影响产品品质。所以必须保证点浆工艺前后衔接顺畅。

⑤ 随着温度和时间的变化，酸浆里的微生物不断在生长繁殖，总酸含量也在变化。特别是在高温季节，间隔 4～5 h 后，酸浆液总酸含量变化比较大（1.5～2.5 g/kg 的波动范围），连续大生产时总酸含量的变化会影响豆浆凝固效果。现阶段酸浆总酸含量的测定，采用酸碱滴定法，耗时较长，不方便实现在线实时监控，一旦总酸含量不达标，临时重新调配费时，容易耽误生产进程。

第二节　酸浆豆制品生产工艺与配方

酸浆豆腐产品的弹性、韧性都优于石膏豆腐和卤水豆腐，且口感甘甜，非常适合生产高品质豆腐制品。

一、酸浆嫩豆腐

1. 原料及其配料

大豆 100 kg，20%酸浆（以豆浆量计），菌种（湖南省君益福食品有限公司）。

2. 工艺流程及其操作要点

（1）酸浆豆腐工艺流程

豆清液→收集→灭菌→冷却→接种发酵→终止发酵→酸浆

↓

大豆→清选→浸泡→清洗→磨浆→浆渣共煮→浆渣分离→微压煮浆→点浆→破脑→压制→出包→切块→包装→杀菌→喷码→金属探测→入库

（2）操作要点

① 清选　取大豆，去壳筛净。为了保证产品的质量，应清除混在大豆原料中的诸如泥土、石块、草屑及金属碎屑等杂物，选择那些无霉点、色泽光亮、籽粒饱满的大豆为佳。要选择优质无污染、未经热处理的大豆，以色泽光亮、籽粒饱满、无虫蛀和无鼠咬的大豆为佳。新收获的大豆不宜使用，应存放 3 个月后再使用。

② 浸泡　一般以豆、水重量比 1∶(2～3) 为宜。要用冷水，水质以软水、纯水为佳，出品高，硬水出品率接近软水、纯水的一半。浸泡温度和时间，以湖南为例，春秋季度，水温 20 ℃左右，浸泡 10～12 h；冬季，水温 5 ℃左右，浸泡 24 h；夏天，水温 25 ℃左右，浸泡 6～8 h。浸泡好的大豆达到以下要求：大豆吸水量约为 120%，大豆增重为 1.5～1.8 倍。大豆表面光滑，无皱皮，豆皮轻易不脱落，手触摸有松动感，豆瓣内表面略有塌陷，手指掐之易断，断面无硬心。

③ 磨浆　大豆浸好后，沥水，按豆水比例 1∶6 磨浆，用去离子水或反渗透水。磨浆的关键是掌握好豆浆的粗细度，过粗影响过浆率，过细大量纤维随着蛋白质一起进入豆渣中，一方面会造成筛网堵塞，影响滤浆。另外，豆腐品

质地粗糙，色泽灰暗。磨浆时还要注意调整好磨盘间隙，进行磨料，磨料的同时需添加适量的水。

④ 浆渣共煮 直接或间接用蒸汽将豆糊加热到 95～102 ℃并维持 2～3 min，进一步促进大豆可溶性蛋白溶出，同时也促进大豆中的碳水化合物（大豆多糖）和大豆磷脂的溶出，为后续提高豆浆的品质提供最佳的条件。

⑤ 浆渣分离 螺杆挤压机进行浆渣分离，螺旋挤压机的筛网孔径 70～80 目，挤压豆渣的水分低于 82%，豆渣蛋白质含量低于 2%（湿基）。熟浆法的浆渣分离不能采用离心机，由于豆糊在高温状态下，黏度和稠度均较高，离心分离的效果差，豆渣的白浆含量高，影响产品出品率。

⑥ 微压煮浆 煮浆可以使胰蛋白酶抑制素、血细胞凝集素、皂苷等多种生物有害物质失去活性，同时起到了杀菌的作用；可提高大豆蛋白质的消化率，提高大豆蛋白中赖氨酸的有效性，减轻大豆蛋白质的异味。微压煮浆的温度为（105±2）℃/3 min，压力为 0.01～0.03 MPa。豆浆的浓度为（8.0±0.5）°Bx。微压煮浆的豆浆脲酶为阴性。

⑦ 点浆

a. 将酸浆的酸度控制（4.2±0.5）g/L（以乳酸计），pH 值控制 4.0±0.2，温度加热至（55±5）℃，然后根据豆浆的量，按照 20%～30%的比例称量酸浆的量。

b. 将准备好的酸浆分成三份，采用游浆模式，每次缓慢加入酸浆，控制酸浆加入时间 2 min 之内，然后停留 2～3 min。

c. 点浆时，豆浆的浓度（8.0±0.5）°Bx，豆浆的温度（80±5）℃。点浆至无白浆为止，豆清液析出为澄清，静置蹲脑 8～10 min。

⑧ 破脑 破脑也叫排脑。由于豆腐脑中的水多被包在蛋白质网络中，不易自动排出。因此，要把已形成的豆腐脑适当地破碎，目的是排除其中所包含的一部分水。

⑨ 压制 也叫加压。可用重物直接加压或专用机械来完成。通过压制，可压榨出豆腐脑内多余的浆水，使豆腐脑密集地结合在一起，成为具有一定含水量和保持一定程度弹性与韧性的豆腐。

⑩ 切块、包装 规格 350～380 g/块。豆腐自动包装机装入塑料盒，然后注入反渗透水，封口。封口温度（165±5）℃，保持时间为 3～5s，以封口严实为标准。

⑪ 杀菌 这是食品安全管理关键控制点，杀菌温度和时间必须严格控制。包装后的盒装豆腐，经水浴巴氏杀菌槽，杀菌（85±2）℃/10 min，并冷却至室温。巴氏杀菌槽的温度自动控制，同时温度监控仪可以打印或下载杀菌过程

温度曲线。

⑫ 喷码　杀菌后的产品，喷上生产日期和批号、生产日期和批号管理，应符合国家《食品安全法》可追溯要求。

⑬ 金属探测　这是食品安全管理关键控制点。每两小时监控一次，发现异常，需要隔离产品，重新过金属探测器，确保产品100%符合要求。

⑭入库　产品经金属探测后，合格产品，应快速装筐入库，冷库的温度为4～10 ℃。

3. 酸浆豆腐的操作基本原则和控制技巧

(1) 豆浆浓度控制　豆浆的浓度控制在7.5～8.5°Bx之间，为最适点浆的浓度。嫩豆腐，主要豆浆的浓度要大，温度略高，这样点浆形成的脑花大，容易保住水分，使豆腐嫩而有弹性。俗语曰：稠浆不老，稀浆不能，就是这个道理。豆浆浓度若低于7.5°Bx时，蛋白质分子结合力不够，持水性差，豆腐没有弹性，出品率低。若豆浆浓度在8.5°Bx以上，蛋白质聚集容易，生成的豆腐脑块大，豆清发酵液与浓度过高的豆浆混合时，会迅速形成大块整团的豆腐脑，持水性明显下降，造成点浆结束时仍有部分豆浆无法凝固的现象，也无法得到清亮透明的上清液（新鲜豆清蛋白液），影响后续生产。

(2) 酸浆豆腐的点浆温度和时间　点浆温度和时间分别为85～90 ℃和20～25 min，豆腐凝胶形成较好，豆清蛋白液已澄清，且无白浆残留。看出点浆温度和时间密切相关，点浆时维持在88 ℃左右，加入酸浆后静置保温20 min，点浆效果最好。温度过高，会使蛋白质分子内能跃升，一遇到酸性的凝固剂，蛋白质就会迅速聚集，导致豆腐持水性变差、凝胶弹性变小、硬度变大。从宏观上看，由于凝固速度过快，酸浆点浆又是分多次加入凝固剂，稍有偏差，凝固剂分布不均，就会出现白浆现象。当温度低于85 ℃时，凝固速度很慢，脑花较小，豆腐韧性不足，持水性下降。

(3) 酸浆的pH或酸度控制　在适合的豆浆浓度、点浆温度和时间条件下，当酸浆的pH和添加比例分别为3.8～4.2和20%～30%时，豆腐凝胶结构紧密，且无白浆和过多新鲜豆清蛋白液出现。酸浆pH与酸浆的用量也有密切的相关性，加入pH 4.10左右及物料比20%的豆清发酵液时，豆腐脑块均匀，凝固效果好，制得豆腐口感细腻，韧性好，并富有弹性。豆清发酵液pH较高时，难以使混合液pH调整至大豆蛋白等电点pI=4.5附近，蛋白质分子表面离子化侧链所带净电荷无法完全中和，排斥力仍然存在，导致蛋白质分子难以碰撞、聚集而沉淀，豆浆凝固困难。而pH偏高则不可避免要加入较多（60%以上）豆清发酵液用以调整混合液pH，但是随着大量低温豆清发酵液的加入，点浆温度必然下降，影响着点浆效果。若豆清发酵液过酸，pH 过低时，大豆蛋白质溶解度反而升高，同样不利于点浆。

（4）凝固时间控制　凝固时间豆浆的凝乳效果和凝固时间有很大关系。当凝固时间小于 10 min 时，不能成型。凝固时间一般控制在 15～20 min。凝固时间过长会影响生产效率。

（5）蹲脑　蹲脑又称为养浆，豆浆在凝固剂的作用下，大豆蛋白形成凝胶后大豆蛋白质凝固过程的后续阶段。即点浆开始后，豆浆中绝大部分蛋白质分子凝固成凝胶，但其网状结构尚未完全成型，并且仍有少许蛋白质分子处于凝固阶段，故须静置 20～30 min。养浆过程不能受外力干扰，否则，已经成型的凝胶网络结构会被破坏。

（6）压制　压制也叫压榨，这是我国豆腐脱水最常采用的技术，豆腐的压榨具有脱水和成型双重作用。压榨在豆腐箱和豆腐包布内完成，使用包布的目的是使水分通过，而分散的蛋白凝胶则在包布内形成豆腐。豆腐包布网眼的粗细（目数）与豆腐制品的成型密切相关。传统的压榨一般借助石头等重物置于豆腐压框上方进行压榨，明显的缺点是效率低且排水不足；单人操作的小型压榨装置则在豆腐压框上固定一横梁作为支点，用千斤顶或液压杠等设备缓慢加压，使豆腐成型。

目前国内压榨的半自动化设备大多使用气缸或液压装置，并用机械手提升豆腐框，以叠加豆腐框依靠自重压榨的方式提高效率。全自动化设备目前仅有转盘式液压压榨机，多个压榨组同时压榨并旋转，起到了输送的作用；同时压框循环使用，自动上框、回框，实现自动化。

二、酸浆老豆腐

1. 原料及其配料

大豆 100 kg，25％酸浆（以豆浆量计），菌种（湖南省君益福食品有限公司）。

2. 工艺流程及其操作要点

（1）酸浆豆腐工艺流程

豆清液→收集→灭菌→冷却→接种发酵→终止发酵→酸浆
↓
大豆→清选→浸泡→清洗→磨浆→浆渣共煮→浆渣分离→微压煮浆→点浆→破脑→压制→出包→切块→包装→杀菌→喷码→金属探测→入库

（2）操作要点

① 大豆清选、浸泡　条件与酸浆嫩豆腐一致。

② 磨浆　大豆浸好后，沥水，按豆水比例1∶8磨浆，用去离子水或反渗透水。磨浆磨盘的间隙和磨浆的细度标准与酸浆嫩豆腐一致。

③ 浆渣共煮　直接或间接用蒸汽将豆糊加热到95～102 ℃并维持2～3 min，进一步促进大豆可溶性蛋白溶出，同时也促进大豆中的碳水化合物（大豆多糖）和大豆磷脂的溶出，为后续提高豆浆的品质提供最佳的条件。

④ 浆渣分离　螺杆挤压机进行浆渣分离，螺旋挤压机的筛网孔径70-80目，挤压豆渣的水分低于82%，豆渣蛋白质含量低于2%（湿基）。熟浆法的浆渣分离不能采用离心机，由于豆糊在高温状态下，黏度和稠度均较高，离心分离的效果差，豆渣的白浆的含量高，影响产品出品率。

⑤ 微压煮浆　微压煮浆的温度为（105±2)℃，时间3 min，压力为0.01～0.03 MPa。豆浆的浓度为（6.5±0.5)°Bx。微压煮浆的豆浆脲酶为阴性。

⑥ 点浆

a. 将酸浆的酸度控制（4.2±0.5)g/L（以乳酸计），pH值控制在4.0±0.2，温度加热至（55±5)℃，然后根据豆浆的量，按照20%的比例称量酸浆的量。

b. 将准备好的酸浆分成三份，采用游浆模式，每次缓慢加入酸浆，控制酸浆加入时间2 min之内，然后停留2～3 min。

c. 点浆时，豆浆的浓度（6.5±0.5)°Bx，豆浆的温度（80±5)℃。点浆至无白浆为止，豆清液析出为澄清，静置蹲脑10～12 min。

⑦ 破脑　操作方式与酸浆嫩豆腐中破脑相同。

⑧ 压制　操作方式与酸浆嫩豆腐中压制相同。

⑨ 切块、包装　将豆腐分切成块，规格350～380 g/块。豆腐自动包装机装入塑料盒，然后注入反渗透水，封口。封口温度（165±5)℃，保持时间为3～5 s，以封口严实为标准。

⑩ 杀菌　这是食品安全管理关键控制点，杀菌温度和时间必须严格控制。包装后的盒装豆腐，经水浴巴氏杀菌槽，杀菌（85±2)℃，时间10 min，并冷却至室温。巴氏杀菌槽的温度自动控制，同时温度监控仪，可以打印或下载杀菌过程温度曲线。

⑪ 喷码　杀菌后的产品，喷上生产日期和批号，生产日期和批号管理，应符合国家《食品安全法》可追溯要求。

⑫ 金属探测　金属探测控制标准：铁1.0 mm，非铁1.5 mm，不锈钢2.0 mm。这是食品安全管理，关键控制点。每两小时监控一次，发现异常，需要隔离产品，重新过金属探测器，确保产品100%符合要求。

⑬入库。产品经金属探测后，合格产品，应快速装筐入库，冷库的温度

4～10 ℃。

3. 酸浆豆腐的操作原则和控制技巧

（1）豆浆浓度控制　豆浆的浓度控制在6.0～7.0°Bx之间，为最适点浆的浓度。豆浆浓度若低于7.0°Bx时，脑花较小，蛋白质分子结合力不够，持水性差，豆腐没有弹性，出品率低。若豆浆浓度在8.0°Bx以上，脑花较大，蛋白质聚集越容易，生成的豆腐脑块大，酸浆与浓度过高的豆浆混合时，会迅速形成大块整团的豆腐脑，不利于豆清液排出，造成豆腐水分含量过高，变成嫩豆腐，此外，大脑花中夹有白浆，也无法得到清亮透明的上清液（新鲜豆清蛋白液），影响后续生产。

（2）酸浆豆腐的点浆温度和时间　点浆温度和时间分别为76.5～78.5 ℃和25～30 min，豆腐凝胶形成较好，豆清蛋白液已澄清，且无白浆残留。看出点浆温度和时间密切相关，点浆时维持在78 ℃左右，加入酸浆后静置保温30 min，点浆效果最好。温度过高，会使蛋白质分子内能跃升，一遇到酸性的凝固剂，蛋白质就会迅速聚集，导致豆腐持水性变差、凝胶弹性变小、硬度变大。从宏观上看，由于凝固速度过快，酸浆点浆又是分多次加入凝固剂，稍有偏差，凝固剂分布不均，就会出现白浆现象。当温度低于78 ℃甚至低于70 ℃时，凝固速度很慢，凝胶结构会吸附大量水分，导致豆腐含水量上升，韧性不足。

（3）凝固时间控制　凝固时间豆浆的凝乳效果和凝固时间有很大关系。当凝固时间小于10 min时，不能成型。凝固时间一般控制在15～20 min。凝固时间过长会影响生产效率。

（4）凝固温度控制　凝固温度把豆浆用蒸汽加热到80 ℃左右开始点浆，温度直接影响蛋白质胶凝的效果。适宜的温度也可以使酶和微生物失活，达到一定的杀菌效果。

（5）蹲脑　蹲脑又称为养浆，豆浆在凝固剂的作用下，大豆蛋白形成凝胶后大豆蛋白质凝固过程的后续阶段。即点浆开始后，豆浆中绝大部分蛋白质分子凝固成凝胶，但其网状结构尚未完全成形，并且仍有少许蛋白质分子处于凝固阶段，故须静置20～30 min。养浆过程不能受外力干扰，否则，已经成型的凝胶网络结构会被破坏。

三、酸浆蜂窝豆腐

1. 原料及其配方

大豆100 kg，25%酸浆（以豆浆量计），菌种（湖南省君益福食品有限公司）

2. 工艺流程及其操作要点

(1) 酸浆豆腐工艺流程

豆清液→收集→灭菌→冷却→接种发酵→终止发酵→酸浆
↓
大豆→清选→浸泡→清洗→磨浆→浆渣共煮→浆渣分离→微压煮浆→点浆→破脑→压制→出包→切块→包装→杀菌→喷码→金属探测→入库

(2) 操作要点

① 大豆清洗、挑选、除杂和大豆浸泡条件　与酸浆老豆腐一致。

② 磨浆　大豆浸好后，沥水，按豆水比例 1∶9 磨浆，用去离子水或反渗透水。磨盘的间隙和磨浆的细度标准与酸浆嫩豆腐一致。

③ 浆渣共煮　直接或间接用蒸汽将豆糊加热到 95～102 ℃并维持 2～3 min，进一步促进大豆可溶性蛋白溶出，同时也促进大豆中的碳水化合物（大豆多糖）和大豆磷脂的溶出，为后续提高豆浆的品质提供最佳的条件。

④ 浆渣分离　操作要求与酸浆老豆腐一致，得到浓度为 (5.5±0.5)°Bx 的豆浆。

⑤ 微压煮浆　操作要求与酸浆老豆腐一致，微压煮浆的温度为 (105±2)℃，时间 3 min，压力为 0.01～0.03 MPa。

⑥ 点浆

a. 将酸浆的酸度控制 (4.2±0.5)g/L，pH 值控制 4.0±0.2，温度加热至 (55±5)℃，然后根据豆浆的量，按照 20%的比例称量酸浆的量。

b. 将准备好的酸浆分成四份，采用游浆模式，每次缓慢加入酸浆，控制酸浆加入时间 2 min 之内，然后停留 2～3 min。

c. 点浆时，豆浆的浓度 (5.5±0.5)°Bx，豆浆的温度 (90±5)℃。点浆前冲入 20%的冷水或冷豆浆（以豆浆计）。点浆至无白浆为止，豆清液析出为澄清，静置蹲脑 10～12 min。

⑦ 破脑　操作方式与酸浆嫩豆腐中破脑相同。

⑧ 压制　操作方式与酸浆嫩豆腐压制相同。

⑨ 切块、包装　将豆腐分切成块，规格 350～380 g/块。豆腐自动包装机装入塑料盒，然后注入反渗透水，封口。封口温度 (165±5)℃，保持时间为 3～5 s，以封口严实为标准。

⑩ 杀菌。这是食品安全管理关键控制点，杀菌温度和时间必须严格控制。包装后的盒装豆腐，经水浴巴氏杀菌槽，杀菌温度 (95±2)℃，时间 10 min，并冷却至室温。巴氏杀菌槽的温度自动控制，同时温度监控仪，可以打印或下

载杀菌过程温度曲线。

⑪ 喷码。杀菌后的产品，喷上生产日期和批号，生产日期和批号管理，应符合国家《食品安全法》可追溯要求。

⑫ 金属探测。金属探测控制标准：铁 1.0 mm，非铁 1.5 mm，不锈钢 2.0 mm。这是食品安全管理，关键控制点。每两小时监控一次，发现异常，需要隔离产品，重新过金属探测器，确保产品 100%符合要求。

⑬ 入库。产品经金属探测后，合格产品，应快速装筐入库，冷库的温度 4～10 ℃。

成品见图 5-51。

图 5-51　蜂窝豆腐内部

四、酸浆豆干

1. 原料及其配方

大豆 100 kg，25%～30%酸浆适量（以豆浆量计），菌种（湖南君益福食品有限公司）。

2. 工艺流程及其操作要点

（1）工艺流程

豆清液→收集→灭菌→冷却→接种发酵→终止发酵→酸浆

↓

大豆清选→浸泡→清洗→磨浆→浆渣共熟→浆渣分离→微压煮浆→点浆→蹲脑→破脑→上箱→压制成型→切块成品→烘烤→卤制→拌料→包装→灭菌→成品

（2）操作要点

① 大豆清选　应选择颗粒整齐、无虫眼、无霉变的新大豆为原料。为了

提高加工产品的质量，必须对原料进行筛选，以清除杂物如砂石等。一般可采用机械筛选机、电磁筛选机、风力除尘器、比重去石机等进行筛选。

② 浸泡　大豆浸泡要掌握好水量、水温和浸泡时间。泡好的大豆表面光亮，没有皱皮，有弹性，豆皮也不易脱掉；豆瓣呈乳白色，稍有凹陷，容易掐断。

③ 清洗　浸泡好的大豆要进行清洗，以除去脱离的豆皮和酸性的泡豆水，提高产品质量。

④ 磨浆　将泡好的大豆用陶瓷磨或砂轮磨磨浆，为了使大豆充分释放蛋白质。磨浆时的加水量一般是大豆质量的1∶7倍，采用流量计自动控制豆水比例，磨成较稠的糊状物。

⑤ 浆渣共熟　磨浆后，将豆糊加入煮熟，并在95～102 ℃维持3～5 min，促进大豆有效成分的溶出，特别是大豆磷脂和大豆多糖。

⑥ 浆渣分离　将煮熟的豆糊，采用挤压的方式，使豆浆与豆渣分离，获得需要的豆浆，豆浆的浓度（5.5±0.5）°Bx。豆渣也可用热水洗渣一次，用洗渣水作为磨豆糊的水，这样可以提高豆制品的品质和得率。

⑦ 微压煮浆　将获得的豆浆用蒸汽加入，促使豆浆适度变性，同时进一步使大豆中的生物酶失活，以减少豆浆的豆腥味和苦涩味，增加豆香味。加热温度要求为103～107 ℃，保持2～4 min。

⑧ 点浆　酸浆的pH范围控制3.8～4.2，酸浆的添加量20%～30%之间。酸浆分三次，缓慢添加，边加边搅拌，看见大的豆花形成后，放慢点浆速度。豆腐偏老，则减少豆清发酵液的用量；豆腐偏嫩，则增加豆清发酵液的用量。

⑨ 蹲脑　点浆工序完成后，须静置20～30 min。可根据豆清液的状态，适度调整蹲脑的时间，豆腐嫩可适当延长蹲脑时间，豆腐老可缩短蹲脑时间。

⑩ 压榨　豆腐的压榨具有脱水和成型双重作用。压榨在豆腐箱和豆腐包布内完成，使用包布的目的是使水分通过，而分散的蛋白凝胶则在包布内形成豆腐。豆腐包布网眼的粗细（目数）与豆腐制品的成型密切相关。压榨方式可以借助石头等重物置于豆腐压框上方进行压榨，或液压杠等设备缓慢加压，液压的压力控制范围0.6～0.8 MPa，使豆腐成型。

⑪ 烘干　采用隧道链条上烘干设备，热源可以选择电或蒸汽。烘干的温度设定65 ℃—80 ℃—70 ℃的模式，时间分别为60 min—70 min—60 min。烘干机的长度根据产品的产能和水分含量进行设计。烘干过程注意豆腐表面形成干硬膜，阻止水分外迁。这是“湘派”豆腐干的工艺特色之一。

成品见图5-52。

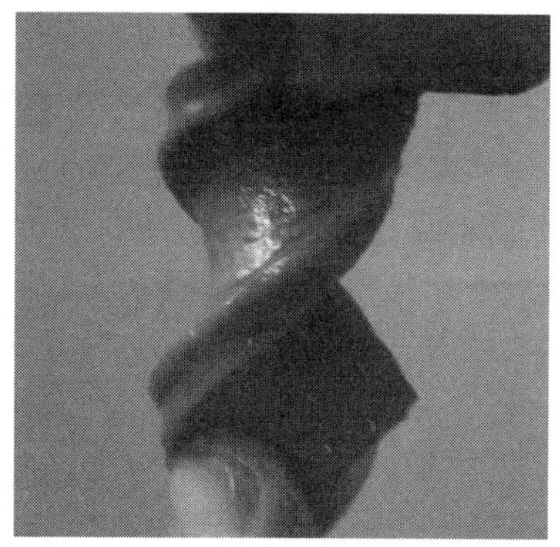

图 5-52 休闲豆干

五、酸浆包浆豆腐

包浆豆腐，又称爆浆豆腐，发源于中国西南部云贵川等地区。所谓包浆，就是豆腐在烤制或油炸之后，豆腐外表形成酥脆的金黄色薄皮，内部则产生呈半流动状的浆液，故称之为包浆豆腐，又因在油炸或烤制时酥脆外皮不时有浆液爆出，亦称之为爆浆豆腐。其口感清香，入口丝滑，吃起来汁液四溅，味道极佳。由于其具有良好的再加工特性，有良好的发展前景。

1. 原料与配方

大豆 100 kg，20%～30%酸浆（以豆浆量计），微生物菌种适量，食盐、大豆油、碳酸氢钠适量。

2. 工艺流程及其操作要点

（1）工艺流程

豆清液→收集→灭菌→冷却→接种发酵→终止发酵→酸浆

↓

大豆→精选清洗→浸泡→磨浆→浆渣分离→微压煮浆→点浆→蹲脑→压榨→切块冷藏→氽碱→清洗→沥水→油炸→成品

（2）操作要点

① 浸泡　按干豆质量∶水＝1∶2.5 的比例，根据季节，气温决定泡豆时间：夏季泡 6～8 h，春秋泡 8～10 h，冬季 10～12 h 为宜。

② 磨浆、微压煮浆　以干豆质量∶水＝1∶7 的比例加去离子水进行磨浆，再将磨好的豆糊加热至 105 ℃维持 3～5 min，进行浆渣分离，得到豆浆，豆浆的浓度为（7.5±0.5）°Bx。

③ 点浆　豆浆加热至 85 ℃以上，添加 20%～25%酸浆进行点浆（总酸

3.6 g/kg)，其间可观察到豆浆中出现少量不断上浮的小米粒状脑花，接着大量米粒状脑花上浮，逐渐形成大颗粒脑花，最后形成大面积脑花且逐渐析出淡黄色豆清液直至澄清。

④ 蹲脑、压榨　点脑完成后，保温蹲脑 20～25 min，0.45 MPa 压榨 30～40 min，控制水分在 75%以下，可适当延长压榨时间或逐渐增加压力。

⑤ 切块冷藏　将豆干切成 5 cm×5 cm 的豆腐坯，厚度 0.8～1.2 cm，然后放在 0～4 ℃冷藏库 8～12 h，这个过程又称排酸，目的为余碱创造条件。

⑥ 余碱　余碱是云南包浆豆腐的特征之一。把冷藏后的豆腐坯放入配制好的碱液（1.3%～1.5%的碳酸氢钠）中浸泡 8～12 h。

⑦ 清洗和沥水　将余碱后的豆腐坯用清水清洗 2～3 次，然后沥干豆腐坯表面的水。产品切成大小相同的规格，并装盒包装，在冷链条件下保存或运输。

⑧ 油炸　将油加热至 200～210 ℃，再将包浆豆腐坯子放入油中，控制油炸温度为 130～140 ℃，保温 3～5 min，即可得到含浆的包浆豆腐；若想包浆豆腐中含有浆汁，可将油炸温度控制在 150～160 ℃，保持 2～4 min 即可。

包浆豆腐外形和包浆状态如图 5-53 所示。

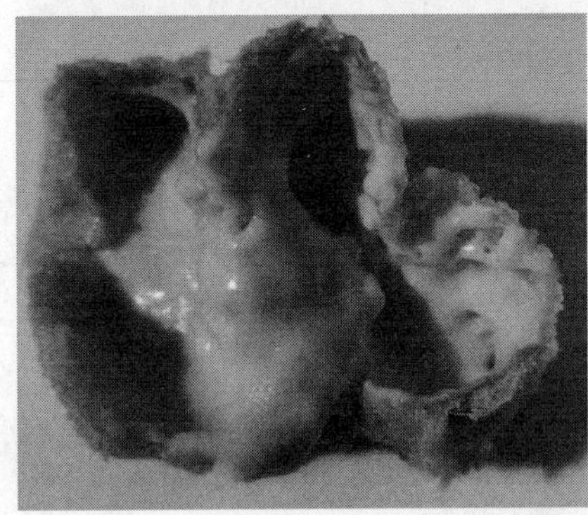

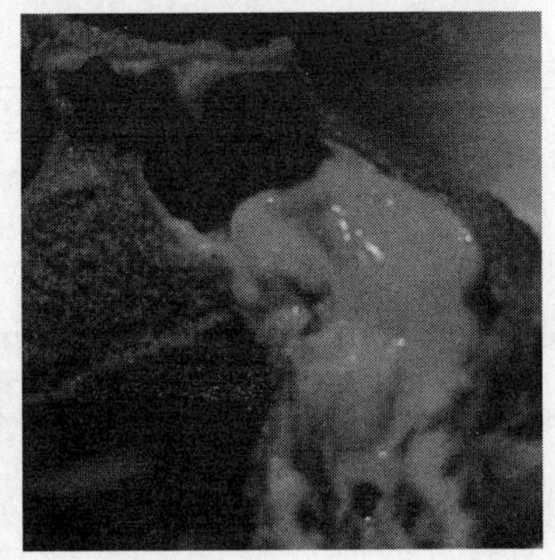

图 5-53　包浆豆腐外形和包浆状态

第三节　二次浆渣共熟酸浆豆腐工艺优化

通过二次浆渣共熟法制备豆清发酵液豆腐，产品韧性好、保水性高，豆腐风味独特，深受广大消费者欢迎，同时也会提高豆腐蛋白质的提取率及豆浆中多糖的含量，使豆腐的品质得到了很大提升。本研究采用二次浆渣共熟加工方法，以豆腐水分含量、保水性得率和蛋白质含量为评定指标，探讨水豆比、煮浆温度、煮浆时间以及豆清发酵液添加量对豆腐品质的影响，以期为提高豆腐的产量及蛋白质含量，也为豆清发酵液豆腐标准化工业生产提供有效的技术支持和理论依据。

一、材料与方法

1. 材料与仪器设备

大豆（加拿大非转基因豆，蛋白质含量38%），豆清发酵液，消泡剂（食品级），其他试剂均为国产分析纯。

MZJJ-1 0.2吨熟浆集成设备，EL204型电子天平，UV-1780型紫外可见分光光度计，UDK139型凯氏定氮仪，VELOCITY18R型台式冷冻离心机，GZX-9140MBE型电热鼓风干燥箱。

2. 实验方法

（1）二次浆渣共熟工艺流程

大豆→浸泡（湿豆重量是干豆的2～2.2倍）→磨浆（4份）→浆渣共熟1→分离→豆浆1→混合（85 ℃）→豆腐

分离→豆渣1；热水（2份）→豆渣1→浆渣共熟2（温度90 ℃）→分离→豆浆2→混合

（2）豆清发酵液标准统一　取澄清的豆清液，过滤掉豆花残渣，将加工好的豆清液加入菌液发酵，分别在不同时间条件下，测定豆清发酵液酸度、pH、蛋白酶酶活，研究出在豆清发酵液最佳酸度、pH、蛋白酶活性条件下的发酵时间。

（3）豆清发酵液豆腐的制备　挑选5 kg饱满且无霉变的大豆，清洗，添加3倍水在常温条件下浸泡8～12 h，根据二次浆渣共熟法生产豆腐，加入一定豆清发酵液后蹲脑，压制成型，冷却制成豆清发酵液豆腐。

(4) 单因素实验　以水豆质量比 6∶1、煮浆温度 105 ℃、煮浆时间 6 min、豆清发酵液添加量为 30%为基本配比，以豆腐得率、蛋白质含量、水分含量以及保水性为评价指标，采用单因素实验，依次对水豆比、煮浆温度、煮浆时间、豆清发酵液添加量进行考察，实验水平分别选择水豆质量比为 3∶1、4∶1、5∶1、6∶1、7∶1；煮浆温度分别为 95 ℃、100 ℃、105 ℃、110 ℃、115 ℃；煮浆时间为 0 min、3 min、6 min、9 min、12 min；豆清发酵液添加量为 15%、20%、25%、30%、35%。

(5) 响应面实验设计　根据以上单因素实验结果确定水豆比、煮浆温度、煮浆时间和豆清发酵液添加量为实验因素，选取四者较优水平，采用四因素三水平进行响应面分析（表 5-8）。

表 5-8　响应面实验因素水平编码

水平	因素			
	A 水豆质量比/(kg/kg)	B 煮浆时间/min	C 煮浆温度/ ℃	D 豆清发酵液添加量/%
−1	5∶1	3	100	20
0	6∶1	6	105	25
1	7∶1	9	110	30

(6) 豆腐得率的测定　湿豆腐得率＝样品制成豆腐的湿重/大豆样品风干重×100%

(7) 豆腐蛋白质及水分含量的测定　蛋白质含量的测定参照 GB 5009.5—2016；水分含量的测定参照 GB 5009.3—2016。

(8) 豆腐保水性的测定　精确称取 2 g（精确到 0.0001 g）豆腐，放于底部有脱脂棉的 50 mL 离心管中，以 1000 r/min 转速离心 10 min 后称重并记录（W_1），置于 105 ℃下干燥至恒重（W_0）。

$$\mathrm{WHC}=\frac{W_1-W_0}{W_1}\times 100\%$$

式中，WHC 代表豆腐的保水性，%；W_1 代表离心管干燥前质量；W_0 代表干燥至恒重的质量，g。

3. 数据处理

运用 IBM SPSS Statistics 22 软件、Origin 9.0 软件以及 Design-Expert 8.0 进行数据处理分析，且每组实验重复 3 次。

二、结果与分析

1. 发酵时间对豆清发酵液 pH、酸度和蛋白酶酶活的影响

见图 5-54 和图 5-55。

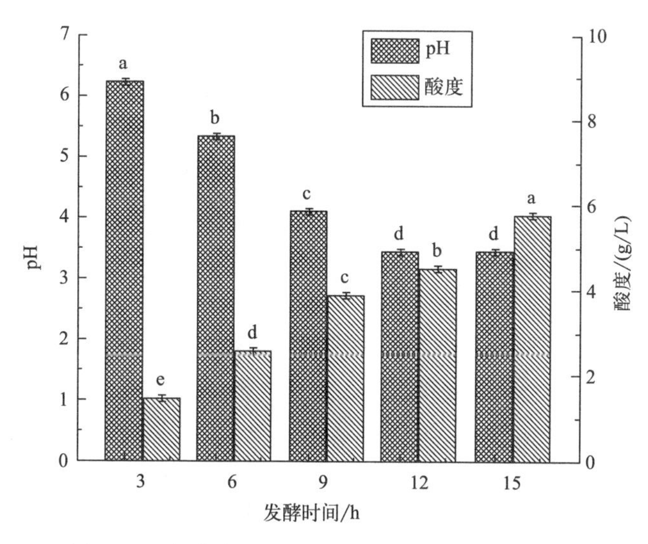

图 5-54　发酵时间对豆清发酵液 pH 和酸度的影响

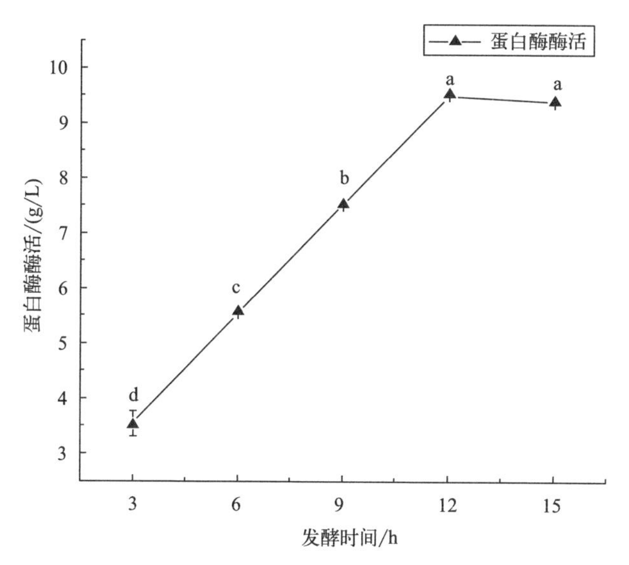

图 5-55　发酵时间对豆清发酵液蛋白酶酶活的影响

将豆清发酵液的酸度、pH、蛋白酶酶活进行多重比较，

不同小写字母表示差异显著（$P<0.05$）

根据实验可知，随着发酵时间的递增，豆清发酵液 pH 逐渐下降，酸度慢慢上升，而蛋白酶酶活先增加后减少。因为随着发酵时间的增长，菌种在培养过程中产生了的大量的酸性代谢物，其在豆发酵液中大量囤积，致豆清发酵液 pH 值降低，酸度上升；菌种迅速生长，从而要提高大量的营养成分，即菌种会分泌出大量的蛋白酶，基质分解速度加快，蛋白酶活性随之升高，12 h 后，菌丝生长速度减缓，蛋白酶活性也随之呈下降趋势。综上，豆清发酵液应发酵在 12 h 左右，其酸度、pH、蛋白酶活性达到最佳点浆要求。

2. 水豆质量比对豆清发酵液豆腐品质的影响

见图 5-56 和图 5-57。

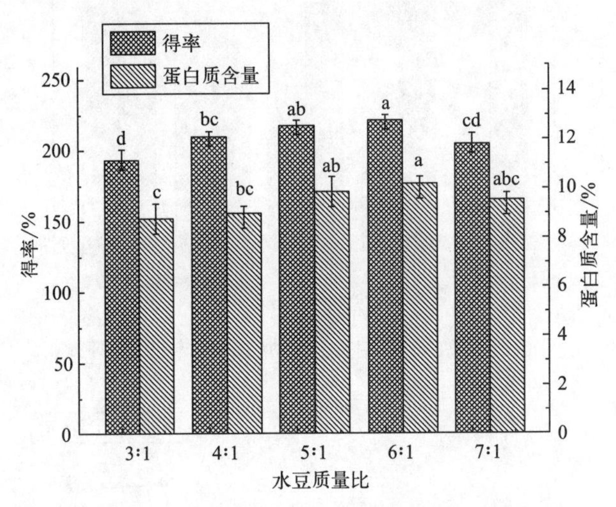

图 5-56　水豆质量比对豆腐得率和蛋白质含量的影响

将单因素与得率、蛋白质含量、水分含量及保水性进行多重比较，

不同小写字母表示差异显著（$P<0.05$），同图 5-56～图 5-63

随着磨浆水豆质量比的增加，豆腐的得率、蛋白质含量呈先增加然后减少的趋势，保水性先升后降。因为磨浆水量较低时，豆浆中蛋白质浓度较高，而添加一定量的豆清发酵液时，豆清发酵液中氢离子和蛋白酶的含量不能完全和豆浆反应，致使蛋白质凝胶形成不完全，豆腐中三维网络结构不致密，从而导致豆腐网络结构锁定的水分较低，故豆腐的水分含量和保水性较低。随着磨浆水豆质量比的增加，豆清发酵液中氢离子和蛋白酶的含量逐渐上升，可以和豆浆反应逐渐完全，使豆腐保水性上升。但磨浆水豆质量比超过一定范围时，豆浆中蛋白质含量太低，从而不能形成较多的蛋白质凝胶和空间三维网络结构，豆腐的水分含量及保水性也随之降低。张玉静表明豆腐蛋白质含量与得率、豆腐水分含量、豆腐保水性呈极显著正相关，与本研究相符。

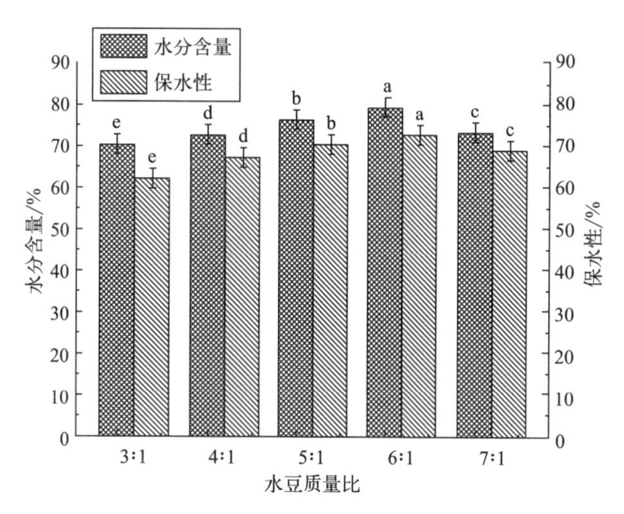

图 5-57 水豆质量比对豆腐水分含量和保水性的影响

3. 煮浆温度对豆清发酵液豆腐品质的影响

见图 5-58 和图 5-59。

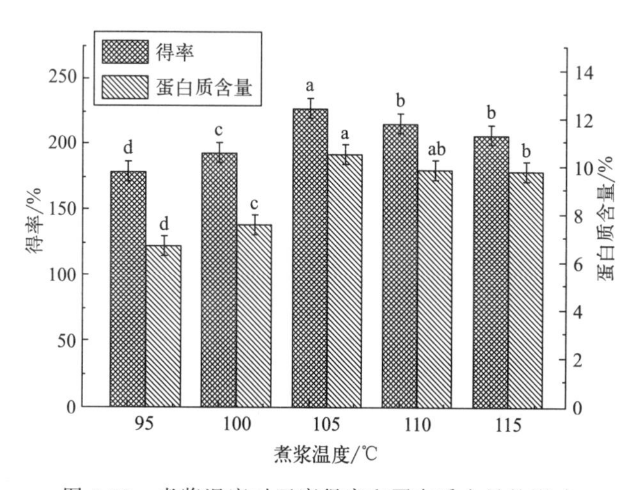

图 5-58 煮浆温度对豆腐得率和蛋白质含量的影响

豆腐的得率及蛋白质含量随着煮浆温度的升高而递增，同时其水分含量和保水性也随之提高。因为煮浆温度上升，大豆蛋白分子的构象改变，从天然的β折叠状态变为展开状态，大豆蛋白的亲水基团更多暴露，从而有利于大豆蛋白溶于水，使豆浆中的蛋白颗粒增加，豆渣中残留的蛋白质含量减少，从而使豆腐的得率和蛋白质含量提高。温度过高时豆腐的得率、蛋白质含量、水分含量及保水性会随之降低，因为温度过高会使豆浆中的蛋白质过度变性，使其导

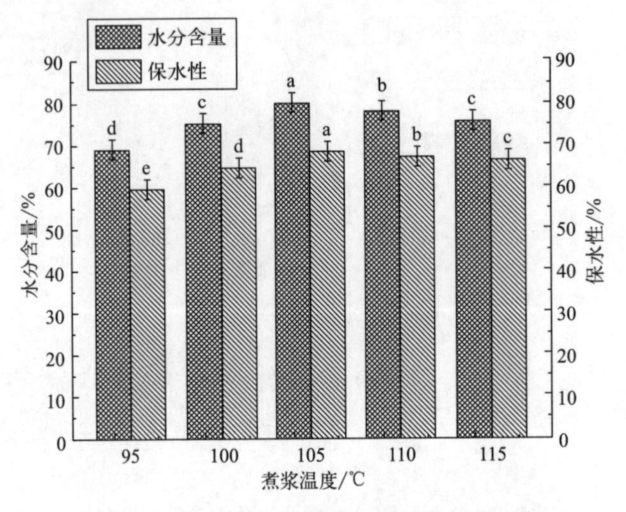

图 5-59　煮浆温度对豆腐水分含量和保水性的影响

致暴露出疏水基团和其他活性基团失活，豆腐不能形成紧密的网络凝胶结构。

4. 煮浆时间对豆清发酵液豆腐品质的影响

由图 5-60、图 5-61 可知，随着煮浆时间的增加，豆腐的得率、蛋白质含量、水分含量以及保水性先增加后减少。由于随着煮浆时间延长，蛋白质分子内部的巯基和疏水性基团被暴露出来，这些暴露的基团之间通过二硫键以及疏水相互作用等形成聚集体，可形成凝胶三维网络结构的变性蛋白质分子逐渐增多，使制得的豆腐凝胶的强度增大，失水率减小，得率、蛋白质含量增加，而

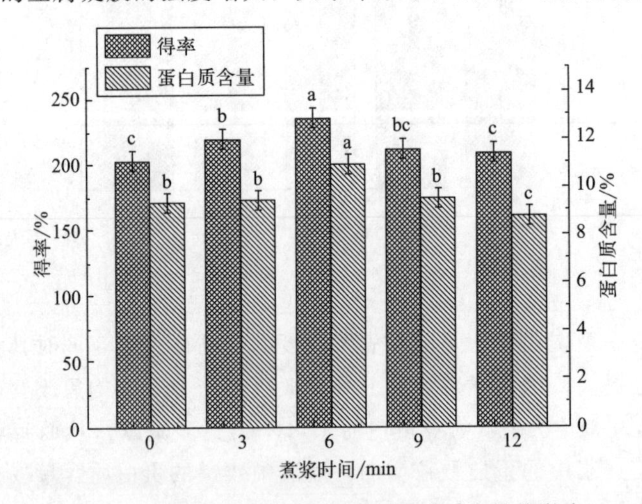

图 5-60　煮浆时间对豆腐得率和蛋白质含量的影响

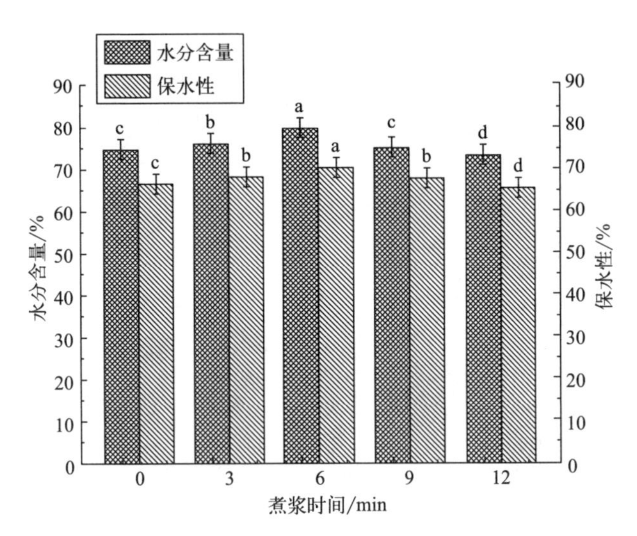

图 5-61　煮浆时间对豆腐水分含量和保水性的影响

随着时间的增加，豆浆中蛋白质分子上的巯基发生氧化，从而使豆腐中各项指标随之降低。

5. 豆清发酵液添加量对豆清发酵液豆腐品质的影响

如图 5-62、图 5-63 所示，随着豆清发酵液添加量的增多，豆腐各项指标先增加后减少，且呈现显著性相关，添加量达到 25%时，豆腐的得率、蛋白质含量、水分含量及保水性均为最高，因为豆清发酵液中有机酸主要为乳酸，

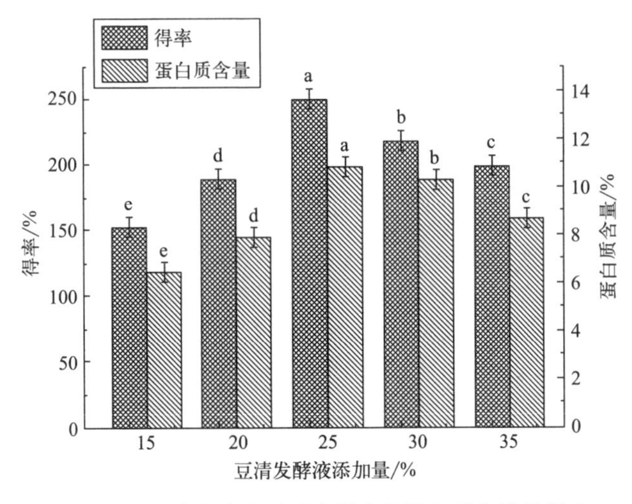

图 5-62　豆清发酵液对豆腐得率和蛋白质含量的影响

其产生的 H^+ 使豆浆的 pH 下降，弱酸性的蛋白质负离子易获取这种 H^+，使蛋白质表面带电量降低而呈电中性，形成致密、有序和稳定的三维蛋白网络结构，构成了宏观豆腐凝胶，即豆腐的各项指标随之增加，而随着添加量的继续增加，豆腐各项指标随之下降，这是因为随着 H^+ 浓度的增大，会破坏豆浆中蛋白质分子之间的平衡力，豆腐的胶凝三维网络结构变得松散。

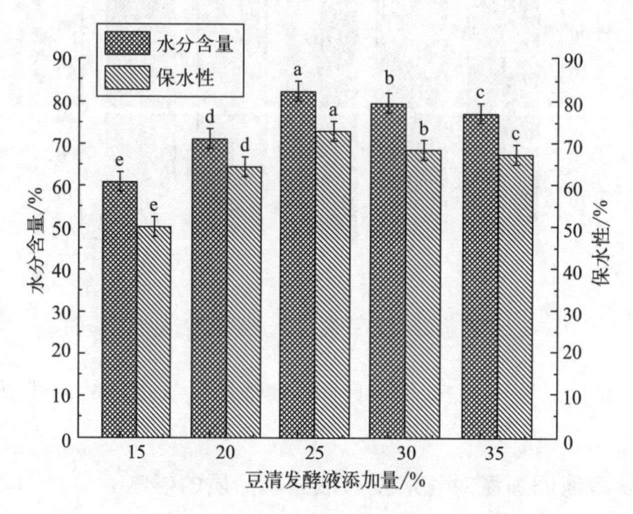

图 5-63　豆清发酵液对豆腐得率和蛋白质含量的影响

6. 二次浆渣共熟工艺响应面优化实验结果

（1）响应面实验结果及分析

响应面实验结果见表 5-9，通过 Design-expert 8.0 软件对数据进行多元回归拟合，得到豆清发酵液豆腐得率（Y_1）和蛋白质含量（Y_2）的二次多项式回归模型为：

① $Y_1 = 250.00 - 1.83A + 6.25B - 2.17C + 12.58D - 3.75AB - 3.00AC + 2.25AD + BC + 6.50BD - 6.00CD - 25.25A^2 - 26.13B^2 - 23.25C^2 - 30.87D^2$

② $Y_2 = 10.53 - 0.17A + 0.45B - 0.22C + 1.02D + 0.46AB + 0.22AC - 0.27AD + 0.43BC - 0.08BD + 0.01CD - 0.56A^2 - 1.47B^2 - 1.17C^2 - 1.87D^2$

对回归模型式①和式②进行方差分析和回归系数显著性检验，结果见表 5-10、5-11。豆腐得率和蛋白质含量模型 P_1、P_2 均小于 0.01，表明回归模型影响呈极显著。失拟项 $P_1 = 0.9913 > 0.05$、$P_2 = 0.5195 > 0.05$，可知两个模型失拟项不显著，即模型较为可靠。实验的校正系数 $R_1^2 = 0.9915$、$R_2^2 = 0.9918$，修正系数 $R_1^2 = 0.9852$、$R_2^2 = 0.9836$，可知这两个模型能够较好地反映各个单因素之间的关系，拟合度高，实验误差小。

表 5-9　响应面实验设计及结果

试验号	水豆比	煮浆时间	煮浆温度	豆清发酵液添加量	得率	蛋白质含量
1	−1	0	−1	0	204	9.16
2	−1	−1	0	0	190	8.81
3	−1	1	0	0	210	8.87
4	−1	0	0	1	204	9.57
5	−1	0	0	−1	185	6.94
6	−1	0	1	0	206	8.46
7	0	−1	−1	0	198	8.26
8	0	0	0	0	247	10.58
9	0	1	1	0	205	8.45
10	0	0	−1	1	218	8.66
11	0	0	0	0	257	10.61
12	0	−1	0	−1	180	5.51
13	0	−1	1	0	192	6.77
14	0	1	0	−1	181	6.59
15	0	−1	0	1	192	7.83
16	0	0	0	0	247	10.23
17	0	0	1	1	201	8.24
18	0	1	0	1	219	8.61
19	0	1	−1	0	207	8.21
20	0	0	0	0	248	10.59
21	0	0	0	0	251	10.65
22	0	0	1	−1	186	6.35
23	0	0	−1	−1	179	6.81
24	1	1	0	0	200	9.14
25	1	0	−1	0	203	8.58
26	1	0	0	1	207	8.79
27	1	−1	0	0	195	7.26
28	1	0	1	0	193	8.77
29	1	0	0	−1	179	7.25

表 5-10　豆腐得率试验方差分析结果

方差来源	平方和	自由度	均值	F 值	P 值	显著性
模型	14659.8	14	1047.13	145.51	<0.0001	* *
A	40.33	1	40.33	5.6	0.0329	*
B	56.33	1	56.33	7.83	0.0142	*
C	468.75	1	468.75	65.14	<0.0001	* *
D	1900.08	1	1900.08	264.03	<0.0001	* *
AB	36	1	36	5	0.0421	*
AC	56.25	1	56.25	7.82	0.0143	*
AD	20.25	1	20.25	2.81	0.1156	
BC	4	1	4	0.56	0.4683	
BD	144	1	144	20.01	0.0005	* *
CD	169	1	169	23.48	0.0003	* *
A^2	4135.54	1	4135.54	574.67	<0.0001	* *
B^2	3506.35	1	3506.35	487.23	<0.0001	* *
C^2	4427.13	1	4427.13	615.18	<0.0001	* *
D^2	6183.34	1	6183.34	859.22	<0.0001	* *
残差	100.75	14	7.2			
失拟值	28.75	10	2.88	0.16	0.9913	
纯误差	72	4	18			
总离差	4760.55	28				

注：* 表示差异显著（$P<0.05$），* * 表示差异极显著（$P<0.01$）。

表 5-11　豆腐蛋白质含量试验方差分析结果

方差来源	平方和	自由度	均值	F 值	P 值	显著性
模型	51.88	14	3.71	121.14	<0.0001	* *
A	0.34	1	0.34	11.12	0.0049	* *
B	0.58	1	0.58	18.99	0.0007	* *
C	2.46	1	2.46	80.32	<0.0001	* *
D	12.51	1	12.51	408.79	<0.0001	* *
AB	0.2	1	0.2	6.47	0.0234	*

续表

方差来源	平方和	自由度	均值	F 值	P 值	显著性
AC	0.83	1	0.83	27.07	0.0001	*
AD	0.3	1	0.3	9.71	0.0076	* *
BC	0.75	1	0.75	24.46	0.0002	* *
BD	4.00E-04	1	4.00E-04	0.013	0.9106	
CD	0.023	1	0.023	0.74	0.4055	
A^2	2.04	1	2.04	66.83	<0.0001	* *
B^2	8.9	1	8.9	290.97	<0.0001	* *
C^2	14.07	1	14.07	459.86	<0.0001	* *
D^2	22.63	1	22.63	739.63	<0.0001	
残差	0.43	14	0.031			
失拟值	0.31	10	0.031	1.07	0.5195	
纯误差	0.12	4	0.029			
总离差	52.31	28				

注：* 表示差异显著（$P<0.05$），* * 表示差异极显著（$P<0.01$）。

通过对两个模型的回归方程及方程分析可知：各因素影响豆腐得率大小依次为：$D>C>B>A$；影响豆腐蛋白质含量大小依次：$D>C>A>B$，说明 D 对豆腐得率、蛋白质含量的影响最大，A 对豆腐得率的影响最小，而 B 对豆腐蛋白质含量影响最小；两个回归模型中，豆清发酵液添加量均起主要作用，这可能是因为豆清发酵液决定了豆腐能否凝胶成型，添加量较少时，豆浆不能充分反应，豆腐不能完全成型，而添加量过度时，会析出大量豆清液，使豆腐中有效营养物质流出，即豆腐得率、蛋白质含量随之减少。

在回归模型 Y_1 中，由各偏回归系数的显著性检验结果可知，B 和 D 之间的交互效应极显著（$P<0.01$），D 和 C 之间的交互效应极显著（$P<0.01$），而 A 和 D 之间的交互效应不显著（$P>0.05$），B 和 C 之间的交互效应不显著（$P>0.05$）。在回归模型 Y_2 中，A 和 D 之间的交互效应极显著（$P<0.01$），B 和 C 之间的交互效应极显著（$P<0.01$），而 B 和 D 之间的交互效应不显著（$P>0.05$），D 和 C 之间的交互效应不显著（$P>0.05$）。

（2）交互作用分析　根据上述回归方程及回归模型方差分析表，分别选取对两个指标影响极显著的因素绘出双因子效应分析图（图 5-64、图 5-65）。两因素之间的影响基本呈抛物线形关系，且均有一个极大值点，变化趋势是先增

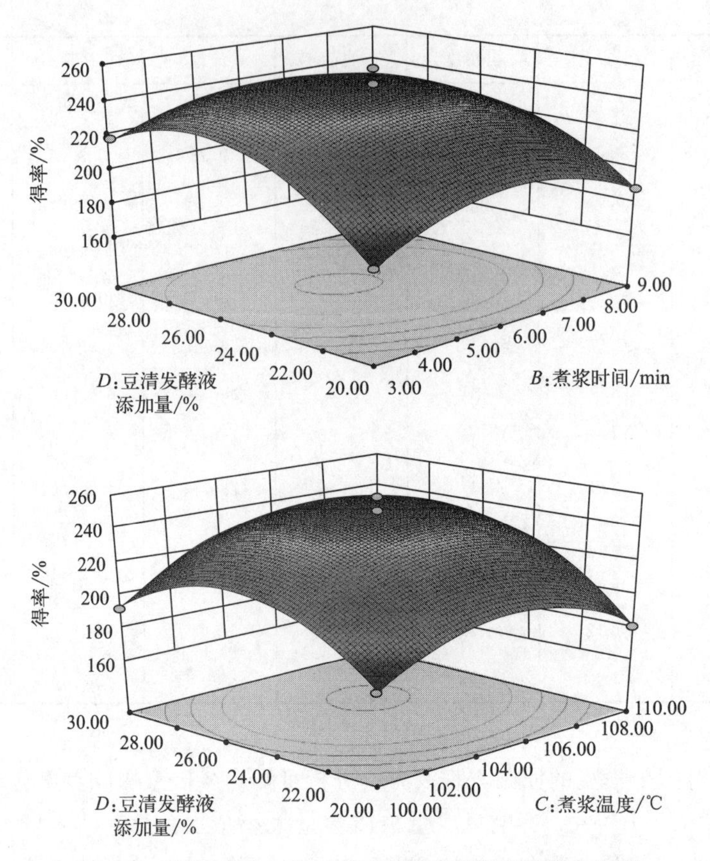

图 5-64　两因素交互作用对豆腐得率的影响的响应曲面

大后减小。

(3) 最优条件及验证实验　根据 Design Expert8.0 软件提供的优化方案，可知豆腐得率最佳时最佳配比为：水豆质量比为 5.9∶1，煮浆时间为 5.79 min，煮浆温度为 105.7 ℃，豆清发酵液添加量为 26.13%；蛋白质含量最佳配比为：水豆质量比为 5.8∶1，煮浆时间为 5.88min，煮浆温度为 105.7 ℃，豆清发酵液添加量为 26.23%。通过 R^2 大小的比较以及考虑到实际操作将加工条件改为水豆质量比为 6∶1，煮浆时间为 5.8min，煮浆温度为 106 ℃，豆清发酵液添加量为 26.3%。在最佳的组合条件下重复实验 3 次，最终测定的豆清发酵液豆腐得率和蛋白质含量分别为 255%±3%、11.12%±0.3%，与预测值吻合，比实验优化前（水豆质量比为 5∶1，煮浆时间为 5 min，煮浆温度为 105 ℃，豆清发酵液添加量为 30%。）得率提高 4.45%，蛋白质含量提高 5.30%。与卢义伯等用其他加工工艺制备的豆腐相比，本研究制备的豆腐在各

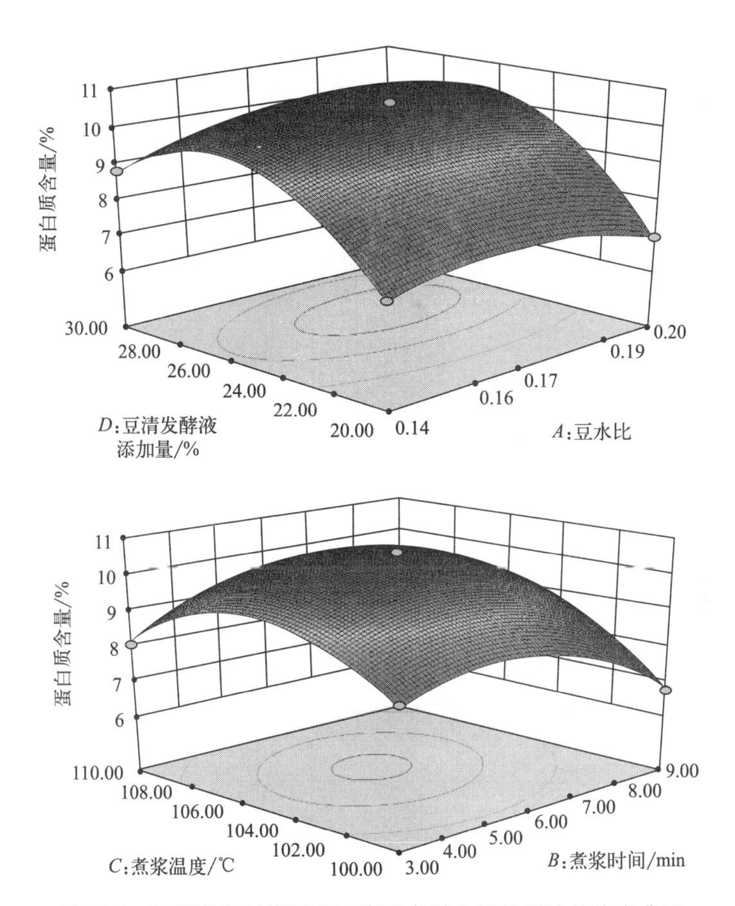

图 5-65　两因素交互作用对豆腐蛋白质含量的影响的响应曲面

项理化指标上具有明显的优势。说明得到的回归模型与实际情况拟合较好，进一步验证了该模型的可行性，具有实用价值。

第六章

酸浆豆制品卤制

第一节　酸浆豆制品卤制的起源和发展

一、酸浆豆制品卤制的起源

卤制品的起源可以追溯到战国时期，《楚辞·招魂》和《齐民要术》中记载了“露鸡”的制作方法。宋以后，史籍中才有了“卤”字出现。在明清两代时期，卤菜更是贵为宫廷贡品被皇家偏爱。由于卤菜风味独特，卤制方法开始由宫廷御厨传到民间。到了清代，卤法已是很普遍的烹调方法了。

酸浆豆制品卤制的起源，虽然没有一个明确的说法，但在我国民间有不少的传说。相传秦始皇为求长生不老丹，遣卢生、侯生两人入东海求仙丹。卢、侯二人自知无法炼出长生不老之丹，便“明修栈道，暗度陈仓”，逃至湖南武冈云山隐居。他们深居简出，就地取材，采用宫廷饮食配方，结合炼丹的中药配方，开始卤制酸浆豆腐，并流传至今。

酸浆豆腐卤制是指用物理的方法使卤汁或卤料有效成分渗入到酸浆豆腐坯内部，并利用卤汁有效成分与豆腐中的糖、蛋白质、脂肪等成分发生化学反应（如非酶褐变），使豆腐坯形成有卤料独特风味和颜色的豆腐再制品。

二、豆制品卤制方法分类

目前，我国豆制品卤制方法有分散卤制、氽碱卤制、浸渍卤制三大类。

1. 分散卤制

分散卤制以卤汁作为磨豆配水直接进入豆腐的组织中，卤汁与豆腐融为一体，在河北、河南、山西等地区生产调味食用豆腐时有所采用。其产品口感、风味、外观新颖独特，在当地有较好的消费市场，但此法并不适合加工休闲豆干。

2. 氽碱卤制

氽碱又称除白。豆干氽碱可消除豆腥味，并改变其结构特性，增加硬度和韧性，利于卤汁对豆干的渗透。氽碱的主要辅料为食用碱。

氽碱卤制即豆干先氽碱再卤制，时间比较短暂。四川、安徽等地生产“川派”“徽派”豆干时采用的就是氽碱卤制。由于豆腐坯压榨时间较长，所制豆干韧性足，但缺乏弹性，不能很好地保留传统豆腐风味。

3. 浸渍卤制

浸渍卤制是国家非物质文化遗产，包括加热浸渍卤制、冷却两道工序，通常重复 2～8 次。卤制后的豆干外表呈褐色、内部淡黄并具有卤料香味。浸渍卤制对豆腐坯水分含量要求严格，因此卤制前豆腐坯通常需要干燥脱水。湘派休闲豆制品多采用此法。

三、 卤制豆制品发展历程

豆腐卤制不仅可改善和丰富豆腐的风味，而且降低了豆腐的水分，延长了豆制品的保质期。20 世纪 60 年代，四川很多国营豆腐生产企业开始生产一种卤制的休闲豆干。其形状或块，或片，或丝，或丁，卤好后，淋上一点芝麻油或辣椒油，再加点白糖、食盐等调味料拌匀，装成一碗，做成了缺肉时代的一道最可口的下酒菜。据 1997 年 4 月中华书局出版的《武冈县志》记载，1979 年，武冈县城就有卤味门店 19 个，但直至 20 世纪 90 年代，武冈卤豆腐一直没有形成规模生产。20 世纪 90 年代中期，武冈华鹏食品有限公司、湖南西部牛仔食品有限公司、湖南恭兵食品有限公司将武冈卤豆腐真空包装后投放市场，酸浆卤豆干开始走向全国各地。随后，湖南满师傅食品有限公司更是以酸浆卤豆腐为原料，通过分切、调味将卤豆腐做成休闲食品并迅速风靡全国，并使湘式休闲豆干成为国内休闲豆制品市场的重要流派。

2000 年以后，武冈酸浆卤豆腐干被确定为湖南省非物质文化遗产和中国地理标志保护产品，产业进入高速发展时期。华鹏食品公司、福元卤业公司、亚太食品公司等企业相继成长，“华鹏”“乡里妹”“金福元”“乡乡嘴”等商标相继问世，“湖南省著名商标”“ 湖南省农业产业化龙头企业”“中国驰名商标”等荣誉陆续花落武冈休闲豆制品生产企业，休闲豆制品产业在武冈市经济中比重也提升到了重要位置。龙头企业不断增加，产品对外影响力明显增强。2021 年，武冈酸浆休闲豆干产值达到了 40 亿元，为精准扶贫和乡村振兴作出了重要贡献。

2011 年，商务部发布了行业标准《卤制豆腐干》（SB/T 10632—2011）。

近年来，休闲豆制品的卤制在工艺上不断创新，设备上不断改进，卤制方法从传统卤制发展到自动化连续卤制。2019 年，豆制品加工与安全控制湖南省重点实验室成立，赵良忠教授团队发明了智能脉冲卤制，豆制品卤制步入智能化控制时代。2016～2020 年，休闲豆制品复合增长率为 24.1%；2021 年，休闲豆制品行业规模已达到 168 亿元；2025 年，休闲豆制品行业规模将达到 246 亿元。

四、卤制设备的发展

酸浆豆制品卤制设备经历了明火间歇卤制、蒸汽（电热）间歇卤制、自动连续卤制、智能卤制四个阶段。

（1）明火间歇卤制　称为卤制设备 1.0 时代，是经典传统的方法。用煤或木材做热源直接加热调配好的卤汁，然后加入豆腐坯，文火卤制 10～30 min，冷却到常温，重复 3～8 次。卤制过程温度、卤汁浓度均不可控，技巧性强，劳动强度大，生产能力低，产品安全性差。

（2）蒸汽（电热）间歇卤制　称为卤制设备 2.0 时代。用蒸汽或电作为热源代替明火，通过间接加热的方式加热卤汁和豆干，控温卤制 10～30 min，冷却到常温，重复 3～8 次。卤制过程温度、卤汁浓度均可控，生产效率低，产品安全性差。间歇卤制设备见图 6-1。

图 6-1　间歇卤制设备

（3）自动连续卤制　称为卤制设备 3.0 时代。以蒸汽为热源，豆干坯通过浸没于卤汁中的输送带或步进式推进板完成卤制过程。通常的设备配置是二次卤制，一次冷却，一次烘干，温度、卤汁浓度均可控。卤制时间 8 h 左右。生产过程连续化、自动化，生产效率高，劳动强度低，但卤汁用量大，设备占地大、清洗困难。见图 6-2。

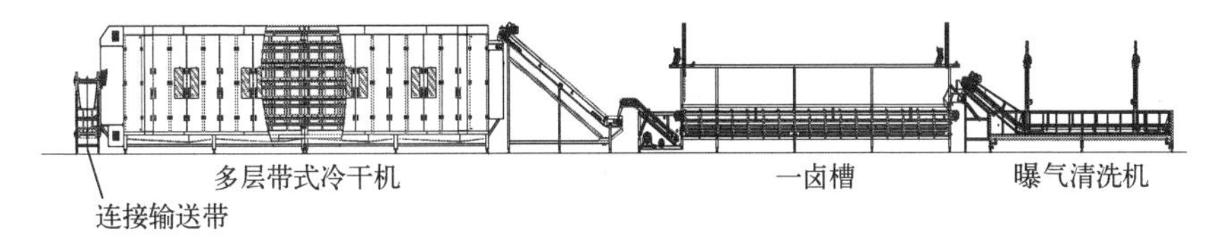

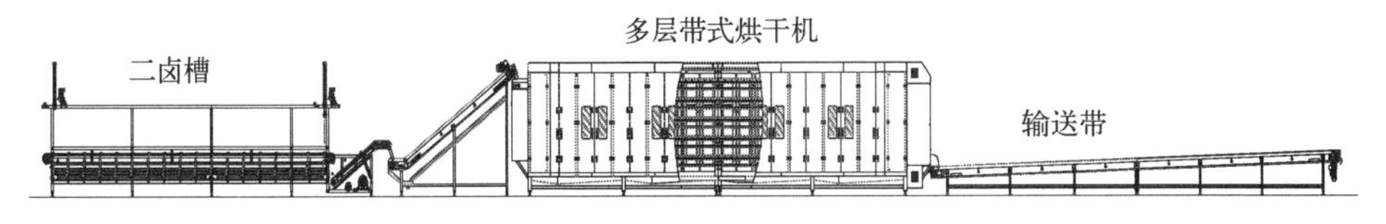

图 6-2　自动连续卤制基本设备

（4）智能卤制　称为卤制设备 4.0 时代。集卤制、冷却于一体，生产过程全封闭，生产过程、卤汁浓度、温度、压力所有参数智能化控制，一键式操作。其特点是连续生产，生产效率高，劳动强度低，卤汁用量小，产品安全性好，设备占地小，清洗容易。其设备外观见图 6-3。

图 6-3　智能卤制设备外观

第二节　酸浆豆干卤汁制备与利用

一、卤汁配方

卤汁以香辛料（如花椒、八角、陈皮、桂皮、甘草、草果、山柰、生姜、葱等)、调味料（如生抽、老抽、冰糖或白砂糖等)、调味膏（如牛肉膏、鸡肉膏等）为原料熬制而成。卤汁配方常常根据产品的特点而调整，下面介绍几种常见的可用于酸浆豆干卤制的配方。

(1) 配方一　桂皮 50 g，山柰 50 g，陈皮 20 g，甘草 50 g，香叶 50 g，八角 30 g，花椒 30 g。按照料水比 1∶100 配制。

(2) 配方二　花椒 1 g，八角 8 g，桂枝 3 g，肉蔻 6 g，草果 1 g，山柰 6 g，山胡椒 4 g，桂皮 3 g，香叶 2 g，香果 4 g，母丁香 2 g，公丁香 2 g，孜然 8 g，干辣椒 15 g。按照料水比 1∶100 配制。

(3) 配方三　茴香 10 g，八角 10 g，桂皮 5 g，甘松 5 g，山柰 2.8 g，白豆蔻 1.6 g，肉豆蔻 3 g，山楂 5 g，肉桂 10 g，陈皮 2 g，甘草 5 g，罗汉果 3.2 g，香茅 4 g，花椒 2 g，草果 3 g，香果 3 g，辣椒 20 g，菜籽油 10 mL，食盐 45 g，底味膏 25 g，白砂糖 10 g，味精 5 g，水 1000 g。

(4) 配方四　八角 70～80 g，桂皮 80～90 g，草果 10～15 g，丁香 8～13 g，花椒 30～40 g，陈皮 10～15 g，香叶 13～18 g，白芷 11～15 g，甘草 17～22 g，良姜 6～10 g，桂枝 22～27g，砂仁 16～20 g，孜然 10～15 g，白果 7～14 g，白豆蔻 5～10 g，肉豆蔻 20～30 g，甘松 11～16 g；按料水比 1∶100 制成卤水。

二、卤汁制备

1. 工艺流程

原料（卤料)→验收→清洗→装袋→扎口→加水→蒸煮→定容→卤汁

2. 操作要点

(1) 原料验收　需要产地证明、检验报告等。检测指标包括水分、特征成分含量、重金属含量、农药残留等。

(2) 称量　称量前，电子秤需要校正和校准，再按照卤汁配方，称量相应的配料。建立称重复核制度，确保称量准确性和原料的正确性。

(3) 清洗　用水将原料清洗，然后除尘，剔除异物。

(4) 装袋　将清洗后的原料，装入布袋，布袋的孔径低于 50 目，然后用线扎口，防止原料在蒸煮过程中漏出。

(5) 加水　卤汁制备采用去离子水或反渗透水，确保卤汁风味纯正。水的用量一般是卤料的 100 倍（质量比)。

(6) 蒸煮　蒸煮的设备有常压敞开式夹层锅和密闭压力罐。常压敞开式的夹层锅蒸煮时，先煮沸 10～20 min，然后调节蒸汽量，保持蒸煮液处于微沸状态，时间一般为 2～3 h。在常压敞开式蒸煮锅制备卤汁时，应尽量将卤料包浸泡在水中，不宜浮在水面。一般情况下，卤液的体积熬至初始体积的 50%即可。密闭式高压蒸煮罐，蒸煮的温度为 120～125 ℃，时间为 60～90 min。

（7）定容　将蒸煮后的卤液的体积定容为原体积的 50%即可，也可采用检测卤汁的可溶性固形物含量来定容，一般情况下，可溶性固形物含量为 0.5～1.0°Bx。对于固定的配方，可溶性固形物的变化范围应不超过±0.2%。

（8）卤汁　制备后的卤汁，根据产品的特点和口味要求，添加其他调味料、调味膏等。

三、卤制过程中卤汁品质变化与调控

酸浆豆干卤制所用卤汁重复使用的次数不但影响产品的风味，而且影响生产成本。豆制品加工与安全控制湖南省重点实验室对湖南省内酸浆休闲豆干生产企业卤汁重复使用次数进行调研显示：重复利用最少的只有 4 次，最多 240 多次，差异性极大。卤汁重复使用 4 次就作废物处理，不仅造成资源浪费，而且也增加了产品的生产成本和废水处理成本；而重复使用 240 次，虽然降低了生产成本，减少了废水处理量，但食品安全风险也随之增加。

为研究合理的卤汁循环利用次数，赵良忠等以湘味卤汁为研究对象，对湘味卤汁在酸浆豆干卤制过程中的亮度 L^* 值、氨基酸态氮、可溶性固形物、黏度、总酸、pH、盐度、过氧化值、铬含量进行分析，并与感官评分进行相关性分析，探究卤制过程中卤汁的品质变化规律。通过单因素实验，明确卤料添加量、焦糖添加量、牛肉膏添加量、白砂糖添加量对卤汁综合评分的影响，按照 Box-Behnken 设计试验方案，运用响应面分析法建立二阶多项非线性回归方程和数据模型，以综合评分为指标优化对湘味卤汁进行调质工艺响应面优化。结果表明，随着卤制次数的增加，卤汁的 L^* 值、氨基酸态氮、可溶性固形物含量、盐度与感官评分之间呈极显著相关关系（r 为－0.918、0.947、0.966、0.915）。卤制至第四次时感官评分为（57.53±0.56）分，＜60 分；L^* 值为 37.08±0.66；氨基酸态氮为（0.0784±0.002）mg/kg；可溶性固形物含量为（7.03±0.21）°Bx；盐度为 0.66%±0.02%，确定为卤制终点的关键限值。卤汁调质的最佳工艺配方为卤料 1.30%、焦糖 0.30%、牛肉膏 1.20%、白砂糖 0.50%，各辅料对湘味卤汁综合评分影响大小顺序为牛肉膏＞卤料＞焦糖＞白砂糖。响应面法优化湘味卤汁配方切实可行，该模型可以很好地对工艺参数进行预测，对于湘味卤汁产品生产具有良好的实践参考价值，为湘味卤汁综合利用提供理论价值。具体研究过程如下。

1. 材料

（1）原料　湘味卤汁，取自湖南某食品有限公司湘味卤制品生产车间新鲜卤汁与4次卤制后准备废弃的卤汁；豆干，实验室自制。卤料配方（以1000 mL卤汁计）：花椒2.8 g、小茴香3.5 g、八角1.75 g、桂皮1.05 g、白芷1.4 g、甘草0.7g、香叶1.05 g，市售；白砂糖，市售；牛肉膏，青岛滴滴香餐饮配料有限公司；焦糖色素，桂林红星食品配料有限责任公司；食盐，雪天盐业集团股份有限公司。

（2）试剂　氢氧化钠、酚酞、甲醛。

（3）仪器与设备　FE28-TRIS pH 计、VELOCITY18R 型台式冷冻离心机、le204e 型电子天平、CR-400 型色彩色差仪、PAL-1 手持糖度计。

2. 方法

（1）卤制次数对卤汁品质影响　采用新鲜卤汁与豆干按质量比1∶1，在80 ℃，2 h 条件下不补料连续卤制4次。检测卤制过程中卤汁的理化指标变化，并分析各指标之间的相关性，探究卤制次数对卤汁品质的影响。

（2）卤汁调质工艺

① 工艺流程

湘味卤汁→脱脂→过滤→补料→浸提→过滤→均质

② 操作要点

脱脂：称取1000 g 卤汁，在3500 r/min、10 ℃、10 min 条件下进行离心处理。

过滤：将离心后的上清液进行油水分离，200目滤布过滤。

补料：将辅料补加到预处理好的卤汁中。

浸提：与卤汁混合煮沸后，85 ℃保温15 min，调整风味。

过滤：用200目滤布将浸提好的卤汁过滤，除去卤料渣。

均质：用超微湿法粉碎机将过滤好的卤汁均质2 min。

（3）物理指标测定

① 亮度值　通过 CR-400 型色差计进行测定。卤汁测量前先用校正板校准色差仪，取20 mL 卤汁于平板中，用色差计测定，测定亮度值（L^*），每组进行3次平行试验。

② 黏度测定　量取25 mL 卤汁，通过 NDJ-5S 黏度计测试卤汁黏度。

③ 可溶性固形物含量　采用手持式糖度计测定。

（4）化学指标测定

① 盐度测定　参照 GB 5009.44—2016。

② 氨基酸态氮　参照 GB 5009.235—2016。

③ 总酸测定　参照 GB 12456—2021。

④ pH　采用 FE28-TRIS 型 pH 计测定。

（5）安全指标测定

① 过氧化值　采用分光光度法测定，限量标准参考 GB 2716—2018 中过氧化值安全限量参考值 0.25 g/100 g，根据公式可换算为 19.7 meq/kg。

② 铬　参照 GB 5009.123—2023 测定，限量标准参照 GB 2762—2022 中铬允许的最高限量水平 1 mg/kg。

（6）感官评价　10 名有经验的食品专业评员组成评定小组，分别对卤汁的色泽、内部形态、滋味和香气进行评定，采用百分制，具体的感官评价标准见表 6-1。

表 6-1　卤汁感官评价标准

评价项目	评价标准	分值
色泽	颜色均匀，呈现深褐色	15～20
	色泽呈现褐色，有悬浮物	10～15
	颜色暗淡，呈现黄褐色，有沉淀	0～10
香气	香气纯正，有浓郁卤香气味	20～30
	无明显异味、臭味	10～20
	卤香味不足，有轻微异味	0～10
口感	口感柔和，鲜甜适中、协调，有回味	20～30
	味道不协调	10～20
	苦涩味严重，令人不悦	0～10
滋味	有典型滋味，风格良好，回味无穷	15～20
	有典型滋味，有苦涩味	10～15
	无明显典型滋味，苦涩味留存时间太久	0～10

3. 湘味卤汁调质工艺优化

（1）单因素实验　采用单因素实验，实验水平分别选择卤料添加量的质量分数为 0.50%、0.75%、1%、1.25%、1.50%；焦糖色素质量分数分别为 0.1%、0.2%、0.3%、0.4%、0.5%；牛肉膏质量分数为 0.5%、1.0%、1.5%、2.0%、2.5%；白砂糖质量分数为 0.1%、0.3%、0.5%、0.7%、0.9%。探究各因素水平对卤汁综合评分的影响。

（2）响应面实验　根据以上四组单因素试验结果，以卤料添加量、焦糖色素添加量、牛肉膏添加量、白砂糖添加量为影响因素，以氨基酸态氮、可溶性固形物、L^* 值、感官评分为响应值，将影响卤汁品质的关键理化指标与感官评分进行 Min-Max 标准化（Min-Max Normalization）处理，得到各指标的标准化评分。根据权重系数感官评分 0.4、可溶性固形物 0.25、L^* 值 0.2、氨基酸态氮 0.15，求得综合评分结果。

Min-Max 标准化也称为离差标准化，是对原始数据的线性变换，使结果值映射到［0，1］之间。转换函数如下：

$$X_{\text{normal}}=\frac{X-X_{\min}}{X_{\max}-X_{\min}}$$

其中，X_{normal} 为标准化值，X 为样本实测值，$X_{\max}$ 为样本数据的最大值，$X_{\min}$ 为样本数据的最小值。

4. 数据处理

数据采用 Excel 2017、Origin 2018 和 IBM SPSS Statistics 26.0 进行图像绘制及处理。

5. 结果与分析

(1) 卤制次数对卤汁品质的影响

① 理化指标　如图 6-4 所示，在卤制过程中，卤汁的黏度、可溶性固形物、感官评分随卤制次数的增加均呈下降趋势，L^* 值则呈上升的趋势。与新鲜卤汁相比，在卤制第 4 次时黏度、可溶性固形物、感官评分达到最低，分别下降了 39.88%、25.70%、38.11%。随着卤制次数的增加，卤汁中的成分渗

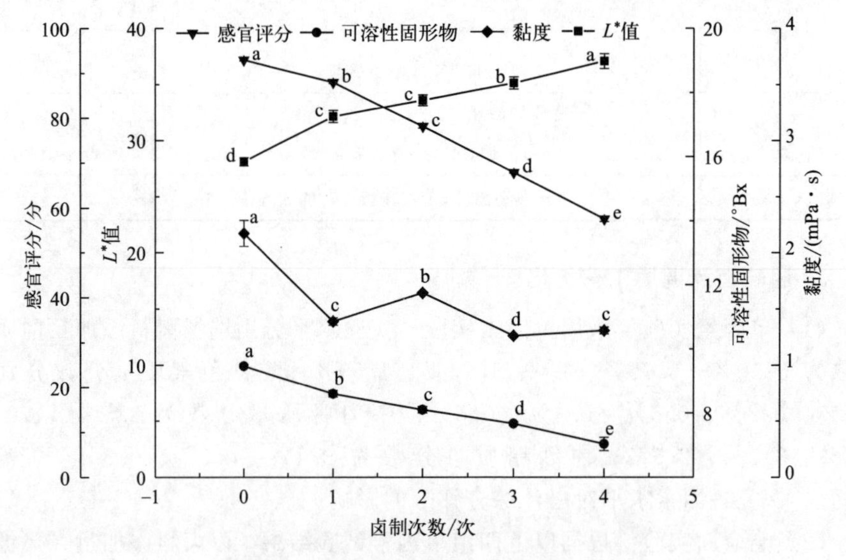

图 6-4　卤汁在卤制过程中物理指标变化

透到豆干中，可溶性固形物降低，从而影响卤汁的内部形态，卤汁中线性高聚物分子间距离增大，分子之间产生碰撞频率降低，因而黏度下降，感官品质也随之下降。与此同时，随着卤汁中色素被吸附，L^* 值不断增大，达到 37.08±0.66，增加了 31.93%。如图 6-5 所示，与新鲜卤汁相比，卤汁的氨基酸态氮、盐度随卤制次数的增加均呈下降趋势，分别下降了 43.72%、77.27%，且随着卤制次数的增加，变化率逐渐减小；总酸变化趋势不明显，在 1.89～1.99 g/kg 范围波动；pH 先降低后上升，在 5.3～5.5 范围波动，由于随着卤汁固形物不断降低，卤汁被稀释，电离度增大，且电离度比例增大倍数超过稀释倍数，pH 减小；随着稀释倍数继续增大，体积变大，H^+ 物质的量变化不大，pH 增大。如图 6-6 所示，随着卤制次数的增加，卤汁中过氧化值先增加后降低，在卤制过程中油脂氧化受到卤料中抗氧化成分的抑制作用，且部分氧化油脂被豆干吸附，导致过氧化值降低；铬含量总体呈上升趋势，主要来自卤制过程不锈钢接触材料，但均明显低于食品安全限量标准。综合理化指标与感官评分，随着卤制次数的增加，卤汁的品质不断下降，故以此为参考对卤汁进行后续试验。

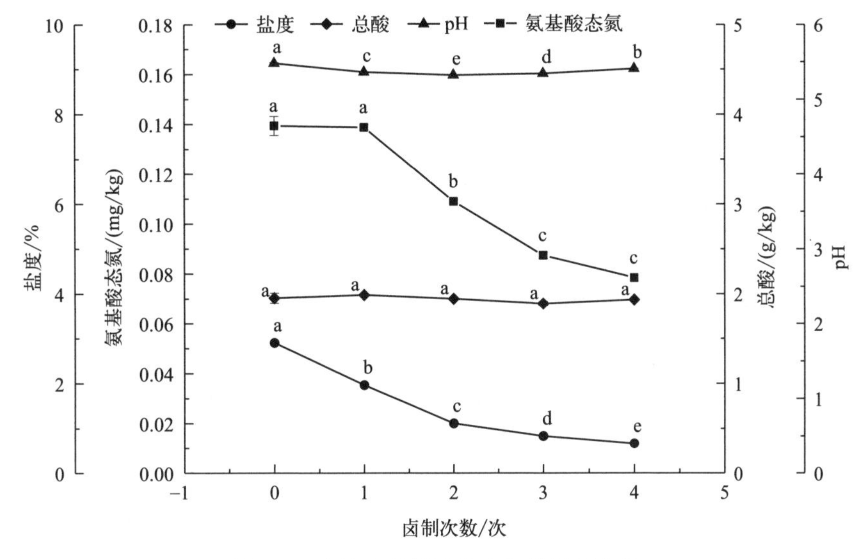

图 6-5　卤汁在卤制过程中化学指标变化

② 品质相关性分析　如表 6-2 可知，卤制次数与氨基酸态氮、可溶性固形物、盐度和感官评分呈极显著负相关关系（r 为－0.935、－0.986、－0.951、－0.993），与 L^* 值呈极显著正相关关系（r 为 0.951），即卤制次数增加卤汁的氨基酸态氮、可溶性固形物、黏度、盐度和感官评分明显降低，L^* 值、铬

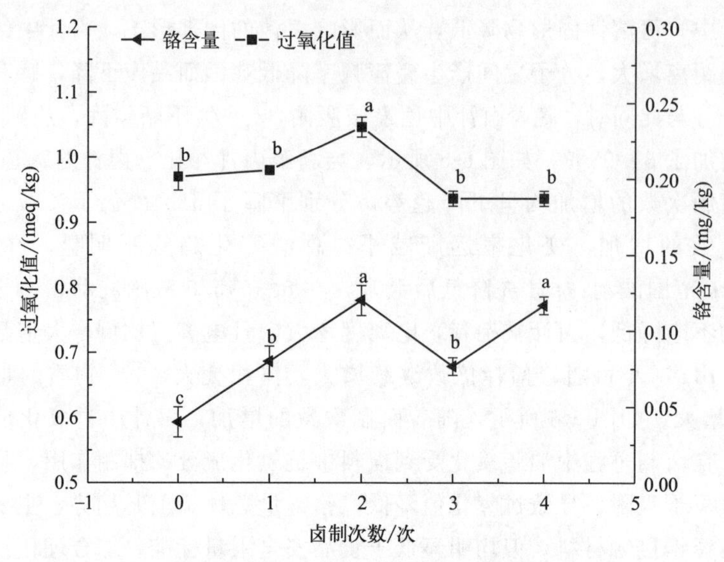

图 6-6　卤汁在卤制过程中安全指标变化

含量反而增加。随着卤制次数的增加，一方面，卤汁中的理化成分及色素渗透到豆干中，卤汁中的可溶性固形物含量降低；另一方面，豆干在卤制过程中，在高浓度盐溶液条件下豆干脱水，稀释卤汁造成可溶性固形物含量下降，L^* 值上升。随着卤制次数增加，感官评分与 L^* 值呈极显著负相关关系（r 为 -0.918）；与氨基酸态氮、可溶性固形物、黏度、盐度呈极显著正相关关系（r 为 0.947、0.966、0.915）；与总酸、pH 无显著相关性。以此为基础确定卤制过程中影响卤汁品质的关键指标。

③ 卤汁过程关键指标确定　综上，根据卤制过程中理化指标变化情况结合各指标与感官评分的相关性分析可知，选择相关系数 $|r|>0.900$ 的理化指标为卤制过程中影响卤汁品质的关键指标。随着卤制次数的增加，卤汁的 L^* 值、氨基酸态氮、可溶性固形物含量、盐度与感官评分之间呈极显著相关关系（r 为 -0.918、0.947、0.966、0.915），且相关系数 $|r|$ 均 >0.900。当不补料连续卤制至第四次时感官评分为（57.53 ± 0.56）分 <60 分，此时 L^* 值为 37.08 ± 0.66、氨基酸态氮为（0.0784 ± 0.002）mg/kg、可溶性固形物含量为（7.03 ± 0.21）°Brix、盐度为 $0.66\%\pm0.02\%$，因此，将卤制第四次确定为卤制终点，并将此时各理化指标参数确定为湘味卤汁品质的关键限值。由于卤汁在使用前需要调整至固定初始盐度，因此不作为优化参考指标。在调质工艺单因素试验前，对已使用卤汁进行前处理，根据初始盐度统一补加食用盐，使卤汁盐度保持在 3%。因此，确定以 L^* 值、氨基酸态氮、可溶性固形物含量与感官评分为参考指标，计算得到的综合评分作为调质工艺优化的评价指标。

表 6-2　卤汁理化指标之间的相关性分析

相关系数	L^*值	氨基酸态氮	可溶性固形物	黏度	总酸	pH	盐度	过氧化值	铬含量	感官评分
卤制次数	0.951**	−0.935**	−0.986**	−0.774**	−0.256	−0.421	−0.951**	−0.333	0.701**	−0.993**
L^*值		−0.837**	−0.966**	−0.864**	−0.227	−0.575*	−0.950**	−0.223	0.779**	−0.918**
氨基酸态氮			0.901**	0.644**	0.130	0.348	0.882**	0.214	−0.598*	0.947**
可溶性固形物				0.812**	0.206	0.493	0.960**	0.274	−0.758**	0.966**
黏度					0.037	0.670**	0.819**	0.272	−0.564*	0.712**
总酸						0.093	0.246	0.333	−0.052	0.262
pH							0.671**	−0.352	−0.639*	0.321
盐度								0.130	−0.789**	0.915**
过氧化值									0.288	0.377
铬含量										−0.649**

注：**表示在 $P<0.01$ 上差异极显著，*表示在 $P<0.05$ 上差异显著。

（2）单因素实验结果　见表6-3。

表6-3　单因素实验结果

因素	水平/%	可溶性固形物/°Brix	感官评分/分	L^*值	氨基酸态氮/(mg/kg)	综合评分/分
卤料添加量	0.50	9.00±0.10[b]	82.10±0.42[d]	22.32±0.04[a]	0.13±0.01[c]	0.36±0.01[e]
	0.75	9.03±0.06[a]	85.00±0.25[c]	21.88±0.15[b]	0.14±0.01[b]	0.47±0.00[d]
	1.00	9.10±0.10[a]	91.00±0.61[b]	20.41±0.09[c]	0.15±0.02[b]	0.66±0.01[b]
	1.25	9.13±0.15[a]	91.80±0.57[a]	18.71±0.18[d]	0.16±0.01[a]	0.71±0.01[a]
	1.50	9.23±0.06[a]	91.00±0.35[a]	15.48±0.16[e]	0.17±0.01[a]	0.63±0.02[c]
焦糖添加量	0.10	8.97±0.15[a]	81.97±0.35[d]	21.25±0.10[a]	0.15±0.02[a]	0.36±0.05[b]
	0.20	8.97±0.15[a]	83.80±0.20[c]	20.57±0.14[b]	0.15±0.01[a]	0.41±0.00[b]
	0.30	9.00±0.10[a]	88.70±0.44[a]	19.49±0.05[c]	0.16±0.01[a]	0.59±0.01[a]
	0.40	9.07±0.15[a]	86.23±0.25[b]	16.93±0.08[d]	0.14±0.01[a]	0.39±0.02[b]
	0.50	9.10±0.10[a]	84.43±0.38[c]	14.20±0.15[e]	0.15±0.02[a]	0.28±0.02[c]
牛肉膏添加量	0.50	8.10±0.10[e]	83.83±0.40[c]	21.33±0.11[a]	0.14±0.01[d]	0.31±0.02[d]
	1.00	8.50±0.10[d]	89.63±0.65[a]	19.28±0.08[b]	0.16±0.01[c]	0.56±0.05[a]
	1.50	9.07±0.06[c]	85.80±0.20[b]	18.27±0.11[c]	0.17±0.01[b]	0.49±0.01[b]
	2.00	9.40±0.10[b]	82.57±0.51[d]	17.36±0.10[d]	0.19±0.01[a]	0.42±0.02[c]
	2.50	10.17±0.06[a]	81.37±0.35[e]	15.02±0.12[e]	0.19±0.02[a]	0.42±0.03[c]
白砂糖添加量	0.10	8.50±0.10[d]	81.17±0.15[e]	21.89±0.15[a]	0.14±0.01[a]	0.26±0.03[c]
	0.30	8.73±0.06[c]	85.83±0.15[b]	20.36±0.09[b]	0.14±0.01[a]	0.42±0.02[b]
	0.50	9.10±0.10[b]	88.47±0.15[a]	19.43±0.15[c]	0.16±0.01[a]	0.58±0.03[a]
	0.70	9.33±0.06[a]	85.37±0.32[c]	18.44±0.08[e]	0.15±0.02[a]	0.45±0.06[b]
	0.90	9.47±0.06[a]	84.83±0.15[d]	19.15±0.13[d]	0.15±0.01[a]	0.47±0.01[b]

注：表中a～e字母代表不同水平之间有显著性差异（$P<0.05$）。

从表6-3可知，随着卤料添加量的增加，卤汁中可溶性固形物含量无明显变化，但卤料中的酯类、醛类等风味成分不断溶出，卤汁感官评分增加；当卤料的添加量为1.25%时，此时卤汁综合评分达到最高，综合选择最适卤料添加量为1.25%。随着焦糖的添加量增加，卤汁的可溶性固形物含量无明显变化，综合评分先增加后降低；当焦糖添加量为0.3%时，此时综合评分最高，综合选择最适焦糖添加量0.3%。随着牛肉膏添加量的增加，卤汁中可溶性固形物含量显著增加；在添加1%时，综合评分最高；继续增加添加量，卤汁中牛肉风味超过气味耐受限值，掩盖卤汁部分卤料风味，导致风味不协调，综合评分逐渐下降，综合选择最适牛肉膏添加量为1%。随着白砂糖添加量增加，卤汁中可溶性固形物明显增加，同时有助于卤汁风味改善；当添加量达到0.5%时综合评分达到最佳，综合选择最适白砂糖添加量为0.5%。

（3）响应面分析与结果　见表6-4。

表6-4　响应面实验设计及结果

试验组	A	B	C	D	氨基酸态氮/(mg/kg)	可溶性固形物/°Brix	L^*值	感官评分	综合评分
1	1.25	0.30	1.00	0.50	0.38	0.50	0.30	0.96	0.63
2	1.25	0.40	1.00	0.70	0.38	0.64	0.06	0.23	0.32
3	1.25	0.30	1.00	0.50	0.46	0.50	0.34	0.98	0.66
4	1.50	0.30	0.50	0.50	0.15	0.21	0.35	0.39	0.30
5	1.25	0.40	1.00	0.30	0.54	0.36	0.00	0.48	0.36
6	1.50	0.20	1.00	0.50	0.38	0.57	0.93	0.53	0.60
7	1.25	0.40	1.50	0.50	0.85	0.86	0.10	0.33	0.49
8	1.25	0.30	1.00	0.50	0.46	0.50	0.35	1.00	0.66
9	1.25	0.30	1.00	0.50	0.38	0.50	0.30	0.95	0.62
10	1.25	0.30	1.50	0.30	0.77	0.71	0.35	0.39	0.52
11	1.25	0.40	0.50	0.50	0.08	0.14	0.07	0.12	0.11
12	1.00	0.20	1.00	0.50	0.38	0.43	0.91	0.23	0.44
13	1.50	0.30	1.00	0.30	0.46	0.43	0.35	0.49	0.44
14	1.25	0.20	1.50	0.50	0.69	0.86	0.85	0.25	0.59
15	1.25	0.20	1.00	0.30	0.31	0.36	0.94	0.17	0.39
16	1.25	0.30	0.50	0.30	0.15	0.00	0.36	0.00	0.10
17	1.25	0.20	0.50	0.50	0.08	0.14	0.95	0.02	0.24
18	1.00	0.30	1.00	0.70	0.31	0.57	0.35	0.25	0.36
19	1.50	0.30	1.50	0.50	1.00	0.93	0.30	0.39	0.60
20	1.00	0.40	1.00	0.50	0.31	0.43	0.10	0.24	0.27
21	1.00	0.30	1.50	0.50	0.62	0.79	0.33	0.18	0.42
22	1.25	0.30	1.50	0.70	0.85	1.00	0.36	0.23	0.54
23	1.00	0.30	1.00	0.30	0.23	0.29	0.32	0.22	0.26
24	1.50	0.40	1.00	0.50	0.38	0.57	0.06	0.57	0.44
25	1.25	0.30	1.00	0.50	0.46	0.50	0.34	0.91	0.63
26	1.50	0.30	1.00	0.70	0.54	0.71	0.35	0.52	0.54
27	1.25	0.30	0.50	0.70	0.00	0.29	0.30	0.07	0.16
28	1.25	0.20	1.00	0.70	0.46	0.64	1.00	0.15	0.49
29	1.00	0.30	0.50	0.50	0.00	0.07	0.35	0.06	0.11

注：A表示卤料添加量，B表示焦糖添加量，C表示牛肉膏添加量，D表示白砂糖添加量。

① 响应面回归模型建立与方差分析　利用 Design-Expert 8.0.6 软件对各因素进行回归分析，以综合评分为响应值，回归方程的预测模型为 $Y=0.64+0.088A-0.063B+0.18C+0.028D+2.500\text{E-}003AB-2.500\text{E-}003AC+0.000AD+7.500\text{E-}003BC-0.035BD-0.010CD-0.10A^2-0.11B^2-0.18C^2-0.14D^2$。以综合评分为响应值进行方差分析，结果见表 6-4、表 6-5。显著性检验结果显示，回归模型差异极显著 $P<0.0001$，失拟值不显著 $P=0.1523>0.05$，相关系数 $R^2=0.9863$，因变量和自变量之间的线性关系显著，回归方程拟合度较高，模型变异系数 $C.V$ 为 6.86%＜15%，该模型可以很好地对工艺参数进行预测。一次项 A、B、C、D 和二次项 A^2、B^2、C^2、D^2 对结果的影响极显著（$P<0.01$），交互项 BD 对结果的影响显著（$0.01<P<0.05$），根据各因素的 F 值可以得到，各因素对实验结果的影响大小为牛肉膏(C)＞卤料(A)＞焦糖(B)＞白砂糖(D)。牛肉膏、卤料、焦糖、白砂糖都影响显著（$P<0.05$），这与表 6-5 方差分析结果一致。

表 6-5　回归方程系数及显著性检验结果

方差来源	平方和	自由度	均值	F 值	P 值	显著性
A	0.094	1	0.094	110.93	＜0.0001	* *
B	0.048	1	0.048	57.03	＜0.0001	* *
C	0.38	1	0.38	452.15	＜0.0001	* *
D	9.63E-003	1	9.63E-003	11.41	0.0045	* *
AB	2.50E-005	1	2.50E-005	0.03	0.8658	
AC	2.50E-005	1	2.50E-005	0.03	0.8658	
AD	0	1	0	0	1	
BC	2.25E-004	1	2.25E-004	0.27	0.6137	
BD	4.90E-003	1	4.90E-003	5.81	0.0303	*
CD	4.00E-004	1	4.00E-004	0.47	0.5024	
A^2	0.066	1	0.066	78.78	＜0.0001	* *
B^2	0.073	1	0.073	86.76	＜0.0001	* *
C^2	0.2	1	0.2	238.73	＜0.0001	* *
D^2	0.12	1	0.12	147.95	＜0.0001	* *
模型	0.85	14	0.061	71.92	＜0.0001	* *
残差	0.012	14	8.44E-004			
失拟值	0.01	10	1.04E-003	2.98	0.1523	
纯误差	1.40E-003	4	3.50E-004			
总离差	0.86	28				
	$R^2=0.9863$		$R^2_{adj}=0.9726$		$C.V=6.86\%$	

注：* * 表示在 $P<0.01$ 上差异极显著，* 表示在 $P<0.05$ 上差异显著。

② 验证实验结果 由响应面软件可以得到最佳的预测组合为卤料1.36%、焦糖0.27%、牛肉膏1.25%、白砂糖0.52%，此时的综合评价分数最高(0.7139分)。通过验证实验，综合实际情况进行调整卤料1.30%、焦糖0.30%、牛肉膏1.20%、白砂糖0.50%，此时综合评分（0.69±0.032)分。

四、卤汁循环使用与风味物质变化

为了确定酸浆豆干生产过程中卤汁循环利用对酸浆豆干挥发性风味物质和安全性的影响，赵良忠等分析了某企业卤汁在161 d内循环使用过程中挥发性风味成分变化规律，确定了128种挥发性成分，醇类、醛类、烃类和芳香族类化合物是主要成分，其中，醛类化合物可作为评价卤汁风味品质成熟的客观指标。通过主成分分析，确定卤汁中的主体挥发性成分为己醛、芳香醇、茴香脑、壬醛、4-甲基-2-戊酮、1-辛烯-3-醇、辛醛、1-(1′,5′-二甲基-4′-己烯）-4-甲基-苯和月桂烯。

1. 材料

（1）原料 所用原料——湘派卤汁来自产学研合作企业湖南某食品有限公司。该公司所使用的湘派休闲豆干生产线为自动化机械作业，生产流程为：大豆→浸泡（去杂)→二次浆渣共熟制浆→豆清发酵液点浆→蹲脑→压榨→切片→干燥→浸渍卤制→湘派调味→预包装→杀菌→产品。卤制工艺参数为温度70 ℃，时间40 min，次数2次，采用的卤汁是由茴香、桂皮、山柰、甘草、香叶、良姜、白豆蔻、八角、白芷、干辣椒等20余种香辛料反复熬煮成卤汤，辅以食盐、味精、肉膏等调味料配制而成。批次进样前补充新卤汁，确保卤汁浓度约为28°Bx。

（2）样品采集 选择公司生产较为稳定的4月至10月为采样时段，以公司全新配制卤汁、加料投入生产的第一天为采样起点，每7天取样1次，以此类推，共采样16次，分别记为7 d、14 d、21 d……112 d。生产8周之后，按上述办法再次取样8次，分别记为112 d、119 d、126 d……161 d。采样当日，随机在卤槽选3个采样点（间隔不小于1 m)，每个采样点在竖直方向3个不同高度分别取100 mL，合并，摊凉，置于低温冰箱存储备用。

（3）主要仪器与试剂

① 主要试剂 正己烷（优级纯）。

② 主要仪器 TQ8040三重四级杆气质联用仪。

2. 方法

（1）挥发性成分的提取 参考张李阳的方法，进行卤汁中挥发性成分的提取。

（2）GC-MS/MS工作参数

① 色谱条件　色谱柱：HP-5MS 石英毛细管柱（30 m×0.25 mm×0.25 μm）。载气：高纯氦气。进样口操作模式：不分流进样。进样口温度：200 ℃。程序升温：起始温度 40 ℃保持 2 min，以 5 ℃/min 升至 120 ℃，保持 10 min，再以 10 ℃/min 升至 230 ℃，保持 5 min。

② 质谱条件　离子源：EI 源。电子能量：70 eV。离子源温度：230 ℃。接口温度：230 ℃。扫描范围 m/z：45～500。

3. 数据统计分析

化合物经计算机检索并与 NIST 谱库相匹配，确定挥发性成分的种类及主体挥发性成分，仅报道相似度大于 80%的化合物。化合物相对含量按总离子图峰面积归一化计算。

4. 结果与分析

（1）卤汁挥发性成分分析　卤豆干卤汁不同循环使用天数下，各类挥发性成分的种类数量及相对含量，如图 6-7 所示。

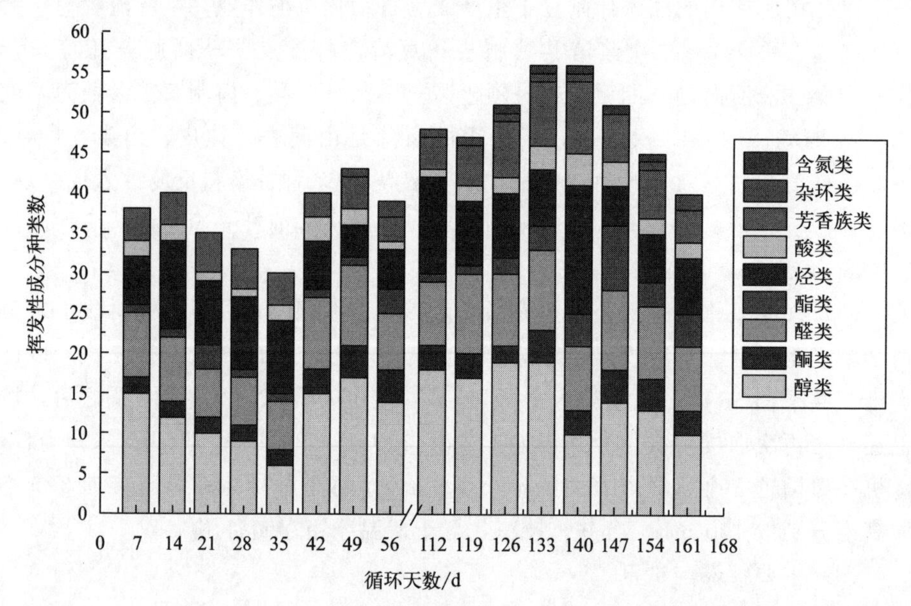

图 6-7　豆干卤汁循环使用过程中主要挥发性成分种类变化

由图 6-7 可知，卤汁在循环使用过程中，检出的挥发性化合物有醇类、酮类、醛类、酯类、烃类、酸类、芳香族类、杂环类和含氮类化合物，杂环类和含氮类化合物含量较低且种类较少。

由图 6-8 可知，卤汁在循环使用过程中，循环天数对卤汁挥发性成分含量的影响较大，且各成分变化复杂，可能与各成分之间的复杂反应相关。主要的挥发性成分有四类，分别是醇类、醛类、烃类和芳香族类化合物。烃类化合物相对百分含量先上升后下降，最终趋于平缓的趋势。且在烃类物质中，以不饱和烃为主，饱和烃含量相对较少。醛类化合物相对百分含量变化趋势与烃类物质相对百分含量变化趋势相反，呈现先下降后上升，最终趋于平缓的趋势。醇类化合物呈现先下降后上升再下降的趋势。芳香族类化合物呈现缓慢上升的趋势，酮类、酯类和酸类这三类化合物在挥发性成分中所占比例较小，杂环类和含氮类这两类化合物几乎没有。卤制循环过程中，随着循环使用时间的增加，卤汁品质趋于稳定，醛类和芳香族类化合物大量产生，并成为卤汁中主要的挥发性成分，其中醛类更多，可作为一个评价卤汁风味品质成熟的客观指标。循环使用天数对豆干卤汁中挥发性成分影响较大，对卤汁风味品质影响较大。

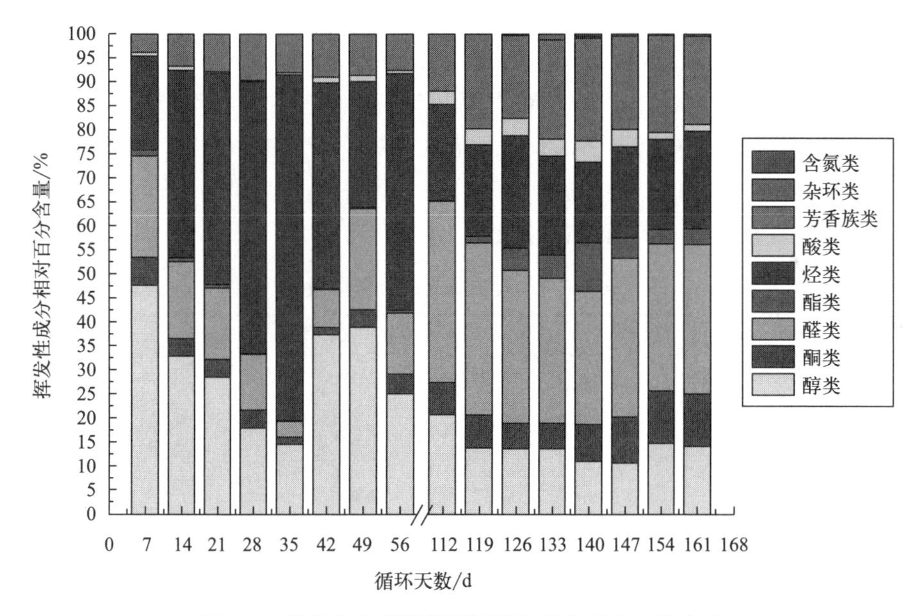

图 6-8　豆干卤汁循环使用过程中风味成分含量变化

（2）主体挥发性成分研究分析　卤汁在循环使用过程中检测到 12 种挥发性成分。其中，醇类 4 种，酮类 1 种，醛类 4 种，烃类 2 种，芳香族类 1 种。对 12 种化合物进行主成分分析，得到 12 个主成分，各主成分的特征值和方差贡献率见表 6-6。

表 6-6　各主成分特征值和贡献率

主成分	特征值	解释方差/%	累积特征值	累计解释方差/%
1	4.882	40.686	4.882	40.686
2	2.485	20.705	7.367	61.391
3	2.122	17.687	9.489	79.077
4	1.084	9.035	10.573	88.113
5	0.807	6.724	11.380	94.837
6	0.222	1.853	11.602	96.690
7	0.164	1.363	11.766	98.053
8	0.108	0.896	11.874	98.949
9	0.065	0.544	11.939	99.492
10	0.044	0.370	11.983	99.863
11	0.009	0.076	11.992	99.939
12	0.007	0.061	12.000	100.000

表 6-6 显示第 1 主成分、第 2 主成分、第 3 主成分和第 4 主成分对总体方差的贡献率分别为 40.686%、20.705%、17.687%和 9.035%，4 个主成分累积方差贡献率达到 88.113%，即可解释风味变化总变异的 88.113%，基本上反映了原所有指标包含的全部信息，满足主成分选取的要求。因此，可取第 1、第 2、第 3 和第 4 主成分作为评价卤汁风味成分变化的综合指标，对样品进行综合评价，相应的特征向量见表 6-7。

表 6-7　入选主成分的特征向量

变量	第 1 主成分	第 2 主成分	第 3 主成分	第 4 主成分
1-辛烯-3-醇(蘑菇醇)	0.2842	0.4102	0.2574	−0.3813
4-萜烯醇	0.2869	0.2525	0.3693	0.1681
桉叶油醇	0.3195	0.2074	−0.2622	−0.2545
芳樟醇	0.3761	0.2740	0.1442	0.1719
4-甲基-2-戊酮	−0.0656	0.4942	−0.1799	0.4341
己醛	−0.4313	0.1281	0.0418	−0.0567
辛醛(羊脂醛)	0.0127	0.3039	−0.5245	0.2824
壬醛	−0.1942	0.5126	0.1318	−0.1243
苯甲醛	0.3001	0.0140	−0.3021	0.1383
茴香脑	0.3661	−0.2569	0.1421	0.1969
月桂烯	0.3453	−0.1332	0.0117	0.4053
1-(1′,5′-二甲基-4′-己烯)-4-甲基-苯	−0.1470	0.1059	0.5197	0.4745

引起卤汁挥发性成分变化的主要化合物见表6-7。对第1主成分贡献最大的是己醛，其次是芳樟醇和茴香脑，可以认为第1主成分基本代表了己醛、芳香醇和茴香脑为组合的挥发性成分。壬醛、4-甲基-2-戊酮和1-辛烯-3-醇对第2主成分贡献相当，可以认为第2成分代表壬醛、4-甲基-2-戊酮和1-辛烯-3-醇对挥发性成分的影响。对第3主成分贡献最大的是辛醛和1-(1′,5′-二甲基-4′-己烯)-4-甲基-苯，可以认为第3主成分代表了辛醛和1-(1′,5′-二甲基-4′-己烯)-4-甲基-苯为组合的挥发性成分。对第4主成分贡献最大的是1-(1′,5′-二甲基-4′-己烯)-4-甲基-苯、4-甲基-2-戊酮和月桂烯，可以认为第4主成分代表了1-(1′,5′-二甲基-4′-己烯)-4-甲基-苯、4-甲基-2-戊酮和月桂烯为组合的挥发性成分。

饱和醇感觉阈值高，一般对卤汁总体风味没有太大影响，但独立存在时，较长碳链的饱和醇可表现为青草香、木香、花香特征。不饱和醇阈值较低，可能对风味起主要作用，通常具有植物香味。豆干卤汁在循环使用过程中，烃类化合物相对百分含量较高，对卤汁风味贡献大。在循环使用过程中均有检测到的是1-辛烯-3-醇、4-萜烯醇、桉叶油醇和芳樟醇，这些均可能来自于配制卤汁的香辛料中。1-辛烯-3-醇又称蘑菇醇，可能通过脂质的酶解反应产生，是豆腥味的重要物质。在百里香和鲜蘑菇中存在有天然的蘑菇醇，具有蘑菇香，对风味起重要作用。4-萜烯醇呈现胡椒香和泥土香，天然4-萜烯醇主要存在于肉豆蔻、芫荽、小豆蔻和迷迭香中。桉叶油醇呈现樟脑气息和草药味，存在于迷迭香油、樟脑香油中。芳樟醇具有玲兰香气和香柠檬香味。

酮类化合物在豆干卤汁中检出种类较少，相对百分含量较低，对卤汁风味贡献不大。酮类化合物主要呈现奶油香、青草香或果香，一般来源于美拉德反应或者脂质的降解和氧化等。4-甲基-2-戊酮在卤汁循环使用过程中均有检出，可能来自β-酮酸脱羧作用或饱和脂肪酸β-氧化作用的产物。

醛类化合物在卤汁循环使用过程中，检出的相对百分含量较高，感觉阈值较低，对卤汁风味贡献较大。能够为卤汁提供香气成分，还能发生羰氨反应，生成生香前体物质，一般由亚油酸和亚麻酸被脂肪氧化酶分解产生，不饱和脂肪醛类化合物具有鸡肉特征风味。豆干卤汁在循环使用过程中，被检测到的醛类物质包括己醛、辛醛、壬醛和苯甲醛。己醛阈值低，具有青草香及苹果香。壬醛具有强烈的脂肪气息，低浓度的壬醛呈现橙子及玫瑰香。它们都是由不饱和脂肪酸氧化产生的。辛醛具有脂肪和水果气味。低浓度的苯甲醛具有令人愉悦的坚果香和水果香，如樱桃或杏仁味。

酯类化合物在豆干卤汁中检出种类较少，相对百分含量较低，对卤汁风味贡献不大，一般由酯化反应或者脂质代谢产生，具有酒香、花香和水果香。

烃类化合物在卤汁循环使用过程中，检出的相对百分含量较高，烃类感觉阈值较高，对卤汁风味影响小，但部分烯烃除外。在豆干卤汁循环使用过程中能检测到茴香脑和月桂烯，它们主要来自配制卤汁时所用的香辛料中。在八角茴香中能够提取到天然茴香脑，常常带有茴香和甘草气味；天然月桂烯存在于月桂油中，具有甜橙味和香脂气。

酸类化合物在豆干卤汁中检出种类较少，相对百分含量较低，对卤汁风味贡献不大。且随着循环使用天数的增加，酸类化合物相对百分含量呈现上升趋势，代表酸类化合物不断溶入卤汁中，这可能是导致卤汁总酸含量升高的原因。

芳香族类化合物随着苯环侧链上取代基碳数的增加，气味跟着发生改变，由果香、清香到脂肪臭的方向转变，直至嗅感完全消失。随着循环使用天数的增加，芳香族类化合物相对百分含量呈现上升趋势，使得卤汁具有气味逐渐改变，对卤汁风味有较大影响。1-(1′,5′-二甲基-4′-己烯)-4-甲基-苯是卤汁中检测到含量最高的芳香族类化合物。

杂环类化合物和含氮类化合物在卤汁中相对百分含量比较少，故对风味没什么影响。呋喃、吡啶等杂环类化合物可能来源于美拉德反应或焦糖化反应。2-甲基-3-巯基呋喃和3-羟基-2,6-二甲基-4*H*-吡喃-4-酮可能来源于食品香料。

五、卤汁重复利用与安全性

通过对企业卤汁在161 d内循环使用过程中总酸、过氧化值、亚硝酸盐、重金属和黄曲霉毒素B_1含量等变化规律研究，发现在161 d内循环使用的卤汁的总酸含量在2.23～3.27 g/kg范围内波动；过氧化值含量在3.01～3.65 meq/kg范围内波动；亚硝酸盐含量在0.11～0.36 mg/kg范围内波动，均低于检出限值，视为未检出；铅含量在0～0.0025 mg/kg范围内波动，均低于检出限值，视为未检出；镉含量在0～0.0040 mg/kg范围内波动；铬含量在0.29～0.65 mg/kg范围内波动；总砷含量在0.0016～0.0034 mg/kg范围内波动；黄曲霉毒素B_1含量为未检出，所有指标均无超过参考的安全限量值，安全性高。相关性分析表明，卤汁循环使用天数与总酸呈极显著正相关$r=0.940$（$P<0.01$），与过氧化值呈极显著正相关$r=0.835$（$P<0.01$），与铬呈极显著正相关$r=0.841$（$P<0.01$）。分别建立预测模型，具有较好的相关性。

总酸预测方程为$y=2.2618+0.0121x-7.6990\times10^{-5}x^2+2.5465\times10^{-7}x^3$，$r=0.9259$。

过氧化值预测方程为$y=3.0953+4.1479\times10^{-4}x-1.8358\times10^{-4}x^2+5.8496\times10^{-6}x^3-5.4657\times10^{-8}x^4+1.6234\times10^{-10}x^5$，$r=0.9102$。

铬的预测方程为$y=0.2609+0.0093x-9.6075\times10^{-5}x^2+3.3274\times$

$10^{-7}x^3$，$r=0.8283$。确定铬为卤汁安全的预警指标，由铬的预测方程预测，在循环使用至 205 d 时，存在铬超标的风险。

1. 原料

同本节四所用原料。

2. 样品采集

同本节四样品采集。

3. 主要试剂与仪器

（1）主要试剂　铅标准储备液，1000 μg/mL；镉标准储备液，1000 μg/mL；铬标准储备液，1000 μg/mL；三氧化二砷标准品，纯度≥99.5%；黄曲霉 B_1 标准品，纯度≥99.8%。

（2）主要仪器　PHS-3CpH 计、Mb 型恒温数显电热板、AFS-9130 原子荧光光谱仪、UV-1780 紫外分光光度计、AA7000 原子吸收光谱仪、UltiMate3000 高效液相色谱仪。

4. 方法

（1）总酸的测定　按照 GB 12456—2021 进行卤汁中总酸的测定。

（2）过氧化值的测定　采用赵梅的方法分光光度法进行卤汁中过氧化值的测定。

（3）亚硝酸盐的测定　按照 GB 5009.33—2016 进行卤汁中亚硝酸盐的测定。

（4）重金属的测定　按照 GB 5009.12—2023 进行卤汁中铅的测定。按照 GB 5009.15—2023 进行卤汁中镉的测定。按照 GB 5009.123—2023 进行卤汁中铬的测定。按照 GB 5009.11—2014 氢化物发生原子荧光光谱法进行总砷的测定。

（5）黄曲霉毒素（AF）B_1 的测定　按照 GB 5009.22—2016 进行卤汁中黄曲霉毒素 B_1 的测定。

5. 数据统计分析

利用 SPSS 18.0 分析软件进行方差分析、相关性分析，结果以平均值±标准差的形式表示，显著性水平为 0.05。每个实验指标进行 3 个平行测定。利用 Origin8.5 进行线性拟合。

6. 结果与分析

（1）湘派卤豆干卤汁循环使用过程中安全指标的变化　湘派卤豆干卤汁循环使用过程中安全指标的变化见表 6-8。

表 6-8 卤汁循环使用过程中安全指标的含量

项目	7 d	14 d	21 d	28 d	35 d	42 d	49 d	56 d	112 d	119 d	126 d	133 d	140 d	147 d	154 d	161 d
总酸含量/(g/kg)	2.23±0.03^{j}	2.43±0.01^{i}	2.69±0.04^{f}	2.58±0.07^{g}	2.50±0.01^{h}	2.60±0.02^{g}	2.75±0.05^{e}	2.69±0.06^{f}	3.01±0.02^{d}	2.99±0.01^{d}	3.08±0.04^{c}	3.19±0.01^{b}	3.21±0.01^{b}	3.11±0.04^{c}	3.19±0.01^{b}	3.27±0.03^{a}
过氧化值/(meq/kg)	3.07±0.04^{d}	3.11±0.02^{d}	3.10±0.05^{d}	3.01±0.06^{e}	3.07±0.07^{d}	3.04±0.03^{d}	3.12±0.02^{d}	3.13±0.04^{d}	3.29±0.06^{c}	3.38±0.06^{c}	3.23±0.02^{c}	3.37±0.03^{c}	3.35±0.06^{c}	3.36±0.02^{c}	3.51±0.02^{b}	3.65±0.03^{a}
亚硝酸盐含量/(mg/kg)	0.11±0.04^{a}	0.18±0.02^{a}	0.11±0.05^{a}	0.19±0.02^{a}	0.21±0.03^{a}	0.36±0.05^{a}	0.23±0.04^{a}	0.29±0.05^{a}	0.18±0.02^{a}	0.27±0.05^{a}	0.18±0.05^{a}	0.25±0.04^{a}	0.26±0.04^{a}	0.32±0.02^{a}	0.25±0.03^{a}	0.29±0.04^{a}
铅含量/(mg/kg)	ND	ND	ND	ND	ND	ND	ND	ND	ND	0.0025±0.0006	ND	ND	ND	ND	ND	ND
镉含量/(mg/kg)	ND	ND	0.0011±0.0003^{c}	0.0016±0.0005^{b}	ND	ND	0.0040±0.0005^{a}	ND	ND	ND	ND	ND	ND	ND	0.0012±0.0002^{c}	0.0017±0.0003^{b}
铬含量/(mg/kg)	0.29±0.05^{c}	0.35±0.02^{b}	0.51±0.04^{a}	0.47±0.02^{a}	0.47±0.03^{a}	0.48±0.02^{a}	0.52±0.03^{a}	0.53±0.04^{a}	0.55±0.02^{a}	0.58±0.03^{a}	0.56±0.05^{a}	0.60±0.30^{a}	0.63±0.04^{a}	0.59±0.02^{a}	0.63±0.03^{a}	0.65±0.05^{a}
总砷含量/(mg/kg)	0.0016±0.0002^{a}	0.0018±0.0004^{a}	0.0029±0.0002^{a}	0.0019±0.0005^{a}	0.0015±0.0004^{a}	0.0031±0.0005^{a}	0.0034±0.0004^{a}	0.0021±0.0003^{a}	0.0025±0.0004^{a}	0.0028±0.0005^{a}	0.0013±0.0002^{a}	0.0029±0.0003^{a}	0.0016±0.0004^{a}	0.0013±0.0003^{a}	0.0031±0.0002^{a}	0.0034±0.0003^{a}
AFB_1 含量/(mg/kg)	ND	ND	ND	ND	ND	ND	ND	ND	ND	ND	ND	ND	ND	ND	ND	ND

注：同一行上标不同字母表示差异显著（$P<0.05$）。ND 表示未检出。

① 湘派卤豆干卤汁循环使用过程中总酸的变化　由图 6-9 可知，在循环使用过程中，总酸含量在 2.23～3.27 g/kg 范围内波动，整体呈现升高趋势。循环使用 7～21 d，总酸含量从 2.23 g/kg 上升至 2.69 g/kg，升幅达 20.6%，而在 21 d 之后，上升速率较为缓慢，112～161 d 内总酸含量基本趋于稳定。这与盐焗鸡卤汁循环使用过程酸度变化趋势类似，可能是原辅料携带以及卤制过程化学反应产生的酸性物质溶入并积累在卤汁中，如蛋白质降解产生的游离氨基酸、核苷酸，脂肪氧化产生的游离脂肪酸，使得卤汁总酸含量升高；随着卤汁循环使用时间的增加，卤汁中可溶性化合物浓度趋于饱和，影响酸性物质的溶入。另外，游离脂肪酸等酸性物质会发生热氧化降解等反应而生成醛类等其他物质，从而影响卤汁总酸，但是酸性物质溶入与分解的动态平衡状态与总酸变化的关系有待后续试验。当然，每批次生产的补料补水等实际生产操作也会对总酸有一定的影响。需要特别指出的是，每日生产结束清除上层漂浮油沫，卤汁高温杀菌、回收至暂储罐暂存，定期清除卤制槽沉淀碎屑等养护和监测操作，不仅可减少脂肪酸败等反应而产生酸性物质，而且抑制了醋酸菌等微生物的生长和繁殖，从而降低了微生物对卤汁总酸的影响，这与作坊生产有较大差别。因此，总酸在卤汁工业化循环使用过程中相对较稳定。

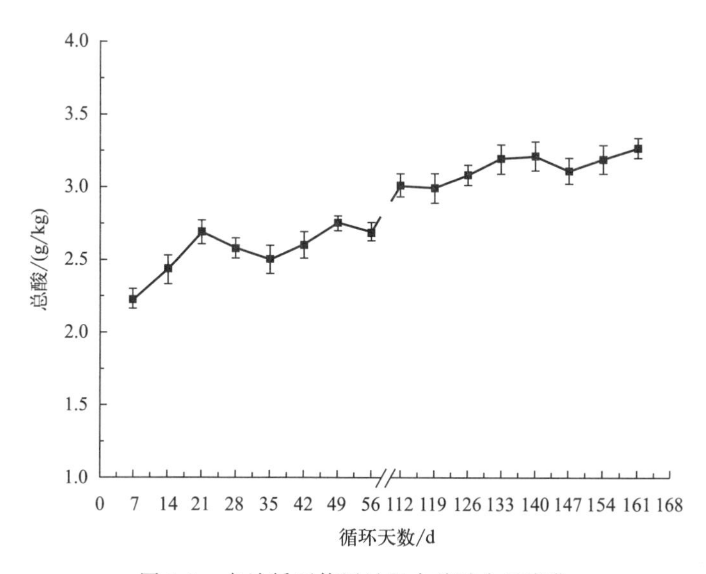

图 6-9　卤汁循环使用过程中总酸含量变化

② 湘派卤豆干卤汁循环使用过程中过氧化值的变化　由图 6-10 可知，在循环使用过程中，过氧化值含量在 3.01～3.65 meq/kg 范围内波动，呈现缓慢上升的趋势。在循环使用 7～56 d 内，过氧化值变化不明显，可能的原因是，

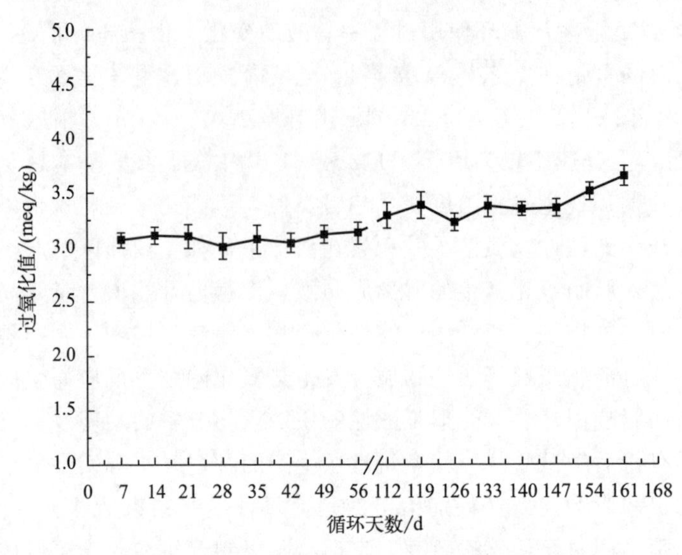

图 6-10　卤汁循环使用过程中过氧化值含量变化

在卤制早期阶段，油脂与非脂成分之间的作用不明显，且油脂的自动氧化还处于起始阶段，油脂氧化较为缓慢。而在 112～161 d 内，过氧化值略微升高，可能是随着卤制时间的延长，空气、水、光照、温度等因素长时间作用，自由基活性增强，脂肪氧化程度加剧，过氧化值升高。这与工厂及时清除上浮油膜有较大关系。

我们以食用植物油过氧化值的安全限量值为参考，其安全限量值为≤0.25 g/100 g，根据公式换算即≤19.7 meq/kg。在卤汁循环使用至 161 d 时，过氧化值含量上升至最大值 3.65 meq/kg，低于 19.7 meq/kg，低于国家安全食用标准。

③ 湘派卤豆干卤汁循环使用过程中亚硝酸盐含量的变化　由表 6-9 可知，在循环使用过程中，亚硝酸盐含量在 0.11～0.36 mg/kg 范围内波动。在循环使用 7～161 d 内，亚硝酸盐含量很低，均低于检出限。湘派豆干卤制不添加亚硝酸钠作为护色剂，而且豆制品使用较少，因此卤汁循环使用过程中缺少亚硝酸根离子的积累来源。由此可见，卤汁在循环使用过程中不存在亚硝酸盐含量超标的风险。

表 6-9　卤汁循环使用过程中亚硝酸盐含量变化

项目	7 d	14 d	21 d	28 d	35 d	42 d	49 d	56 d
亚硝酸盐含量/(mg/kg)	0.11±0.04[a]	0.18±0.02[a]	0.11±0.05[a]	0.19±0.02[a]	0.21±0.03[a]	0.36±0.05[a]	0.23±0.04[a]	0.29±0.05[a]

续表

项目	112 d	119 d	126 d	133 d	140 d	147 d	154 d	161 d
亚硝酸盐含量/(mg/kg)	0.18±0.02[a]	0.27±0.05[a]	0.18±0.05[a]	0.25±0.04[a]	0.26±0.04[a]	0.32±0.02[a]	0.25±0.03[a]	0.29±0.04[a]

注：上标不同字母表示差异显著（$P<0.05$）。

④ 湘派卤豆干卤汁循环使用过程中重金属含量的变化　由表6-10可知，在循环卤制过程中，只有119 d时卤汁铅含量为0.0025 mg/kg，其余时间均为未检出。而通过称样量和定容体积计算出检出限为0.025 mg/kg，而0.0025 mg/kg明显低于检出限。目前，尚无标准对卤汁中铅的限定值做出明确规定，国际食品法典委员会（CAC）规定豆制品中铅允许的最高限量值为0.3 mg/kg。因此，我们可以确定卤汁在循环使用过程中无铅含量超标风险。

表6-10　卤汁循环使用过程中铅含量变化

取样时间	7 d	14 d	21 d	28 d	35 d	42 d	49 d	56 d
铅含量/(mg/kg)	ND	ND	ND	ND	ND	ND	ND	ND
取样时间	112 d	119 d	126 d	133 d	140 d	147 d	154 d	161 d
铅含量/(mg/kg)	ND	0.0025±0.0006[a]	ND	ND	ND	ND	ND	ND

注：上标不同字母表示差异显著（$P<0.05$）。ND表示未检出。

由表6-11可知，卤汁在循环使用21 d、28 d、49 d、154 d和161 d时均有镉的检出，但检出的镉含量均不高，其他时间均为未检出。卤汁中重金属镉时有时无，可能来自香辛料的转移和累积，也可能是因为卤制设备均为不锈钢材质，反复熬煮使不锈钢设备中的镉有微量溶出于卤汁中，但是镉是否能迁移至卤豆干中有待研究。参考豆类中镉允许的最高限量水平为0.2 mg/kg。世界卫生组织确定一个70 kg成人镉的最高安全摄入量为70 μg/d。按卤汁中镉的最高含量0.0040 mg/kg计算，每人每天饮用1.75 kg卤汁达到镉的最高安全摄入量，而现实生活中每天饮用这么多卤汁的现象不存在。因此，我们可以确定卤汁在循环使用过程中无镉超标风险。

表6-11　卤汁循环使用过程中镉含量变化

取样时间	7 d	14 d	21 d	28 d	35 d	42 d	49 d	56 d
镉含量/(mg/kg)	ND	ND	0.0011±0.0003[c]	0.0016±0.0005[b]	ND	ND	0.0040±0.0005[a]	ND

续表

取样时间	112 d	119 d	126 d	133 d	140 d	147 d	154 d	161 d
镉含量/(mg/kg)	ND	ND	ND	ND	ND	ND	0.0012±0.0002[c]	0.0017±0.0003[b]

注：上标不同字母表示差异显著（$P<0.05$）。ND表示未检出。

由图6-11可知，卤汁在循环使用过程中，铬含量在0.29～0.65 mg/kg范围内波动，呈现缓慢上升的趋势。在7～21 d，铬含量上升比较迅速，循环使用21 d后，上升较缓慢。有研究表明，食品在加工过程中，重金属元素可从接触材料迁移至食品体系和从食品内部迁移至外面。因此，卤汁循环使用过程中铬缓慢增长很有可能是不锈钢设备中的铬溶出至卤汁，或是香辛料中的铬迁移至卤汁中引起的。

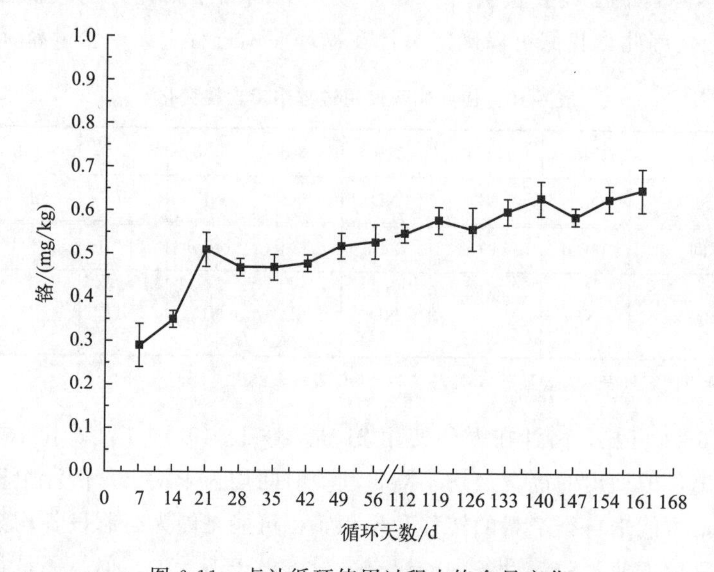

图6-11　卤汁循环使用过程中铬含量变化

参考豆类中铬允许的最高限量水平为1 mg/kg，而铬的最高含量为0.65 mg/kg，仍符合要求。我国居民膳食营养素参考摄入量铬最高限量为500 μg/人/d，按铬的最高检出量0.65 mg/kg计算，每人每天需饮用0.77 kg卤汁才能达到铬的最高限量，而现实生活中很少直接食用这么多卤汁，因此循环使用161 d内，卤汁无铬超标风险。但依据现有缓慢上升趋势，继续循环使用，卤汁将存在铬超标的潜在风险。

由图6-12可知，卤汁在循环使用过程中，总砷含量在0.0016～0.0034 mg/kg范围内波动。国家标准中对卤汁中总砷含量的限定值尚未做出明确规定，参考GB 2762—2022可知油脂及其制品中总砷允许的最高限量水平为0.1 mg/kg，

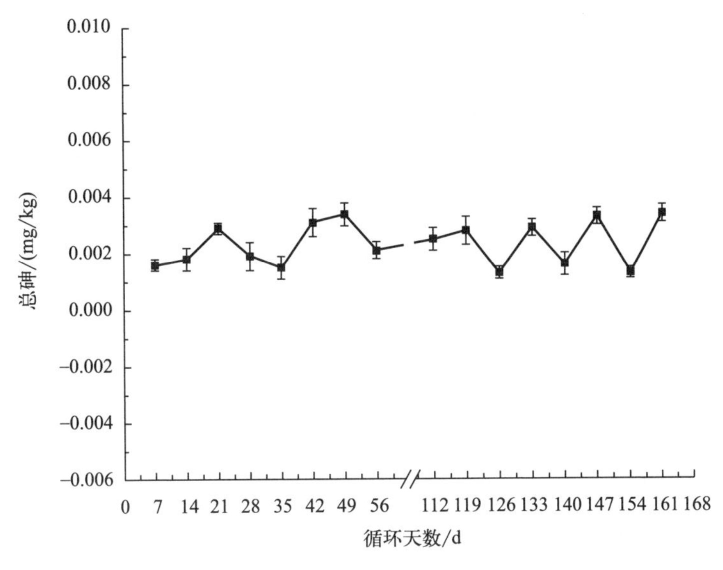

图 6-12 卤汁循环使用过程中总砷含量变化

调味品中总砷允许的最高限量水平为 0.5 mg/kg，而卤汁中总砷含量远远低于这个水平，可以说卤汁在循环使用过程中无总砷超标风险。

⑤ 湘派卤豆干卤汁循环使用过程中黄曲霉毒素 B_1 含量的变化

由表 6-12 可知，在循环卤制过程中，新卤和老卤中黄曲霉毒素 B_1 含量均未检出，可以说卤汁在循环使用过程中，不存在发霉卤料带入黄曲霉毒素 B_1 的现象，但仍然需要对卤料进行严格监控。

表 6-12 卤汁循环使用过程中黄曲霉毒素（AF）B_1 含量变化

项目	7 d	14 d	21 d	28 d	35 d	42 d	49 d	56 d
AFB_1 含量	ND	ND	ND	ND	ND	ND	ND	ND
项目	112 d	119 d	126 d	133 d	140 d	147 d	154 d	161 d
AFB_1 含量	ND	ND	ND	ND	ND	ND	ND	ND

注：上标不同字母表示差异显著（$P<0.05$）。ND 表示未检出。

（2）湘派卤豆干卤汁安全指标与循环次数的相关性　利用 SPSS 18.0 对卤汁循环使用过程中各指标与循环天数进行相关性分析，结果见表 6-13。

表 6-13 进行的循环天数与安全指标之间的相关性分析表明：循环天数与总酸、过氧化值、亚硝酸盐和铬呈极显著正相关关系，即随着循环使用天数的增加，卤汁中总酸、过氧化值、亚硝酸盐和铬含量也增加。但由于亚硝酸盐的测定值均低于检出限，故不作考虑。因此，我们可以得出，在卤汁循环使用过程中，循环天数与总酸、过氧化值和铬呈显著正相关。

表 6-13　安全指标与循环天数相关性分析

项目	相关系数	显著性	置信度
总酸	0.940	* *	0.01
过氧化值	0.835	* *	0.01
亚硝酸盐	0.435	* *	0.01
铅	—	—	—
镉	−0.088	—	—
铬	0.841	* *	0.01
总砷	0.136	—	—
AFB_1	—	—	—

注：* 表示相关性在 0.05 水平上显著，* * 表示相关性在 0.01 水平上显著。

(3) 卤汁循环使用天数预测模型的构建

① 总酸含量变化预测模型的构建　利用 Origin 8.5 对卤汁循环过程中总酸含量进行线性拟合，得到卤汁循环使用过程中总酸含量变化预测模型图。结果如图 6-13 所示。

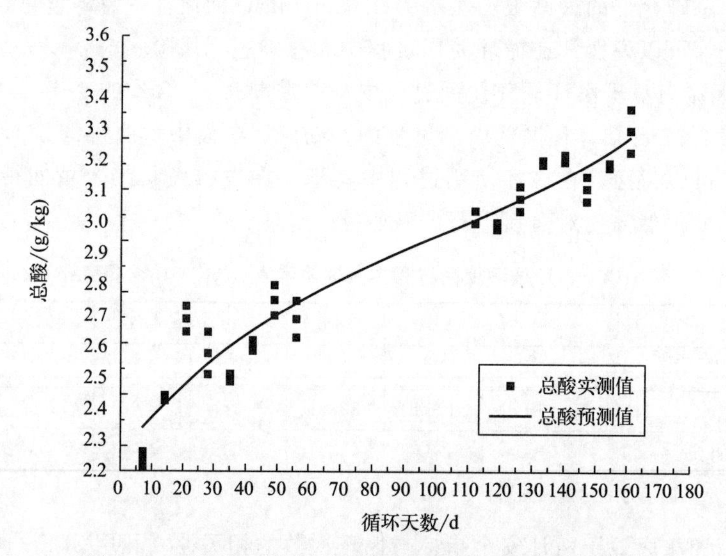

图 6-13　卤汁循环使用过程中总酸含量变化预测模型图

得到卤汁循环使用过程中总酸含量变化的预测模型方程 $y=2.2618+0.0121x-7.6990\times10^{-5}x^2+2.5465\times10^{-7}x^3$，相关系数 $r=0.9259$。

② 过氧化值含量变化预测模型的构建　利用 Origin 8.5 对卤汁循环过程中过氧化值含量进行曲线拟合，得到卤汁循环使用过程中过氧化值含量变化预测模型图。结果如图 6-14 所示。

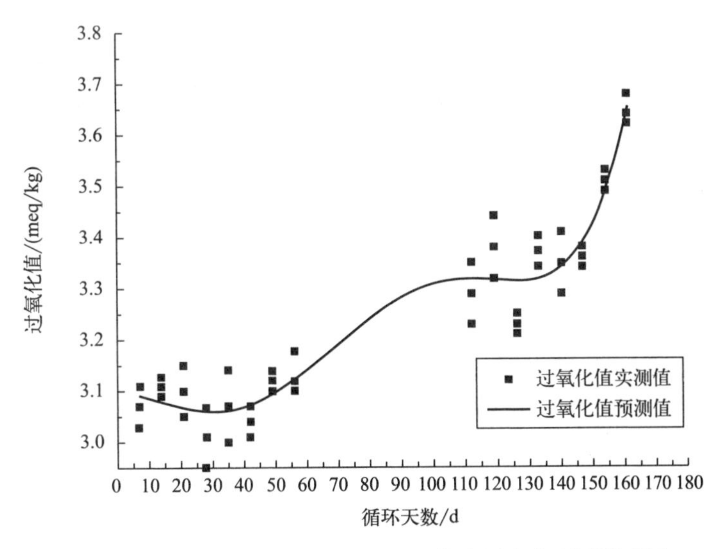

图 6-14　卤汁循环使用过程中过氧化值含量变化预测模型图

得到卤汁循环使用过程中过氧化值含量变化的预测模型方程 $y=3.0953+4.1479\times10^{-4}x-1.8358\times10^{-4}x^2+5.8496\times10^{-6}x^3-5.4657\times10^{-8}x^4+1.6234\times10^{-10}x^5$，相关系数 $r=0.9102$。

③ 铬含量变化预测模型的构建　利用 Origin 8.5 对卤汁循环过程中铬含量进行曲线拟合，得到卤汁循环使用过程中铬含量变化预测模型图。结果如图 6-15 所示。

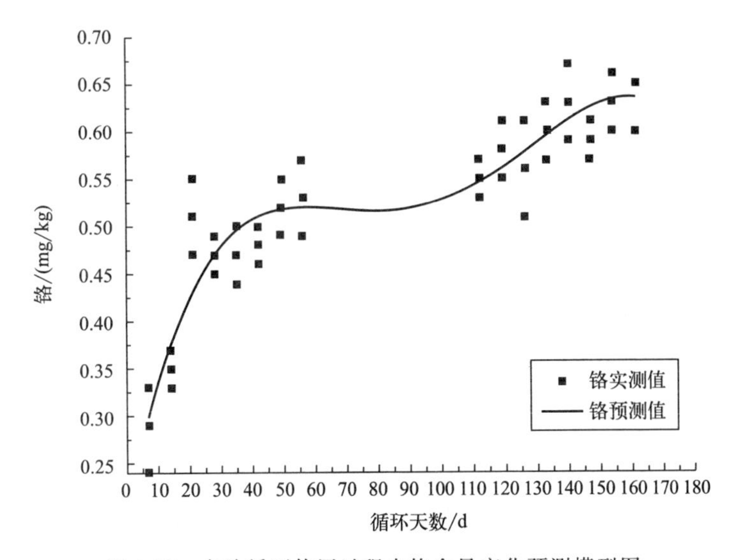

图 6-15　卤汁循环使用过程中铬含量变化预测模型图

得到卤汁循环使用过程中铬含量变化的预测模型方程 $y=0.2609+0.0093x-9.6075\times10^{-5}x^{2}+3.3274\times10^{-7}x^{3}$，相关系数 $r=0.8283$。

（4）卤汁循环使用天数预测模型的验证　通过外部验证法，结合预测模型，计算预测值。利用 Origin 8.5 作出两者散点图及以实测值作为横坐标，预测模型预测值作为纵坐标，进行曲线拟合求其相关系数。

① 总酸含量变化预测模型的验证　图 6-16 为卤汁循环使用过程中总酸含

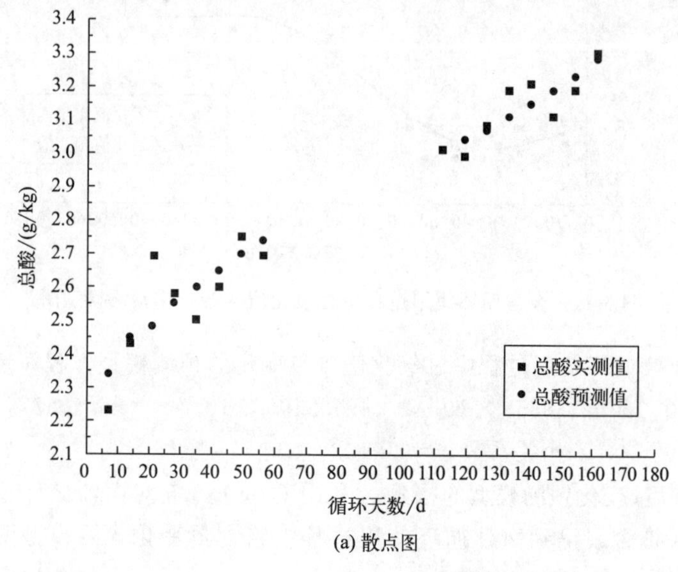

(a) 散点图

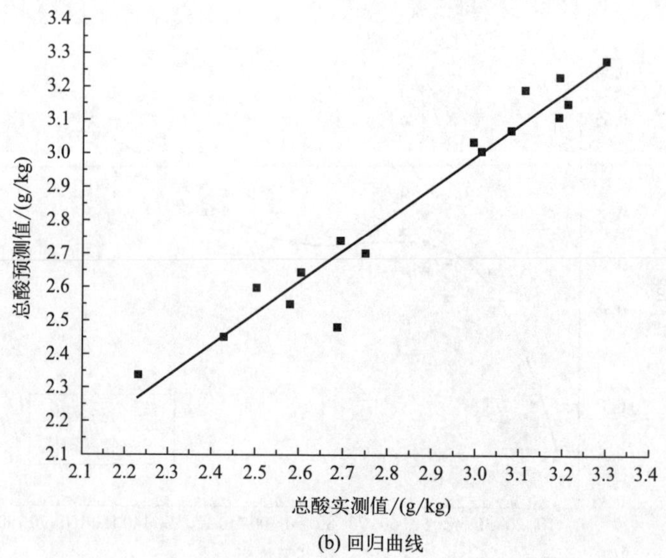

(b) 回归曲线

图 6-16　卤汁循环使用过程中总酸含量变化预测模型验证图

量变化预测模型验证图，图 6-16(a) 为卤汁循环使用过程中总酸预测值与实际值的散点图，图 6-16(b) 为在总酸预测值与实际值拟合的回归曲线，回归方程为 $y=0.9354x+0.1865$，回归系数为 0.9404。通过显著性检验（$P<0.01$），说明实测值和预测值拟合程度较好，故用 $y=2.2618+0.0121x-7.6990\times10^{-5}x^2+2.5465\times10^{-7}x^3$ 来模拟卤汁循环使用过程中总酸含量的变化。

② 过氧化值含量变化预测模型的验证　图 6-17 为卤汁循环使用过程中过

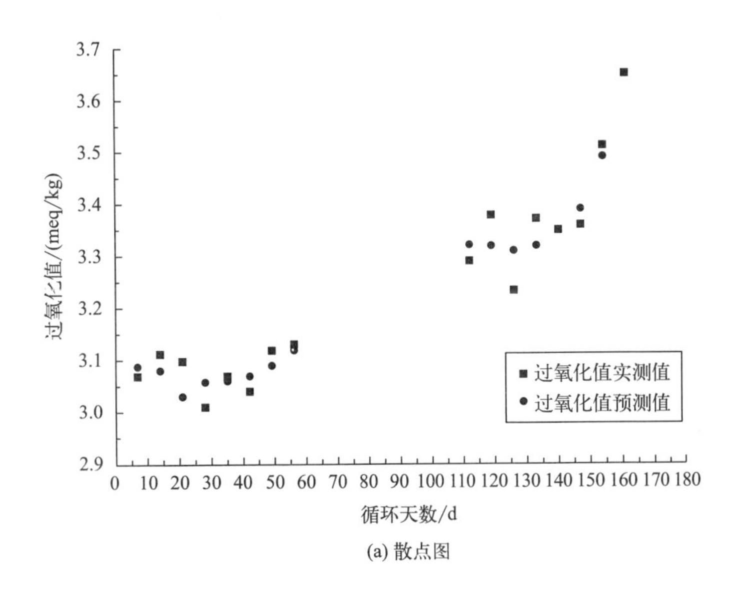

(a) 散点图

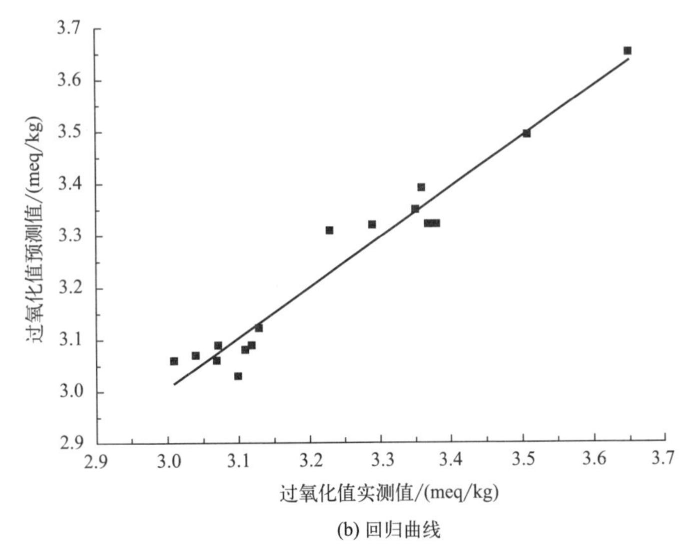

(b) 回归曲线

图 6-17　卤汁循环使用过程中过氧化值含量变化预测模型验证图

氧化值含量变化预测模型验证图，(a) 为卤汁循环使用过程中过氧化值预测值与实际值的散点图，(b) 为过氧化值预测值与实际值拟合的回归曲线，回归方程为 $y=0.9313x+0.2191$，回归系数为 0.977。通过显著性检验（$P<0.01$），说明实测值和预测值拟合程度较好，故可用 $y=3.0953+4.1479\times10^{-4}x-1.8358\times10^{-4}x^2+5.8496\times10^{-6}x^3+5.4657\times10^{-8}x^4+1.6234\times10^{-10}x^5$ 来模拟卤汁循环使用过程中过氧化值含量的变化。

③ 铬含量变化预测模型的验证　图 6-18 为卤汁循环使用过程中铬含量变

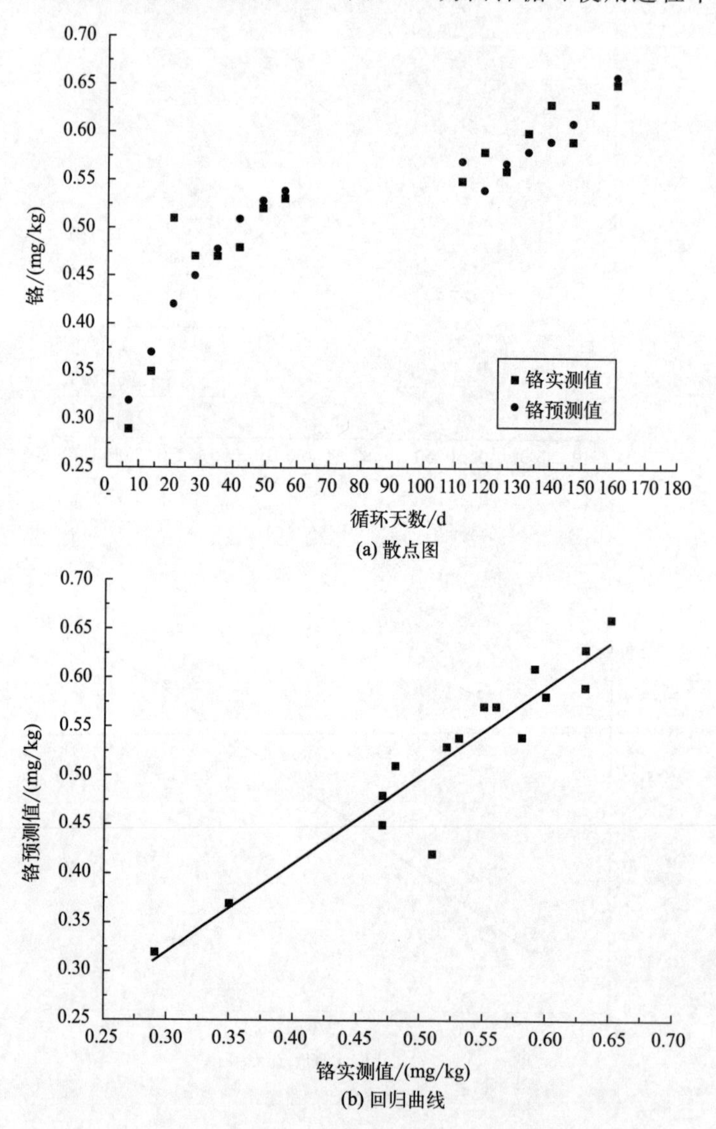

图 6-18　卤汁循环使用过程中铬含量变化预测模型验证图

化预测模型验证图，(a) 为循环使用过程中铬预测值与实际值的散点图，(b) 为铬预测值与实际值拟合的回归曲线，回归方程为 $y=0.9013x+0.0494$，回归系数为 0.8943。通过显著性检验（$P<0.01$），说明实测值和预测值拟合程度较好，故可用 $y=0.2609+0.0093x-9.6075\times10^{-5}x^2+3.3274\times10^{-7}x^3$ 来模拟卤汁循环使用过程中铬含量的变化。

7. 卤汁循环使用天数的预测

国家标准对卤汁、豆干总酸没作要求，但卤汁中总酸的变化与微生物的繁殖和脂肪的氧化有着密切联系，当总酸超过一定的限定值，卤豆干的口感及品质，甚至安全性将受到很大影响，该卤汁不会再继续进行卤制豆干。我们以食用植物油酸价≤3 mg/g 为参考，以 GB/T 5530—2005 中酸价（值）与总酸的换算方式，即总酸≤15.08 g/kg。通过卤汁循环使用过程中总酸含量变化的预测方程 $y=2.2618+0.0121x-7.6990\times10^{-5}x^2+2.5465\times10^{-7}x^3$，可以计算当卤汁循环使用 447 d 时，卤汁中总酸达到安全限定值。

以食用植物油的过氧化值安全限量值≤19.7 meq/kg 为参考。通过卤汁循环使用过程中过氧化值含量变化的预测方程 $y=3.0953+4.1479\times10^{-4}x-1.8358\times10^{-4}x^2+5.8496\times10^{-6}x^3-5.4657\times10^{-8}x^4+1.6234\times10^{-10}x^5$，可以计算当卤汁循环使用至 237 d 时，卤汁中过氧化值含量达到安全限定值。

以豆类中铬允许的最高限量水平为 1 mg/kg 为参考，通过卤汁循环使用过程中铬含量变化的预测方程 $y=0.2609+0.0093x-9.6075\times10^{-5}x^2+3.3274\times10^{-7}x^3$，可以计算当卤汁循环使用至 205 d 时，卤汁中铬达到限定值。

卤汁在循环使用过程中，总酸、过氧化值可通过人为干预，且以总酸和过氧化值为指标预测卤汁循环使用天数均高于以铬为指标预测卤汁的循环使用天数，而铬的蓄积无法人为降解，存在一定风险。因此，我们以铬作为卤汁循环使用过程中的安全预警指标，即通过铬的预测方程预测卤汁循环使用 205d 时可能存在铬超标的风险，需要引起重点关注。

第三节　酸浆休闲豆干卤制过程中的品质变化

酸浆休闲豆干在卤制过程中，豆腐坯的主要成分会发生一系列变化，并影响产品品质。蛋白质是豆制品中最主要的成分，具有广泛的功能特性，可形成豆干网络结构，可与其他成分协同作用，在产品质地、滋味与营养品质的形成中发挥重要作用。蛋白质不仅对豆制品持水性具有重要的影响，而且蛋白结构对豆制品质构也产生重要影响。在卤制过程中稳定性最差的主要成分是脂肪，脂肪氧化受卤制的温度、卤汁的 pH 值、卤制时间等因素影响。脂肪氧化初级产物包括自由基、小分子醛和酮等，这些物质几乎能和食品中的任何成分反应，其中羰基类物质，尤其是醛类物质对于休闲豆干起着积极或消极的双重作用。水分是休闲豆干中非常重要的一种成分，休闲豆干的水分以自由水和结合水两种形式存在，水的含量、分布和状态不仅对食品的结构、外观、质地、风味、色泽、流动性、新鲜程度和腐败变质的敏感性产生极大的影响，而且对产品保质期起至关重要的作用。

酸浆豆干卤制过程中品质变化与卤制方法相关。赵良忠等研究脉冲卤制过程的湘派豆干品质变化规律发现，随着卤制次数的增加，传统卤制的豆干、卤汁中的蛋白质含量逐渐增加，且均高于脉冲卤制方式；脉冲卤制的豆干、卤汁中的脂肪含量均高于传统卤制方式，随着卤制次数的增加，卤制豆干中脂肪含量增加的幅度不大；传统卤制卤汁中的脂肪含量无显著变化（$P<0.05$），脉冲卤制卤汁脂肪含量不断增加；传统卤制豆干、脉冲卤制豆干的水分含量随着卤制次数的增加无显著变化（$P<0.05$），水分含量处于 56.7 g/100g～57.47 g/100g、56.23 g/100g～56.83 g/100g 之间，脉冲卤制卤汁水分含量不断递减；传统卤制卤汁、脉冲卤制卤汁中的可溶性固形物含量增幅较小；豆干的回复性、咀嚼性、硬度、韧性、弹性呈现先增大后减小的趋势；卤制过程中，豆干与卤汁的 L^* 值、b^* 值均呈现显著性降低（$P<0.05$），a^* 值呈现先增加后减小趋势。通过对各指标进行相关性分析，传统卤制豆干、脉冲卤制豆干中咀嚼性和硬度、咀嚼性和韧性呈显著正相关，传统卤制卤汁、脉冲卤制卤汁中水分含量和蛋白质含量、可溶性固形物含量和水分含量均呈显著负相关。具体研究过程如下。

一、材料

卤料以及配料，市售；卤汁、豆干，豆制品加工与安全控制湖南省重点实验室提供；其他试剂均为国产分析纯。

二、仪器

FYLZ-1 型脉冲卤煮机（真空脉冲卤制设备）、JM8013 型多功能蒸煮锅（电热间隙卤制设备）、UDK139 型凯氏定氮仪、UV-1780 型紫外可见分光光度计、GZX-9140MBE 型电热鼓风干燥箱、CA-HM 型热量成分检测仪、MASTER-20T 型手持式糖度仪、LS-5 型物性测定仪、CR-400 色彩色差计。

三、方法

1. 卤制生产工艺流程

筒子骨→制备高汤→茴香等15种卤料→制作卤料包→熬制→湘派卤汁 }
大豆挑选→浸泡→二次浆渣共熟煮浆工艺→豆腐坯→烘干→湘派豆干 }

配料（菜籽油、自制焦糖、食盐）→定量卤制 { 传统卤制 / 脉冲卤制

2. 操作要点

（1）卤汁制备　以熬制1000 mL卤汁为例，将约100 g筒子骨洗净后煮30 min去血丝，加1200 mL水熬制2.5 h成高汤，称取茴香12 g、八角10 g、香果5 g、草果5 g、山柰4.6 g、砂仁3 g、白芷2.4 g、桂皮2 g、香叶2 g、甘草1.4 g、白豆蔻1.2 g、花椒1 g、母丁香0.6 g、公丁香0.6 g、荜拨5 g，制作成卤料包，放入高汤中采取先高温后低温的方式进行熬制3 h，用300目滤布过滤后，加入配料（菜籽油75 mL、自制焦糖70 mL、食盐30 g）成湘派卤汁。

（2）定量卤制　每日第一次卤制前，通过监测卤制锅内卤汁体积刻度、卤汁浓度和NaCl含量的变化，进行相应比例的补料（为同一批次卤制存储好的卤汁）。每天结束卤制时，先将卤汁煮沸再进行冷却保存。

（3）湘派豆干豆腐的制作　大豆浸泡后，按照豆水比1∶6磨浆，然后浆渣共熟，螺旋挤压浆渣分离，微压煮浆105 ℃/3 min，然后添加25%实验室制备的酸浆进行点浆，脑花经压制成豆腐坯，并分切成标准块，置于75～90 ℃干燥机进行烘干，时间约3 h，冷却后即得金黄色的湘派豆干坯。

（4）传统卤制工艺流程

称取一定量豆干，待卤汁微沸时，缓慢倒入豆干，使豆干完全浸没卤汁中，注意控制卤制温度，其间要把豆干上下翻动几次，到一定时间后捞出摊晾。卤制参数为卤制温度90 ℃，卤制时间120 min。

（5）脉冲卤制工艺流程

卤制参数为卤制温度80 ℃，卤制时间80 min，真空度0.03 MPa，脉冲次数为3，脉冲方式：17 min—4 min—17 min—4 min—17 min—4 min—17 min。

四、指标检测

1. 蛋白质、脂肪、水分的测定

豆干、卤汁中蛋白质含量的测定参照GB 5009.5—2016中的分光光度计

法；豆干、卤汁中脂肪含量的测定：参照 GB 5009.6—2016；豆干、卤汁中水分用全自动热量成分检测仪进行测定。

2. 卤汁可溶性固形物的测定

手持式糖度仪直接测定。

3. 豆干质构的测定

均匀取 3 块同一批次的卤豆干于室温冷却，用物性测定仪进行二次压缩检测试验。测定参数为：探头型号 P/35，触发力 0.05 N，整个测定过程的速率分别为 40 mm/s、30 mm/s、40 mm/s，中间停留时间 5 s，压缩形变率 40%。同一批次豆腐测定 3 次，取其平均值。

4. 色差测定

可选光源 D65，视场选择 8°视角，测定孔径 4 mm，光源 LED 蓝光激发，仪器误差 $\Delta E_{ab}^{*} \leqslant 0.4$。对仪器进行黑白板校正以后，进行样品测定，连续测定 6 次，记录 L^{*}、a^{*}、b^{*} 值，结果 RSD 均<2%，表明仪器精密度良好。每个样品重复测定 3 次，记录样品颜色测定指标 L^{*}、a^{*}、b^{*} 的平均值。

五、数据处理

实验结果每组重复 3 次，数据采用 Excel 2017、Origin 2018 和 IBM SPSS Statistics 22.0 进行图像绘制及处理。

六、结果与分析

1. 蛋白质在卤制过程中的变化分析

由图 6-19 可知，随着卤制次数的增加，豆干、卤汁中的蛋白质含量不断增加。未卤制时，豆干中的蛋白质为（14.333±0.818)g/100g，随着卤制次数的增加，蛋白质呈现递增趋势；卤制 60～90 次时，豆干的蛋白质含量增加幅度比较小；当卤制 150 次时，传统卤制豆干、脉冲卤制豆干蛋白质分别为(25.867±0.471)g/100g、(23.300±1.003)g/100g，上升率分别达到了 80.47%、62.56%。卤制至 120 次后，随着卤制次数的增加，卤汁中的蛋白质含量无显著变化（$P<0.05$），卤制 150 次时传统卤制卤汁、脉冲卤制卤汁蛋白质含量达到 1.739±0.027 g/100g、1.304±0.022 g/100g。

对比两种卤制方式，传统卤制的豆干、卤汁中的蛋白质含量均高于脉冲卤制方式；且随着卤制次数的增加，蛋白质含量逐渐增加。卤汁中的蛋白质主要来源于卤制过程豆干中的可溶性蛋白质，豆干中的蛋白质主要是 7S 中的 β-大豆伴球蛋白和11S中的大豆球蛋白，约占蛋白质组分的70%以上。研究发现pH呈中性时，β-伴大豆球蛋白的溶解度为55%～67%，大豆球蛋白为65%～84%。蛋白质分子结构、疏水性、亲水性和带电性、pH、温度、离子强度、离子对类型和与食品其他成分的相互作用均能影响溶解度。由于传统卤制温度高，时间长，蛋白质溶解度增加，所以传统卤制的蛋白质含量相对较高。随着卤汁中蛋白质含量的增加，浓度差成为蛋白质扩散的主要推动力。豆干的蛋白质含量增幅相对于卤汁比较大，可能与取样有密切联系。蛋白质的溶解丰富卤汁的营养物质，而且蛋白质降解产生的氨基酸等物质大部分是风味物质，因此，卤汁中蛋白质的含量对卤汁的滋味有很大的影响。

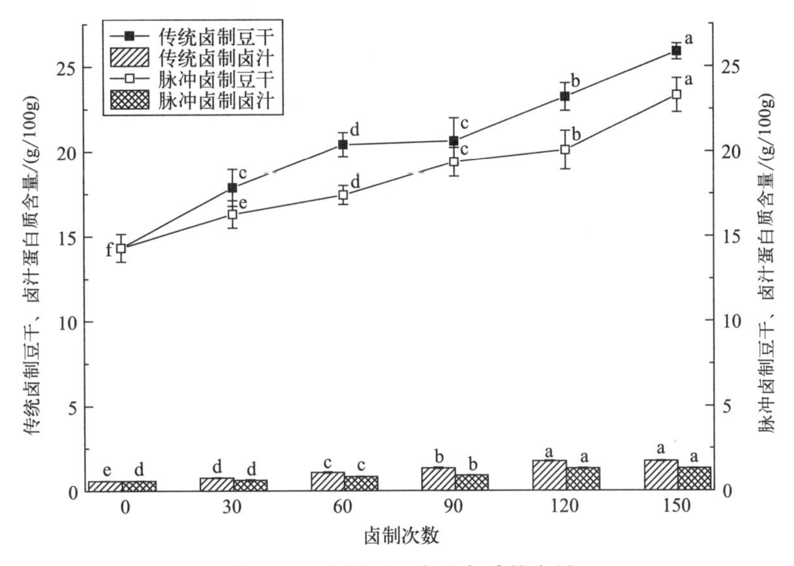

图6-19　卤制过程中蛋白质的含量

不同字母代表不同水平之间有显著性差异（$P<0.05$）

2. 脂肪在卤制过程中的变化分析

由图6-20可知，随着卤制次数增加，卤制豆干中脂肪含量增加的幅度不大，当卤制次数达到60次时，豆干的油脂含量达到最高，脉冲卤制豆干、传统卤制豆干的油脂含量达到（16.7±0.589）g/100g、（16.33±0.047）g/100g。传统卤制卤汁中的脂肪含量无显著变化（$P<0.05$），脉冲卤制卤汁含量不断增加，整体脉冲卤制卤汁的脂肪含量高于传统卤制卤汁，尤其卤制到150次时，脉冲卤制卤汁的脂肪含量为（8.883±0.209）g/100g，高于传统卤制卤汁42.40%。

研究发现脉冲卤制的豆干、卤汁中的脂肪含量均高于传统卤制方式，脂肪与蛋白质通过卵磷脂形成的结合态不稳定，一定的真空度加速两者分离，所以卤汁中溶解更多的脂肪。随着卤制次数的增加，卤汁中油脂含量增加，豆干中的脂肪含量先增加后减少。可能是由于在卤制过程豆干发生收缩脱水，导致其整体质量减少，而使得脂肪含量所占比例增加，随着卤制次数的增加，过程中少量脂肪溶解于卤汁，导致豆干中的脂肪含量有所降低。卤汁中的油脂为非水溶性且密度小于水，漂浮在卤汁表面，不存在浓度差而影响豆干中油脂的溶出，所以随着卤制次数的增加，卤汁中的油脂含量增加，但是卤汁中漂浮的油脂层，对卤制过程中的取样存在很大偏差。脂类物质对产品风味的形成产生3种作用。一是脂肪的水解和氧化是脂类物质形成风味成分的基础；二是脂质热降解可生成呋喃、游离脂肪酸、酮和醛等大量风味物质，且游离脂肪酸更易于氧化；三是作为风味物质的溶剂，在风味物质形成过程中作为反应的场所。而不饱和脂肪酸的自动氧化也会产生与酸败有关的不良风味。因此油脂对于产品的风味形成及再利用影响很大。

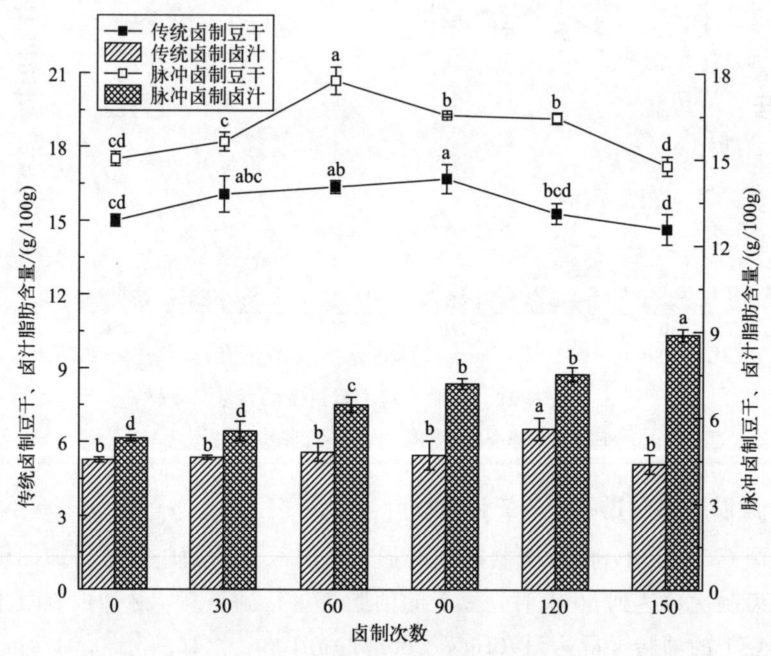

图 6-20　卤制过程中脂肪的含量

不同字母代表不同水平之间有显著差异（$P<0.05$）

3. 水分在卤制过程中的变化分析

由图6-21可知，随着卤制次数的增加，传统卤制豆干、脉冲卤制豆干的水分含量无显著变化（$P<0.05$），水分含量处于（56.7～57.47）g/100g、

(56.23～56.83)g/100g 之间。脉冲卤制卤汁含量不断递减，未卤制时，传统卤制卤汁、脉冲卤制卤汁水分含量为（87.49±0.35)g/100g，卤制到 150 次时，传统卤制卤汁、脉冲卤制卤汁的水分含量为（81.76±0.94)g/100g、(82.44±1.34)g/100g。水分含量降低率为 6.55％、5.77％。

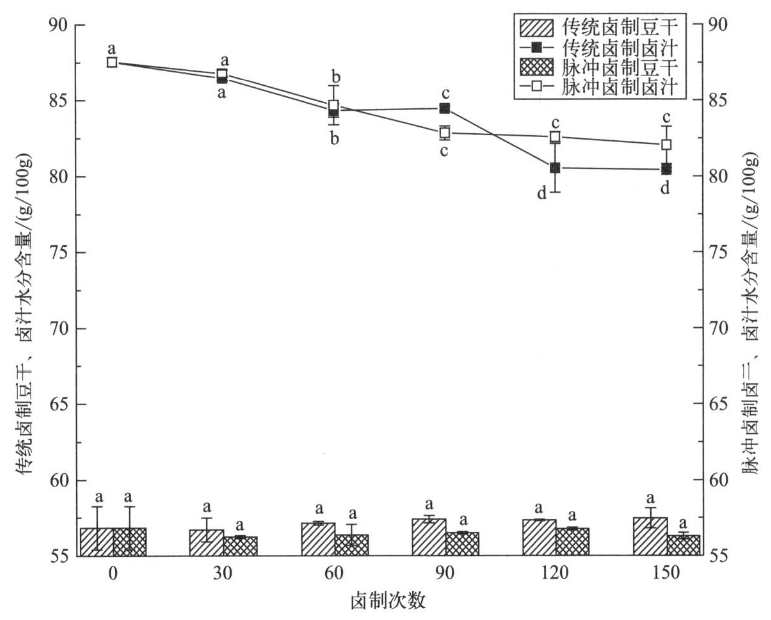

图 6-21 卤制过程中水分的变化

不同字母代表不同水平之间有显著差异（$P<0.05$）

随着卤制次数增加，传统卤制豆干、脉冲卤制豆干呈现无显著性变化，传统卤制豆干的水分含量略高于脉冲卤制，可能是传统卤制时间长、温度高，NaCl 含量渗透力强，由于 NaCl 属于亲水物质，浓度较低时以离子的形式吸附在蛋白表面，结合的游离水增加，所以传统卤制水分含量偏高。但是脉冲卤制豆干的水分含量随着卤制次数增加，呈现减少的趋势，可能是随着卤制次数增加，解离出大量氢离子，使离子之间的静电斥力增大，破坏了原有的凝胶网络结构，使凝胶之间孔隙增大，大量水分被排出，凝胶强度减小，持水力也降低；也有可能是卤制过程中，蛋白质发生变性，保水性下降，持续的高温使结合水含量下降。随着卤制次数的增加，卤汁水分含量均呈现降低趋势，初始卤汁中溶质较少，水分含量较高。随着卤水循环使用次数越多，溶质含量越高。卤制过程是一个高温长时间的过程，会引起水分的蒸发，不同卤制设备水分蒸发量会出现差异，但是基本处于一定范围内波动，稳定卤制加工产品品质。卤汁中不同成分的含量对豆制品的卤制加工后的品质起着非常重要的作用，水是食品体系中最重要的成分，对食品的加工变化、产品品质和储存稳定性具有重要的影响，水的运动性对产品的稳定性具有关键的影响。

4. 可溶性固形物在卤制过程中的变化分析

由图 6-22 可知，随着卤制次数增加，传统卤制卤汁、脉冲卤制卤汁中的可溶性固形物含量均呈现增加趋势，但是增幅不大；当卤制次数达到 150 次时，传统卤制卤汁可溶性固形物含量达到最高（9.56±1.50）°Brix，卤制次数达到 120 次时，脉冲卤制卤汁可溶性固形物含量达到最高（8.11±0.052）°Brix。

可溶性固形物主要是指溶液除水、盐、不可溶物质外的其他物质含量的总称，在卤汁汤料中主要包括 NaCl、水溶性蛋白、有机酸、氨基酸、肽等物质，这些物质大部分与卤汤风味形成有关，是影响风味的重要指标。相对于脉冲卤制而言，传统卤制卤制时间、温度都影响着可溶性固形物的溶出率，所以传统卤制的卤汁的可溶性固形物含量略高。从整体上而言，产品的各营养成分虽然有一定的增幅，但是幅度不大。

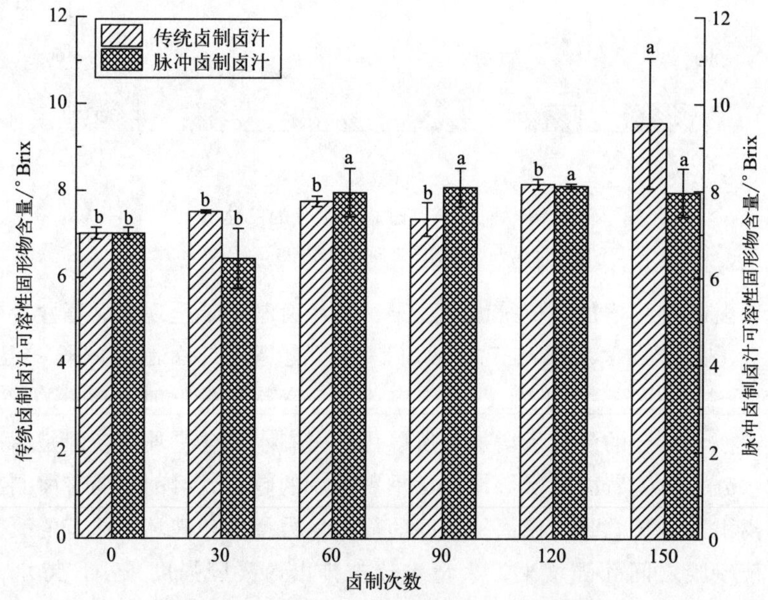

图 6-22　卤制过程中可溶性固形物的变化

不同字母代表不同水平之间有显著差异（$P<0.05$）

5. 豆干质构在卤制过程中的变化分析

用质构仪测定传统卤制、脉冲卤制豆干的回复性、咀嚼性、硬度、韧性、弹性。由表 6-14、表 6-15 可知，随着卤制次数的增加，各指标均存在先增加后递减的趋势，传统卤制豆干中咀嚼性、硬度、韧性呈现显著性变化（$P<0.05$），脉冲卤制豆干中回复性、咀嚼性、硬度、韧性呈现显著性变化（$P<0.05$）。传统卤制豆干的回复性、咀嚼性、硬度、韧性、弹性分别最高达到0.4576±0.0007、558.65±1.95、751.90±4.79、751.88±3.38、0.9241±0.0352，脉冲卤制豆干的回复性、咀嚼性、硬度、韧性、弹性分别最高达到0.4751±0.0033、605.15±0.47、834.59±4.15、834.59±4.01、0.9231±0.0280。卤制至90次时，此时质构的各项数据均比较高。回复性、咀嚼性、硬度、韧性、弹性作为豆干的质构特性是评判产品感官质量的重要依据。

随着卤制次数增加，豆干的回复性、咀嚼性、硬度、韧性、弹性呈现先增大后减小的趋势，豆腐干结构特性的改善与凝胶弹性和硬度的增强取决于蛋白间的疏水相互作用、非共价相互作用强度。疏水基团的暴露量和二硫键的形成量影响着疏水相互作用力、非共价相互作用力，当环境pH降低时，蛋白质变性，空间结构发生变化，更多的疏水基团暴露，从而增强豆腐干网状结构的致密性和均一性，提高豆腐干的弹性和回复性。NaCl的累加会导致更严重的蛋白质变性与交联，造成保水性降低，使产品质地较硬。

表6-14 传统卤制过程中质构的变化

卤制次数	传统卤制豆干				
	回复性	咀嚼性	硬度	韧性	弹性
0	0.4488±0.0052[a]	375.19±2.65[e]	581.78±3.67[c]	517.29±3.99[c]	0.8852±0.0514[a]
30	0.4420±0.0065[a]	512.08±2.45[b]	751.90±4.79[a]	630.60±3.65[b]	0.8674±0.0166[a]
60	0.4337±0.0074[b]	430.92±0.57[c]	547.41±0.80[d]	634.98±5.98[b]	0.8819±0.0032[a]
90	0.4576±0.0007[a]	558.65±1.95[a]	733.09±0.85[b]	751.88±3.38[a]	0.9241±0.0352[a]
120	0.4110±0.0274[b]	399.47±2.13[d]	538.79±5.88[d]	503.81±9.96[d]	0.8758±0.0112[a]
150	0.4533±0.0076[a]	439.22±8.32[c]	540.32±4.38[d]	505.33±0.23[d]	0.8731±0.0079[a]

表6-15 脉冲卤制过程中质构的变化

卤制次数	脉冲卤制豆干				
	回复性	咀嚼性/g	硬度/g	韧性	弹性
0	0.4488±0.0052[ab]	375.19±2.65[c]	581.78±3.67[d]	517.29±3.99[d]	0.8852±0.0514[a]
30	0.4140±0.0049[bc]	508.42±4.34[b]	632.64±5.01[c]	629.86±6.41[c]	0.9103±0.0398[a]
60	0.3370±0.0163[c]	603.32±0.46[a]	644.95±0.55[b]	648.64±8.38[b]	0.8754±0.0068[a]
90	0.4751±0.0033[a]	605.15±0.47[a]	834.59±4.15[a]	834.59±4.01[a]	0.9231±0.0280[a]
120	0.4313±0.0339[b]	325.65±7.44[e]	452.29±2.61[e]	452.27±2.61[e]	0.9048±0.0047[a]
150	0.4494±0.0169[ab]	357.28±1.42[d]	427.12±0.28[f]	427.19±2.73[f]	0.8876±0.0111[a]

6. 色差在卤制过程中的变化分析

颜色是休闲豆干感官评价的重要指标之一，外表呈褐色，颜色越深，卤制越入味，产品风味越浓郁。如表6-16、表6-17所示，卤制过程中，脉冲卤制豆干的 L^* 值与 b^* 值均低于传统卤制。L^* 值增大代表样品颜色变白亮，数值变小则颜色变黑变深；b^* 值增大表示颜色向黄色转变，b^* 值减小表示颜色向蓝色转变，产品颜色越深。

表6-16　豆干在传统与脉冲卤制过程中 L^*、a^*、b^*、E_{ab}^* 的变化

卤制次数	传统卤制豆干				脉冲卤制豆干			
	L^*	a^*	b^*	E_{ab}^*	L^*	a^*	b^*	E_{ab}^*
0	47.29±0.28^{a}	5.12±0.18^{e}	19.50±0.19^{a}	51.41±0.32^{a}	47.29±0.28^{a}	5.12±0.18^{c}	19.50±0.19^{a}	51.41±0.32^{a}
30	31.20±0.44^{b}	6.57±0.22^{c}	12.49±0.33^{b}	34.25±0.31^{b}	26.35±0.38^{b}	5.71±0.25^{b}	8.26±0.20^{b}	28.20±0.43^{b}
60	29.51±0.25^{c}	7.46±0.14^{a}	12.32±0.14^{b}	32.84±0.28^{c}	24.13±0.29^{c}	7.31±0.15^{a}	7.14±0.38^{c}	26.21±0.35^{c}
90	27.34±0.1^{d}	6.74±0.16^{bc}	11.99±0.32^{bc}	31.04±0.41^{d}	24.05±0.36^{c}	5.98±0.05^{b}	7.10±0.43^{c}	25.78±0.46^{c}
120	27.82±0.3^{de}	7.01±0.18^{c}	11.42±0.17^{c}	30.45±0.15^{d}	22.79±0.16^{d}	6.91±0.19^{a}	6.73±0.16^{c}	24.75±0.09^{d}
150	26.98±0.42^{e}	5.72±0.09^{d}	9.97±0.42^{d}	29.33±0.25^{e}	22.54±0.61^{d}	4.37±0.40^{d}	3.60±0.13^{d}	23.27±0.64^{e}

表6-17　卤汁在传统与脉冲卤制过程中 L^*、a^*、b^*、E_{ab}^* 的变化

卤制次数	传统卤制豆干				脉冲卤制豆干			
	L^*	a^*	b^*	E_{ab}^*	L^*	a^*	b^*	E_{ab}^*
0	51.36±0.75^{a}	0.25±0.02^{e}	9.33±0.51^{ab}	52.21±0.67^{a}	51.36±0.75^{a}	0.52±0.02^{e}	9.33±0.51^{b}	52.21±0.67^{a}
30	28.52±0.20^{b}	4.34±0.20^{ab}	10.43±0.18^{a}	30.68±0.15^{b}	36.78±0.65^{b}	5.60±0.57^{ab}	11.56±0.38^{a}	38.96±0.64^{b}
60	27.22±0.35^{c}	4.72±0.08^{a}	8.65±0.68^{b}	28.96±0.35^{c}	32.49±0.19^{c}	6.10±0.29^{a}	12.21±0.19^{a}	35.24±0.19^{c}
90	26.39±0.35^{c}	2.81±0.04^{c}	9.09±0.82^{b}	28.07±0.54^{c}	30.81±0.93^{d}	5.02±0.37^{bc}	8.93±0.40^{b}	32.47±0.93^{d}

续表

卤制次数	传统卤制豆干				脉冲卤制豆干			
	L^*	a^*	b^*	E^*_{ab}	L^*	a^*	b^*	E^*_{ab}
120	24.56±0.55^d	4.14±0.45^b	8.32±0.36^b	26.27±0.56^d	28.05±0.34^e	4.41±0.34^c	8.84±0.52^b	29.75±0.20^e
150	20.27±0.35^e	2.20±0.18^d	2.17±0.15^c	20.50±0.38^e	22.59±0.38^f	2.26±0.14^d	6.07±0.32^c	23.54±0.46^f

豆干在脉冲卤制条件下，压强和温度的双重驱动使得卤汁的渗透速度增加，卤汁中的滋味、色素物质更容易进入豆干中。脉冲卤制卤汁的 L^* 值与 b^* 值均高于传统卤制，说明传统卤制卤汁色泽深，色素从卤汁渗透至产品中，渗透力越强，卤汁的颜色越浅。表 6-16、表 6-17 可以得到脉冲卤制时卤汁中 L^* 值均高于豆干，代表卤汁的着色物质转移到豆干内部而变浅，豆干颜色的附着主要来源于卤汁渗透。

在卤制过程中，豆干与卤汁的 L^* 值都呈现显著性降低（$P<0.05$），表明豆干和卤汁颜色随着卤制次数增加而变深。豆干与卤汁中的 b^* 值均趋于逐渐递减，说明随着卤制次数的增加，颜色逐渐变深。可能是由于在加工过程中，由于高温、高水分活度的环境下发生美拉德反应或焦糖化反应，生成棕黑色物质，且在卤制过程中，由于水分的损失，色素物质的迁移与渗透等作用导致豆干与卤汁加深，表面反射率降低。a^* 值增高代表其颜色变红，减小则表示颜色变绿。豆干与卤汁中的 a^* 值均趋于先增加后减小的趋势，说明前期颜色偏向于红色；从卤制 60 次后，颜色逐渐由红色逐渐变浅。随着卤制时间延长，脂质氧化生成的自由基、某些羰基化合物具有很高的反应活性，能与氨基酸反应，促进蛋白质氧化及降解，影响颜色及参与美拉德反应等，后期随着时间的延长，美拉德反应速率等发生改变降低黑色素等的生成。从图 6-23 可以看到，随着卤制次数的增加，总色差显著性变化，说明卤制对产品与卤汁的颜色影响比较大。

7. 指标之间相关性分析

对传统卤制和脉冲卤制中的豆干、卤汁的各指标之间的相关性进行分析并绘制热图（图 6-24），传统卤制豆干、脉冲卤制豆干中咀嚼性和硬度、咀嚼性和韧性呈显著正相关（r 分别为 0.857、0.862；0.868、0.910）。传统卤制卤汁、脉冲卤汁中蛋白质含量和水分含量、水分含量和可溶性固形物含量呈显著负相关（r 分别为 −0.978、−0.841；−0.913、−0.877）。在液体中，水分作为溶剂，影响溶液的浓度，故与蛋白质含量、可溶性固形物含量呈显著负相关。

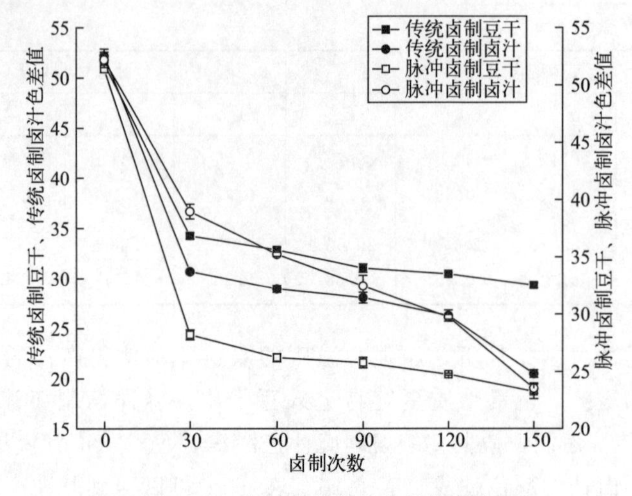

图 6-23 卤制过程中总色差的变化

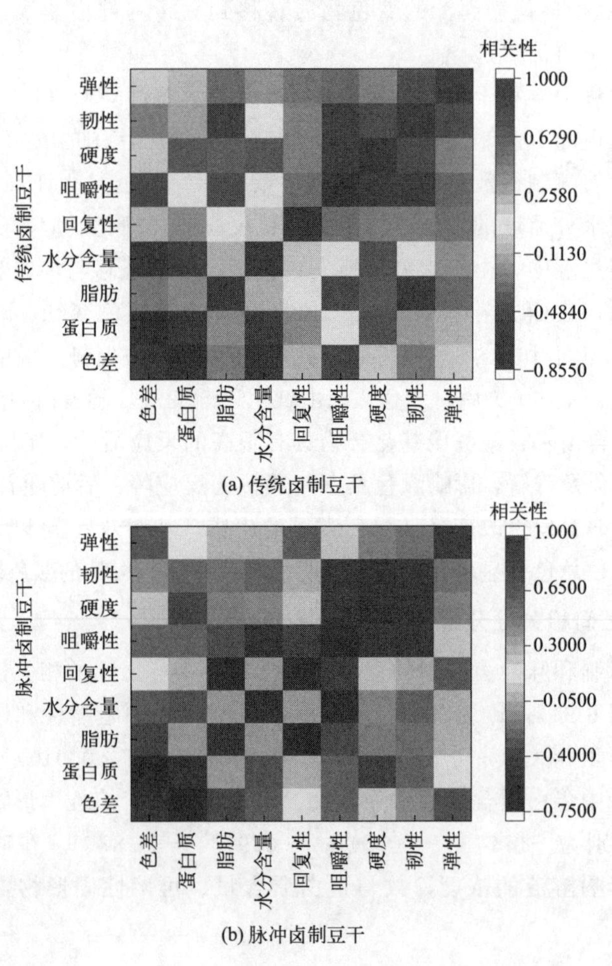

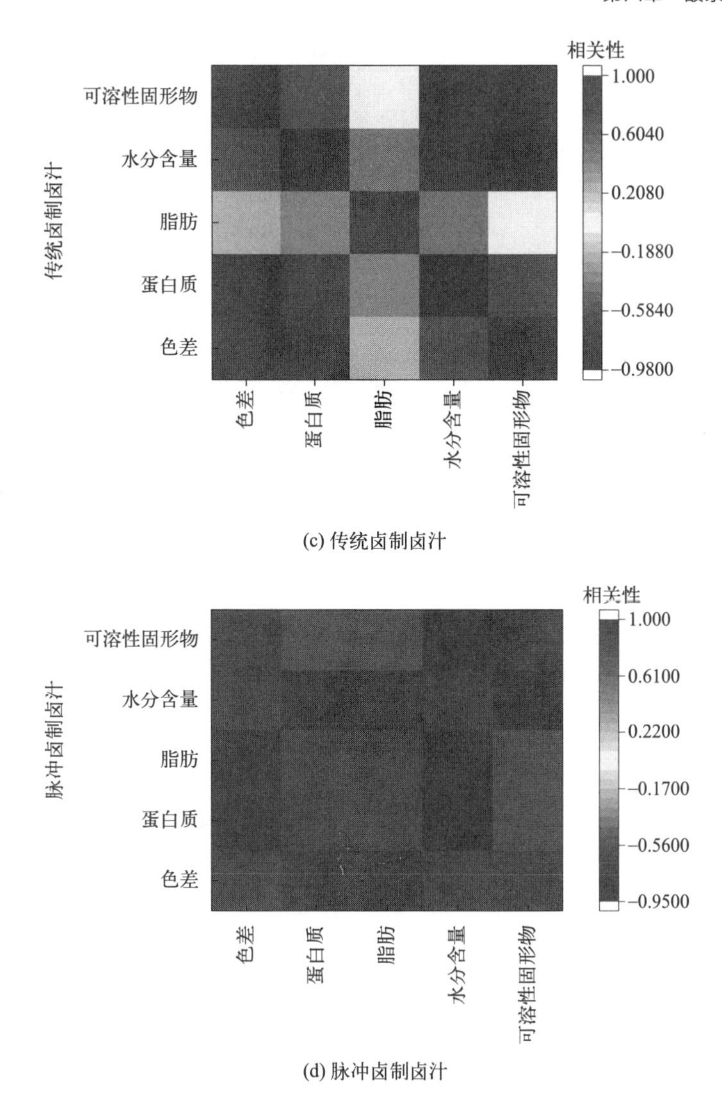

(c) 传统卤制卤汁

(d) 脉冲卤制卤汁

图 6-24　不同卤制方式豆干、卤汁各指标之间相关系数热图

8. 主成分分析

对湘派豆干的理化指标（蛋白质、脂肪、色差、水分、回复性、咀嚼性、硬度、韧性、弹性）进行主成分分析，相关矩阵的主成分分析结果见表 6-18。可提取的前 4 个主成分的贡献率分别为 40.551%、19.775%、18.861%、11.871%，累计贡献率为 91.058%，且前 4 个主成分特征值均大于 1，所以前 4 个主成分可以代表各成分大部分的信息。因此，选取前 4 个主成分作为湘派豆干品质的重要主成分。碎石图见图 6-25。

表 6-18 主成分的特征值、贡献率和累计贡献率

主成分	特征值	贡献率/%	累计贡献率/%
1	3.650	40.551	40.551
2	1.780	19.775	60.326
3	1.698	18.861	79.187
4	1.068	11.871	91.058
5	0.543	6.036	97.094
6	0.180	2.005	99.099
7	0.049	0.547	99.646
8	0.023	0.257	99.903
9	0.009	0.097	100.000

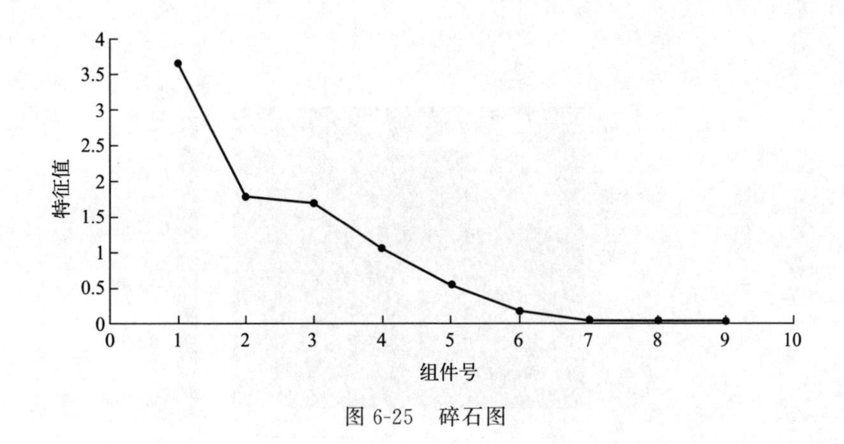

图 6-25 碎石图

主成分载荷矩阵见表 6-19。由表 6-19 可知，脂肪含量、咀嚼性、硬度、韧性在第 1 主成分正坐标处具有较高载荷，说明第 1 主成分主要反映了这 4 个指标的信息；蛋白质含量、色差值在第 2 主成分正坐标处有较高载荷；回复性、弹性在第 3 主成分正坐标处有较高载荷，说明第 3 主成分主要代表回复性、弹性这 2 个成分；水分含量在第 4 主成分正坐标处具有较高载荷。根据载荷绝对值的大小可知，在第 1 主成分中贡献率大小为韧性＞咀嚼性＞硬度＞脂肪含量；第 2 主成分中贡献率比较结果为色差值＞蛋白质含量；第 3 主成分中贡献率比较结果为回复性＞弹性。

表 6-19 主成分载荷矩阵

特征向量	主成分 1	主成分 2	主成分 3	主成分 4
蛋白质(Z_1)	−0.212	0.811	0.065	0.516
脂肪(Z_2)	0.74	0.229	−0.349	−0.258

续表

特征向量	主成分 1	主成分 2	主成分 3	主成分 4
色差值(Z_3)	−0.172	−0.954	0.057	0.192
水分含量(Z_4)	−0.038	0.018	0.079	0.935
回复性(Z_5)	−0.115	−0.123	0.9	0.296
咀嚼性(Z_6)	0.943	0.127	−0.099	−0.081
硬度(Z_7)	0.914	−0.219	0.196	0.019
韧性(Z_8)	0.963	0.005	0.215	−0.027
弹性(Z_9)	0.401	0.204	0.707	−0.353

9. 湘派豆干综合评价

由表 6-20 可知，可用 4 个主成分变量 PCA1、PCA2、PCA3、PCA4 代替原来的 9 个指标，得出各主成分特征向量为：$PCA1=-0.03Z_1+0.213Z_2+0.011Z_3+0.123Z_4-0.046Z_5+0.294Z_6+0.295Z_7+0.293Z_8+0.021Z_9$；$PCA2=0.458Z_1+0.098Z_2-0.557Z_3-0.035Z_4-0.036Z_5+0.032Z_6-0.159Z_7-0.026Z_8+0.158Z_9$；$PCA3=0.029Z_1-0.239Z_2-0.026Z_3-0.072Z_4+0.573Z_5-0.111Z_6+0.06Z_7+0.088Z_8+0.515Z_9$；$PCA4=0.313Z_1-0.052Z_2+0.167Z_3+0.705Z_4+0.094Z_5+0.087Z_6+0.138Z_7+0.094Z_8-0.321Z_9$；以选取的第 1、第 2、第 3、第 4 主成分的方差贡献率 α_1（40.551%）、α_2（19.775%）、α_3（18.861%）、α_4（11.871%）作为权数构建综合评价模型：$F=\alpha_1Y_1+\alpha_2Y_2+\alpha_3Y_3+\alpha_4Y_4$，即 $F=0.40551Y_1+0.19775Y_2+0.18861Y_3+0.11871Y_4$。$F$ 值代表湘派豆干品质的综合得分。

表 6-20　主成分得分系数矩阵

特征向量	主成分 1	主成分 2	主成分 3	主成分 4
蛋白质(Z_1)	−0.03	0.458	0.029	0.313
脂肪(Z_2)	0.213	0.098	−0.239	−0.052
色差值(Z_3)	0.011	−0.557	−0.026	0.167
水分含量(Z_4)	0.123	−0.035	−0.072	0.705
回复性(Z_5)	−0.046	−0.036	0.573	0.094
咀嚼性(Z_6)	0.294	0.032	−0.111	0.087
硬度(Z_7)	0.295	−0.159	0.06	0.138
韧性(Z_8)	0.293	−0.026	0.088	0.094
弹性(Z_9)	0.021	0.158	0.515	−0.321

根据湘派豆干综合评分（图 6-26），传统卤制、脉冲卤制的豆干综合得分呈先上升后下降的趋势。在卤制 90 次时的综合得分分别比其他卤制次数高，因此卤制 90 次时产品综合效果最佳。

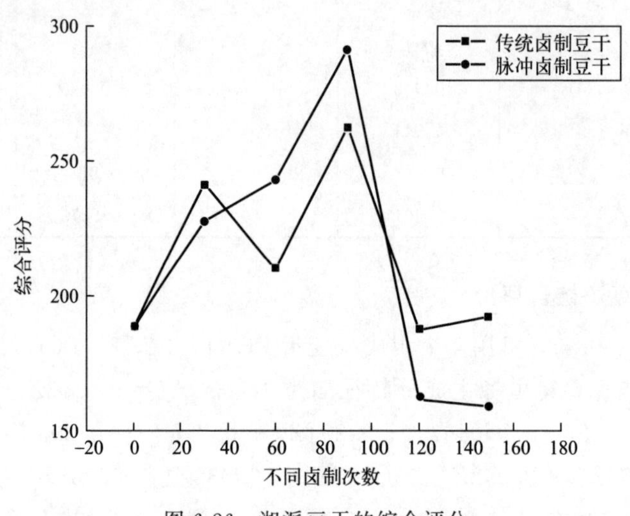

图 6-26　湘派豆干的综合评分

第四节　酸浆豆干脉冲式卤制工艺优化

卤制是指通过加热的方法使卤汁扩散至豆制品内部，形成了卤制品的基本滋味和颜色的过程，是保证卤制品感官品质的重要工序。酸浆休闲豆干是由豆腐经烘烤成豆腐干坯，再经卤制、调味、包装等工序制作而成。其基本风味是通过卤制过程中卤汁在豆干内部的渗透和扩散形成的。酸浆豆干蛋白质网络结构致密，产品弹性好，卤汁渗透效率低，传统卤制方法耗时长（8h 左右），产品安全隐患多，设备占地面积大。针对上述问题，赵良忠等研究了真空脉冲卤制对酸浆卤豆干品质的影响，并对脉冲卤制工艺和设备进行了优化。

一、真空脉冲卤制工艺优化研究

1. 材料与试剂

大豆，市售；豆腐生产采用熟浆法、酸浆工艺。酸浆由湖南君益福食品有限公司提供。

卤制所需卤料以及配料：要求新鲜质量好，没有虫蛀霉变，在保质期内，市售。本研究主要采用了以下卤料：八角、茴香、丁香、香叶、桂皮、砂仁、山柰、甘草、良姜、白芷、甘松、陈皮、栀子、肉桂、柑橘皮、千里香、排草、白豆蔻、草果等。

2. 主要仪器设备

豆腐（熟浆法）生产设备（SJJ-20）、脉冲卤煮机（FYLZ-1）、TAI质构仪、快速水分测定仪（MJ33）、温度计（TES-1310）、糖度计（HR-401-ATC）、电子天平（EL204）、高压灭菌锅（LDZX-75KB）、单人超净工作台（SW-CJ-1D）。

3. 研究方法

（1）真空卤制单因素实验　① 卤制温度　固定卤制时间为70 min，卤制真空度为0.03 MPa；分别用70 ℃、75 ℃、80 ℃、85 ℃ 、90 ℃的卤制温度对豆干进行卤制，卤制完成后对豆干感官质量和质构进行综合评定，得到最适卤制温度。

② 卤制时间　卤制温度为85 ℃，卤制真空度为0.03 MPa，分别用50 min、60 min、70 min、80 min、90 min的卤制时间对豆干进行卤制，卤制完成后对豆干感官质量和质构进行综合评定，得到最适卤制时间。

③ 卤制真空度　卤制温度为85 ℃，卤制时间为80 min，真空度分别选用0.01 MPa、0.02 MPa、0.03 MPa、0.04 MPa、0.05 MPa。卤制完成后对豆干感官质量和质构进行综合评定，得到最适卤制真空度。

（2）真空卤制响应曲面优化　根据单因素实验结果，利用Design-Expert 8.0.5b Box-Behnken方法进行响应曲面优化试验，优化休闲豆干真空卤制工艺。

（3）真空卤制脉冲次数优化　在响应面优化的基础上进行脉冲卤制，即在卤制温度80 ℃、卤制时间80 min、真空度0.03 MPa条件下，设定脉冲次数为1、2、3、4、5对豆干进行卤制，卤制完成后对豆干感官质量和质构进行综合评定，得到最佳脉冲次数。脉冲实验设计方案见表6-21。数据采用SPSS软件分析。

表6-21　脉冲实验设计方案

脉冲次数	实验分段时间/min
1	38—4—38
2	24—4—24—4—24
3	17—4—17—4—17—4—17
4	13—4—13—4—13—4—13—4—13
5	10—4—10—4—10—4—10—4—10—4—10

注：表中数值4为真空冷却时间，其他数值为真空卤制时间，总时间为80min。

4. 卤制设备

见图 6-27。

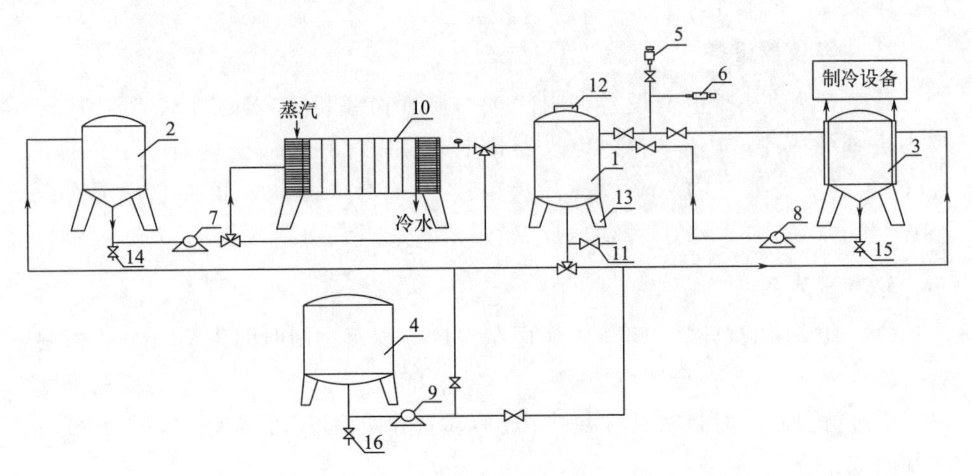

图 6-27　卤制设备

1—卤制罐；2—热卤汁储存罐；3—冷却卤汁储存罐；4—卤汁调配罐；5—真空泵；6—空气压缩泵；7,8,9—卤汁输送泵；10—板式热交换器；11,14,15,16—排污阀，12—进料口，13—支架

5. 卤制工艺

卤制罐→打入热卤汁→真空卤制→加压回收热卤汁→抽真空→吸入冷却卤汁→真空冷却→加压回收冷却卤汁→抽真空→吸入热卤汁→真空卤制→循环 3～4 次→产品

操作要点如下。

① 按照卤料表配制卤汁。

② 将豆干放入卤制罐，打开热卤汁输送泵，卤汁通过板式热交换器达到预设温度进入卤制罐。

③ 打开真空泵，抽至罐内真空度达到一定值，卤制一定时间。

④ 打开空气压缩泵，使卤制罐内的压强达到一定值，利用压强差将卤汁回收到热卤汁储存罐。

⑤ 打开冷却卤汁输送泵，卤汁输送到卤制罐内。打开真空泵，真空冷却一定时间。

⑥ 打开空气压缩泵，使卤制罐内的压强达到一定值，利用压强差将卤汁回收到冷却卤汁储存罐。

⑦ 打开热卤汁输送泵，卤汁通过板式热交换器达到预设温度进入卤制罐。

打开真空泵，抽至罐内真空度达到一定值，卤制一定时间。

⑧ ②～⑦的操作为一次脉冲卤制，重复以上操作 3～4 次。

6. 评价方法

（1）感官评价　采用百分制制定评分细则，以 10 个人为一个专业小组，根据评分细则对卤制豆干进行感官评分，感官评分细则见表 6-22。

表 6-22　休闲豆干感官评分细则

评价项目	评价标准	评分
色泽	色泽较均匀，有光泽，呈红褐色	16～20
	颜色过浅或过深，色泽不均匀	11～15
	色泽不均匀，杂色较多，表面干燥	0～10
气味	卤香味明显，甜味、鲜味、咸味适中	16～20
	卤香味不突出，特有味道不足	11～15
	无卤香味，咸味、鲜味过轻或过重，无特征味道	0～10
滋味	卤香味和豆香味协调，后味丰满，持续时间长	26～30
	卤香、豆香较淡，后味较单薄，持续时间短	16～25
	无明显卤香和豆香，或出现其他异味	0～15
质地	形态完整，硬度适中，弹性和咀嚼性好	26～30
	形态较完整，硬度、弹性、咀嚼性一般	16～25
	形态不完整，硬度、弹性、咀嚼性较差	0～15

（2）质构评价　本研究将新鲜的卤豆干于室温下冷却平衡后进行二次压缩试验。测定条件为：探头型号 P/35，测试前、中、后速率分别为 40 mm/min、30 mm/min、40 mm/min，触发力 0.05 N，压缩形变率 40%。同一批次豆干选择 3 块，进行测定，取其平均值。硬度：第一压缩周期第二峰值处的力值，以（gf）表示；弹性：两次压缩周期中下压时间比 t_2/t_1。

（3）水分测定　水分的测定采用快速水分测定仪进行。

（4）微生物检测　细菌总数按 GB 4789.2—2022 检验，大肠菌群按 GB 4789.3—2016 检验。

（5）数据处理　用 SPSS20.0 统计软件对实验数据进行 Duncan 多重比较分析与相关性分析。

7. 结果与分析

（1）真空卤制单因素实验

① 卤制温度对豆干品质的影响　由图 6-28 可知，随着卤制温度的上升，卤制豆干的感官评分和弹性呈现先升后降趋势，当卤制温度为 85 ℃时，感官评分和弹性达到最大值，分别为 86.70 和 0.93。当卤制温度超过 85 ℃以后，

豆干感官评分和弹性下降，90 ℃时分别为 83.90 和 0.83。豆干的风味是通过卤汁的迁移渗透到豆干里的，随着温度的升高，迁移速率逐渐加快，风味物质渗透速度加快，豆干风味越好；随着温度上升，蛋白质变性脱水，蛋白质分子聚集度增加，豆干弹性增加。但在减压条件下，卤制温度过高会使豆干内部水分汽化，并局部聚集形成内压力，造成豆干内部出现孔洞现象，导致弹性明显下降，咀嚼感下降，感官评分降低。因此，选择卤制温度 85 ℃为最佳水平。

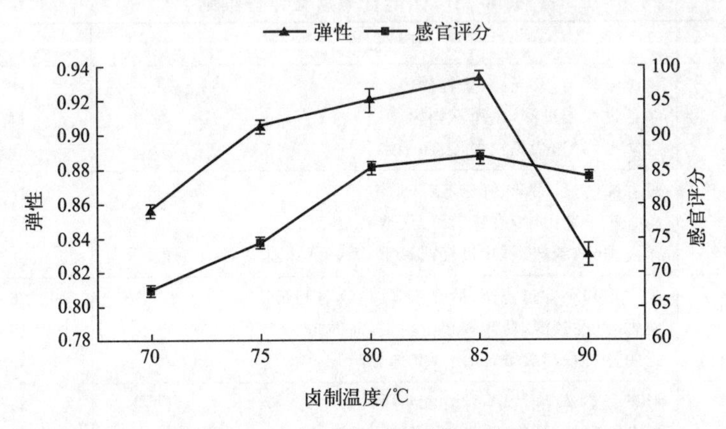

图 6-28　卤制温度对豆干品质的影响

② 卤制时间对豆干品质的影响　由图 6-29 可知，卤制时间达到 80 min 时，感官评分和弹性达到最高值，分别为 81.40 和 0.94。随着卤制时间的增加，蛋白质分子聚集完成，感官评分和弹性趋于稳定。因此，选择卤制时间 80 min 为最佳水平。

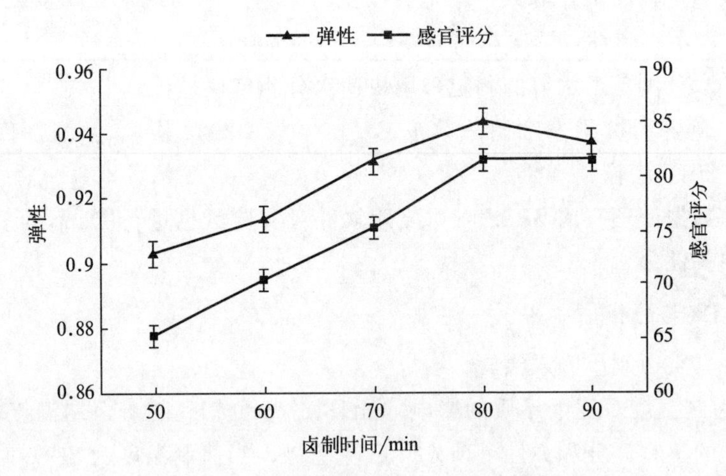

图 6-29　卤制时间对豆干品质的影响

③ 真空度对豆干品质的影响　由图 6-30 可知，随着真空度的增加，豆干的感官评分和弹性呈现先上升后下降的趋势。真空度达到 0.03 MPa 时，弹性和感官评分达到最大值，分别为 0.93 和 80.70；真空度继续升高达到 0.04 MPa 时，沸点为 86.5 ℃，豆干出现轻微孔洞现象，弹性和感官评分下降；当真空度达到 0.05 MPa 时，卤制温度高于沸点，豆干内部出现大量孔洞，弹性急剧下降，感官评分在其他滋味物质的弥补下呈现缓慢下降的趋势。因此，选择真空度 0.03 MPa 为最佳水平。

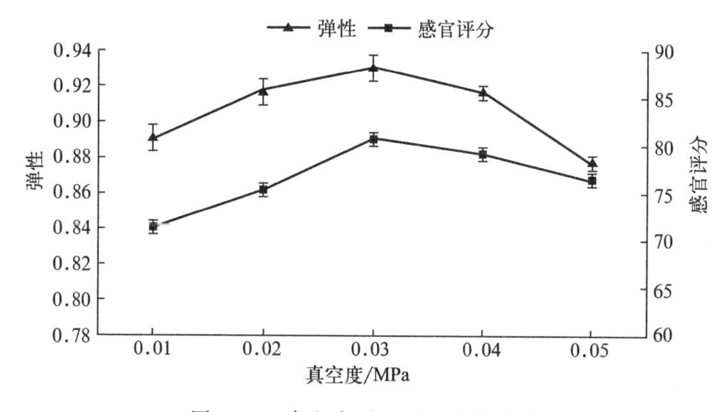

图 6-30　真空度对豆干品质的影响

（2）真空卤制响应面实验

① 响应面实验设计与结果分析　根据单因素实验结果，利用 Design-Expert 8.0.5b Box-Behnken 方法，以感官评价总分为响应值，选取卤制温度（A）、卤制时间（B）、真空度（C）三个因素进行三因素三水平响应面优化实验，因素水平编码见表 6-23，实验结果见表 6-24。

表 6-23　响应面因素水平表

编码水平	因素		
	A(卤制温度)/℃	B(卤制时间)/min	C(真空度)/MPa
−1	75	70	0.02
0	80	80	0.03
1	85	90	0.04

表 6-24　Box-Behnken 实验设计及结果

试验号	A	B	C	感官评分
1	0	0	0	87.70
2	0	1	1	71.70

续表

试验号	A	B	C	感官评分
3	1	0	−1	69.40
4	0	0	0	86.80
5	0	0	0	85.90
6	1	−1	0	76.50
7	−1	0	−1	76.50
8	0	0	0	87.40
9	−1	−1	0	75.50
10	1	0	1	74.20
11	1	1	0	63.20
12	0	0	0	86.20
13	−1	1	0	77.30
14	0	−1	1	78.50
15	0	1	−1	70.70
16	0	−1	−1	72.40
17	−1	0	1	75.30

② 回归模型的建立与显著分析　运用 Design-Expert 8.0.5b 对表 6-25 进行多元回归拟合，得到休闲豆干感官评分（Y）对自变量 A、B、C 的多元回归方程：$Y=86.80-2.66A-2.50B+1.34C-3.78AB+1.50AC-1.27BC-6.58A^2-7.10B^2-6.37C^2$

对回归模型进行方差分析，结果见表 6-25。

表 6-25　回归模型方差分析

方差来源	平方和	自由度	均分	F 值	P 值	显著性
模型	825.24	9	91.69	80.26	<0.0001	**
A	56.71	1	56.71	49.64	0.0002	**
B	50.00	1	50.00	43.76	0.0003	**
C	14.31	1	14.31	12.53	0.0095	**
AB	57.00	1	57.00	49.83	0.0002	**
AC	9.00	1	9.00	7.88	0.0263	*
BC	6.50	1	6.50	5.69	0.0485	*
A^2	182.02	1	182.02	159.32	<0.0001	**
B^2	212.25	1	212.25	185.78	<0.0001	**

续表

方差来源	平方和	自由度	均分	F 值	P 值	显著性
C^2	171.12	1	171.12	149.78	<0.0001	**
残差	8.00	7	1.14			
失拟项	5.66	3	1.89	3.22	0.1439	
纯误差	2.34	4	0.58			
总和	833.24	16				

注：*表示差异显著（P<0.05）；**表示差异极显著（P<0.01）；ns 表示差异不显著（P>0.05）。

由表 6-25 可知，该二次多项式模型 P<0.0001，模型极显著；失拟项 P 值为 0.1439>0.05，失拟项不显著，表明该回归方程拟合度较好，误差小，与实际预测值能较好地拟合。该模型的复相关系数为 $R^2=0.9904$，校正决定系数 $R^2_{adj}=0.9781$，说明建立的模型能解释 97.81%的响应值变化，可以用来进行豆干真空脉冲卤制感官评分的预测。由显著性检验可知，一次项 A、B、C，交互相 AB，二次项 A^2、B^2、C^2 对感官评分影响极为显著，交互项 AC、BC 对感官评分影响显著。由此可知，各个实验因素对响应值不是简单的线性关系；通过 F 值大小，可以判定各因素对感官评分影响的重要性为 $A>B>C$，即卤制温度>卤制时间>真空度。

③ 响应面优化结果　$Y=f(A,B)$、$Y=f(A,C)$、$Y=f(B,C)$ 的响应面图分别见图 6-31～图 6-33。经过 Design-Expert 8.0.5b 软件的响应面优化设计和分析，分析预测真空卤制的最佳工艺参数为：卤制温度 79.24 ℃，卤制时间 78.53 min，真空度为 0.03 MPa，此时模型预测豆干感官评分为 87.24。

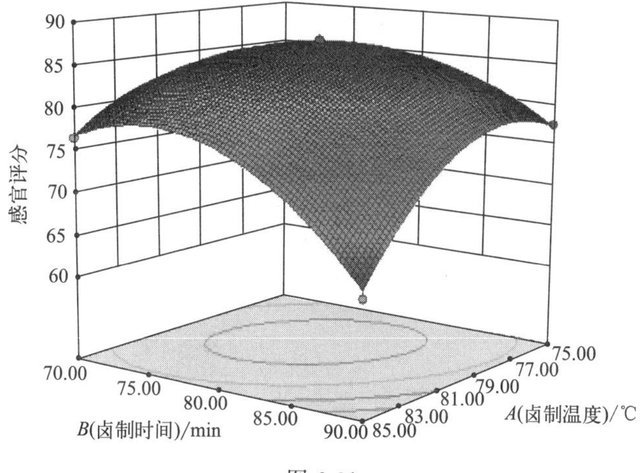

图 6-31

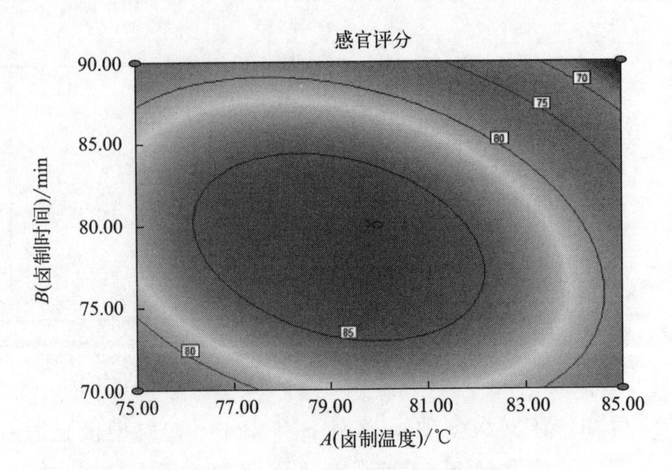

图 6-31　$Y = f(A, B)$ 的响应面图

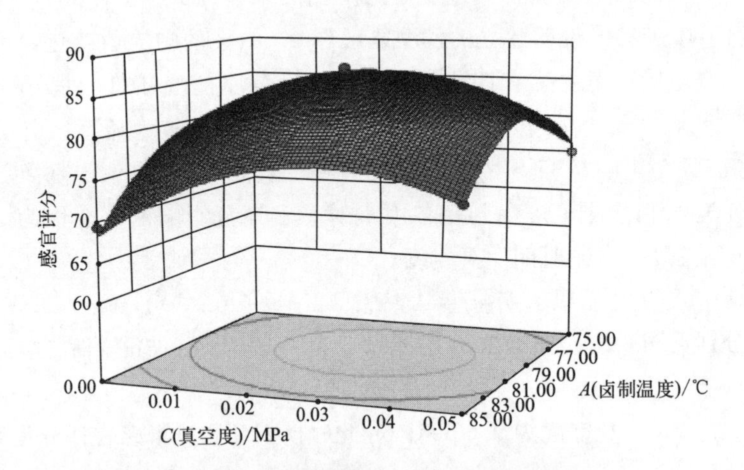

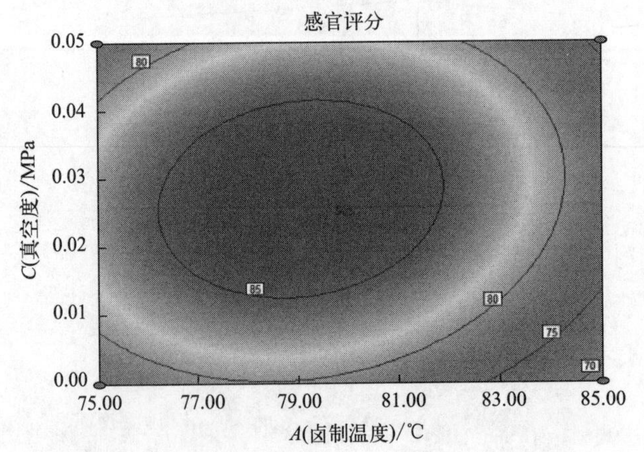

图 6-32　$Y = f(A, C)$ 的响应面图

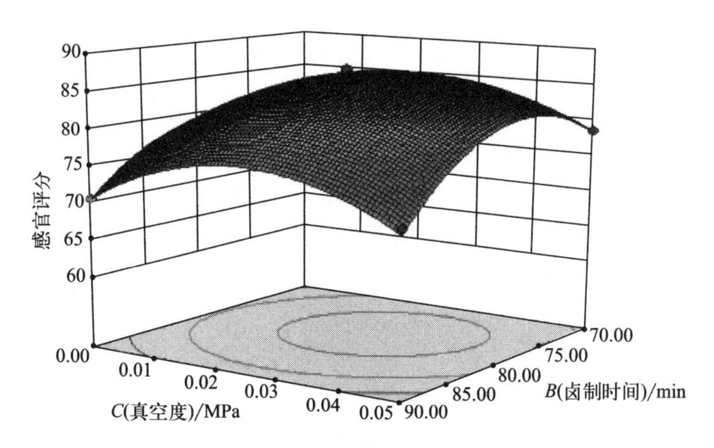

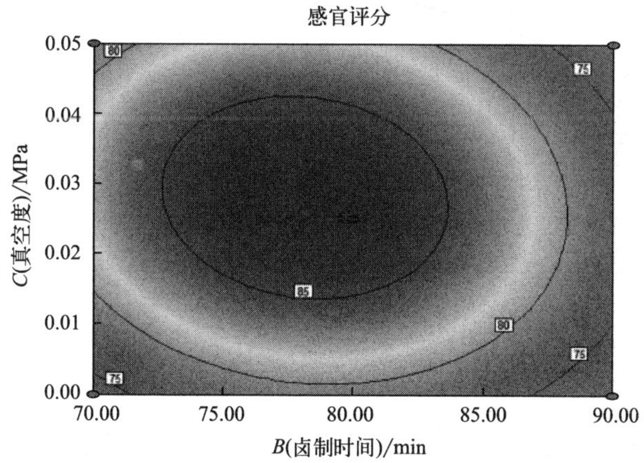

图 6-33　$Y = f(B, C)$ 的响应面图

从实际试验和操作角度考虑，真空卤制最佳工艺参数为：卤制温度 80 ℃，卤制时间 80 min，真空度 0.03 MPa。在此工艺条件下进行 3 次验证实验，结果见表 6-26。

表 6-26　休闲豆干理化指标、微生物指标和质构指标

质构指标		微生物指标		理化指标
弹性	硬度/gf	菌落总数/(CFU/g)	大肠菌群和致病菌	感官评分
0.92±0.007	1179.35±6.48	2.70×10^3	未检出	87.30±1.28

由表 6-26 可知，3 次验证实验卤制的豆干感官评分为（87.30±1.28）分，弹性为 0.92±0.007，与理论预测值接近，豆干质地良好，结果表明响应面法对豆干真空卤制的工艺优化合理可行。

（3）真空脉冲卤制

① 真空脉冲次数优化　由图 6-34 可知，感官评分和弹性随着脉冲次数的增加呈现先大幅上升然后缓慢达到最大值最后下降的趋势，脉冲 3 次的时候感官评分和弹性达到最大值，分别为 89.80 和 0.96。由表 6-27 可知，感官评分和弹性呈极显著正相关（$P<0.01$）。在压强差和温度差的双重作用下，增强了卤汁的渗透的强度，感官评分和弹性升高达到最大值，继续增加脉冲次数，单次热卤时间缩短，蛋白分子聚集不完全，弹性降低，咀嚼性下降，感官评分随之下降。因此，选择 3 次为最佳脉冲次数。

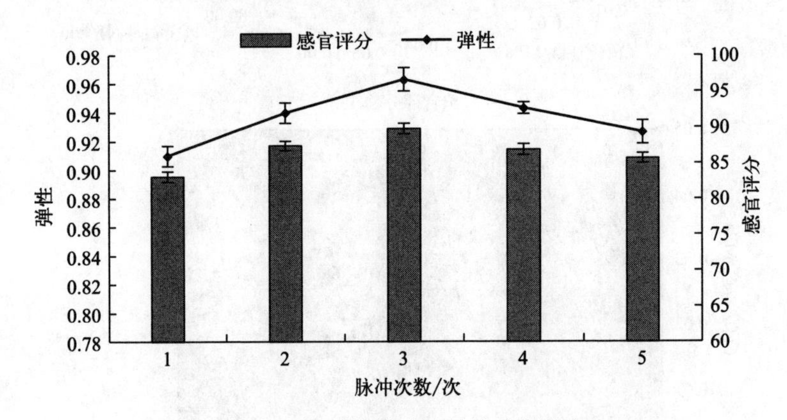

图 6-34　脉冲次数对豆干品质的影响

表 6-27　不同因素下感官评分与弹性的相关性分析

因素	G_1	T_1	G_2	T_2	G_3	T_3	G_4	T_4
G_1	1							
T_1	0.883**	1						
G_2	0.898**	0.940**	1					
T_2	0.151	0.260	0.357	1				
G_3	0.642**	0.711**	0.835**	0.660**	1			
T_3	0.005	0.153	0.293	0.899**	0.625*	1		
G_4	0.338*	0.430	0.583**	0.680**	0.648**	0.723**	1	
T_4	0.427	0.452	0.633*	0.723**	0.808**	0.799**	0.803**	1

注：* 和 ** 分别表示 $P<0.05$ 和 $P<0.01$ 水平显著相关。G_1、T_1：卤制时间单因素下的感官评分和弹性；G_2、T_2：卤制温度单因素下的感官评分和弹性；G_3、T_3：卤制真空度单因素下的感官评分和弹性；G_4、T_4：脉冲次数单因素下的感官评分和弹性。

② 真空脉冲卤制与真空卤制比较分析　真空脉冲卤制与真空卤制在最优工艺条件下的研究结果见表 6-28。

表 6-28　真空脉冲卤制与真空卤制豆干对比分析表

卤制方法	感官评分	质构指标		微生物指标	
		弹性	硬度/gf	菌落总数/(CFU/g)	大肠菌群和致病菌
真空卤制	87.30±1.28	0.92±0.007	1179.35±6.48	2.70×10^{3}	未检出
真空脉冲卤制	89.80±1.33	0.96±0.004	1185.42±5.27	1.80×10^{3}	未检出

注：表中数据为 3 次试验平均值。

从表 6-28 可以看出：在卤制时间不变的情况下，真空脉冲卤制在脉冲次数为 3 时的感官评分、弹性、硬度比最优真空卤制工艺条件下卤制的产品分别高出了 2.86%、4.35%和 0.51%。可能的原因是：豆干在真空脉冲卤制条件下，压强和温度的双重驱动使得卤汁的渗透速度增加，卤汁中的滋味物质更容易进入豆干中；在冷热交替下，豆干中的蛋白质更容易变性脱水，蛋白分子聚集度增加，豆干弹性、硬度增加；同时，冷热交替环境下不适宜微生物生长，再加上真空密闭条件下卤制，可以减少微生物感染的风险。因此，真空脉冲卤制工艺优于真空卤制工艺。

二、加压脉冲卤制工艺优化

加压脉冲卤制与真空脉冲卤制最大的区别就是卤制温度的不同，随着压强的增加，水的沸点就会相应上升，所以卤制温度也会相应提高，卤制时间也会随之改变。通过单因素试验研究卤制压力、卤制温度、卤制时间对休闲卤豆干品质的影响，在此基础上利用正交试验优化加压卤制最优工艺，再结合脉冲卤制得出加压脉冲卤制的最优工艺参数。

1. 主要原料和试剂

黄豆，市售；豆腐，生产采用熟浆法，酸浆工艺。酸浆由湖南君益福食品有限公司提供。

卤制所需卤料以及配料：要求新鲜质量好，没有虫蛀霉变，在保质期内，市售。本研究主要采用了以下卤料：八角、茴香、丁香、香叶、桂皮、砂仁、山柰、甘草、良姜、白芷、甘松、陈皮、桂子、肉桂、柑橘皮、千里香、排草、白豆蔻、白芷、草果等。

2. 主要仪器和设备

豆腐（熟浆法）生产设备（SJJ-20）、脉冲卤煮机（FYLZ-1）、TAI 质构仪、快速水分测定仪（MJ33）、温度计（TES-1310）、糖度计（HR-401-ATC）、电子天平（EL204）、高压灭菌锅（LDZX-75KB）、单人超净工作台

(SW-CJ-1D)。

3. 研究方法

(1) 加压卤制单因素实验

① 卤制时间　卤制温度为100 ℃，卤制压力（表压，下同）为0.04 MPa，分别用50 min、60 min、70 min、80 min、90 min的卤制时间对豆干进行卤制。卤制完成后对豆干感官质量和质构进行综合评定，得到最适卤制时间。

② 卤制温度　固定卤制时间为70 min，卤制压力为0.04 MPa；分别用85 ℃、90 ℃、95 ℃、100 ℃ 、105 ℃的卤制温度对豆干进行卤制。卤制完成后对豆干感官质量和质构进行综合评定，得到最适卤制温度。

③ 卤制压力　卤制温度为100 ℃，卤制时间为70 min，卤制压力分别选用0.02 MPa、0.03 MPa、0.04 MPa、0.05 MPa、0.06 MPa对豆干进行卤制。卤制完成后对豆干感官质量和质构进行综合评定，得到最适卤制压力。

(2) 加压卤制正交实验优化　根据单因素实验结果，利用正交实验方法，采用三因素三水平 L_9 (3^3) 优化休闲豆干加压卤制工艺。

(3) 加压卤制脉冲次数优化　在正交实验优化的基础上进行加压脉冲卤制，即在卤制温度105 ℃、卤制时间70 min、压力0.04 MPa条件下，设定脉冲次数为1、2、3、4、5对豆干进行卤制（表6-29）。卤制完成后对豆干感官质量和质构进行综合评定，得到最佳脉冲次数。数据采用SPSS软件分析。

表6-29　脉冲实验设计

脉冲次数	试验分段时间/min
1	33—4—33
2	21—4—21—4—21
3	15—4—15—4—15—4—15
4	11—4—11—4—11—4—11—4—11
5	8—4—8—4—8—4—8—4—8—4—8

注：表中数值4为真空冷却时间，其他数值为加压卤制时间，总时间为70 min。

(4) 传统卤制研究　传统卤制方法：90 ℃卤制1 h，捞出后风干3 h，重复两次。

(5) 数据处理　用SPSS 20.0统计软件对实验数据进行Duncan多重比较分析与相关性分析。

(6) 卤制工艺

卤制罐→打入热卤汁→加压卤制→加压回收热卤汁→抽真空→吸入冷却卤汁→真空冷却→加压回收冷却卤汁→抽真空→吸入热卤汁→加压卤制→循环

3～4 次→产品

操作要点如下。

① 按照卤料表配制卤汁。

② 将豆干放入卤制罐，打开热卤汁输送泵，卤汁通过板式热交换器达到预设温度进入卤制罐。

③ 打开空气压缩泵，使罐内压强达到一定值，卤制一定时间。

④ 打开空气压缩泵，使卤制罐内的压强达到一定值，利用压强差将卤汁回收到热卤汁储存罐。

⑤ 打开冷却卤汁输送泵，卤汁输送到卤制罐内。打开真空泵，真空冷却一定时间。

⑥ 打开空气压缩泵，使卤制罐内的压强达到一定值，利用压强差将卤汁回收到冷却卤汁储存罐。

⑦ 打开热卤汁输送泵，卤汁通过板式热交换器达到预设温度进入卤制罐。打开空气压缩泵，使罐内压强达到一定值，卤制一定时间。

⑧ ②至⑦的操作为一次脉冲卤制，重复以上操作。

4. 结果与分析

（1）加压卤制单因素实验

① 卤制时间对休闲豆干品质的影响　由图 6-35 可知，随着卤制时间的增加，蛋白质变性脱水，卤汁的风味通过水分交换逐渐渗透到豆干里面，蛋白质分子聚集度增加，豆干的感官评分和弹性逐渐提高，使感官评分和弹性呈现先上升后平稳的趋势，当卤制时间达到 70 min 时，感官评分和弹性达到最大值，分别为 86.40 和 0.93。随着卤制时间的增加，70 min 后蛋白分子聚集完成，感官评分和弹性趋于稳定。因此，选择卤制时间 70 min 为最佳水平。

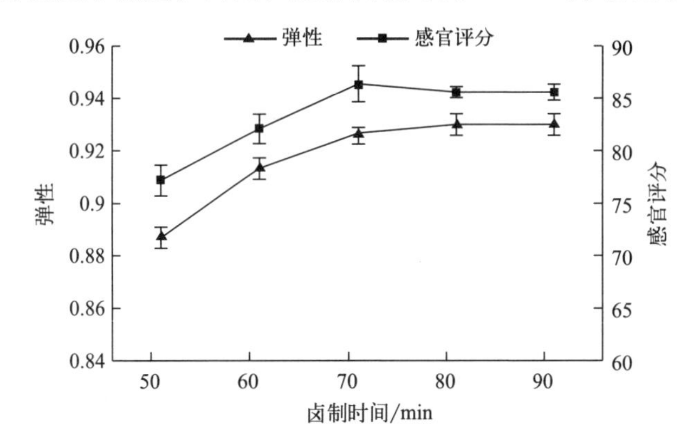

图 6-35　卤制时间对豆干品质的影响

② 卤制温度对豆干品质的影响　由图 6-36 可知，随着卤制温度的上升，卤制豆干的感官评分和弹性呈现先上升后降趋势，当卤制温度为 100 ℃时，感官评分和弹性达到最大值，分别为 86.30 和 0.93。当卤制温度超过 100 ℃以后，豆干感官评分和弹性趋于平稳，豆干的风味是通过卤汁的迁移渗透到豆干里的，随着温度的升高，迁移速率逐渐加快，风味物质渗透速度加快，豆干风味越好，所以从 85 ℃上升到 90 ℃时，休闲豆干的感官评分急剧上升，同时随着温度上升蛋白质变性脱水，蛋白质分子聚集度增加，豆干弹性增加。在压力（表压）为 0.04 MPa 时，水的沸点为 109 ℃，最高卤制温度为 105 ℃，没有达到沸点，所以豆干内部水分不会因为剧烈运动产生气孔而影响豆干的弹性。因此，选择卤制温度 100 ℃为最佳水平。

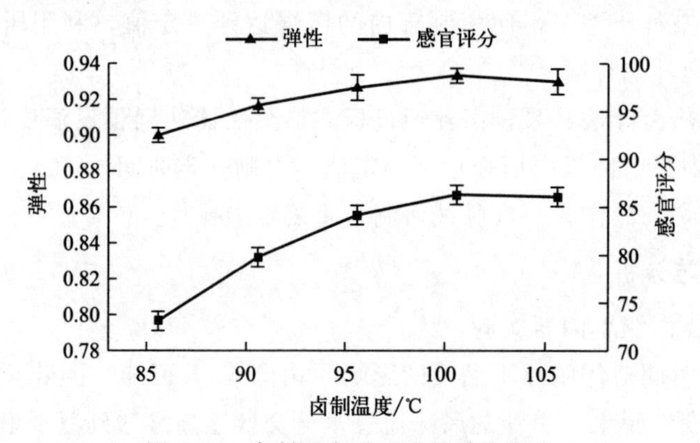

图 6-36　卤制温度对豆干品质的影响

③ 卤制压力对休闲豆干品质的影响　由图 6-37 可知，随着压力的增加，豆干的感官评分和弹性呈现先增加后平稳的趋势，当压力达到 0.04 MPa 时，感官评分和弹性趋于稳定，分别为 84.30 和 0.94。压力继续升高达到 0.05 MPa

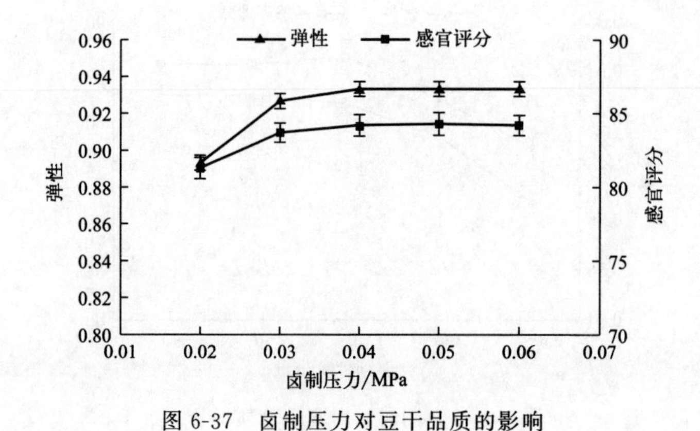

图 6-37　卤制压力对豆干品质的影响

时，沸点为 111 ℃，卤制温度变化相对缓慢，水分迁移速率保持稳定，风味物质渗透速度基本不变，感官评分和弹性呈现稳定的趋势。因此，选择卤制压力 0.04 MPa 为最佳水平。

（2）加压卤制正交实验

根据单因素实验结果，以感官评价总分指标，选取卤制温度、卤制时间、卤制压力三个因素为变量，进行 L_9（3^3）正交优化实验，因素水平设计见表 6-30，实验结果见表 6-31，方差分析见表 6-32。

表 6-30　正交因素水平设计表 L_9（3^3）

因素	水平		
	1	2	3
A（卤制温度）/℃	95	100	105
B（卤制时间）/min	60	70	80
C（卤制压力）/MPa	0.03	0.04	0.05

表 6-31　加压卤制优化正交实验结果与分析

序号	因素				感官评分
	A/℃	B/min	C/MPa	D（空列）	
1	1(95)	1(60)	1(0.03)	1	76.10
2	1	2(70)	2(0.04)	2	77.40
3	1	3(80)	3(0.05)	3	76.30
4	2(100)	1	2	3	77.60
5	2	2	3	1	77.20
6	2	3	1	2	75.90
7	3(105)	1	3	2	77.20
8	3	2	1	1	77.00
9	3	3	2	3	77.10
K_1	229.80	230.90	229.00	230.30	
K_2	230.70	231.60	232.10	230.50	
K_3	231.30	229.30	230.70	230.00	
$\overline{K}_1$	76.60	76.97	76.33	76.80	
$\overline{K}_2$	76.90	77.20	77.37	76.83	
$\overline{K}_3$	77.10	76.43	76.90	76.97	
R	0.50	0.77	1.04	0.17	

续表

序号	因素				感官评分
	A/℃	B/min	C/MPa	D(空列)	
因素主次		A>C>B			
优方案		$A_3B_2C_2$			

表 6-32 方差分析表

方差来源	偏差平方和	自由度	F 值	F 临界值	显著性
A	0.38	2	8.09	$F_{0.01(2,2)}=99.00$ $F_{0.05(2,2)}=19.00$ $F_{0.1(2,2)}=9.00$	
B	0.92	2	19.72		*
C	1.61	2	34.19		*
误差	0.05	2			

注：* 表示差异显著（$P<0.05$）。

由表 6-31 中极差 R 大小可知，各因素对休闲豆干感官质量的影响程度大小依次为 C>B>A，即卤制压力>卤制时间>卤制温度。由不同水平的感官评分的平均值可以得出休闲豆干加压卤制的最优工艺组合为 $A_3B_2C_2$，即：卤制温度为 105 ℃，卤制时间为 70 min，卤制压力为 0.04MPa。

由方差分析表 6-32 可知，因素 B、C 即卤制温度、卤制压力对休闲豆干感官质量的影响显著，因素 A 即卤制温度对休闲豆干感官质量的影响不显著。

(3) 加压脉冲卤制

① 加压脉冲次数优化　由图 6-38 可知，感官评分和弹性随着脉冲次数的增加呈现先上升然后下降的趋势。脉冲次数为 2 的时候，感官评分和弹性达到最大值，分别为 87.30 和 0.94。因此，选择 2 次为最佳脉冲次数。由表 6-33 可知，感官评分和弹性呈极显著正相关（$P<0.01$）。

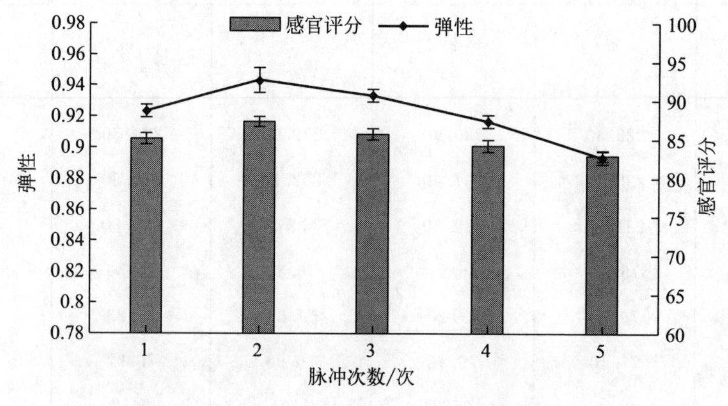

图 6-38　脉冲次数对豆干品质的影响

表 6-33　不同因素下感官评分与弹性的相关性分析

因素	G_1	T_1	G_2	T_2	G_3	T_3	G_4	T_4
G_1	1							
T_1	0.912**	1						
G_2	0.894**	0.927**	1					
T_2	0.840**	0.810**	0.904**	1				
G_3	0.619**	0.804**	0.602**	0.756**	1			
T_3	0.839**	0.759**	0.778**	0.842**	0.636*	1		
G_4	−0.296*	−0.296	−0.336*	−0.347	−0.114	−0.175	1	
T_4	−0.272	−0.262	−0.482	−0.323	−0.045	−0.179	0.853**	1

注：*和**分别表示 $P<0.05$ 和 $P<0.01$ 水平显著相关。G_1、T_1 表示加压卤制时间单因素下的感官评分和弹性；G_2、T_2 表示加压卤制温度单因素下的感官评分和弹性；G_3、T_3 表示加压卤制压力单因素下的感官评分和弹性；G_4、T_4 表示加压脉冲次数单因素下的感官评分和弹性

② 加压脉冲卤制与加压卤制比较分析　加压脉冲卤制与加压卤制在最优工艺条件下的研究结果见表 6-34。

表 6-34　加压脉冲卤制与加压卤制豆干对比分析表

卤制方法	感官评分	质构指标		微生物指标	
		弹性	硬度/gf	菌落总数/(CFU/g)	大肠菌群和致病菌
加压卤制	83.50±0.98	0.93±0.004	1032.68±5.34	2.80×10^3	未检出
加压脉冲卤制	86.70±1.60	0.94±0.004	1073.16±6.75	1.90×10^3	未检出

注：表中数据为 3 次试验平均值。

从表 6-34 可以看出：在卤制时间不变的情况下，加压脉冲卤制在脉冲次数为 2 时的感官评分、弹性、硬度比最优加压卤制工艺条件下卤制的产品分别高出了 3.83%、1.08%和 3.92%。可能的原因是：在加压脉冲卤制条件下，压力和温度的双重驱动使得卤汁的渗透速度增加，卤汁中的滋味物质更容易进入豆干中；在冷热交替下，豆干中的蛋白质更容易变性脱水，蛋白分子聚集度增加，豆干弹性、硬度增加；同时，在冷热交替环境下不适宜微生物生长，可以减少微生物感染的风险。因此，加压脉冲卤制工艺优于加压卤制工艺。

(4) 真空-加压复合脉冲卤制次数的优化　利用真空卤制与加压卤制最优工艺条件下的参数进行真空加压复合卤制，即真空条件下：真空度 0.03 MPa、温度 80 ℃；加压条件下：0.04 MPa、105 ℃，进行交替卤制，从而探讨复合卤制条件下的最优脉冲次数。

① 实验设计　脉冲卤制实验设计方案见表 6-35。

表 6-35 脉冲实验设计

脉冲次数	实验分段时间/min
1	38(－)—4—38(＋)
2	24(－)—4—24(＋)—4—24(－)
3	17(－)—4—17(＋)—4—17(－)—4—17(＋)
4	13(－)—4—13(＋)—4—13(－)—4—13(＋)—4—13(－)
5	10(－)—4—10(＋)—4—10(－)—4—10(＋)—4—10(－)—4—10(＋)

注：表中试验设计时间数值 4 为冷却时间，其他数值为卤制时间，总时间为 80min；（－）为真空卤制，（＋）为加压卤制。

② 复合卤制脉冲次数优化数据　由图 6-39 和表 6-36 可知，感官评分和弹性随着脉冲次数的增加呈现先上升后下降的趋势，脉冲 2 次的时候感官评分和弹性达到最大值，分别为 90.10 和 0.98，感官评分和弹性呈极显著正相关（$P<0.01$）。压强差和温度差的双重作用增强了卤汁渗透的强度，感官评分和弹性升高达到最大值；继续增加脉冲次数，单次卤制时间缩短，蛋白分子聚集不完全，弹性降低，卤汁渗透时间缩短，感官评分随之下降（图 6-39）。因此，选择 2 次为最佳脉冲次数。

表 6-36 复合卤制脉冲次数感官评分和弹性数据分析表

指标	复合卤制脉冲次数/次				
	1	2	3	4	5
感官评分	87	89	88	85	86
	88	90	88	85	86
	88	91	86	88	83
	87	89	86	87	84
	85	92	86	86	83
	85	91	87	88	85
	85	89	89	85	84
	86	90	89	87	86
	86	91	89	85	83
	87	89	88	87	87
弹性	0.94	0.98	0.94	0.94	0.91
	0.95	0.99	0.96	0.94	0.93
	0.94	0.98	0.94	0.94	0.92

③ 真空脉冲卤制、加压脉冲卤制、复合脉冲卤制、传统卤制的比较分析　在各方法的最优条件下进行卤制，对比结果见表 6-37。

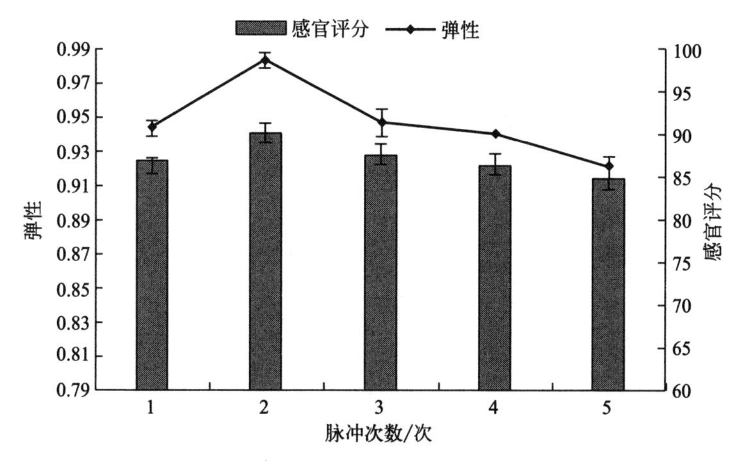

图 6-39 脉冲次数对豆干品质的影响

表 6-37 不同卤制工艺的结果对比

卤制方法	感官评分	质构指标		微生物指标	
		弹性	硬度/gf	菌落总数/(CFU/g)	致病菌
传统卤制	85.30±1.35[ad]	0.93±0.007[ac]	1293.38±9.66[a]	3.70×10^{7}	未检出
真空脉冲	89.80±1.33[ab]	0.96±0.004[ab]	1185.42±5.27[b]	1.80×10^{3}	未检出
加压脉冲	86.70±1.60[ac]	0.94±0.004[c]	1073.16±6.75[d]	1.90×10^{3}	未检出
复合脉冲	90.10±1.56[a]	0.98±0.004[ac]	1132.54±8.63[c]	1.80×10^{3}	未检出

注：表中数据以平均数±绝对误差表示。同列数据字母相同、相邻和相间分别表示差异不显著（$P>0.05$）、显著（$P<0.05$）和极显著（$P<0.01$）。

表 6-38 不同卤制方法对休闲豆干品质的影响

指标	卤制方法					
	真空卤制	真空脉冲	加压卤制	加压脉冲	复合脉冲	传统卤制
感官评分	87	88	85	88	91	84
	87	90	82	85	89	86
	86	91	82	85	89	86
	87	91	84	87	93	83
	88	90	84	87	92	85
	89	92	85	87	90	85
	89	88	83	86	87	88
	85	89	83	84	90	84
	86	91	84	88	91	87
	89	88	83	90	89	85

续表

指标	卤制方法					
	真空卤制	真空脉冲	加压卤制	加压脉冲	复合脉冲	传统卤制
弹性	0.91 0.92 0.93	0.96 0.95 0.96	0.93 0.92 0.93	0.94 0.94 0.95	0.98 0.98 0.99	0.92 0.93 0.94
菌落总数/(CFU/g)	2.70×10^3 2.70×10^3 2.60×10^3	1.80×10^3 1.90×10^3 1.80×10^3	2.80×10^3 2.70×10^3 2.90×10^3	1.90×10^3 1.90×10^3 1.90×10^3	1.80×10^3 1.70×10^3 1.90×10^3	3.70×10^7 3.80×10^7 3.70×10^7

从表 6-37 和表 6-38 可以看出：不同的卤制方法卤制效果有明显的差异，复合脉冲卤制的感官评分和弹性最高，硬度适中。复合脉冲卤制的感官评分为 90.10±1.56，分别比真空脉冲卤制、加压脉冲卤制、传统卤制提高 0.33%、3.92%、5.63%；弹性达 0.98±0.004，分别提高 2.08%、4.26%、5.38%。可能的原因是：在复合脉冲卤制条件下，不断地改变卤制压力和卤制温度，使得卤汁的渗透速度增加，卤汁中的滋味物质更容易进入豆干中。在冷、热、真空、微压交替作用下，豆干中的蛋白质更容易变性脱水，蛋白分子聚集度增加，蛋白凝胶结构更加致密，豆干弹性增加。传统卤制、真空脉冲卤制、加压脉冲卤制、复合脉冲卤制 4 种不同卤制方法下豆干的硬度存在显著性差异。从感官角度分析，复合脉冲卤制优于真空脉冲卤制、加压脉冲卤制、传统卤制。与传统卤制比，复合脉冲卤制、真空脉冲卤制、加压脉冲卤制菌落总数减少 4 个数量级，主要原因是这 3 种卤制方法均是在密闭条件下完成，避免了豆干与空气直接接触，减少了微生物感染的风险。同时，冷、热、真空、微压交替环境不适宜微生物生长，因此菌落总数远远低于传统卤制，产品安全性提高。

综上分析可知，复合脉冲卤制产品的质量、安全性等均优于真空脉冲卤制、加压脉冲卤制、传统卤制。

第五节　湘派卤汁循环使用安全监测及预警模型的构建

湘派卤制起源于邵阳武冈，相传是秦朝方士炼丹偶然发明，需事先熬煮八角、桂皮等数十种中药材或加入动物骨头制成卤汁，而后依次加入调味料（不人为添加防腐剂、护色剂），再放入食品原料浸煮若干小时后捞出摊凉，重复卤煮摊凉 2～4 次，具有药卤、浸渍、香辣等特点。随着卤制品行业从手工作坊迈向工业化，卤制作为产品赋香增味的关键工序，设备更新换代快，已由早期的半自动间歇式蒸汽卤制锅升级为全自动输送带式、步进式卤制槽或立式卤制罐，生产能力成倍增加，但工艺管理上仍遵循传统技艺，仅凭师傅个人经验，随机性较大。秉承“老卤是珍宝”的传统理念，生产所使用的卤汁往往是循环使用的。在这过程中，营养、风味等物质不断溶入、渗出使卤汁具有独特风味的同时，原辅料中不良成分也会迁移、蓄积至卤汁，存在一定食品安全风险。虽有些学者对盐水鸭、盐焗鸡、卤猪蹄等产品生产用卤汁进行安全性研究，但多在实验室模拟完成，卤汁循环使用次数和时间、生产量等均与工厂大生产相差甚远，难以准确评价工业化卤汁循环使用的安全性，因此，无法有效解决企业因缺乏卤汁安全评价指标而不能标准化管理的问题。

本研究以工业化湘派卤汁为研究对象，监测卤汁循环使用中总酸、过氧化值、亚硝酸盐含量、重金属（铅、镉、铬、总砷）、黄曲霉毒素 B_1 等化学安全指标的变化，研究安全指标与循环使用时间的相关性，以期获得评价卤汁循环使用安全性的预警指标，并建立卤汁循环使用安全预测模型，为卤制品工业生产的安全管理提供参考依据。

一、材料与试剂

（1）卤汁　工业化湘派卤汁取自湖南某食品有限公司湘派卤豆干卤制车间的步进式卤制槽（卤汁总量约 15 t）。

（2）试剂　铅、镉、铬标准储备液（1000 mg/L），三氧化二砷标准品（纯度≥99.5%），黄曲霉毒素 B_1 标准品（纯度≥99.8%）。

（3）仪器与设备　Mb 型恒温数显电热板，AFS-9130 原子荧光光谱仪，UV-1780 紫外分光光度计，AA7000 原子吸收光谱仪，UltiMate3000 高效液相色谱仪。

二、实验方法

1. 湘派卤豆干工业化卤制工艺流程

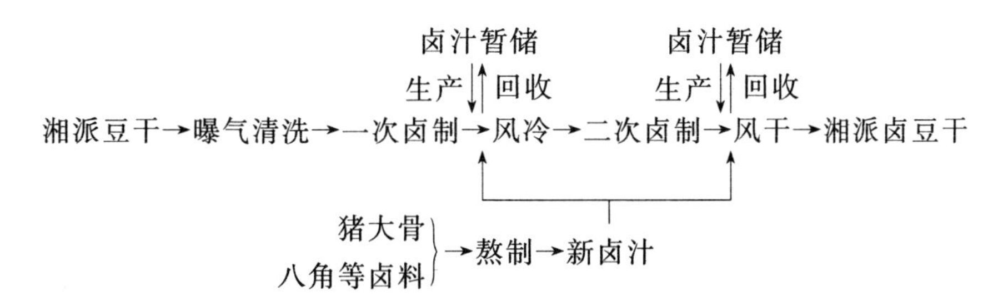

湘派卤豆干工业化生产采用“卤制—冷却—卤制”二道卤制工序，参数均为温度 85 ℃、时间 60 min。每日生产结束，待卤汁冷却，滤网清除漂浮油沫和沉淀，回收至卤汁暂储罐，碱水清洗卤制槽；生产前，将卤汁从卤制暂储罐中放至卤制槽，蒸汽煮沸。在生产全程，卤制槽上盖有保温层，豆干随输送带从卤制槽两端进出。

每批次进样前添加新卤汁，辅以食盐、味精、肉膏等调味料，确保卤汁可溶性固形物浓度约为 28 °Bx。其中，新卤汁是由茴香、桂皮、山柰、甘草、香叶、良姜、白蔻、八角、白芷、干辣椒等 20 余种卤料与猪大骨反复熬煮而成。

2. 样品的采集

以公司使用全新卤汁生产的第 1 天为采样起点，每 7 天取样 1 次，连续采样 8 次，间隔 8 周后，继续采样 8 次，共计 16 次，分别记为 7 d、14 d、21 d……56 d，112 d、119 d、126 d……161 d。采样当日，随机在卤制槽选 3 个采样点（间隔≥1m），每个采样点在竖直方向 3 个不同高度分别取 100 mL，合并，风凉，置于低温冰箱存储备用。

3. 卤汁安全指标的测定

(1) 总酸的测定　按照 GB/T 12456—2021 酸碱滴定法测定。

(2) 过氧化值的测定　采用杜垒等的分光光度法测定。

(3) 亚硝酸盐含量的测定　按照 GB 5009.33—2016 分光光度法测定。

(4) 重金属含量的测定　分别按 GB 5009.12—2017 石墨炉原子吸收光谱法、GB 5009.15—2023 石墨炉原子吸收光谱法、GB 5009.123—2023 石墨炉原子吸收光谱法、GB 5009.11—2024 氢化物发生原子荧光光谱法测定铅、镉、铬、总砷。

(5) 黄曲霉毒素 B_1 含量的测定

按照 GB 5009.22—2016 高效液相色谱-柱后衍生法测定。

三、数据处理

每个实验指标 3 个平行，结果以平均值±标准差的形式表示。采用 IBM SPSS 18.0 统计软件进行方差分析、相关性分析，显著性水平为 0.05；采用 Origin 8.5 进行线性拟合。

四、结果与分析

1. 湘派卤汁循环使用的安全性分析

(1) 湘派卤汁循环使用过程中总酸的变化　由图 6-40 可知，卤汁循环使用21 d，总酸含量急剧升高（$P<0.05$），从2.23 g/kg上升至2.69 g/kg，升幅达20.6%；而后呈“下降—上升—下降—上升”波动变化的缓慢上升趋势。这与扒鸡、盐焗鸡卤汁循环使用过程酸度变化趋势类似。原因可能是，原辅料携带以及卤制过程蛋白质降解、脂肪氧化等化学反应产生的游离酸性氨基酸、游离脂肪酸等酸性物质溶入并积累于卤汁中，使得卤汁总酸含量升高；随着循环使用时间的增加，卤汁中可溶性化合物浓度趋于饱和，影响酸性物质的溶入。而且部分酸性物质也会在高温下发生降解，从而影响卤汁总酸。另外，每批次生产前的补料补水，定期清除卤制槽沉淀碎屑等日常管理措施也会对卤汁总酸有一定的影响。

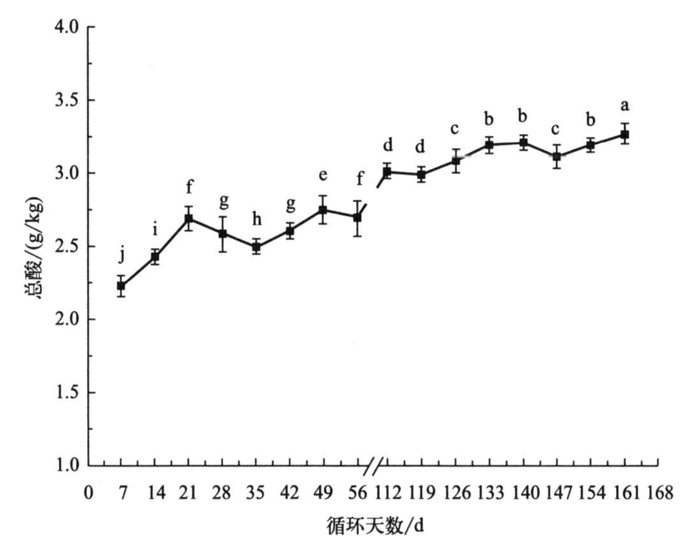

图6-40　湘派卤汁循环使用过程中总酸的变化

不同字母代表差异显著（$P<0.05$），相同字母代表差异不显著（$P>0.05$）

（2）湘派卤汁循环使用过程中过氧化值的变化　过氧化值是表征脂质氧化常用的指标，可以间接反映卤汁的安全性，因为卤汁在长期高温循环使用过程中发生脂肪氧化而引起自由基活性增强，从而对人体造成潜在危害。由图6-41可知，卤汁循环使用中，过氧化值含量在3.01～3.65 meq/kg范围内波动，呈现缓慢上升的趋势。每日生产结束清除上层漂浮油沫一定程度上可减少卤汁中油脂氧化。

以食用植物油过氧化值的安全限量值为参考，其安全限量值为≤0.25 g/100g，根据公式换算即≤19.7 meq/kg。在卤汁循环使用至161 d时，过氧化值含量上升至最大值3.65 meq/kg，低于19.7 meq/kg，低于国家安全限量标准。

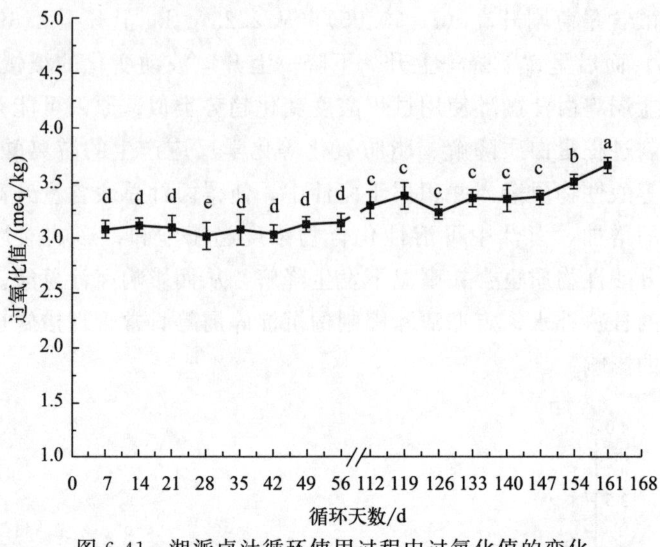

图 6-41 湘派卤汁循环使用过程中过氧化值的变化

(3) 湘派卤汁循环使用过程中亚硝酸盐含量的变化　循环使用 161 d 内，卤汁中的亚硝酸盐含量较小，均低于方法检出限，可视为未检出。但我们可通过监测的数值来粗略预判其变化趋势，由表 6-39 可知，亚硝酸盐含量随循环使用变化不大，在 0.11～0.36 mg/kg 范围内波动。不同于肉制品，湘派卤豆干生产过程中不人为添加亚硝酸钠等护色剂，亚硝酸盐积累来源主要是原辅料带入和卤制过程产生。因此，湘派卤汁循环使用中不存在亚硝酸盐含量超标的风险。

表 6-39　湘派卤汁循环使用过程中亚硝酸盐含量变化

指标	取样时间/d							
	7	14	21	28	35	42	49	56
亚硝酸盐含量/(mg/kg)	0.11±0.04	0.18±0.02	0.11±0.05	0.19±0.02	0.21±0.03	0.36±0.05	0.23±0.04	0.29±0.05
指标	取样时间/d							
	112	119	126	133	140	147	154	161
亚硝酸盐含量/(mg/kg)	0.18±0.02	0.27±0.05	0.18±0.05	0.25±0.04	0.26±0.04	0.32±0.02	0.25±0.03	0.29±0.04

(4) 湘派卤汁循环使用过程中重金属含量的变化　由表 6-40 可知，除 119 d 卤汁铅含量为 0.0025 mg/kg 外，其余时间铅含量均未检出，0.0025 mg/kg 明显低于方法检出限 0.025 mg/kg（换算称样量和定容体积得到），也可视为未检出，因此，卤汁在循环使用 161 d 内，铅含量未检出。然而，镉在卤汁循环使用 21 d、49 d、154 d 和 161 d 有检出，但含量均不高。

表 6-40　湘派卤汁循环使用过程中铅和镉含量变化

指标	取样时间/d							
	7	14	21	28	35	42	49	56
铅含量/(mg/kg)	ND	ND	ND	ND	ND	ND	ND	ND
镉含量/(mg/kg)	ND	ND	0.0011±0.0003	0.0016±0.0005	ND	ND	0.0040±0.0005	ND
指标	取样时间/d							
	112	119	126	133	140	147	154	161
铅含量/(mg/kg)	ND	0.0025±0.0006	ND	ND	ND	ND	ND	ND
镉含量/(mg/kg)	ND	ND	ND	ND	ND	ND	0.0012±0.0002	0.0017±0.0003

注：ND 表示未检出。

由图 6-42 可知，循环使用中，卤汁铬含量在 0.29～0.65 mg/kg 范围内波动，21 d 内迅速上升，而后变化趋于稳定（$P>0.05$）。而总砷含量无明显变化（$P>0.05$），稳定在 0.0016～0.0034 mg/kg 范围内。

已有研究表明，食品加工过程中，重金属元素有从食品内部迁移至外的行为，也可从接触材料向食品体系中迁移。因此，原辅料中重金属的转移和累积对卤汁影响较大，如八角、桂皮等市售卤料中有不同程度的重金属检出。另外，随着熬煮时间的增加，容器中的重金属可能会缓慢溶出。但是重金属可溶性和热稳定性不一样，迁移量和蓄积量就会有所差别，实验结果表明，湘派卤汁中铬含量相对更高。而工业化卤汁使用前期卤料用量较大可能是 21 d 内铬含量迅速上升的主要原因。当然，重金属也有可能向卤制品中迁移，但查阅相关资料，几乎未发现湘派卤豆干产品重金属超标的报道。重金属易在油脂中积累，那么定期清除卤汁上层漂浮油沫也是降低卤汁重金属含量的好措施。

目前，尚无国家和地方标准对卤汁重金属限量值做出明确规定。参照 GB 2762—2017 规定的豆类中铅、镉、铬允许的最高限量水平（分别是 0.2 mg/kg、0.2 mg/kg、1 mg/kg），油脂及其制品或调味品中总砷允许的最高限量水平（分别是 0.1 mg/kg、0.5 mg/kg），卤汁循环使用中均无重金属超标风险。

（5）湘派卤汁循环使用过程中黄曲霉毒素 B_1 含量的变化

黄曲霉毒素耐热性很强，卤制温度不到 100 ℃，远远低于破坏温度 280 ℃。由表 6-41 可知，卤汁循环使用中，黄曲霉毒素 B_1 均未检出，说明卤汁中无黄曲霉毒素带入，该企业对原辅料选择、运输、贮藏等各环节品质控制较好，但仍需对卤料等易霉变原辅料进行严格管理。

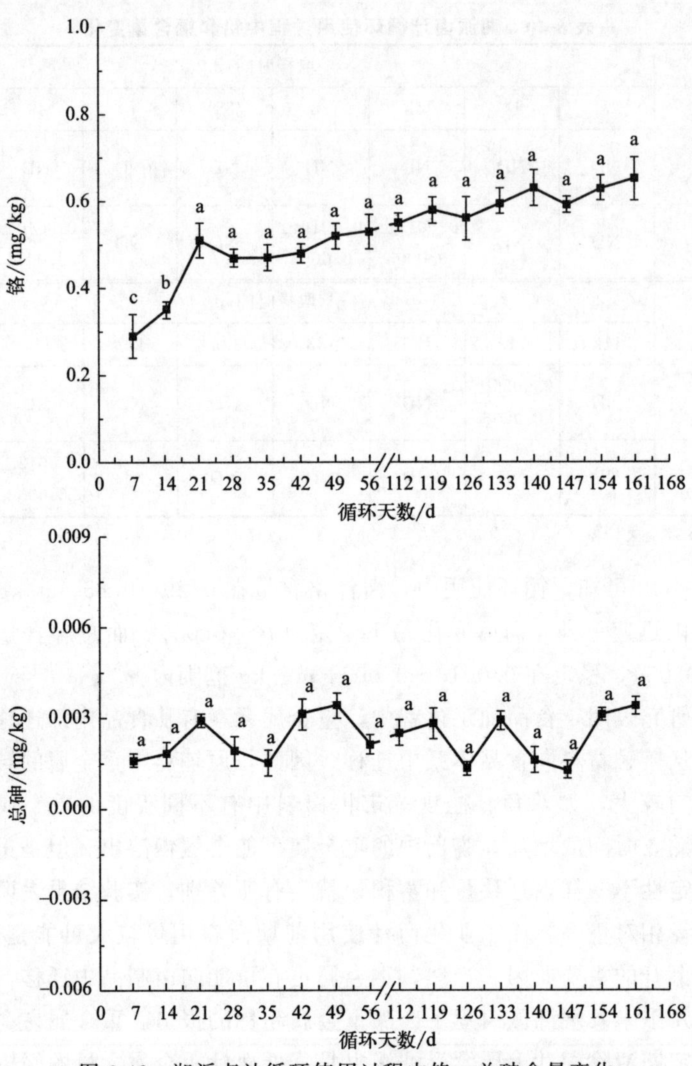

图 6-42 湘派卤汁循环使用过程中铬、总砷含量变化

表 6-41 湘派卤汁循环使用过程中黄曲霉毒素 B_1 含量变化

指标	取样时间/d							
	7	14	21	28	35	42	49	56
黄曲霉毒素 B_1 含量/(mg/kg)	ND	ND	ND	ND	ND	ND	ND	ND

指标	取样时间/d							
	112	119	126	133	140	147	154	161
黄曲霉毒素 B_1 含量/(mg/kg)	ND	ND	ND	ND	ND	ND	ND	ND

2. 湘派卤汁安全指标与循环次数的相关性

利用 SPSS 18.0 对卤汁循环使用过程中各安全指标与循环天数进行相关性分析，结果如表 6-42 所示。总酸、过氧化值、亚硝酸盐含量和铬含量与循环使用天数呈极显著正相关关系，即随着循环使用天数的增加，湘派卤汁中总酸、过氧化值、亚硝酸盐和铬含量也增加。但亚硝酸盐的测定值均低于检出限，不作考虑。因此，我们可以得出，在卤汁循环使用过程中，总酸、过氧化值和铬含量与循环使用天数呈极显著正相关。

表 6-42　安全指标与循环次数相关性分析

项目	相关系数	显著性	置信度
总酸	0.940	**	0.01
过氧化值	0.835	**	0.01
亚硝酸盐	0.435	**	0.01
铅	—	—	—
镉	−0.088	—	—
铬	0.841	**	0.01
总砷	0.136	—	—
黄曲霉毒素 B_1	—	—	—

注：*表示相关性在 0.05 水平上显著，**表示相关性在 0.01 水平上显著。

3. 湘派卤汁循环使用安全预警模型的构建

（1）以总酸为指标的湘派卤汁安全预警模型构建　实际生产中，当卤汁总酸超出一定范围，卤制产品口感等品质甚至安全性将受到很大影响，该卤汁将不能继续用于生产。利用 Origin 8.5 对卤汁循环过程中总酸含量进行线性拟合，得到卤汁循环使用过程中总酸含量变化预测模型图（图 6-43）及预测模型：$y=2.2618+0.0121x-7.6990\times10^{-5}x^2+2.5465\times10^{-7}x^3$，相关系数 $r=0.9259$，模型误差 2.15%，小于 10%，表明模型可行。

以食用植物油酸价≤3 mg/g 为参考，以 GB/T 5530—2005 中酸价（值）与总酸的换算方式，即总酸≤15.08 g/kg。通过模型计算得出，当卤汁循环使用 447 d 时，湘派卤汁的总酸达到安全限定值。

（2）以过氧化值为指标的湘派卤汁安全预警模型构建　利用 Origin 8.5 对卤汁循环过程中过氧化值含量进行线性拟合，得到卤汁循环使用过程中过氧化值含量变化预测模型图（图 6-44）及预测模型：$y=3.0953+4.1479\times10^{-4}x-1.8358\times10^{-4}x^2+5.8496\times10^{-6}x^3-5.4657\times10^{-8}x^4+1.6234\times10^{-10}x^5$，相关系数 $r=0.9102$，模型误差 1.08%，小于 10%，表明模型可行。

以食用植物油的过氧化值安全限量值≤19.7 meq/kg 为参考，通过模型计

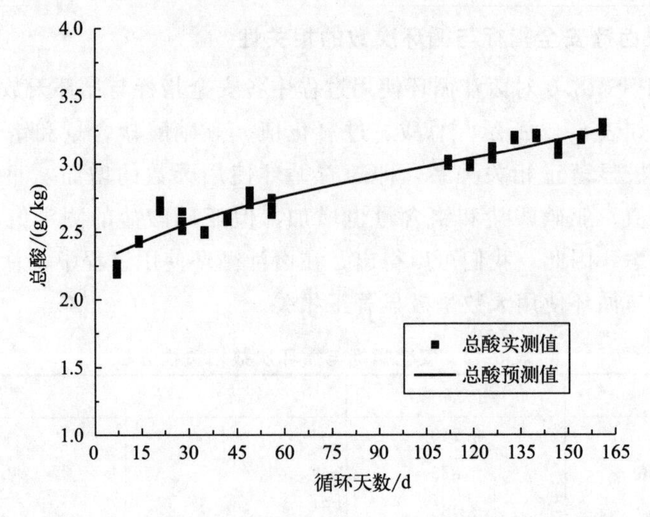

图 6-43　湘派卤汁循环使用过程中总酸变化预测模型图

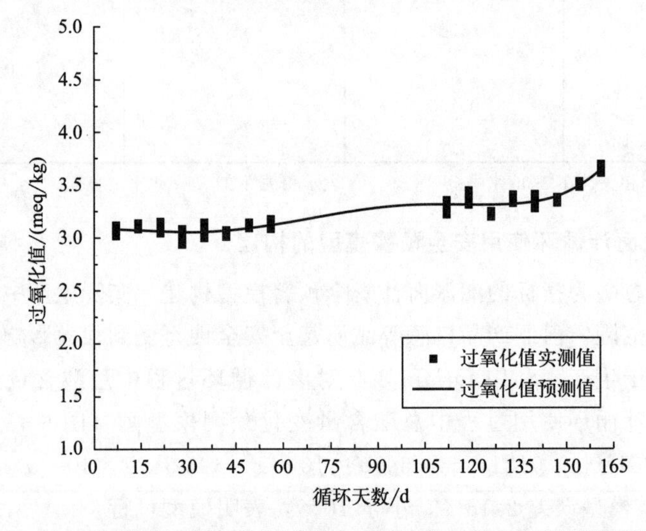

图 6-44　湘派卤汁循环使用过程中过氧化值含量变化预测模型图

算得出，当卤汁循环使 237 d 时，卤汁中过氧化值含量达到安全限定值。

(3) 以铬含量为指标的湘派卤汁安全预警模型构建　利用 Origin 8.5 对卤汁循环过程中铬含量进行线性拟合，得到卤汁循环使用过程中铬含量变化预测模型图（图 6-45）及预测模型：$y=0.2609+0.0093x-9.6075\times10^{-5}x^2+3.3274\times10^{-7}x^3$，相关系数 $r=0.8283$，模型误差 4.38%，小于 10%，表明模型可行。

以豆类中铬允许的最高限量水平为 1 mg/kg 为参考，通过模型计算得出，当卤汁循环使用至 205 d 时，卤汁中铬达到限定值。

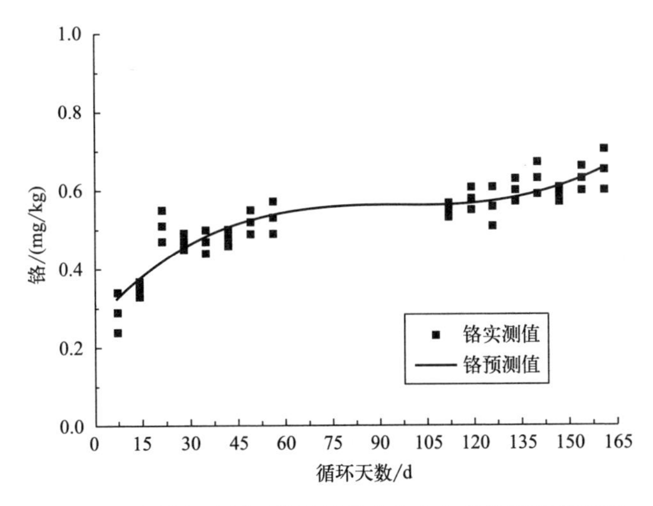

图 6-45 湘派卤汁循环使用过程中铬含量变化预测模型图

4. 湘派卤汁循环使用安全预警模型的验证

(1) 以总酸为指标的湘派卤汁安全预警模型验证 图 6-46(a) 为卤汁循环使用过程中总酸预测值与实测值的散点图，图 6-46(b) 为总酸预测值与实测值拟合的回归曲线，回归方程为 $y=0.9354x+0.1865$，回归系数为 0.9404。通过显著性检验（$P<0.01$），说明实测值和预测值拟合程度较好，故用 $y=2.2618+0.0121x-7.6990\times10^{-5}x^2+2.5465\times10^{-7}x^3$ 来模拟湘派卤汁循环使用过程中总酸含量的变化。

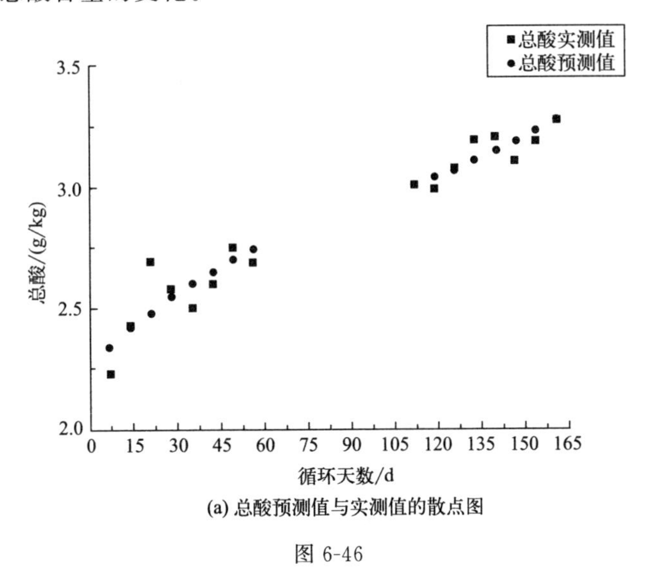

(a) 总酸预测值与实测值的散点图

图 6-46

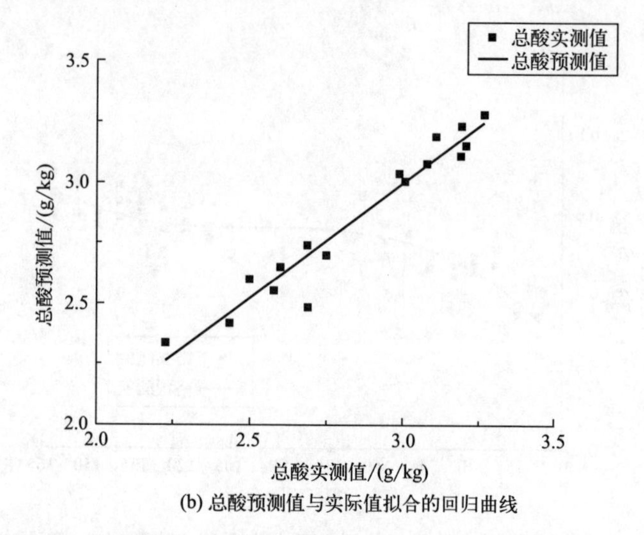

(b) 总酸预测值与实际值拟合的回归曲线

图 6-46 湘派卤汁循环使用过程中总酸含量变化预测模型验证图

（2）以过氧化值为指标的湘派卤汁安全预警模型验证 图 6-47(a) 为卤汁循环使用过程中过氧化值预测值与实测值的散点图，图 6-47(b) 为过氧化值预测值与实测值拟合的回归曲线，回归方程为 $y=0.9313x+0.2191$，回归系数为 0.9770。通过显著性检验（$P<0.01$），说明实测值和预测值拟合程度较好，故可用 $y=3.0953+4.1479\times10^{-4}x-1.8358\times10^{-4}x^2+5.8496\times10^{-6}x^3+5.4657\times10^{-8}x^4+1.6234\times10^{-10}x^5$ 来模拟湘派卤汁循环使用过程中过氧化值含量的变化。

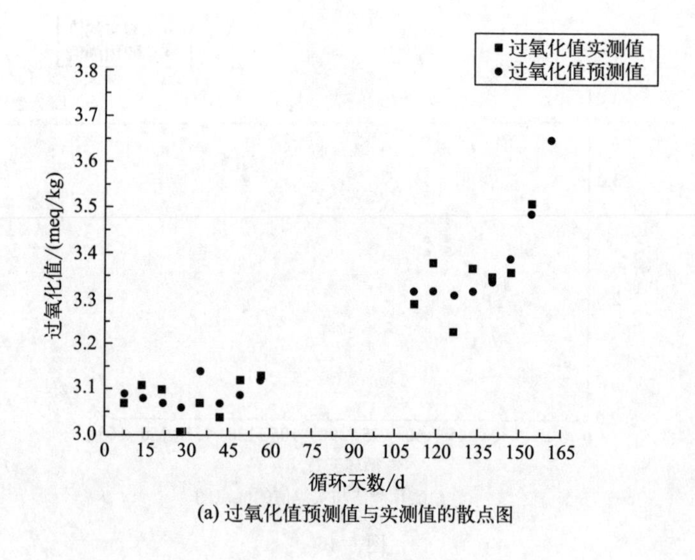

(a) 过氧化值预测值与实测值的散点图

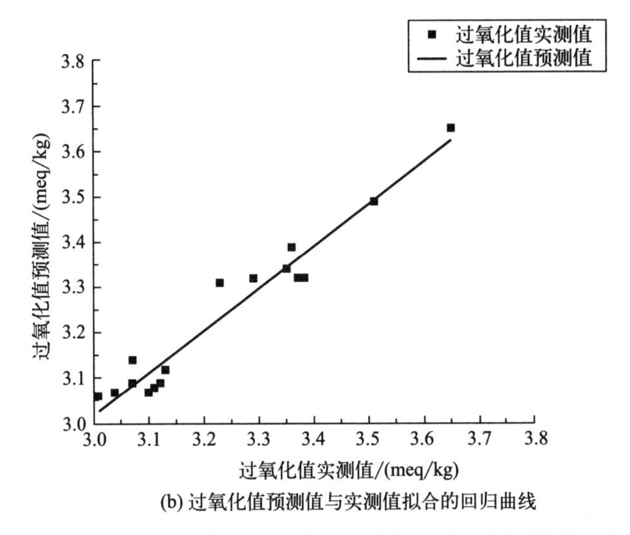

(b) 过氧化值预测值与实测值拟合的回归曲线

图 6-47　湘派卤汁循环使用过程中过氧化值含量变化预测模型验证图

(3) 以铬含量为指标的湘派卤汁安全预警模型验证　图 6-48(a) 为循环使用过程中铬预测值与实测值的散点图，图 6-48(b) 为铬预测值与实测值拟合的回归曲线，回归方程为 $y=0.9013x+0.0494$，回归系数为 0.8943。通过显著性检验 ($P<0.01$)，说明实测值和预测值拟合程度较好，故可用 $y=0.2609+0.0093x-9.6075\times10^{-5}x^2+3.3274\times10^{-7}x^3$ 来模拟湘派卤汁循环使用过程中铬含量的变化。

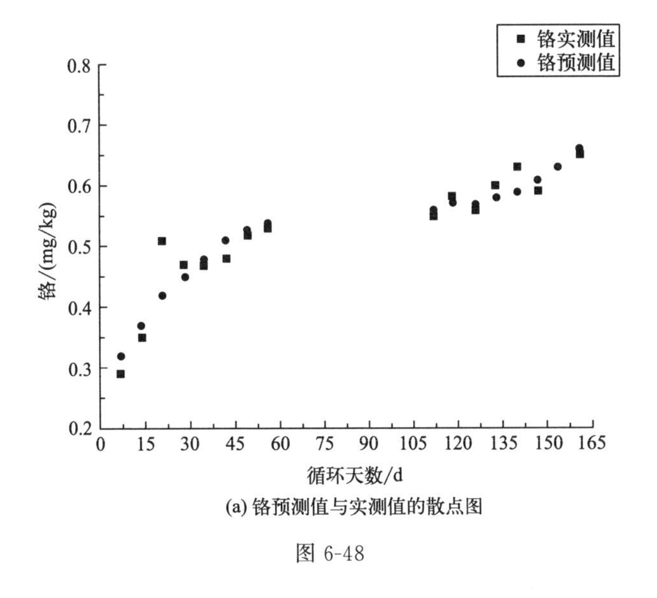

(a) 铬预测值与实测值的散点图

图 6-48

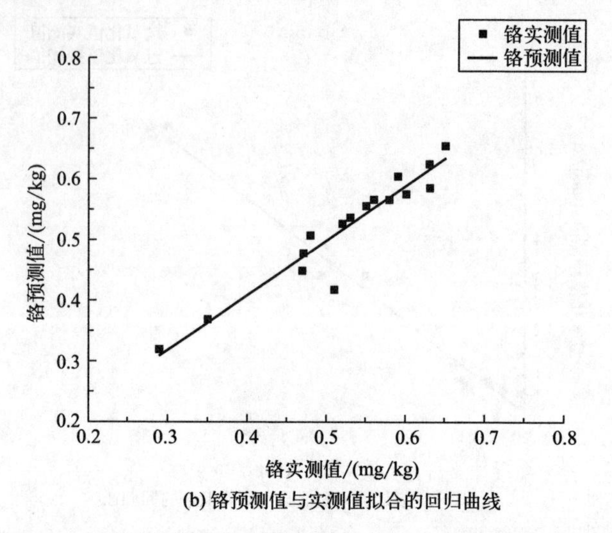

(b) 铬预测值与实测值拟合的回归曲线

图 6-48　湘派卤汁循环使用过程中铬含量变化预测模型验证图

综上，我们建议卤制品生产企业制定卤汁安全管理措施，如严格管控原辅料、定期清除卤汁漂浮油沫、定期清除卤制槽沉淀碎屑、适当添加食用碱等，以降低卤汁酸度的升高，减缓油脂的氧化。实际生产中，相比于总酸、过氧化值，铬含量人为干预难度更大，且以总酸和过氧化值为指标预测卤汁循环使用天数均高于以铬为指标预测卤汁的循环使用天数，因此，我们选择铬作为湘派卤汁循环使用过程中安全预警指标。

第七章

酸浆豆制品工厂设计案例

一、引言

镇远乐豆坊食品有限公司是贵州省扶贫龙头企业，为顺应市场发展，公司计划在贵州省镇远县黔东经济开发区建设年投豆量 3000 t 的豆制品生产线 1 条，考虑豆清液收集比例为 1∶6，因此，设计能力为年产酸浆 6000 t、休闲制豆干 3600 t、豆酸汤 10000 t。该项目豆腐加工副产物豆清液有效利用，大大减少环境污染，产生良好的经济和环境生态效益。

贵州酸汤，以凯里酸汤最为出名。凯里 2017 年被评为“酸汤之都”，酸汤也被评为“中国三大火锅底料”之一。随着《舌尖上中国 3》热播，酸汤被逐步被全国消费者喜爱，火遍全国，市场需求量逐步递增。本案例是将豆制品加工产生的豆清液，一部分发酵成酸浆，用于点浆豆腐，另一部分发酵成苗侗族特色酸汤，实现豆制品工厂的豆清液零排放，是豆制品行业的副产物综合利用的示范工程。

二、产品方案和产能确定

产品方案在工厂设计范畴内被视为生产纲领，产品方案包括产品品种、包装规格、数量，以及生产周期、工作班次的计划。产品方案应满足销售淡季旺季平衡生产的要求，满足原料和废料综合利用的要求。确保生产计划内生产班次平衡，产品产量与原料供应商供应能力平衡，用水用电用汽负荷平衡，产量与设备生产负荷平衡。根据市场调查结果和公司发展规划，本设计的产品方案如下。

1. 品种与规格

休闲豆干，25 g/包；白酸汤，500 g/瓶。

2. 总产能

设计总产量为休闲卤制豆干 3600 t/年、白酸汤 10000 t/年，酸浆（点浆用）6000 t/年，并以此为基础制定生产制度、确定班产量、安排生产计划。

3. 产品方案

见表 7-1。

表 7-1 产品方案

产品名称	年产量			备注
	单位	数量	包装规格	
原味卤豆干	t	1200	25 g/袋	豆干得率 120%
调味卤豆干	t	2400	25 g/袋	每袋 250 g(中袋)
酸浆	t	6000	—	直接用于点浆
白酸汤	t	10000	500g/瓶	每箱 24 瓶

4. 产品工艺流程

见图 7-1。

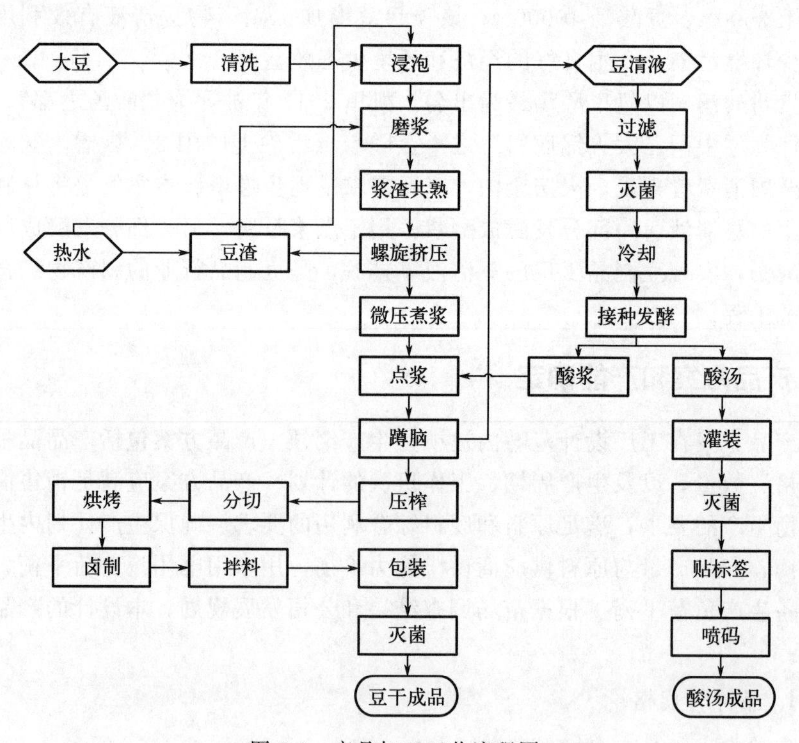

图 7-1 产品加工工艺流程图

5. 生产制度及班产量

本设计按照每年工作300天，每天2个班次的生产制度。班产量是生产设计相关计算的基础，它对生产线的配套、车间劳动力计算以及车间内平面设计均具有非常重要的指导作用。本设计为班产6 t休闲豆干。

三、原料及产品质量标准

1. 大豆原料质量标准

本设计主要产品为休闲卤制豆干和酸汤，生产的主要原料大豆应满足以下标准。

(1) 大豆原料应符合GB 2715—2016《食品安全国家标准　粮食》和GB 1352—2023《大豆》的要求。

(2) 要求非转基因大豆，新鲜无霉变，经选种设备筛选4 mm以上的大豆，符合食用标准。

(3) 污染物限量标准　砷（以As计）≤0.1 mg/kg，铅（以Pb计）≤0.1 mg/kg。

(4) 理化指标　水分≤14.0%，脂肪≥13.0%，蛋白质≥40%，杂质率≤1%。

2. 其他原料

(1) 水应符合GB 5749规定要求。

(2) 葡萄糖符合GB/T 20880标准要求。

(3) 菌种应符合QB/T 4575的规定。

3. 产品质量标准

(1) 卤制豆干　产品执行GB 2712—2014《食品安全国家标准 豆制品》，要求产品感官上具有本品种的正常色、香、味，不酸，不黏，无异味，无杂质，无霉变。理化标准：砷≤0.5 mg/kg；铅≤1.0 mg/kg；食品添加剂按GB 2760—2014《食品安全国家标准 食品添加剂使用标准》规定使用。

(2) 酸汤　酸汤目前没有相应的国家标准，因此，执行企业标准。

① 理化指标　见表7-2。

表7-2　理化指标

项目	指标
总酸(以乳酸菌计)/(g/L)	≥10
氨基酸态氮/%	≥0.2

续表

项目	指标
γ-氨基丁酸/(mg/L)	≥50
大豆异黄酮/(mg/L)	≥75
总砷(As)/(mg/L)	≤0.5
铅(Pb)/(mg/L)	≤1

② 微生物指标　见表 7-3。

表 7-3　微生物指标

项目		采样方案 *a* 及限量(若非指定,均以 CFU/mL 表示)			
		n	*c*	*m*/(CFU/g)	*M*/(CFU/g)
菌落总数		5	2	100	1000
大肠菌群		5	2	1	10
霉菌		≤10			
酵母		≤10			
致病菌	沙门氏菌	5	0	0/25 mL	—
	金黄色葡萄球菌	5	1	100	1000

注：样品的采样及处理按 GB 4789.1—2016 执行。

四、物料衡算

1. 豆干制品

确定了生产工艺和产品方案后，通过物料衡算可得到一定时间内主要原辅材料的消耗量，并依此安排物料采购运输和仓储容量。物料衡算的基础是“技术经济定额指标”，计算时以班产量为基准。

(1) 每班处理 5 t 大豆。

(2) 大豆水分含量为 12%，大豆中固形物含量为 5 t×88%=4.4 t。

(3) 浸泡用水量为大豆的重量的 4 倍，5 t×4=20 t；泡好的湿豆为原来干豆重量的 2.2 倍，则为 5 t×2.2=11 t。

(4) 豆渣含水量控制在 78%，在此工艺下豆渣为 1.5 倍干豆重量，豆渣中固形物含量为 5 t×1.5×(1−78%)=1.65 t，豆浆固形物含量为 4.4 t−1.65 t=2.75 t。

(5) 豆浆固形物浓度控制在 5.5%，则总浆量为 2.75 t÷5.5%=50 t。

(6) 酸浆用量与豆浆投料比为 25%，酸浆用量为 50 t×25%=12.5 t。连续生产时，物料均在管道中运输，损耗对固形物仅产生微弱影响，可忽略不计。

（7）经压榨，豆腐坯子的水分含量为 82%，豆腐质量为 2.75 t÷(1－82%)＝15.28 t。

（8）干燥后，水分含量变为 65%，干豆腐重量为 2.75÷(1－65%)＝7.86 t，水分蒸发量为 15.28 t－7.86 t＝7.42t。

（9）卤制及烘干后，休闲豆干继续脱水，水分含量为 55%，卤休闲豆干重量为 2.75÷(1－55%)＝6.11 t，期间消耗卤料为干豆腐的 0.5%，即 6.11 t×0.5%＝0.031 t。若该班生产原味卤制休闲豆干，即每班生产 6.11 t，消耗 25 g 包装袋 244400 个；如采用 250 g 包装袋，则消耗 24440 个。

若该班生产卤制调味豆干，经调味，加入 5%调味料，调味料重量为 6.11 t×(1＋5%)＝6.42 t/班，消耗包装袋 25 g 包装袋 256620 个，250 g 包装袋 25662 个。

（10）全年的豆干产品总产量：6.11 t×2×300＝3666 t，考虑过程损耗为 1.5%，则全年的豆干产量为 3666 t×(1－1.5%)＝3611 t。

2. 酸汤产品

根据产品方案，对主要原辅材料的消耗量进行计算，才能确定物料采购运输和仓储容量。物料衡算的基础是“技术经济定额指标”。每年以运作 300 天为计算基准。

（1）每班加工大豆 6 t，每吨大豆可收集 6 t 豆清液，即每班加工 30 t 豆清液，同时酸浆用去豆清液 12.5 t，即用于酸汤发酵的豆清液为 17.5 t。

（2）糖的添加量为 2.5%，总量为 17.5 t×2.5%＝0.4375 t。

（3）菌种添加量为 3%，总量为 17.5 t×3%＝0.525 t。

（4）发酵后，酸汤的总量 17.5 t＋0.4375 t＋0.525 t＝18.4625 t，考虑发酵过程损耗暂定 2%，最终酸汤的总量 18.4625t×(1－2%)＝18.09 t。

（5）每瓶的灌装量为 500 g，灌装损耗暂定 1.5%，即为 18.09 t×(1－1.5%)×1000÷0.5＝35275.5 瓶，约 35276 瓶。灌装机的速度 3600 瓶/h，生产时间 35276 瓶÷3600 瓶/h＝9.8h。

（6）灌装瓶损耗暂定 1%，该班生产酸汤 35276 瓶÷(1－1%)＝35632.3 瓶，即每班消耗 PE 瓶 35633 个。

（7）每箱装 24 瓶，每班消耗的纸箱 35633÷24＝1484.7 个，即纸箱的数量为 1485 个，损耗暂定 2%，每班消耗的纸箱 1485 箱÷(1－2%)＝1515 个。

（8）全年总产能：1484×2×300×24×0.5÷1000＝10684.8 t，后工序包装的总体损耗为 1%，全年总产能为 10684.8 t×(1－0.5%)＝10577.95 t。

五、设备选型及其主要设备清单

本设计设备选型主要根据产品生产计划及物料衡算，结合新生产线工艺特点，按照安全、合理、先进、经济、环保的原则进行设备选型。

1. 豆制品生产主要设备清单

豆制品生产主要设备清单见表7-4～表7-11。

表7-4 提升系统设备

序号	设备名称	规格型号	单位	数量	配置及技术要求
1	斗式提升机	TDTG26/13-10	个	1	材质采用碳钢，额定电压3N-380V，外形尺寸1250 mm×500 mm×10000 mm，提升能力2～3 t/h，额定功率2.2 kW，含进出料斗
2	定量分配车	DLC-500	个	1	板材304不锈钢，容量500 kg，外形尺寸1400 mm×1400 mm×580 mm，材料厚度1.5 mm。
3	小车轨道兼放水管道	1.2 m/套	套	10	轨道ϕ60×3 mm，配有3.048 cm的不锈钢放水球阀。
4	电器控制箱	DX-2	个	1	箱体材质采用201不锈钢，电器元件采用德力西品牌

表7-5 泡豆系统设备

序号	设备名称	规格型号	单位	数量	配置及技术要求
1	泡豆桶	PDT-500	个	10	材质采用304不锈钢，外形尺寸1200 mm×1200 mm×1500 mm，材料厚度2 mm，生产能力500 kg/桶。双向放豆
2	淌槽	TC	m	12	淌槽材质采用304不锈钢。外形尺寸235 mm×172 mm，材料厚度1.2 mm
3	去杂淌槽	QTC	m	8	淌槽材质采用304不锈钢。外形尺寸235 mm×340 mm，材料厚度1.2 mm。含2P球阀
4	淌槽三通	TCST	个	1	材质采用304不锈钢，与去杂淌槽匹配
5	淌槽弯头	TCWT	个	2	材质采用304不锈钢，与去杂淌槽匹配
6	气动翻豆装置	—	套	10	包含气管、阀门、止回阀等
7	放豆阀门管件	—	套	10	包含ϕ76卫生级不锈钢阀门和弯头
8	排水阀门管件	—	套	10	不锈钢球阀、PVC管道
9	泡豆平台	PDPT-500	个	1	包括泡豆桶支架、平台、护栏和爬梯，主体材质采用不锈钢方管、花纹铝板，支撑10个泡豆桶

续表

序号	设备名称	规格型号	单位	数量	配置及技术要求
10	电器控制箱	DX-2	个	1	箱体材质采用201不锈钢，电器元件采用德力西品牌
11	压缩气泵	—	台	1	—

表 7-6 磨浆及分离系统设备

序号	设备名称	规格型号	单位	数量	配置及技术要求
1	湿豆定量提升	SDTS-1	台	1	材质采用304不锈钢，生产能力180～600 kg/h，外形尺寸3350 mm×880 mm×2050 mm。额定功率：0.75 kW，电机无级调速
2	磨浆机	MJJ-345-L	台	1	基座采用304不锈钢，外形尺寸：ϕ590 mm×1020 mm，磨轮直径：ϕ345 mm(日本原装陶瓷磨片)，生产能力600 kg/h，额定功率11 kW，降压启动，含料斗和非接触式流量计
3	浆糊桶	JHT-85	个	1	材质采用304不锈钢，外形尺寸800 mm×400 mm×700 mm，材料厚度1.2mm，带可拆卸304不锈钢桶盖及360°喷水头
4	管式加热器		套	1	采用蒸汽直喷的方式加热，使豆糊从20 ℃加热到100 ℃，自动控制温度(PID控制)。含蒸汽减压装置
5	半熟浆糊罐	360L	个	1	不锈钢304，壁厚2mm，保温材料为PU发泡(封头不保温)，人孔、呼吸阀、低液位接口，CIP洗球
6	螺旋挤压分离机	LXJY-6-FS	台	1	整机采用304不锈钢材质，生产能力600 kg/h(干豆)，外形尺寸2350 mm×1300 mm×1800 mm，总功率10.82 kW(含漩涡气泵)，含推渣绞龙、关风机、旋涡气泵
7	振动筛	1500	台	1	筛网孔径为120目，材质304不锈钢，框架为304不锈钢
9	浆桶	JT-500	个	2	材质采用304不锈钢。外形尺寸1600 mm×800 mm×750 mm，材料厚度1.5mm。
10	微压煮浆	WYZJ-4-Ⅱ	套	1	材质采用不锈钢，罐体尺寸ϕ750 mm×1750 mm)、自动控制阀门、管路、架体、PLC程序控制部分。可实现自动定量进浆、煮浆温度控制、自动出浆、CIP自动清洗，双层保温。外形尺寸3540 mm×1250 mm×2050 mm，生产能力4 t/h，额定功率4.5 kW。

续表

序号	设备名称	规格型号	单位	数量	配置及技术要求
11	蒸汽减压装置	—	套	1	蒸汽减压阀、蒸汽过滤器、蒸汽截止阀、压力表
12	熟浆缓冲罐	HCG-820	个	2	材质采用304不锈钢。外形尺寸 ϕ930 mm×1850 mm,带盖,排气口 ϕ300 mm,材料厚度1.5 mm
13	转子泵	40TLS5-5C	台	5	与物料接触部分304不锈钢材质,流量3000～7500 L/h,额定功率3 kW,无级变速器调速,带电机罩
14	玻璃转子流量计	LZB-40	个	1	最大流量4000 L/h,不锈钢快装形式
15	恒压水箱	SX-520	个	1	材质采用304不锈钢。外形尺寸 ϕ930 mm×1100 mm,材料厚度1.5 mm,含浮球开关
16	磨浆分离电器控制箱	DX-8	个	1	箱体材质采用201不锈钢,电器元件采用德力西品牌

表 7-7 酸浆自动点浆豆腐坯生产设备

序号	设备名称	规格型号	单位	数量	配置及技术要求
1	自动酸浆凝固机	SJNG-10	台	1	材质304不锈钢,总功率5 kW。凝固桶数量10个,PLC程序控制,触摸屏操作,配置酸浆恒压桶,电气控制箱。外形尺寸6000 mm×3200 mm×3260 mm。带保温和搅拌器
2	酸水输送管道	—	套	1	管路、阀门材质采用304卫生级不锈钢,管道焊接为人工氩气保护焊,管路支架采用201不锈钢方管
3	酸水输送泵	—	个	1	与物料接触部位均为304不锈钢,流量5 t/h,扬程24 m,额定功率1.5 kW
4	豆清液收集桶	—	个	1	材质采用304不锈钢。外形尺寸 ϕ1500 mm×1450 mm(调整),材料厚度2 mm,容积5 m^3。带过滤装置,过滤装置要求200目
5	豆清液输送泵	—	台	1	与物料接触部位均为304不锈钢,流量5 t/h,扬程24 m,额定功率1.5 kW
6	豆清液回流管道	—	套	1	管路、阀门材质采用304卫生级不锈钢,管路支架采用201不锈钢方管

续表

序号	设备名称	规格型号	单位	数量	配置及技术要求
7	转盘液压机	ZPYJ-10	套	1	材质采用 304 不锈钢，配置 10 个液压机头，额定压力 6 MPa，生产能力 400～600 kg/h。功率 9.55 kW
					含双联分配器，桶材质采用 304 不锈钢，厚薄可调节
					进板输送机：材质采用 304 不锈钢，包含放板放布、收布轨道和沥水轨道，含接水盘
					叠板输送机：材质采用 304 不锈钢，包含叠板输送轨道、气动预压系统和进榨机械手
					进板预压机：材质采用 304 不锈钢，气动预压送板机构，预压整理框
					出板机：材质采用 304 不锈钢，包含出榨机械手、出榨轨道、滚筒式整理台
					送板机：将模板、包布等回送至起始工位，包含豆干模板清洗加温装置
					送窗机：浆加高框输送回工位
					横进机：材质采用 304 不锈钢，用于模板回送过渡
					加高框：20 个，尺寸根据产品尺寸定做
					压榨电气控制箱：箱体材质采用 304 不锈钢，PLC 程序控制，触摸屏操作
					回框回板电气控制箱：材质采用 304 不锈钢
8	豆干隔板	—	块	180	材质采用铝板

表 7-8　酸浆发酵系统设备

序号	设备名称	规格型号	单位	数量	配置及技术要求
1	豆清液暂存罐	1000L	个	1	不锈钢 SUS304 内壁，蒸汽加热带保温，呼吸器，CIP 洗球，高低液位，温度显示，上进料口，底部出料。带液位玻璃管。进发酵罐前，需要 80 目过滤
2	酸浆发酵罐	5000L	个	3	不锈钢 SUS304 内壁，夹层加热及制冷带保温，呼吸器，CIP 洗球 ϕ38.1 mm，高低液位，静压液位，温度传感器，无菌取样阀，pH 电极接口，菌种投入口 ϕ38.1 mm，指针温度表，上进料口 ϕ50.8 mm，下出料口 ϕ50.8 mm，带搅拌，带蒸汽直接加热

续表

序号	设备名称	规格型号	单位	数量	配置及技术要求
3	酸浆储存罐	5000L	个	1	不锈钢SUS304内壁，蒸汽加热带保温，CIP洗球，高低液位，温度显示，上进料口，底部出料。带液位玻璃管
4	发酵罐平台	—	个	1	与三个发酵罐配合使用
5	溢流桶	—	个	1	材质304不锈钢(起豆花沉淀作用)
6	控制电箱	—	个	1	箱体材质采用304不锈钢，电器元件德力西品牌。自动控制及动力电
7	双联过滤器	φ50	套	2	材质采用SUS304不锈钢，200目。双联过滤器为袋式，过滤器为并联，方便拆卸和清洗
8	除菌过滤器	4463型		1	过滤孔径0.22 μm，压缩气源含油含水，处理成无菌空气
9	气动隔膜泵	QBK-50-304+F46	台	2	流量12 m^3/h。进出口50.8 mm，最大允许通过颗粒直径6 mm。扬程40 m。材质采用304不锈钢。膜片材质F46/三元乙丙，耐温100 ℃以下，酸洗
10	离心泵	10T/h	台	3	10 t/24 m/380 V-50 Hz/进出口51-51，材质316不锈钢

表7-9 烘干设备

序号	设备名称	规格型号	单位	数量	配置及技术要求
1	豆坯连续烘干机	HMHGJ-400型	台	1	(1)材质采用304不锈钢，长度44 m。产品尺寸大小94 mm×40 mm×12 mm(长×宽×厚) (2)干燥前含水量：82.3%左右，单块质量约62 g (3)干燥后含水量：65.8%左右，单块质量约36 g (4)豆腐耐受热风温度：≤82 ℃ (5)产量：湿端660 kg/h，干端500 kg/h (6)时间：120～180 min可调 (7)热风温度：蒸汽加热，室温～95 ℃可调 (8)温度控制精确度：1 ℃

表7-10 真空卤制设备

序号	设备名称	规格型号	单位	数量	配置及技术要求
1	进料系统	—	台	1	材质采用304不锈钢，真空卤制进料
2	真空卤制系统	—	台	1	材质采用304不锈钢

续表

序号	设备名称	规格型号	单位	数量	配置及技术要求
3	出料系统	—	台	1	材质采用304不锈钢，真空卤制出料
4	平面晾干机	—	台	1	15 m，含风机（两段式，一段5 m，一段10 m）
5	进榨、翻板、切块系统改造	—	套	1	材质采用304不锈钢。电器元件采用亚德客
6	电器箱	DX-8	个	1	箱体材质采用201不锈钢，电器元件采用德力西品牌
7	卤料蒸煮罐	DH1000	个	1	材质不锈钢304，耐压0.3 MPa，搅拌转速36 r/min。带压力表和温度表
8	卤汁暂存罐	—	个	3	材质采用304不锈钢，夹套保温层

表7-11　包装及杀菌系统

序号	设备名称	规格型号	单位	数量	配置及技术要求
1	拌料机	—	台	2	旋转式，材质采用304不锈钢
2	油加热系统	—	台	2	加热，管道材质采用304不锈钢
3	冷库	—	台	1	恒温可控制为10 ℃左右
4	半自动真空封口机	—	台	4	带真空泵
5	装填操作台	—	套	11	材质采用304不锈钢
6	巴氏杀菌机	—	个	1	材质采用304不锈钢，加盖。包括预热段、保温段、冷却段，有压板，蒸汽加热、温度分段可控。保温段时间70～120 min可控

2. 酸汤主要设备

根据物料衡算和产品方案，结合酸汤产品的特点，产品的发酵周期为4天，每天需要收集的豆清液为35 t。详细设备清单见表7-12。

表7-12　酸汤发酵及其灌装设备

序号	主要设备清单或设备代码		数量	参数
1	豆清液收集系统	收集罐	2个	实际容积5 m^3，高度2.5 m
2		过滤器	2套	100目
3		板框式加热器	1台	范围80～120 ℃，生产能力4 t/h

续表

序号	主要设备清单或设备代码		数量	参数
4	发酵系统	18 t 发酵罐	8 个	ϕ2500 mm×2600 mm，压力式液位计 1 件，呼吸器，pH 监控探头，溶氧电极
5		1 t 热水罐	1 个	
6		10 t 调配罐	2 个	ϕ1500 mm×2600 mm，内壁 316 不锈钢，压力式液位计
7		控制系统	1 套	
8	灌装及后端包装系统	吹瓶机	1 套	全自动，可控壁厚
9		UHT 灭菌机	1 套	范围 80～130 ℃，能力 4 t/h
10		灌装和封口二合一	1 台	PLC 西门子，灌装腔 316 不锈钢
11		灯检机	1 台	
12		巴氏灭菌及冷却系统	1 台	80 ℃/10 min，三段冷却，42 ℃
13		灯检机	1 台	
14		瓶身吹干系统	1 台	
15		瓶身喷码机	1 台	
16		套标机	1 台	
17		自动装箱平台	1 套	
18	辅助设施	压缩空气	1 套	2.85 m^3/min，无油、干燥、无菌
19		冷却塔	1 套	低温塔 200 m^3，水温低于 35 ℃
20		水处理系统	1 套	3 t/h
21		锅炉系统(含气站)	1 台	4 t
22		CIP 清洗系统	1 套	2 t

六、工艺操作要点

1. 休闲卤制豆干

(1) 大豆处理　采用自动提升斗，大豆在提升过程中，实现除尘、除杂功能，然后进入密闭的泡豆罐。

(2) 泡豆　大豆完全浸泡后，以大豆低于水面 5 mm 为佳。控制豆水比为 1∶4，水温 20 ℃，浸泡时间为 8 h。

(3) 磨浆　选用日本进口陶瓷磨，通过磨浆机的湿豆水分配器，控制水量，以保证豆浆的浓度控制在 (6.0±0.3)°Bx。水质符合 GB 5749 的相关要求。

(4) 浆渣共煮　工艺要求 103 ℃/5 min，目的使大豆蛋白充分变性和大豆低聚糖溶出，一方面为点浆创造必要条件，另一方面消除抗营养因子和胰蛋白酶抑制剂，破坏脂肪氧化酶活性，消除豆腥味，杀灭细菌，延长产品保质期。

(5) 浆渣分离　采用螺旋挤压机，筛网的孔径为 100～120 目。进料速度、转速、筛网目数决定着分离效果。

(6) 微压煮浆　煮浆温度至 (105±2)℃，保温 3 min，煮浆的压力为 0.01～0.03 MPa。煮浆后的豆浆浓度为 (5.5±0.5)°Bx。

(7) 点浆　采用酸浆作为凝固剂，全自动点浆系统。酸浆的总酸含量控制在适宜范围，酸浆温度在 (55±5)℃，豆浆的浓度 (5.5±0.5)°Bx，豆浆的温度 (85±3)℃。酸浆的用量为豆浆总量的 20%～25%，点浆至无白浆为止，静置 10～12 min 蹲脑。

(8) 破脑分配　将析出的豆清液，通过积液盘和收集泵输送到收集罐待用，适度搅拌破豆脑，并用正弦泵送至分配器，将豆脑分配装盘。

(9) 压榨　采用智能带式连续压榨机，温度 65 ℃，压力 0.35MPa，15 min。

(10) 脱模和分切　采用自动脱模设备，将压榨完成的豆腐自动脱模，并分切成需要的大小。

(11) 豆腐干　采用三段式隧道式热风烘烤，烘烤温度 75～95 ℃，时间 2～3 h。要求颜色金黄，水分含量 65%～70%，规格为 25 g/块。

(12) 真空脉冲卤制　卤汁按照配方熬制 2～3 h，分成热卤汁（温度为 85 ℃）和冷卤汁（温度为 10 ℃），豆干进入真空脉冲卤制系统，自动程序卤制。按照热卤—冷卤—加压—真空进行循环卤汁，卤制的时间 80～100 min。

(13) 拌料　将卤制后的产品拌不同口味。

(14) 包装及封口　采用半自动充填式真空包装机，包装袋材料复合铝膜，封口温度 165 ℃/8～10 s，抽真空的时间 5～8 s。

(15) 杀菌　采用巴氏杀菌，杀菌温度 100 ℃/10～15 min，然后清洗，吹干。装箱入库。

2. 酸汤产品

(1) 菌种　购买直投式发酵剂，添加量为 3%～5%。

(2) 豆清液收集及标准化　收集温度 70 ℃，经 200 目过滤，暂存保温罐，暂存时间≤4h；豆清液可溶性固形物含量为 1.0 °Bx 以上，总酸≤1.2 g/L，并将豆清液标准化。

(3) 豆清液灭菌　将配制完成的豆清液，在发酵罐中进行灭菌，灭菌的温度 121 ℃，时间 15～25 min。

（4）接种和发酵　豆清液灭菌后，冷却至 42 ℃，并将活化的菌种按照豆清液总量的 3%～5%添加入发酵罐中，保温 42 ℃，时间为 72 h。在发酵过程中，检测发酵液的 pH 值、发酵液的酸度、发酵液的温度，当发酵液的酸度达到 1.0%～1.2%时，终止发酵。

（5）调配　将豆清液与其他配料，按照标准要求准确称量后，添加到调配罐中，并搅拌均匀。

（6）灌注和封口　灌注温度为 65～75 ℃，灌装速度为 24000 瓶/h，灌注后的产品经封膜机进行封口，封口质量符合相应质量标准规定的要求。

（7）液位检测　封盖后的产品经过液位检测机，将低于灌注量标准的产品和封口质量不良的产品剔除。

（8）隧道式杀菌及冷却　综合考虑产品的特点，结合调味品、啤酒和饮料等工艺特点，特设置隧道式二次杀菌，确保产品质量符合要求。杀菌的温度 90 ℃/10 min，并采用三段冷却，将产品的中心温度冷却至低于 42 ℃。

（9）产品灯检　产品通过灯检机，剔除产品内部有质量缺陷的产品。

（10）旋盖　采用全自动旋盖机，旋盖机的速度为 600 瓶/min。

（11）产品喷码　产品逐瓶经过喷码机，喷码机在瓶颈或瓶盖部位将生产日期、时间等信息打印在瓶颈或瓶盖上。喷码应清晰可读、完整、正确。

（12）套标　产品的瓶身采用蒸汽热收缩套标的方式贴产品标签。

（13）质量检验、码垛和入库　经过整箱质量检测合格的产品，由机器将产品按一定的码垛方式码垛，每垛产品按顺序被贴上识别标签。由叉车运送入库分类叠放，同时做好检验状态标识。

七、水电汽消耗量

1. 水消耗量

（1）豆制品　每天用豆量为 10 t，泡豆水为 40 t，磨豆水 60 t，每天清洁用水为 5 t，因此总共需要 105 t。

（2）酸汤产品　酸汤加工用水主要集中清洗阶段，耗水量不大，每天 CIP 清洗灌装系统，约需要 10 t 水，200 t 杀菌耗水量（冷却水循环），损耗 5%，即 10 t。其他用水每天 5 t，每天用水量为 25 t。

可得豆制品和酸汤产品的每天总用水量为 130 t，所以全年总用水量为 130×300＝39000(t)。

2. 蒸汽消耗量

（1）豆制品　① 煮浆的蒸汽消耗率　投豆量为 10 t，每吨大豆的煮浆蒸

汽消耗为 2 t，即为 20 t，

② 烘干设备的蒸汽消耗量为 0.48 t/h，每天按照 20 h 计算，则需要 9.6 t 蒸汽。

③ 巴氏杀菌　巴氏杀菌设备的蒸汽消耗量为 0.3 t/h，每天按照 20 h 计算，则需要 6 t 蒸汽。

豆制品产品每天需要蒸汽 20＋9.6＋6＝35.6(t)，全年需要蒸汽量：35.6×300＝10680 (t)。

(2) 酸汤产品　根据酸汤发酵罐 15 t，空罐消毒单位产品耗汽量定额为 2 t/t 计算，每次 1 h。单班蒸汽消耗量为 2 t，每天 1 班即 2 t；物料实消，每吨豆清液杀菌需要蒸汽 0.5 t，即每天 20 t 蒸汽，每吨产品杀菌（二次杀菌）消耗蒸汽 1 t，每天约 40 t 蒸汽，可得全年总用汽量为 62×300＝18600(t)。

豆制品和酸汤产品的蒸汽消耗总量为 29280 t。

3. 电消耗量

(1) 豆制品产品　豆制品设备的总功率 280 kW，设备的工作效率为 0.65。全年的用电量为 280×0.65×8×2×300＝873600 (kW·h)。

(2) 酸汤产品　设备总功率 399.2 kW，设备的工作效率为 0.65，全年的用电量为 399.2×0.65×8×2×300＝1245504 (kW·h)。

(3) 其他生活设施　预计生活设施的用电功率为 20 kW，全年的用电量为 20×0.65×8×2×300＝62400 (kW·h)。

全年总用电量为 873600＋1245504＋62400＝2181504 (kW·h)。

湖 南 省 地 方 标 准

DBS43/016—2023

食品安全地方标准
酸浆豆腐生产卫生规范

2023-12-26 发布　　　　2024-06-26 实施

前　言

本标准依据GB/T 1.1—2020《标准化工作导则　第1部分：标准化文件的结构和起草规则》的规定起草。

本标准由湖南省卫生健康委员会提出并归口管理。

本标准起草单位：邵阳学院（豆制品加工与安全控制湖南省重点实验室）、湖南省产商品质量检验研究院、邵阳市食品药品检测所、劲仔食品集团股份有限公司、湖南乡乡嘴食品有限公司、湖南金福元食品股份有限公司、石屏尚古堂豆制品发展有限公司、湖南省原本记忆食品有限公司。

本标准主要起草人：赵良忠、李明、唐小兰、周晓洁、刘斌斌、黎德勇、任银兰、冯绪忠、陈大庆。

本标准首次发布。

食品安全地方标准　酸浆豆腐生产卫生规范

1　范围

本标准规定了酸浆豆腐生产过程中原料采购、加工、包装和贮存等环节的场所、设施、人员的基本要求和管理准则。

本标准适用于酸浆豆腐的生产。

2　术语和定义

GB 14881—2013 中的术语和定义适用于本标准。

2.1　豆清液

豆清液又称黄浆水，指豆腐点浆工序中析出的大豆乳清液与豆腐压榨成型工序中压榨出的大豆乳清液的总称。

2.2　纯种发酵酸浆

以豆清液为主要原料，添加或不添加葡萄糖等辅料，经消毒或灭菌，接种食品加工用菌种在密闭发酵罐内恒温发酵，且总酸含量为 2.5～4.5 g/L（以乳酸计）或 pH 值为 3.5～4.5 的发酵液。

2.3　自然发酵酸浆

以豆清液为主要原料，添加或不添加葡萄糖等辅料，在非密闭容器中自然发酵或接种食品加工用菌种协助发酵，且总酸含量为 2.5～4.5 g/L（以乳酸计）或 pH 值为 3.5～4.5 的发酵液。

2.4　酸浆豆腐

以大豆和水为主要原料，经过浸泡、磨浆、制浆、酸浆点浆、蹲脑、压榨成型、分切等工序加工而成的非发酵性豆制品。

3　选址及厂区环境

应符合 GB 14881—2013 的相关规定。

4　厂房和车间

4.1　设计和布局

4.1.1　应符合 GB 14881—2013 中第 4.1 的相关规定。

4.1.2　应按生产工艺要求设置前处理车间（包含大豆去杂、浸泡、清洗、磨浆和制浆工序），酸浆发酵车间，成型车间（包含点浆、蹲脑、压榨成型和分切），内包装车间和外包装车间，并将相应的车间分为一般作业区、准清洁作业区、清洁作业区。各功能区应有分隔设施，防止交叉污染。

4.1.3　原辅料库、前处理车间、外包装车间和成品冷库等为一般作业区，酸浆发酵车间、成型车间为准清洁作业区，内包装车间为清洁作业区。

4.2　建筑内部结构与材料

4.2.1　内部结构

应符合 GB 14881—2013 中第 4.2.1 的相关规定。

4.2.2　顶棚

4.2.2.1　应符合 GB 14881—2013 中第 4.2.2 的相关规定。

4.2.2.2　顶棚高度应不低于 3 m。前处理车间和成型车间的顶棚所用材料应耐湿、耐热，并且应该能够防止结冷凝水和发霉。

4.2.3　墙壁

4.2.3.1　应符合 GB 14881—2013 中第 4.2.3 的相关规定。

4.2.3.2　前处理车间和成型车间的内墙壁所用材料应耐湿、耐热、防霉。

4.2.4　门窗

应符合 GB 14881—2013 中第 4.2.4 的相关规定。

4.2.5　地面

应符合 GB 14881—2013 中第 4.2.5 的相关规定。

5　设施与设备

5.1　设施

5.1.1　应符合 GB 14881—2013 中第 5.1 的相关规定。

5.1.2　自然发酵酸浆生产车间应配置紫外线灯或臭氧发生器等空气消毒设施，热水清洗设施，热消毒设施和通风设施。纯种发酵酸浆生产车间的发酵罐应配置清洗设施和热消毒设施。

5.1.3　采用二次供水的，设施应符合 GB 17051 的规定。

5.2　设备

5.2.1　应符合 GB 14881—2013 中第 5.2 的相关规定。

5.2.2　酸浆发酵设备、输送管路、器具及其相关材料（密封圈、垫片等）应能承受所采用热消毒的温度。

5.2.3　酸浆发酵设备的输送管道设计应避免死角和盲管，设排污阀或排污口，便于清洗、消毒，防止堵塞。

5.2.4　豆清液收集设备

5.2.4.1　点浆蹲脑工序产生的豆清液收集应采用泵自动吸附方式，将豆清液收集至发酵设备，避免人手直接接触。

5.2.4.2　压榨成型工序产生的豆清液收集应采用豆清液自动收集盘（槽），其设计与安装应符合生产及工艺要求，材质符合食品安全相关要求，表面应平整、光滑、无死角，易清洗与消毒。

5.2.5　监控设备

应符合 GB 14881—2013 中第 5.2.2 的相关规定。

5.2.6　设备的保养和维修

应符合 GB 14881—2013 中第 5.2.3 的相关规定。

6　卫生管理

6.1　卫生管理制度

应符合 GB 14881—2013 中第 6.1 的相关规定。

6.2　厂房及设施卫生管理

6.2.1　应设置专门的工器具清洗区域，工器具使用后应及时洗净，定位存放，避免已清洗和未清洗的工器具交叉污染。

6.2.2　豆清液收集设备及设施和酸浆发酵设备及设施应及时清洗。豆清液的吸液泵、收集罐（缸）和发酵罐等表面应及时清洁，防止积尘和积垢。

6.2.3　自然发酵酸浆生产车间应定期开启紫外线灯或臭氧进行灭菌消毒。内包装间每班（次）使用前应进行空气和食品接触表面、邻近表面及其他环节表面消毒。每天生产前，应开启紫外灯或臭氧进行灭菌消毒，如采用空气净化装置需确保设备运行正常，灭菌频率及时间应根据加工环境空气沉降微生物数量进行确认。

6.3　加工人员健康管理与卫生要求

6.3.1　加工人员健康管理

应符合 GB 14881—2013 中第 6.3.1 的相关规定。

6.3.2　加工人员卫生要求

应符合 GB 14881—2013 中第 6.3.2 的相关规定。

6.3.3　来访者

应符合 GB 14881—2013 中第 6.3.3 的相关规定。

6.4　虫害控制

应符合 GB 14881—2013 中第 6.4 的相关规定。

6.5　废弃物处理

6.5.1 应符合 GB 14881—2013 中第 6.5 的相关规定。

6.5.2 酸浆豆腐加工过程产生的豆渣应及时清理，且豆渣清理后地面应及时冲洗干净。

6.6 工作服管理

6.6.1 应符合 GB 14881—2013 中第 6.6 的相关规定。

6.6.2 宜根据不同作业区的特点及生产工艺的要求配备专用工作服。

7 食品原料、食品添加剂和食品相关产品

7.1 一般要求

应符合 GB 14881—2013 中 7.1 的相关规定。加工用水的水质应符合 GB 5749 的规定，大豆浸泡水禁止直接用于磨浆。

7.2 食品原料

应符合 GB 14881—2013 中 7.2 的相关规定。

7.3 食品添加剂

应符合 GB 14881—2013 中 7.3 的相关规定。

7.4 食品相关产品

应符合 GB 14881—2013 中 7.4 的相关规定。

7.5 其他

应符合 GB 14881—2013 中 7.5 的相关规定。

8 生产过程食品安全控制

8.1 产品污染风险控制

8.1.1 应符合 GB 14881—2013 中第 8.1 的相关规定。

8.1.2 应制定严格的食品加工用菌种管理操作制度，菌种保存、接种、扩培应按照制度严格执行并记录。

8.2 生物污染控制

8.2.1 清洁消毒应符合 GB 14881—2013 中第 8.2.1 的相关规定。

8.2.1.1 自然发酵容器先用清水清洗干净，用 85 ℃以上的热水浸泡 30 min 以上消毒或者其他等效的消毒方式；纯种发酵罐用清水清洗干净，及时蒸汽消毒，消毒温度 105 ℃以上或者其他等效的消毒方式，时间 10 min 以上。每周验证消毒效果，用无菌棉签在设备内表面擦拭 25 cm^2，检测菌落总数不超过 100 CFU，霉菌不超过 10 CFU，酵母不超过 10 CFU，大肠菌群不得检出。发现问题及时纠正。

8.2.1.2 豆腐压榨成型设备设施（包含包布、成型筐及压榨板），使用后

应及时用清水清洗干净，并用 85 ℃以上的热水浸泡 15 min 以上消毒或者其他等效的消毒方式；每周验证消毒效果，用无菌棉签在设备内表面擦拭 25 cm^2，检测菌落总数不超过 100 CFU，霉菌不超过 10 CFU，酵母不超过 10 CFU，大肠菌群不得检出。发现问题及时纠正。

8.2.2　加工过程的微生物监控

8.2.2.1　应控制大豆浸泡温度和时间，6～10 月，浸泡时间为 6～8 h；11 月～次年 5 月，浸泡时间为 10～12 h。浸泡的大豆不应腐败变质。

8.2.2.2　酸浆发酵，收集豆清液暂存时间应不超过 4 小时，暂存温度应不低于 60℃。

8.2.2.3　纯种发酵酸浆，发酵基质灭菌条件为 105～121 ℃/10～15 min（间歇式），或 121～128 ℃/5～30 s（连续式），灭菌后冷却至 42 ℃以下。

8.2.2.4　自然发酵酸浆发酵时间为 48～96 h。纯种发酵酸浆，发酵温度 35～45 ℃，发酵时间 20～24 h。

8.2.2.5　自然发酵法酸浆贮存宜配备保温、冷藏等设施。常温贮存应不超过 48 h。

8.2.2.6　纯种发酵法酸浆贮存宜配备保温、冷藏等设施。55 ℃以上贮存应不超过 72 h。

8.2.2.7　应建立自然发酵酸浆生产车间环境和自然发酵酸浆的微生物监控程序。每周至少一次检测自然发酵车间环境微生物水平，直径 90 mm 培养皿放置 30 min，霉菌不超过 50 CFU/mL；酵母不超过 50 CFU/mL。自然发酵酸浆，每周至少一次检测霉菌和酵母，霉菌不超过 10 CFU/mL；酵母不超过 10 CFU/mL。

8.2.2.8　加工过程清洁区微生物监控程序应包括：微生物监控指标、取样点、监控频率、取样和检测方法、评判原则和整改措施等，具体可参照附录 A 的要求。

8.3　化学污染控制

应符合 GB 14881—2013 中第 8.3 的相关规定。

8.4　物理污染控制

应符合 GB 14881—2013 中第 8.4 的相关规定。

8.5　包装

应符合 GB 14881—2013 中第 8.5 的相关规定。

9　检验

应符合 GB 14881—2013 中的相关规定。

10 贮存和运输

应符合 GB 14881—2013 中的相关规定。

11 产品召回

应符合 GB 14881—2013 中的相关规定。

12 培训

12.1 应符合 GB 14881—2013 中的相关规定。

12.2 应定期对酸浆发酵的操作人员和管理人员开展微生物相关知识和无菌操作等培训。

13 人员和管理制度

应符合 GB 14881—2013 中的相关规定。

14 记录和文件管理

14.1 应符合 GB 14881—2013 中的相关规定。

14.2 自然发酵酸浆记录，应包括但不仅限于豆清液收集时间、发酵起止时间、发酵间温度、湿度、发酵间空间消毒（灭菌）记录、发酵间环境微生物监控记录、发酵容器的清洁消毒记录、发酵终点检测记录和酸浆微生物检测记录。

14.3 纯种发酵酸浆记录，应包括但不仅限于豆清液收集时间、辅料添加量及批号、豆清液灭菌温度及时间、食品加工用菌种添加量及批号、发酵起止时间、发酵罐清洗记录、发酵罐的灭菌温度及时间、发酵终点检测记录和酸浆微生物检测记录。

附录 A
（规范性附录）
酸浆豆腐加工过程清洁区微生物监控指南

A.1 酸浆豆腐加工过程的微生物监控，主要包括环境微生物监控和过程产品的微生物监控。加工环境空气监控对象为内包装间，食品接触面微生物监控对象包括内包装间的人员手部、豆腐周转筐和内包装设备、产品接触表面等。

A. 2　酸浆豆腐加工过程的微生物监控涵盖加工过程各个环节微生物学评估、清洁消毒效果以及微生物控制效果评价。在制定时应考虑以下内容：

A. 2. 1　加工过程的微生物监控程序包括微生物监控指标、取样点、监控频率、取样和检测方法、评判原则以及不合格情况的处置措施等。

A. 2. 2　加工过程的微生物监控指标应以能够评估加工环境卫生和过程控制能力的指示微生物：菌落总数、大肠菌群、霉菌和酵母。

A. 2. 3　加工过程微生物监控的取样点和监控频率应基于污染可能发生的风险来制定监控频率。

具体可参考表 A 中所示。

表 A　酸浆豆腐加工过程清洁区微生物监控指南

监控项目		建议取样点	建议监控微生物	建议监控频率	建议监控指标限值
环境微生物监控	食品接触表面（检测擦拭面积 25 cm^2）	内包装车间豆腐周转筐、内包装车间员工手部、豆腐内包装车间设备及与裸装产品直接接触的表面	菌落总数、大肠菌群	每周；停产超过一周的清洗消毒后	菌落总数不超过 100 CFU，大肠菌群不得检出
	加工区域内的环境空气（直径 90 mm 的培养皿放置 30 min）	内包装车间	菌落总数、霉菌和酵母	每周；停产超过一周时清洗消毒后	菌落总数不超过 100 CFU，霉菌不超过 50 CFU，酵母不超过 50 CFU
过程产品	酸浆豆腐坯	内包装车间	菌落总数、大肠菌群	每周；停产后首次生产的产品	菌落总数不超过 100000 CFU/g，大肠菌群不得检出

参考文献

[1] 郭伯南．豆腐的起源与东传［J］.农业考古，1987（02）：373-377.

[2] 陈文华．豆腐起源于何时？［J］.农业考古，1991（01）：245-248.

[3] 秦志旗．豆腐的发明人与诞生地小考［J］.成都大学学报（社会科学版），1993（02）：65-66.

[4] 贾峨．关于《豆腐问题》一文中的问题［J］.农业考古，1998（03）：267-276.

[5] 杨坚．我国古代的豆腐及豆腐制品加工研究［J］.中国农史，1999（02）：74-81.

[6] 杨坚．中国豆腐的起源与发展［J］.农业考古，2004（01）：217-226.

[7] 张文朴．豆腐解读——历史、原理、创新［J］.化学教育，2007（07）：63-65.

[8] 秦春艳．历史时期中国豆腐的生产发展与地域空间分布［D］.重庆：西南大学，2016.

[9] 祁玉军．符号与价值：豆腐的文化内涵与社会功能阐释［J］.文化学刊，2019（07）：207-210.

[10] 宋渊．发酵工程［M］.中国农业大学出版社，2017.

[11] 张振山．中式非发酵豆制品加工技术与装备［M］.中国农业科学技术出版社，2018.

[12] 赵良忠，刘明杰．休闲豆制品加工技术［M］.中国纺织出版社，2015.

[13] 左锋，赵忠良，施小迪等．微压煮浆对豆乳蛋白粒子形成与豆乳加工特性的影响［J］.农业机械学报，2016，47（01）：247-251.

[14] 高若珊，孙亚东，张光等．酸浆豆腐研究进展［J］.大豆科技，2020（01）：32-37.

[15] Li J L，Qiao Z H，Eizo T，et al. A novel approach to improving the quality of bitter-solidified Tofu by W/O controlled-release coagulant. 2：using the improved coagulant in tofu processing and product evaluation［J］. Food and Bioprocess Technology，2013，7（6）：801-1808.

[16] 张平安，赵秋艳，宋莲军，等．大豆浸泡工艺条件对豆腐品质的影响［J］．工艺技术，2010，31（7）：275-277.

[17] 于寒松，陈今朝，张伟，等．两种工艺生产豆腐的营养成分与品质特性的关系［J］．食品科学，2015，36（19）：49-54.

[18] 李旻怡．豆浆工艺的嬗变［J］．大豆科技，2014（6）：6-11.

[19] 周小虎．二次浆渣共熟-豆清蛋白发酵液点浆豆干自动化生产工艺研究及工厂设计［D］．邵阳：邵阳学院，2015.

[20] 谢灵来，赵良忠，尹乐斌，等．豆清发酵液点浆工艺研究［J］．食品与机械，2017，33（01）：184-189＋194.
[21] 冯大伟，周家春，益生乳酸菌的纸片扩散法药敏性试验评价［J］．微生物学通报，2010，37（3）：454-464.
[22] 徐进，刘秀梅，杨宝兰，等．中国常用益生菌菌种的耐药性研究［J］．卫生研究，2008，37（3）：354-356.
[23] 李平兰，潘伟好，吕艳妮，等．微生态制剂中常用乳酸菌对抗生素的药敏性研究［J］．中国农业大学学报，2004，9（1）：16-20.
[24] 凡琴，刘书亮，李娟，等．中国市售酸奶乳酸菌的耐药性分析［J］．卫生研究，2012，41（3）：476-479.
[25] 赵贵丽，罗爱平，宋志敏，等．乳酸菌在大豆黄浆水中发酵条件的优化［J］．食品与机械，2014，30（2）：216-218.
[26] 张影，刘志明，刘卫，等．酸浆豆腐的工艺研究［J］．农产品加工（学刊），2014（2）：21-23.
[27] 乔明武，田洁，赵秋艳，等．用响应曲面法优化发酵黄浆水制备豆腐凝固剂的工艺［J］．江西农业学，2014，26（3）：85-89.
[28] 孙菁，尹乐斌，赵良忠，等．豆清发酵液中一株产细菌素乳酸球菌的分离鉴定［J］．农产品加工，2016（05）：44-48.
[29] 周娟，谢灵来，尹乐斌，等．二次浆渣共熟制浆工艺优化研究［J］．中国酿造，2018，37（02）：194-197.
[30] 叶青．乳酸菌酸浆豆腐工艺优化及凝固机理初探［D］．锦州：锦州医科大学，2018.
[31] 贺云．豆腐酸浆中乳酸菌的分离鉴定及其在酸浆豆腐中的应用［D］．无锡：江南大学，2018.
[32] 赵贵丽，罗爱平，黄名正，等．乳酸乳球菌生物凝固剂对豆腐贮藏性的影响［J］.食品工业，2018，39（1）：141-144.
[33] 张玉静．不同大豆原料生产豆腐的适用性评价［D］．杨凌：西北农林科技大学，2016.
[34] 石彦国，刘琳琳．大豆蛋白与豆腐品质相关性研究进展［J］．食品科学技术学报，2018，36（06）：1-8.
[35] 钱虎君，盖钧镒，喻德跃．豆乳和豆腐加工过程中滤渣方法和絮凝时间对营养成分利用的影响［J］．大豆科学，2001，20（1）：18-21.
[36] 王宸之，陈宇，万重，等．豆腐凝胶成型机理研究进展［J］．东北农业大学学报，2017，48（10）：88-96.
[37] 孙丰婷．豆腐凝固剂的研究进展［J］．农业与技术，2017，37（04）：236-237.
[38] 卢义伯，潘超，祝义亮．豆腐生产中不同制浆工艺研究［J］．食品工业科技，2007（08）：182-184＋187.

[39] 赵梅．分光光度法测定油脂氧化物的过氧化值［J］．中国皮革，2006，35（11）：39-40.

[40] 杜垒，谢伟，徐幸莲，等．复卤前后盐水鸭老卤基本成分与安全指标变化［J］．食品科学，2009，30（13）：101-104.